热处理实用技术问答

第 2 版

杨　满　编著

机 械 工 业 出 版 社

本书以问答的形式介绍了热处理技术。全书共计456个问题，其主要内容包括热处理基础知识、钢的退火和正火、钢的淬火和回火、钢的表面淬火、钢的化学热处理、铸铁的热处理、有色金属及其合金的热处理、特殊合金的热处理、典型零件的热处理、热处理质量检验技术、热处理设备及其操作技术等，并以附录形式给出了各种常用钢的热处理工艺参数。本书实用性强，便于读者有针对性地快速查阅、分析和解决热处理生产中的技术问题，以达到改善热处理质量、提高生产率的目的。

本书适合于热处理技术人员、工人阅读，也可供相关专业的在校师生参考。

图书在版编目（CIP）数据

热处理实用技术问答/杨满编著. —2版. —北京：机械工业出版社，2023.10

ISBN 978-7-111-73683-7

Ⅰ.①热… Ⅱ.①杨… Ⅲ.①热处理-问题解答 Ⅳ.①TG15-44

中国国家版本馆CIP数据核字（2023）第153331号

机械工业出版社（北京市百万庄大街22号 邮政编码100037）
策划编辑：陈保华 责任编辑：陈保华 贺 怡
责任校对：闫玥红 王春雨 封面设计：马精明
责任印制：常天培
北京机工印刷厂有限公司印刷
2023年11月第2版第1次印刷
169mm×239mm · 24.75印张 · 509千字
标准书号：ISBN 978-7-111-73683-7
定价：88.00元

电话服务
客服电话：010-88361066
010-88379833
010-68326294

网络服务
机 工 官 网：www.cmpbook.com
机 工 官 博：weibo.com/cmp1952
金 书 网：www.golden-book.com
机工教育服务网：www.cmpedu.com

前　言

《热处理实用技术问答》于 2009 年出版，10 多年来，我国装备制造业发展迅速，热处理技术相关标准不断制定和修订。为满足热处理工作者的需求，更好地服务于热处理生产，提高热处理工作者工艺技术水平，规范热处理技术操作，做好热处理质量检验，提高热处理质量，决定对《热处理实用技术问答》进行修订再版。在本次修订中，删除了上一版中一些陈旧的、与生产没有直接联系的部分，增加了新技术应用的内容，注重体现内容的先进性和实用性。

本书以问答的形式介绍了热处理原理与工艺技术，并尽可能地配以应用实例，便于读者根据问题有针对性地快速查阅。

本次修订对章节进行了调整，由原来的 10 章调整为 11 章；增加了第 8 章“特殊合金的热处理”。第 1 章介绍了热处理基础知识。第 2~8 章介绍了钢、铸铁、有色金属及其合金、特殊合金的热处理原理、工艺及操作方法；第 9 章介绍了齿轮、弹簧、轴承及工模具等典型零件的热处理技术；第 10 章介绍了热处理质量检验技术；第 11 章介绍了热处理设备的构造及操作方法。

本书修订时，全面贯彻了现行的热处理技术相关标准及金属材料表示方法等，更新了相关内容；调整了提问题的方式，更加方便读者阅读使用。其中，第 1 章充实了铁碳相图中各种组织及组织转变方面的内容，增加了热处理工艺的表示方法。第 2 章增加了真空退火方面的内容。第 3 章增加了加热淬火保温时间的“369 法则”、真空热处理（淬火与回火）及超高温淬火方面的内容。第 4 章增加了感应淬火的实用工装、导磁体的种类及应用，充实了激光淬火的内容。第 5 章增加了高温渗碳、短时渗氮、奥氏体渗氮、QPQ 处理、奥氏体氮碳共渗、渗硫、硫氮碳共渗和低温化学热处理工艺方法的选择，以及粉末渗锌等内容。第 6 章增加了白口铸铁及蠕墨铸铁的热处理。第 7 章增加了新标准中铝合金的热处理方法。第 8 章特殊合金的热处理均为新增内容，包括高温合金、钢结硬质合金及磁性材料的热处理。第 9 章删除了低淬透性钢齿轮感应淬火部分，增加了全齿感应淬火时如何减小与控制齿轮畸变的内容。第 10 章主要是热处理质量检验技术，增加了部分热处理工艺的检验项目及要求，更新了钢的火花鉴别方法，删除了与热处理生产实际联系不多的无损检测方法。第 11 章增加了多种连续式热处理炉及热处理气氛检测与控制仪表部分，删除了插入式电极盐浴炉和盐浴炉变压器的改造部分、电子管式高频工艺加热装置及机式中频电源部分，以及矫直机部分。本书修订后，内容更全面，重点更突出，技术更实用。

在本书编写过程中得到了机械工业出版社的大力支持，在此表示衷心感谢！

由于作者水平有限，书中不足和错误之处在所难免，欢迎广大读者批评指正。

作　者

目 录

第1章　热处理基础知识

1.1　什么是体心立方晶格？

体心立方晶格的晶胞是一个正立方体，正立方体的每个顶角上各有一个原子，中心有一个原子，如图 1-1 所示。具有体心立方晶格的常见金属有：α-Fe、Cr、W 等。

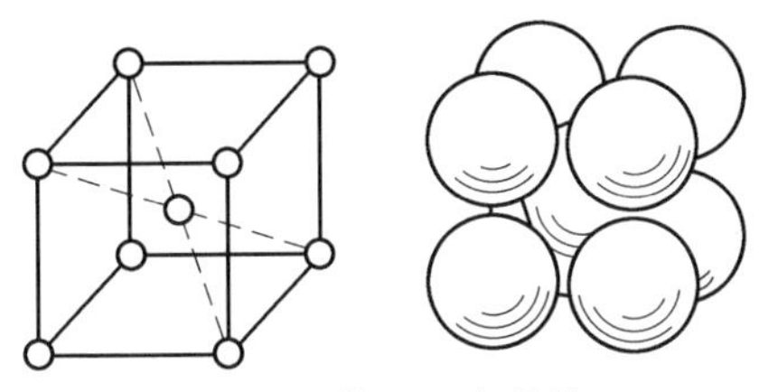

图 1-1　体心立方晶格

1.2　什么是面心立方晶格？

面心立方晶格的晶胞也是一个正立方体，正立方体的每个顶角上各有一个原子，在六面体的每个面的中心处各有一个原子，如图 1-2 所示。具有面心立方晶格结构的常见金属有：γ-Fe、Cu、Al、Ag 等。

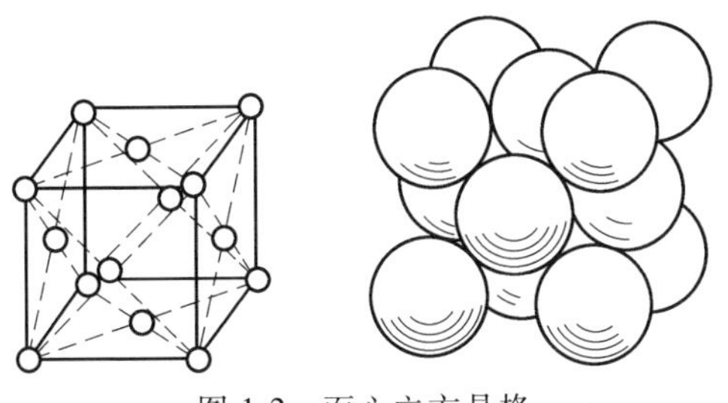

图 1-2　面心立方晶格

1.3　什么是奥氏体？

碳溶于 γ-Fe 中形成的间隙固溶体，称为奥氏体，用“γ”或“A”表示。奥氏体具有面心立方晶格。奥氏体比铁素体能溶解较多的碳，而且碳的溶解度随温度的升高而增加，在727℃时碳的溶解度为0.77%，而在1148℃时达到最大值2.11%。奥氏体的塑性和韧性好，硬度和强度不高，但比铁素体高。

1.4　什么是铁素体？

碳溶于α-Fe中形成的间隙式固溶体，称为铁素体，用“α”或“F”表示。铁素体具有体心立方晶格。碳在α-Fe中的溶解度极小，室温时碳的溶解度为0.0008%，在600℃时约为0.005%，在727℃时达到最大值0.0218%。由于铁素体的碳含量极低，性能与纯铁相似，所以塑性及韧性很好，而硬度和强度较低。铁素体在770℃以下时具有铁磁性，当加热到高于此温度时，铁磁性消失。

1.5　什么是渗碳体？

渗碳体是铁和碳的化合物（Fe_3C）。碳在铁中的溶解能力有限，并随温度的降低而变化，多余的碳就会和铁按一定比例化合而形成Fe_3C，其中碳的质量分数为6.69%。渗碳体具有复杂的斜方晶格。渗碳体的硬度很高，约为800HBW，但脆性很大，而塑性及韧性几乎等于零。

1.6　什么是珠光体？

珠光体是由铁素体和渗碳体组成的机械混合物，即共析体，用“P”表示。珠光体中碳的质量分数为0.77%。珠光体是奥氏体在冷却过程中，在727℃的恒温下发生共析转变的产物，它只存在于727℃以下。

珠光体根据其分布形态又分为片状珠光体和球状珠光体。珠光体中的铁素体和渗碳体呈片层状交替分布时，称为片状珠光体，其中黑色为渗碳体，白色为铁素体。片状珠光体的片层越细，硬度越高。珠光体中的渗碳体呈球状分布于铁素体基体上时，称为球状珠光体。

珠光体的力学性能介于铁素体与渗碳体之间。它的强度较高，硬度适中，具有一定的塑性。

1.7　什么是莱氏体？

碳的质量分数为4.3%的铁碳合金在1148℃时，从液体中同时结晶出的、由奥氏体和渗碳体组成的机械混合物（共晶体），称为莱氏体，常用“Ld”表示。由于奥氏体在727℃以下时转变为珠光体，所以在727℃以下的莱氏体由珠光体与渗碳体所组成，也称低温莱氏体，常用“Ld′”表示。它的硬度很高，大于700HBW，塑性很差。

1.8　什么是Fe-Fe_3C相图？

铁碳相图表示处于平衡或亚平衡状态下，不同成分的铁碳合金在不同温度下组织与状态的关系。

在铁碳相图中，由于碳的质量分数大于6.69%的合金没有实用价值，因此我们只研究碳的质量分数在0~6.69%之间的铁碳合金，这就是Fe-Fe_3C相图，如图1-3所示。

Fe-Fe_3C相图是研究钢和铸铁组织与性能的基础，是制订钢铁热处理工艺的科学依据之一。

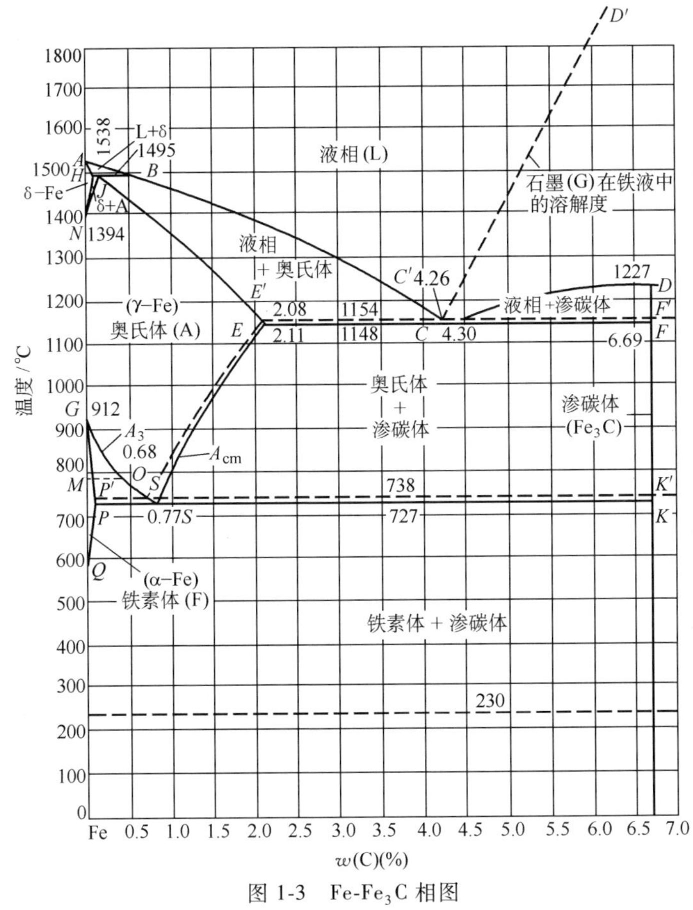

图1-3 Fe-Fe_3C相图

1.9 热处理常用的临界温度符号有哪些？代表意义是什么？

热处理常用的临界温度符号及其代表意义见表1-1。

表1-1 热处理常用的临界温度符号及其代表意义

符号	代表意义
A_0	渗碳体的磁性转变点
A_1	在平衡状态下，奥氏体、铁素体、渗碳体或碳化物共存的温度

（续）

符号	代表意义
A_3	亚共析钢在平衡状态下，奥氏体和铁素体共存的最高温度
A_{cm}	过共析钢在平衡状态下，奥氏体和渗碳体或碳化物共存的最高温度
A_4	在平衡状态下δ相和奥氏体共存的最低温度
Ac_1	钢加热时，珠光体转变为奥氏体的温度
Ac_3	亚共析钢加热时，铁素体全部转变为奥氏体的温度
Ac_{cm}	过共析钢加热时，渗碳体和碳化物全部溶入奥氏体的温度
Ac_4	低碳亚共析钢加热时，奥氏体开始转变为δ相的温度
Ar_1	高温奥氏体化的钢冷却时，奥氏体分解为铁素体和珠光体的温度
Ar_3	高温奥氏体化的亚共析钢冷却时，铁素体开始析出的温度
Ar_{cm}	高温奥氏体化的过共析钢冷却时，渗碳体或碳化物开始析出的温度
Ar_4	钢在高温形成的δ相冷却时，完全转变为奥氏体的温度
Bs	钢奥氏体化后冷却时，奥氏体开始分解为贝氏体的温度
Bf	奥氏体转变为贝氏体的终了温度
Ms	钢奥氏体化后冷却时，奥氏体开始转变为马氏体的温度
Mf	奥氏体转变为马氏体的终了温度

1.10　合金元素对 $Fe\text{-}Fe_3C$ 相图有什么影响?

为了提高碳钢的力学性能和工艺性能，或使其具有某种特殊的物理性能或化学性能，常在碳钢中加入一种或几种合金元素，碳钢即成为合金钢。

合金元素的加入，会使 $Fe\text{-}Fe_3C$ 相图中的临界点和相区的位置及大小发生变化。

非碳化物形成元素（如 Si、Ni、Cu 等）或弱碳化物形成元素（如 Mn 等），会使共析点向左移；强碳化物形成元素（如 Ti、V、Zr、Nb 等），会使共析点向右移。

合金元素对 $Fe\text{-}Fe_3C$ 相图中特性点、特性线及奥氏体区的影响见图 1-4、图 1-5 和表 1-2。

表 1-2　合金元素对临界温度及奥氏体区的影响

临界温度及相区	影响	合金元素
A_4	上升	Mn、Ni、C、N、Cu、Zn、Au、Co
	下降	Al、Si、As、Zr、B、Sn、Be、P、Ti、V、Mo、W、Ta、Nb、Sb、Cr
A_3	上升	Al、Si、P、V、Mo、W、As、Zr、B、Sn、Be、Ti、Ta、Nb、Sb、Co
	下降	Mn、Ni、Cu、C、N、Zn、Au、Cr
A_1	上升	V、Al、Mo、W、Si、P、Al、Nb、B、Ti
	下降	Mn、Ni、Cu、N
奥氏体区	扩大	Mn、Ni、Cu、Zn、Au
	缩小	Si、Ti、Cr、Nb、Mo、W、Al、Ta

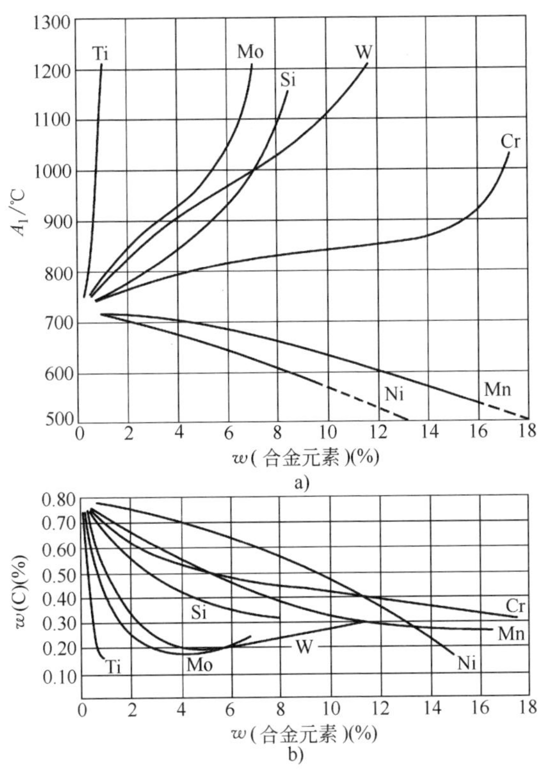

图 1-4　合金元素对共析温度（A_1）和共析点碳含量的影响

a）对共析温度（A_1）的影响　b）对共析点碳含量的影响

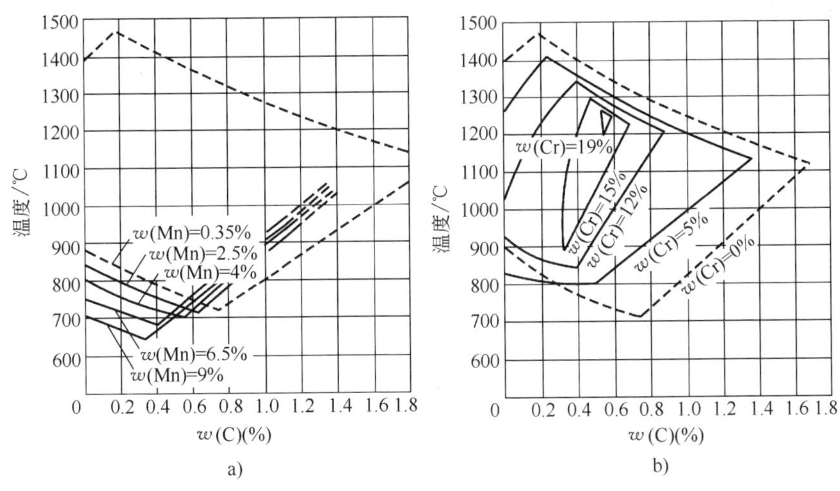

图 1-5　合金元素对奥氏体区位置的影响

a）Mn 对奥氏体区的影响　b）Cr 对奥氏体区的影响

1.11　共析钢在缓慢冷却时的组织是怎样转变的？

从 Fe-Fe_3C 相图可以看出，钢从液相结晶后，冷却到 *NJESG* 区域内，形成单一的奥氏体相。随着温度的降低，奥氏体分解，不同成分的钢形成不同的组织。

共析钢是碳的质量分数为 0.77%的铁碳合金，见图 1-6 中的合金①，其组织转变过程如图 1-7 所示。

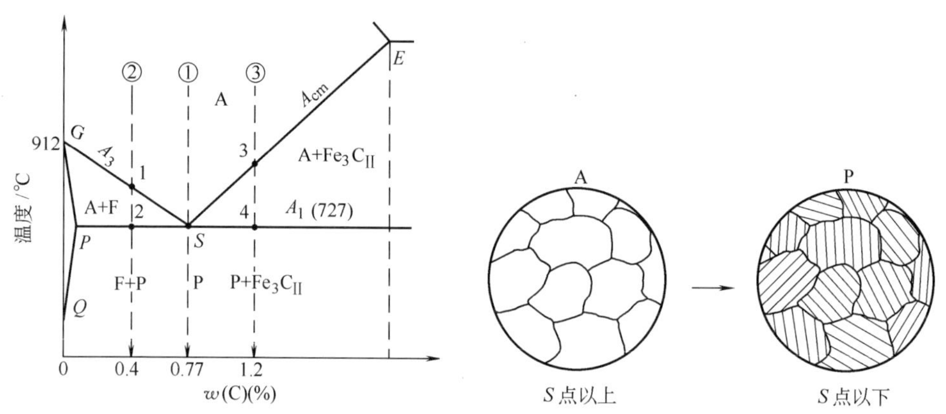

图 1-6　三种典型合金在 Fe-Fe_3C 相图中的位置　　图 1-7　共析钢的组织转变过程

在奥氏体区，合金中所有的碳全部溶入奥氏体中，合金的碳含量就是奥氏体的碳含量，所以奥氏体中碳的质量分数也是 0.77%。在此区间降低温度，成分和组织不发生转变。

当温度降至 *S* 点（727℃）时，奥氏体发生共析反应，全部转变为珠光体。在珠光体中，铁素体和渗碳体成片层状相间排列，由于其在显微镜下具有珍珠般的光泽，故名珠光体。

从 *S* 点继续冷却，从铁素体中析出三次渗碳体 $Fe_3C_{Ⅲ}$。由于其数量很少，在显微镜下也难以分辨，故可忽略不计，认为 *S* 点以下至室温，珠光体组织基本不变。

1.12　亚共析钢在缓慢冷却时的组织是怎样转变的？

以碳的质量分数为 0.4%的亚共析钢为例（见图 1-6 中的合金②），其组织转变过程如图 1-8 所示。

当合金②在奥氏体区冷却至点 1 时，开始从奥氏体中析出铁素体，随着温度的降低，铁素体的量不断增加。由于铁素体的碳含量极少，铁素体的析出，使奥氏体中的碳含量相对增加，并沿 *GS* 线变化。点 1 至点 2 之间为两相区，即奥氏体+铁素体。

当合金冷却到点 2（727℃）时，奥氏体中碳的质量分数增加到 *S* 点的 0.77%时，发生共析转变，奥氏体全部转变为珠光体；而原先析出的铁素体保持不变，此时组织为珠光体+铁素体。

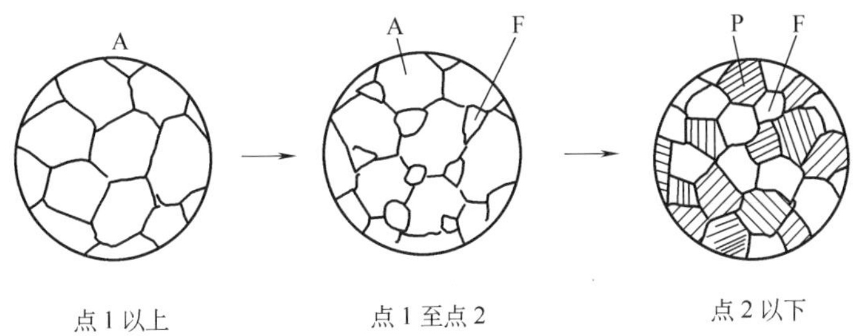

图 1-8 亚共析钢的组织转变过程

在点 2 以下直至室温，与共析钢一样，合金的组织基本上不发生变化，仍为珠光体+铁素体。

亚共析钢在室温下珠光体与铁素体的量比可以通过杠杆定律来计算。

在室温下，珠光体的碳含量就是钢的碳含量，如显微组织中珠光体量占 50%，那么钢中碳的质量分数为 50%×0.77%=0.385%，此钢为 40 钢。

1.13 过共析钢在缓慢冷却时的组织是怎样转变的?

以碳的质量分数为 1.2%的过共析钢为例（见图 1-6 中的合金③），其组织转变过程如图 1-9 所示。

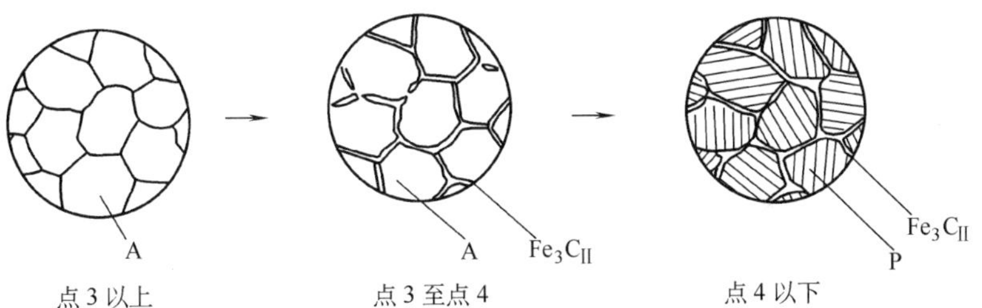

图 1-9 过共析钢的组织转变过程

当合金③冷却至点 3 时，开始从奥氏体中析出渗碳体，这种渗碳体沿奥氏体的晶界成核并长大，通常称为二次渗碳体（Fe_3C_{II}）。

在点 3 至点 4 之间，随着温度的降低，二次渗碳体的数量逐渐增多，沿奥氏体的晶界形成网状，即通常的网状渗碳体。随着二次渗碳体的逐渐增多，奥氏体中的碳含量沿 *ES* 线逐渐减少。这一区间为两相区，$A+Fe_3C_{II}$。

当冷却到点 4（727℃）时，奥氏体中碳的质量分数达到 *S* 点的 0.77%，发生共析转变，奥氏体转变为珠光体。合金的组织为珠光体+二次渗碳体。

点 4 以下直至室温，合金的组织基本不发生变化，室温下的组织为珠光体+网状二次渗碳体。

所有过共析钢的室温组织均为珠光体+二次渗碳体，只是不同钢种碳含量不同，珠光体和二次渗碳体的相对量不同。随着碳含量的增加，二次渗碳体的量相对增加，珠光体的量相对减少。

1.14　奥氏体是怎样形成的？

将共析钢加热到临界点 Ac_1 以上，发生共析反应，珠光体就转变为奥氏体，即 P→A，或 $F+Fe_3C \rightarrow A$。

共析钢奥氏体的形成过程可以分为奥氏体成核、奥氏体晶核长大、未溶渗碳体的溶解和奥氏体均匀化四个阶段，如图 1-10 所示。

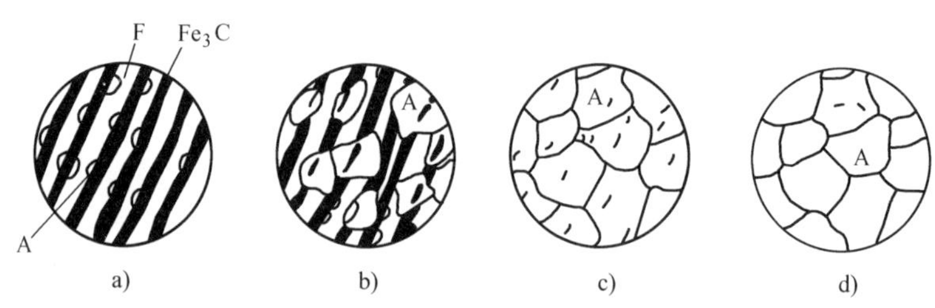

图 1-10　共析钢奥氏体的形成过程

a）奥氏体成核　b）奥氏体晶核长大　c）未溶渗碳体的溶解　d）奥氏体均匀化

亚共析钢的室温组织为铁素体和珠光体，当加热到 Ac_1 时，珠光体转变为奥氏体。随着温度的升高，铁素体不断溶于奥氏体中，当温度升高到 Ac_3 时，铁素体完全溶解，形成单一的奥氏体。

过共析钢的室温组织为珠光体和二次渗碳体，当加热温度达到 Ac_1 时，珠光体转变为奥氏体。随着温度的不断升高，二次渗碳体逐渐溶于奥氏体中。当温度升高到 Ac_{cm} 时，二次渗碳体溶解完毕，得到完全的奥氏体。

1.15　影响奥氏体晶粒长大的因素有哪些？

影响奥氏体形成的因素主要有原始组织、加热条件、碳含量和合金元素四个方面。它们都是通过对奥氏体的成核及核的长大速度的影响而起作用的。

（1）原始组织的影响　原始组织中碳化物的弥散度及其形状对奥氏体的形成有一定的影响。碳化物的弥散度越大，即碳化物的颗粒越细小，铁素体和渗碳体的相界面就越多，形成奥氏体晶核的数量就越多。同时，碳化物弥散度的增大，缩短了原子扩散的距离，加快了奥氏体生长的速度。所以，同一钢种，原始组织中碳化物颗粒越细小，转变为奥氏体的速度就越快。

（2）加热条件的影响　加热条件包括加热温度、保温时间和加热速度等。

1）加热温度和保温时间的影响。加热温度强烈地影响着奥氏体晶粒的长大。加热温度越高，铁原子和碳原子的扩散能力就越强，晶粒长大越明显。保温时间越长，原子扩散越充分，为晶粒长大提供了更多的机会，使晶粒容易长大。在实际生产中，造成产品晶粒粗大的原因基本上都是由于加热不当，尤其是加热温度过高而引起的。应严格控制加热温度，杜绝“跑温”现象。

2）加热速度的影响。提高加热速度，可以获得细小的奥氏体晶粒。加热速度越快，过热度越大，奥氏体的成核量越多，晶粒就越细小。同时，加热速度快时，奥氏体的晶粒没有充分的时间长大。例如，高频感应淬火时，由于加热速度很快，零件表面在极短时间就达到淬火温度，甚至超过正常的淬火温度，快速冷却后仍能得到合格的淬火组织，所以高频感应淬火温度比普通淬火温度高些。

（3）碳含量的影响　碳钢在加热时，奥氏体温度升高到 Ac_3 或 Ac_{cm} 线以上时，晶粒开始长大，随着碳含量的增加，亚共析钢奥氏体晶粒长大的倾向增加。在碳的质量分数为 0.8%～0.9%时，奥氏体晶粒长大的倾向最大。随着碳含量的继续增加，在 Ac_1 和 Ac_{cm} 之间存在着大量未溶的渗碳体质点，这些质点阻碍了奥氏体晶粒的长大。

（4）合金元素的影响　Mn 和 P 是加速奥氏体晶粒长大的元素。Ti、Nb、V、Al、W、Mo、Cr、Si、Ni 等元素能阻止奥氏体晶粒的长大，这是由于合金元素能与碳形成很难溶解的合金碳化物，如 TiC、WC 等，这些未溶的碳化物使奥氏体晶界的迁移变得十分困难，减少了奥氏体晶粒长大的倾向。Al、V、Nb、Ti 的氧化物或氮化物质点也具有阻碍奥氏体晶粒长大的作用。

1.16　什么是奥氏体等温转变图？

奥氏体等温转变图表示在奥氏体等温转变过程中温度、时间和转变产物三者之间的关系。图 1-11 所示为共析钢的奥氏体等温度转变图。

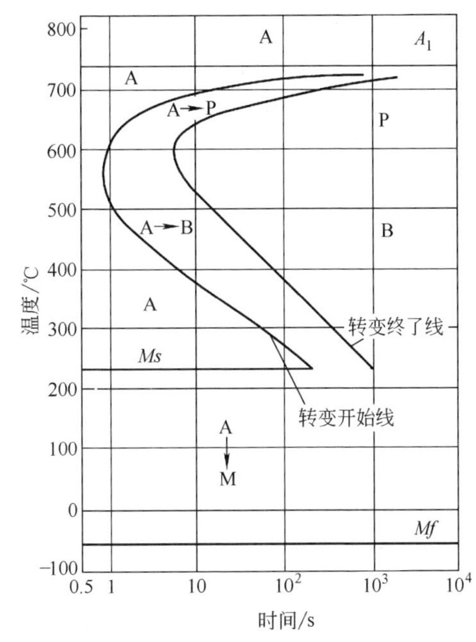

图 1-11　共析钢的奥氏体等温转变图

由图 1-11 可见，除两条转变开始线和终了线外，还有三条水平线。最上方为 A_1 线，中部的 *Ms* 线为奥氏体向马氏体转变的开始温度线，下部的 *Mf* 线为奥氏体向马氏体转变的终了温度线。两条曲线和三条水平线把图形分为六个区域：

1）A_1 线以上为稳定的奥氏体区。

2）奥氏体转变开始线与温度坐标轴之间为不稳定的奥氏体区。

3）两条曲线之间为过冷奥氏体与转变产物共存区：A+P 或 A+B。

4）奥氏体转变终了线以右为奥氏体转变产物区。

5）*Ms* 线与 *Mf* 线之间为过冷奥氏

体与马氏体共存区。

6）Mf线以下为马氏体区。

在等温转变图上，不同温度下奥氏体的孕育期不同。在550~600℃温度范围内，奥氏体的孕育期最短，说明奥氏体最不稳定，极易发生转变，通常称为“鼻尖”部位。在“鼻尖”以外的其他部位，孕育期较长，过冷奥氏体比较稳定。在实际应用中，如果要避免奥氏体分解，只要绕过这个“鼻尖”，就能使孕育期变得较长，便于获得所需要的组织。

碳钢的等温转变区大多是简单的“C”字形。图1-12所示为亚共析钢的奥氏体等温转变图，图1-13所示为过共析钢的奥氏体等温转变图，它们的不同之处在于亚共析钢的等温转变图上多了一根铁素体析出线，而过共析钢的等温转变图上多了一根二次渗碳体析出线。

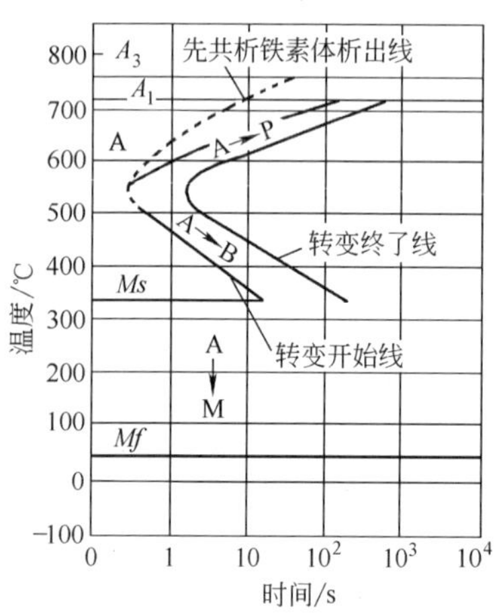

图1-12　亚共析钢的奥氏体等温转变图

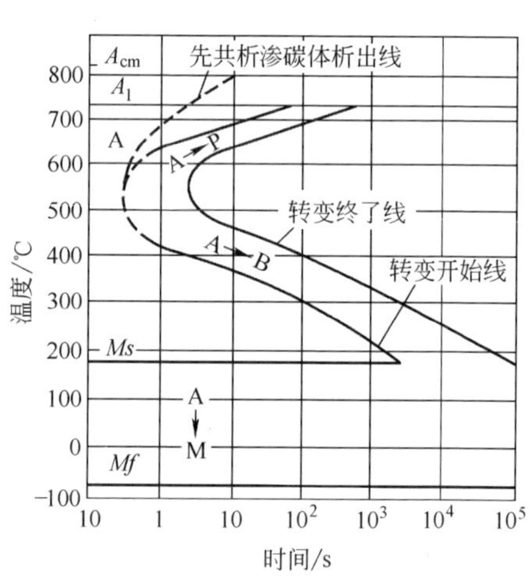

图1-13　过共析钢的奥氏体等温转变图

1.17　奥氏体等温转变有哪几种类型？

由奥氏体等温转变图可以看出，过冷奥氏体在A_1至Mf之间的温度范围内，随着等温温度的不同，所得的转变产物也不同。按转变产物的不同，奥氏体等温转变可分为三种类型：珠光体型转变、贝氏体型转变和马氏体型转变。

1.18　什么是珠光体型转变？

珠光体型转变的温度在A_1至“鼻尖”（共析钢约为550℃）的温度范围内，转变温度较高，也称高温转变。由于该转变主要以通过铁原子和碳原子的充分扩散来完成的，所以又称扩散型转变。

过冷奥氏体在这个温度范围内，由于温度较高，转变产物为珠光体型组织。根据珠光体片层的厚度，珠光体类组织可分为三种：珠光体、索氏体和屈氏体（托氏体）。

在显微镜下看到的珠光体组织是黑白相间的片层状组织。等温温度越低，珠光体越细。

1.19　什么是贝氏体型转变?

贝氏体型转变的温度在曲线“鼻尖”至 *Ms* 点（共析钢为 240℃）之间的温度范围内，也称中温转变。其产物为贝氏体，用“B”表示。贝氏体是铁素体和碳化物组成的两相混合物。由于贝氏体的转变温度比珠光体低，过冷度大，原子的扩散能力降低，所以贝氏体的形态比珠光体复杂。

1.20　贝氏体的特点是什么?

根据贝氏体形态的不同，贝氏体分为上贝氏体和下贝氏体。上贝氏体的形成温度在“鼻尖”至 400℃之间，其形态呈羽毛状，硬度为 42~48HRC。下贝氏体是在 400℃至 *Ms* 点之间奥氏体分解的产物，其形态呈竹叶状或黑色针状，硬度为 50~55HRC。

上贝氏体和下贝氏体虽然在形态和碳化物的分布上不同，但没有本质的区别，只不过上贝氏体是铁素体片层间分布着细小的碳化物，而下贝氏体是碳化物分布于铁素体的基体上，碳化物弥散度更大，因而硬度更高。

1.21　什么是马氏体?

在铁碳合金中，马氏体是指碳在 α-Fe 中的过饱和固溶体。马氏体形成时，奥氏体由 γ-Fe 转变以 α-Fe，晶格类型也由面心立方晶格转变为体心正方晶格。由于转变温度很低，原子失去了扩散能力，碳原子来不及析出，被全部保留在 α-Fe 中。碳在 γ-Fe 中的溶解度高达为 0.77%，而在 α-Fe 中的溶解度仅为 0.0218%，这就极大地超过了碳在 α-Fe 中的溶解度，使 α-Fe 处于过饱和状态。因此，马氏体实质上是碳在 α-Fe 中的过饱和固溶体。

根据马氏体显微组织形态的不同，马氏体可分为两种：片状马氏体和板条状马氏体。

1.22　马氏体的特点是什么?

马氏体具有以下特点：

1）在马氏体型转变中，没有成分的变化，马氏体碳含量与奥氏体是相同的，其比体积是各种组织中最大的一个。

2）马氏体具有很高的硬度，共析钢马氏体的硬度可达 65HRC，是钢的各种组织中最硬的一种。碳含量越高，晶格的歪扭程度越大，马氏体的硬度就越高。但在碳的质量分数超过 0.6%以后，硬度的提高趋于平缓。

3）根据马氏体显微组织形态的不同，马氏体可分为两种：片状马氏体和板条状马氏体。片状马氏体在显微镜下呈针状，各针之间互成60°或120°的角度，但在正常温度淬火得到的针状马氏体，由于组织较细，在普通光学显微镜下显示得不够清楚，称为隐针马氏体。

需要指出的是，虽然片状马氏体在显微镜下呈针状，但它的空间形状却是片状的。在显微镜下看到的实际上是马氏体片纵向沿短轴方向的截面，所以呈针状。由高碳钢形成的马氏体多为片状马氏体。片状马氏体虽然硬度很高，但塑性和韧性极低，容易发生脆性断裂现象，尤其是粗大的针状马氏体，更是如此。

板条状马氏体的显微组织为一束束平行而细长的板条状组织，由低碳钢形成的马氏体多为板条状马氏体。

片状马氏体具有高硬度的主要原因是由于太多的碳原子溶入α-Fe中，形成过饱和状态，引起晶格的歪扭，从而显著地增加了抵抗塑性变形的能力。显然，引起晶格歪扭的程度与溶入碳原子的数量有关，即与碳含量的高低有关。片状马氏体具有高硬度的另一个原因是相变硬化。马氏体形成时，在晶粒之间也产生内应力，在这种应力的作用下，马氏体组织也能增加抵抗塑性变形的能力，使硬度提高，这一现象称为相变硬化。

板条状马氏体产生于低碳钢中，虽然硬度较低，但强度高，塑性和韧性也好，具有很好的综合力学性能，很多情况下可以代替调质后的组织，是一种既节约材料又节约能源的热处理措施。

4）马氏体一般形成于一个奥氏体晶粒内，所以奥氏体的晶粒决定了马氏体针的长度。奥氏体晶粒越大，马氏体针越长；反之，则马氏体针越细小。

1.23　什么是马氏体型转变？

马氏体型转变是指奥氏体在快速冷却到 *Ms* 点（共析钢的 *Ms* 为240℃）以下至 *Mf* 点（共析钢的 *Mf* 点为-50℃）时，即转变为马氏体。由于该转变温度更低，也称低温转变。奥氏体快速冷却（一般为水冷或油冷）到 *Ms* 点以下时，便立即形成部分马氏体；随着温度的下降，马氏体的数量逐渐增多。在 *Ms* 和 *Mf* 点之间的组织为马氏体和过冷奥氏体，直至降到 *Mf* 点，奥氏体全部转变为马氏体（理论上为全部马氏体，实际上仍有部分残留奥氏体）。

1.24　马氏体型转变的特点是什么？

1）在马氏体形成过程中不发生化学成分的改变，仅仅是晶格重新改建，因此属于非扩散型转变。

2）马氏体转变需要很大的过冷度，即冷却速度需要大于钢的临界冷却速度。

3）马氏体转变只有将奥氏体迅速冷却到钢的 *Ms* 点以下才能发生，且在 *Ms*～*Mf* 点范围内随温度降低而连续进行，即马氏体数量是逐渐增加的。

4）马氏体转变是在一定温度下瞬间进行的，且其数量增加不是靠初始的马氏体长大，而是靠新生马氏体不断增加来实现的。

5）马氏体转变一般不能进行到底，总是存在一定数量的残留奥氏体。

1.25　合金元素对 *Ms* 点的影响是什么?

合金元素对钢的 *Ms* 点的影响如图 1-14 所示。

1）合金元素铝（Al）和钴（Co），随其含量增加会使 *Ms* 点温度升高，且铝的影响更显著。

2）合金元素铬（Cr）、锰（Mn）、镍（Ni）、钼（Mo）、铜（Cu）等，随其含量增加会使 *Ms* 点降低。

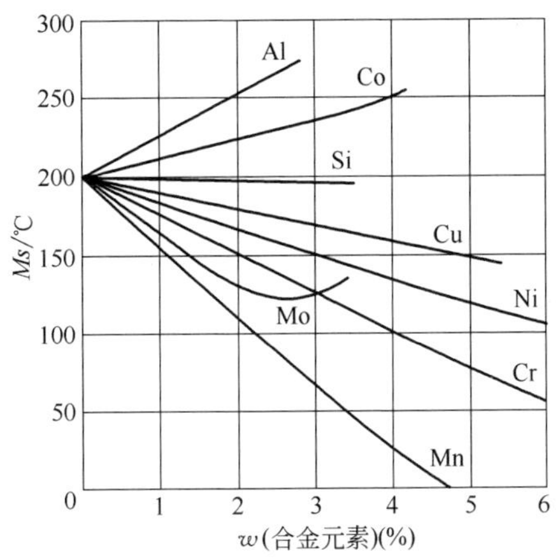

图 1-14　合金元素对钢的 *Ms* 点的影响

1.26　在实际生产中如何应用奥氏体等温转变图?

奥氏体等温转变图对于选择正确的热处理冷却规范，估计热处理后转变产物的组织和性能，都具有重要的参考意义。

（1）正确选择热处理冷却规范　由于奥氏体等温转变图本身反映的就是等温时的转变情况，所以根据钢的奥氏体等温转变图，就可以确定该钢在进行等温淬火、分级淬火和形变淬火等工艺的等温温度和等温时间等工艺参数。

（2）预测钢连续冷却后的组织　在生产实际中，零件的热处理冷却过程大部分都是连续进行的。如果将代表不同冷却速度的曲线画在奥氏体的等温转变图上，通过它们与奥氏体转变的开始线和终了线相交的位置，可以大致预测出在该冷却速度下转变产物的组织。

在图 1-15 中，v_1、v_2、v_3、v_4 代表连续冷却速度曲线，其冷却速度 $v_1<v_2<v_3<v_4$。冷却速度 v_1 最小，根据它和奥氏体等温转变图交点的位置，可以预测转变产物是珠光体组织，这一冷却速度相当于热处理退火工序的随炉冷却。当以速度 v_2

冷却时，所得到的是索氏体，相当于正火工序的空气中冷却。当以速度 v_3 冷却时，它与奥氏体等温转变图的转变开始线相交后并没有与转变终了线相交，而是与 *Ms* 线相交，预测其转变组织为屈氏体和马氏体的混合组织。这一速度相当于淬火时油中冷却的速度。当以最快速度 v_4 冷却时，它没与奥氏体等温转变图相交，只与 *Ms* 线相交，说明奥氏体没有发生珠光体型和贝氏体型转变，而是直接转变为马氏体。这一速度相当于淬火时水冷的速度。

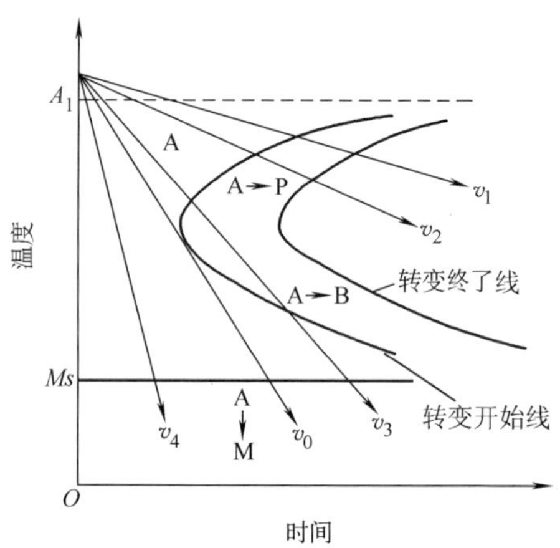

图 1-15　连续冷却时等温转变图的应用

（3）预测临界冷却速度　在图 1-15 中，v_0 即为临界冷却速度，它是正好与奥氏体转变开始线相切的冷却速度，所以临界冷却速度就是能将奥氏体全部过冷到 *Ms* 温度的最小冷却速度。临界冷却速度的大小随奥氏体等温转变图与温度坐标轴的距离而变化。这个距离越大，v_0 就越小，说明奥氏体越稳定，越容易得到马氏体。临界冷却速度对钢的热处理具有重要意义，也是选择淬火冷却介质和评定钢的淬透性的主要依据。

1.27　零件的热处理技术要求在图样中是如何表示的？

零件的热处理通常在图样的技术要求中会标明，包括热处理工艺方法、有效硬化层深度和表面硬度三部分内容，根据具体情况不同可选定与其服役条件有关内容的全部或一部分。常用的热处理工艺方法及技术要求见表 1-3。

表 1-3　常用的热处理工艺方法及技术要求（JB/T 6609—2021）

热处理工艺方法		热处理技术要求表示举例	
名称	字母	汉字名称表示	代号表示
退火	Th	退火	Th
正火	Z	正火	Z
固溶处理	R	固溶处理	R
调质	T	调质 200~230HBW	T215
淬火	C	淬火 42~47HRC	C42
感应淬火	G	感应淬火 48~52HRC	G48
		感应淬火深度 0.8~1.6mm,48~52HRC	G0.8~48
调质感应淬火	T-G	调质 220~250HBW 感应淬火 48~52HRC	T235~G48
火焰淬火	H	火焰淬火 42~48HRC	H42
		火焰淬火深度 1.6~3.6mm,42~48HRC	H1.6-42

（续）

热处理工艺方法		热处理技术要求表示举例	
渗碳、淬火	S-C	渗碳淬火深度 0.8～1.2mm,58～63HRC	S0.8-C58
渗碳、感应淬火	S-G	渗碳感应淬火深度 1.0～2.0mm,58～63HRC	S1.0-G58
碳氮共渗、淬火	Td-C	碳氮共渗淬火深度 0.5～0.8mm,58～63HRC	Td0.5-C58
渗氮	D	渗氮深度 0.25～0.4mm,≥850HV	D0.3-850
调质、渗氮	T-D	调质 250～280HBW 渗氮深度 0.25～0.4mm,≥850HV	T265-D0.3-850
氮碳共渗	Dt	氮碳共渗≥480HV	Dt480

注：冷卷弹簧的定形、消除应力处理可用“Hh”表示。

第2章　钢的退火和正火

2.1　什么是退火？退火的目的是什么？

把钢加热到某一适当温度并保温，然后缓慢冷却的热处理方法，称为退火。根据退火的目的和工艺特点，可分为均匀化退火、再结晶退火、去应力退火、完全退火、不完全退火、等温退火和球化退火等。

退火的目的主要有以下几点：

1）降低硬度，改善可加工性。

2）细化晶粒，改善钢中碳化物的形态和分布，为最终热处理做好组织准备。

3）消除内应力，消除由于塑性变形加工、切削加工或焊接造成的内应力以及铸件内残留的内应力，以减小变形和防止开裂。

4）使碳化物球状化，降低硬度。

5）改善或消除钢在铸造、锻造和焊接过程中形成的各种组织缺陷，防止产生白点。

2.2　什么是均匀化退火？如何制订均匀化退火工艺？

均匀化退火也称扩散退火，是把钢加热到远高于 Ac_3 或 Ac_{cm} 的温度，经长时间保温，然后缓慢冷却的退火方法。

均匀化退火的加热温度为 Ac_3+(150~200)℃，保温时间为 10~20h，随炉缓冷至 350℃以下出炉。

2.3　什么是再结晶退火？如何制订再结晶退火工艺？

再结晶退火是将经过冷变形加工后的工件加热到再结晶温度以上，保温一段时间，使其组织发生再结晶，然后在空气或炉中冷却的退火方法。

再结晶退火的加热温度一般为 Ac_1-(50~150)℃。碳钢的再结晶退火加热温度一般为 600~700℃，保温时间一般为 1~3h，保温后空冷。温度太高，晶粒会明显长大；温度过低，再结晶过程不能完全进行，晶粒大小不均匀。

2.4　什么是去应力退火？如何制订去应力退火工艺？

去应力退火是为去除工件塑性变形加工、切削加工或焊接造成的内应力及铸件内存在的残余应力而进行的退火。

（1）加热温度　去应力退火的加热温度一般为 Ac_1-(100~200)℃。在这一温度下，工件的内部组织不发生变化。加热温度越高，内应力消除得越彻底。当温度超过600℃时，应力即可基本完全消除。机械加工中的去应力退火应在粗加工后、精加工之前进行，退火温度应取下限或更低些。对薄壁或焊接件，为防止其变形，退火温度应适当降低。对于淬火并回火或调质后的工件，去应力退火温度应低于回火温度，以免降低硬度和强度。

（2）保温时间　保温时间与工件大小及装炉量有关，一般为2~4h。

（3）冷却　保温后通常随炉冷至300℃以下出炉空冷。

2.5　什么是完全退火？如何制订完全退火工艺？

把钢加热到 Ac_3 以上温度，保温一段时间，然后缓慢冷却的退火方法称为完全退火。

（1）加热温度　碳钢完全退火的加热温度为 Ac_3+(30~50)℃，合金钢完全退火的加热温度为 Ac_3+(30~70)℃。这既可使奥氏体晶粒细化，又可使奥氏体均匀化。为改善低碳钢的可加工性，或使高合金钢的碳化物充分溶解，可适当提高奥氏体化温度，但过高的加热温度也是不可取的。

（2）保温时间　在箱式电炉中退火，保温时间可按有效厚度1.5~2.5min/mm计算，一般在2~3h之间。

（3）冷却方式　冷却速度一般为30~120℃/h。生产中通常采用随炉冷却方式，冷至500℃以下时组织转变已完成，即可出炉空冷。

完全退火主要用于亚共析钢中的碳钢和合金钢，包括铸钢件、锻轧件、焊接件等，不能用于过共析钢。

2.6　什么是不完全退火？如何制订不完全退火工艺？

不完全退火是将钢加热到 Ac_1 ~ Ac_{cm}（过共析钢）或 Ac_1 ~ Ac_3（亚共析钢）之间，保温后缓慢冷却的退火方法。

不完全退火的加热温度为 Ac_1+(40~60)℃，保温后随炉缓慢冷却到500℃以下空冷。保温和冷却工艺参数与完全退火相同。

不完全退火一般用于过共析钢的退火。

2.7　什么是等温退火？如何制订等温退火工艺？

等温退火是将钢加热到 Ac_1 或 Ac_3 以上温度，保温一定时间后迅速过冷到 A_1

以下某一温度，并保持一段时间，使其全部转变为珠光体组织后出炉空冷的退火方法。

（1）加热温度　等温退火的加热温度一般为：亚共析钢加热到 Ac_3+(30~50)℃，共析钢和过共析钢加热到 Ac_1+(20~40)℃。

（2）等温温度　根据所要求的性能从钢的奥氏体等温转变图上选择，一般为 Ar_1-(20~30)℃。等温温度越高，所得到的组织越粗，硬度越低。

（3）等温时间　由等温温度线与等温转变终了线的交点确定。由于工件大小、装炉量等因素的影响，为保证奥氏体全部转变，等温时间可长一些。通常，碳钢的等温时间为2~4h，合金钢的等温时间为3~6h。

（4）冷却方式　在等温过程中组织已完全转变，等温后空冷即可。

2.8　什么是球化退火？如何制订球化退火工艺？

使钢中的碳化物球状化的退火方法称为球化退火。

（1）加热温度　球化退火的加热温度为 Ac_1+(10~20)℃。如果加热温度过高，溶入奥氏体中的碳化物太多，则会降低球化的成核率，容易形成片状珠光体。如果加热温度过低，则珠光体中的片状碳化物溶解不够，部分片状碳化物可能因未溶解而保留下来，可能得到细粒状与片状混合的珠光体组织。

（2）保温时间　保温时间长短与工件的有效厚度、排列方式和装炉量大小等因素有关。由于球化退火的温度比完全退火低，故球化退火的保温时间应比完全退火稍长些。

（3）冷却方式　工件保温后以 20~40℃/h 的速度冷却至 500℃ 以下出炉空冷。

2.9　真空退火的主要目的是什么？如何制订真空退火工艺？

真空退火的主要目的是对高熔点的难熔金属及其合金进行回复再结晶，排除其中吸收的氢、氮和氧等气体，提高其延性和恢复热加工前的力学性能，同时防止氧化。

制订真空退火工艺时，除要正确选择加热温度、保温时间和冷却速度外，还要选择适当的真空度。

真空度的选择应依据金属或合金的氧化特性、去气要求和合金元素的蒸发情况等而定。

加热温度和冷却方式可按材料或工件的性能要求，参考大气下的常规工艺而定。

加热保温时间一般为空气加热炉保温时间的 2 倍。

真空除氢退火的保温时间应根据工件的截面厚度或直径而定，见表 2-1。

表 2-1 除氢退火的保温时间

工件的最大截面厚度或直径/mm	保温时间/h
≤20	1~2
>20~50	>2~3
>50	>3

部分钢种的真空退火工艺见表 2-2。

表 2-2 部分钢种的真空退火工艺

钢种	退火温度/℃	真空度/Pa	冷却方式
45	850~870	$1.33\times(10^{-1}\sim1)$	炉冷或气冷至 300℃出炉
40Cr	750~800	1.33×10^{-1}	炉冷或气冷至 200℃出炉
Cr12MoV	890~910	1.33×10^{-1} 以上	缓冷至 300℃出炉
W18Cr4V	870~890	1.33×10^{-1}	720~750℃等温 4~5h,炉冷
铁素体不锈钢	630~680	1.33×10^{-1}	气冷或 800~900℃缓冷
马氏体不锈钢	830~900	1.33×10^{-1}	气冷或缓冷
不锈钢(非稳定型)	1050~1150	$1.33\times(10^{-1}\sim1)$	快冷
不锈钢(Ti 或 Nb 稳定型)	1050~1150	$1.33\times(10^{-3}\sim10^{-2})$	快冷
空冷低合金模具钢	730~870	1.33	缓冷
高碳铬冷作模具钢	870~900	1.33	缓冷
W9~W18 热作模具钢	815~900	1.33	缓冷

2.10 退火操作时应注意什么?

1）退火时应注意工件的摆放位置，保证均匀加热，防止过热。使用煤气炉或火焰反射炉时，注意不要使喷嘴或火焰直接对工件加热。

2）轴类及细长杆类工件的退火应在井式炉中进行，垂直放置或吊挂，以防变形。

3）完全退火装炉时，一般中、小型碳钢和低合金钢工件，可不控制加热速度，直接装入已升温至退火温度的炉内；也可低温装炉，随炉升温。对于中、高合金钢或形状复杂的大件，可低温装炉，分段升温，并控制升温速度不超过 100℃/h。

4）大型工件的去应力退火，应低温装炉，缓慢升温，以防由于加热速度过快而产生热应力。

2.11 什么是正火？如何制订正火工艺？

正火是把钢加到 Ac_3（亚共析钢）或 Ac_{cm}（过共析钢）以上适当温度，保温后在空气中冷却的热处理方法。

（1）加热温度　亚共析钢正火的加热温度一般为 $Ac_3+(30\sim80)$℃，过共析钢正火的加热温度一般为 $Ac_{cm}+(30\sim80)$℃。

（2）保温时间　保温时间应根据工件的化学成分、形状和尺寸、加热温度、加热介质、加热方式、装炉量、堆放形式及处理目的等因素确定，应保证工件在规定的加热温度范围内保持足够的时间。

（3）冷却方式　正火工件的冷却一般为空冷。大型工件根据截面尺寸的大小，可采用风冷或喷雾冷却，以获得预期的组织和性能。

2.12　正火的操作要点是什么？

1）正火加热一般在箱式炉或井式炉中进行，大型工件可在台车炉内进行。

2）形状接近的工件可以同炉处理。

3）细长杆类及长轴类工件尽量采用吊装方式装炉，防止变形。若条件不具备时也可平放，但必须垫平。空冷时尽量放在平坦的地面上。

4）无论何种工件，在冷却时都要散开放置于干燥处空冷，不得堆放或重叠，不得置于潮湿处或有水的地方，以保证冷却速度均匀，硬度均匀。

5）对表面要求较高的工件，在正火加热时应采取防止氧化和脱碳的保护措施。

2.13　退火与正火常见缺陷产生的原因是什么？如何预防？

退火与正火常见缺陷产生的原因及预防方法见表2-3。

表2-3　退火与正火常见缺陷产生的原因及预防方法

缺陷名称	产生原因	预防方法
过烧	加热温度过高使晶界局部熔化	报废
过热	加热温度高，使奥氏体晶粒长大，冷却后形成魏氏组织或粗晶组织	完全退火或正火
硬度过高	冷却太快，生成的珠光体片层太薄，使硬度升高	重新加热，按工艺规定冷却，冷却速度不应大于120℃/h
出现粗大的块状铁素体	冷却速度太慢	冷却速度应控制在30℃/h以上
奥氏体晶界析出二次渗碳体	退火温度高，在缓慢冷却过程中，二次渗碳体会沿奥氏体晶界析出，并呈网状分布	过共析钢退火温度不可高于Ac_{cm}
组织中有网状碳化物	在球化退火前组织中有网状碳化物	在球化退火前应通过正火将网状碳化物消除
球化不均匀	1）球化退火前未消除网状碳化物，形成大块的残留碳化物 2）正火或球化退火工艺控制不当，出现片状碳化物	正火后重新球化退火
球化退火后硬度偏高	1）加热温度不当。加热温度太高，碳化物溶解太多或已全部溶解，在冷却过程中形成片状珠光体，使硬度偏高。如果加热温度过低，则碳化物溶解不够，得到的组织为点状珠光体或点状珠光体与片状珠光体的混合组织，也会使硬度偏高 2）冷却不当。冷却速度越大，碳化物颗粒越细小，弥散度越大，使硬度偏高 3）等温温度过低，从奥氏体中析出的细小碳化物颗粒弥散度很高，且聚集作用不够，使退火后的硬度偏高	正确调整球化退火的温度，严格控制工艺参数，重新退火
脱碳	工件表面脱碳层严重超过技术条件要求	在保护气氛中退火或复碳处理

第3章　钢的淬火和回火

3.1　什么是淬火？淬火的目的是什么？

淬火是把工件加热到 Ac_3 或 Ac_1 以上温度，保温一定时间，然后以适当方式冷却，以获得马氏体或（和）贝氏体组织的热处理工艺。

工件经淬火和回火处理后，其组织与淬火前相比发生了很大的变化，力学性能有很大的提高，可以充分地发挥材料的潜力，使工件具有良好的使用性能。

淬火的目的如下：

1）提高工件的力学性能，如硬度、强度、耐磨性、弹性极限等。

2）改善某些特殊钢种的物理性能或化学性能，如耐蚀性、磁性、导电性等。

3.2　什么是钢的淬透性？

钢的淬透性是指钢接受淬火的能力，表征钢试样在规定条件下淬硬深度和硬度分布的材料特性。不同钢种或不同大小的工件淬火后，从表面到心部马氏体组织的深度不同；不同钢种同样大小的工件，在相同热处理冷却条件下所得到的马氏体组织的深度也不相同。这就说明了接受淬火能力的大小，即淬透性的好坏。从表面到心部淬火马氏体组织的深度越深，钢的淬透性越好。

3.3　钢的淬透性与哪些因素有关？

钢的淬透性取决于过冷奥氏体的稳定性，或者说取决于钢的临界冷却速度，即过冷奥氏体越稳定，临界冷却速度就越小，钢的淬透性就越好。因此，凡是能增加过冷奥氏体稳定性的因素，如奥氏体化学成分、晶粒度和均匀化程度等，都可以影响钢的淬透性。但在这些因素中，起决定性作用的因素是化学成分中的合金元素，所以合金钢的淬透性比碳钢好。

3.4　什么是淬透性曲线？如何测定？

淬透性曲线能比较全面地反映钢的淬透性，在国际上被广泛采用。国家标准规定末端淬火法为淬透性的试验方法，如图 3-1 所示。将按规定加热条件加热的标准端淬试样（ϕ25mm×100mm）加热奥氏体化后，迅速在专用测试设备上对其下端进行喷水冷却。待试样冷透后取下，自距末端 1.5mm 处开始沿长度方向逐点测定硬度，然后在以硬度为纵坐标、至水冷端距离为横坐标的坐标图上，将各硬度点连接后即得到淬透性曲线。

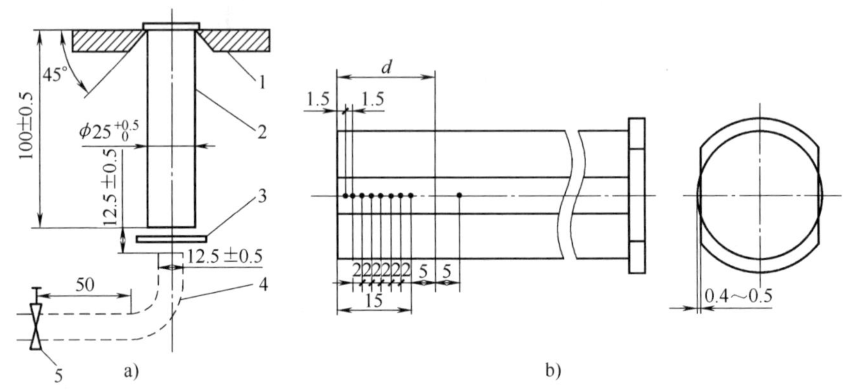

图 3-1　钢淬透性的末端淬火试验方法

a）试样及测试装置　b）硬度测量点的位置

1—定位装置　2—试样　3—圆盘　4—喷水管　5—快开阀门

每一种钢都有自己的淬透性曲线，可在相关手册中查阅。图 3-2 所示为 45 钢和 40Cr 钢的淬透性曲线。由该图可见，每种钢的淬透性曲线实际上是一个由两条曲线形成的淬透性带。这是由于化学成分的波动、晶粒度不同，以及组织上的差异而形成的。比较两种钢的淬透性曲线，可以看出：在至水冷端距离相同处，40Cr

相同淬火硬度的棒料直径 /mm	硬度部位	淬火
97	表面	水淬
28 51 74 97 122 147 170	距中心 3*R*/4	
18 31 41 51 61 71 81 91 99	中心	
20 46 64 76 86 97	表面	油淬
13 25 41 51 61 71 81 91 102	距中心 3*R*/4	
5 15 25 36 43 51 61 71 79	中心	

硬度 HRC：65 60 55 50 45 40 35 30 25 20

0 3 6 9 12 15 18 21 24 27 30 33 36 39 42 45

至水冷端的距离 /mm

a)

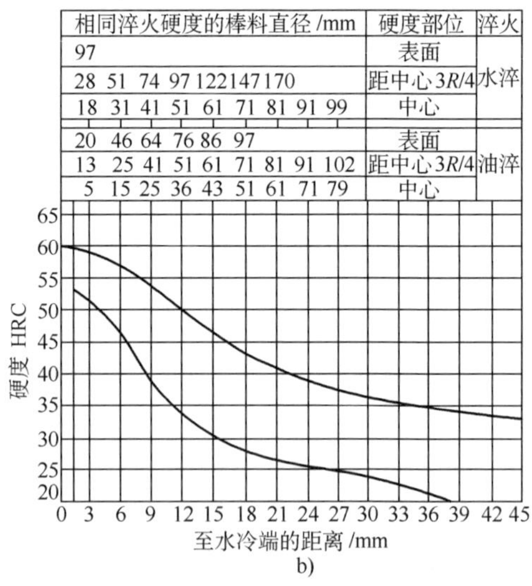

图 3-2　45 钢和 40Cr 钢的淬透性曲线

a）45 钢　b）40Cr 钢

钢的硬度比 45 钢高；在硬度相同时，40Cr 钢至水冷端的距离比 45 钢长。这说明前者比后者的淬透性好。淬透性曲线越平缓，钢的淬透性越好。淬透性曲线（带）是机械设计的重要依据之一。

3.5　什么是临界直径？

淬透性曲线是在末端淬火的条件下获得的，而在实际的热处理生产中却大多采用整体淬火，因此常用临界直径来衡量钢的淬透性，将端淬法获得的结果转换为临界直径。所谓临界直径，是指钢制圆柱试样在某种介质中淬火冷却后，中心能够得到全部马氏体或 50% 马氏体组织的最大直径，用 D_0 表示，如图 3-3 所示。D_0 越大，钢的淬透性越高。同一钢种在不同淬火冷却介质中的临界直径不同。

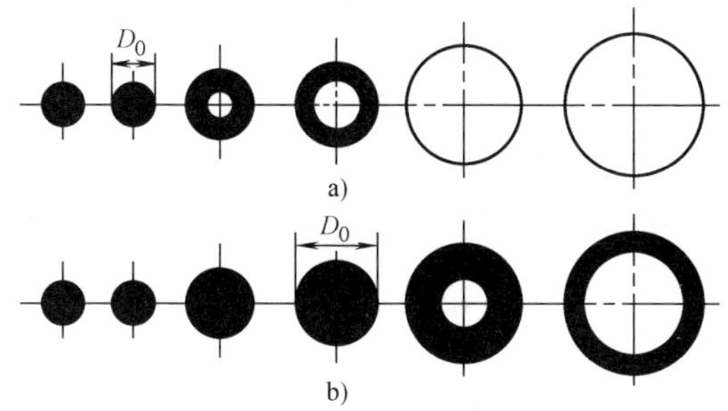

图 3-3　临界直径示意图

a）油淬　b）水淬

注：涂黑处表示淬硬区。

3.6　淬透性在生产实践中有何重要意义？

淬透性对钢材的合理使用及热处理工艺的制订都有重要意义。由于零件的工作状态不同，技术条件不同，因此对淬透性的要求也不同。某些零件要求完全淬透，使其沿截面的组织一致，力学性能一致；另一些零件则要求心部和表面的性能不同，因而不需要完全淬透。

在调质状态下，合金钢与相同碳含量的碳素钢相比，往往在相同强度下具有较高的塑性和韧性，或塑性相同时具有较高的强度，或强度、塑性和韧性都较高。调质用合金钢与碳素钢在完全淬透的情况下，经高温回火至相同硬度时，它们的力学性能大致相同。但在不完全淬透的情况下，虽经回火至相同的硬度，其综合力学性能也比完全淬透者差。因此，钢在回火后的力学性能与钢的淬透程度或截面大小有关。

在实际应用中，应根据工件对力学性能的不同要求来选择钢材。为使工件在整个截面上的力学性能保持一致，应根据工件直径的大小和所用的淬火冷却介质，选择能够淬透的钢种。当工件的有效直径较大时，可选择淬透性较好的钢种，淬火时可在冷却速度比较缓慢的淬火冷却介质中淬硬，这对减小淬火应力、防止变形和开裂非常有利。由于马氏体转变时体积的变化较大，产生的淬火应力也大，因而产生畸变的可能性也大。对于要求变形小或中心部分需要保持韧性的工件，可选择淬透性低的钢。

3.7 什么是钢的淬硬性？它与哪些因素有关？

淬硬性是指钢在理想条件下淬火所能达到的最高硬度。

淬硬性主要取决于钢的碳含量，碳含量越高，淬火后的硬度越高；而合金元素对淬硬性的影响则不大。淬硬性和淬透性是两个不同的概念，淬硬性指的是钢淬火后的硬度，而淬透性指的是钢淬硬层的深度。淬硬性高的钢，淬透性不一定就好；而淬硬性低的钢，也可能具有好的淬透性。

钢在淬火时，并不是各种工件都能达到最高淬火硬度，而是随着工件有效厚度的增加，淬火后的硬度逐渐降低。

3.8 什么是理想淬火冷却曲线？

淬火时，需将奥氏体化的工件放入淬火冷却介质中激冷，使工件的冷却速度大于临界冷却速度，以获得马氏体组织和足够深的淬硬层；同时，又要防止畸变和开裂。因此，希望在奥氏体等温转变图的“鼻尖”以上温度区间缓慢冷却，以减小因激冷所产生的热应力；在“鼻尖”处具有保证奥氏体不发生分解的较快的冷却速度；而在马氏体转变时，冷却速度应尽量慢些，以减小组织转变应力。这样的冷却曲线称为理想冷却曲线，如图 3-4 所示。理想冷却曲线为合理选择淬火冷却介质和冷却方法提供了依据。

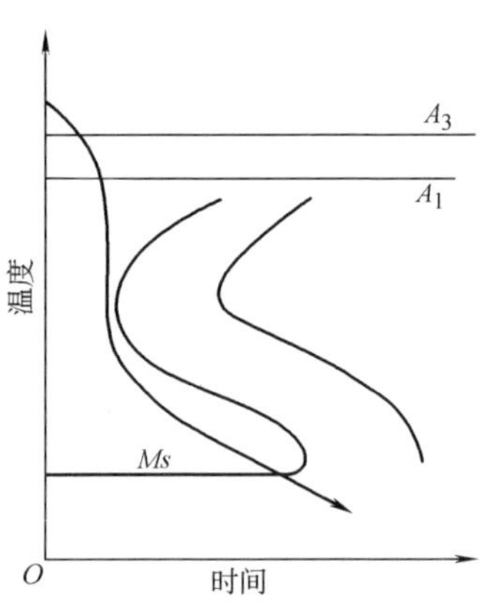

图 3-4 理想冷却曲线示意图

3.9 如何实现理想淬火冷却曲线？

淬火冷却介质对工件的冷却应尽可能接近理想冷却曲线。但不同钢种奥氏体最不稳定的温度区间不同，理想冷却曲线因不同钢种的奥氏体等温转变图不同而存在差异，因此想要得到能适应各种钢材及不同尺寸工件的淬火冷却介质是不可能的，一种淬火冷却介质只能适应某类钢材的某一温度区间的冷却特性。要实现理想冷却曲线，可对几种不同淬火冷却介质进行组合，常见的介质组合如空气预冷—水淬—油冷等。

3.10 如何选择钢的淬火温度？

淬火温度主要取决于钢的化学成分，再结合具体工艺因素综合考虑决定，如工件的尺寸与形状、钢的奥氏体晶粒长大倾向、加热方式及冷却介质等。

碳钢的淬火温度范围如图 3-5 所示。

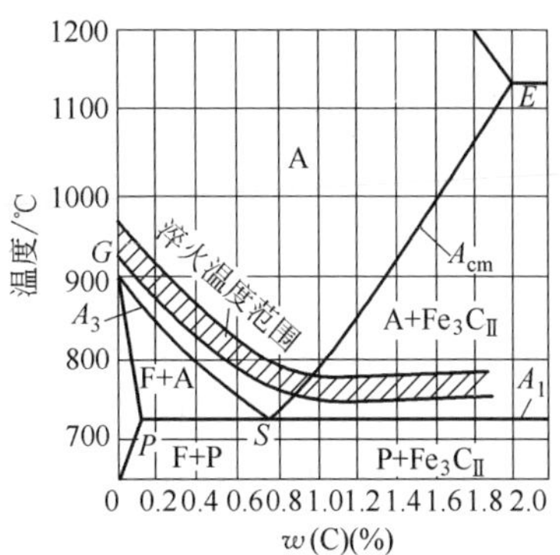

图 3-5　碳钢的淬火温度范围

1）亚共析钢淬火温度为 Ac_3+(30~50)℃。亚共析钢加热到这一温度范围时，钢中的铁素体完全溶于奥氏体中，成为细晶粒奥氏体，淬火后便得到晶粒细小的马氏体。若加热温度过高，奥氏体晶粒容易长大，淬火后便得到粗针状马氏体，使钢的性能变差，且淬火时容易出现变形和开裂现象。如果加热温度在 Ac_1 和 Ac_3 之间，铁素体不能完全溶入奥氏体，淬火后便被保留下来，得到的组织为马氏体+铁素体。由于铁素体硬度很低，强度也很低，不能使钢达到要求的力学性能，所以亚共析钢的淬火温度一般选择在 Ac_3+(30~50)℃之间。

2）过共析钢的淬火温度为 Ac_1+(30~50)℃。在此温度加热，过共析钢的组织为奥氏体和渗碳体，淬火后的组织是马氏体和渗碳体，且颗粒细小的渗碳体均匀地分布在马氏体的基体上。由于渗碳体的硬度比马氏体更高，从而增加了钢的耐磨性。这对提高工具钢的耐磨性能尤为重要。如果加热温度在 Ac_{cm} 以上，渗碳体就会完全溶于奥氏体中，并使奥氏体晶粒长大，提高了奥氏体的稳定性，淬火后得到粗大的马氏体和较多的残留奥氏体，不仅使钢的脆性增加，而且使淬火硬度下降，耐磨性降低；同时增加了氧化、脱碳和畸变、开裂的倾向。因此过共析钢不能采用过高的加热温度。但是，过低的加热温度也是不可取的，会使奥氏体的稳定性下降，容易分解为非马氏体组织，影响淬火后的硬度。

3）共析钢的淬火温度与过共析钢相同。

4）合金钢的淬火温度范围为 Ac_1 或 Ac_3+(30~50)℃。

5）高速钢、高铬钢及不锈钢应根据要求合金碳化物溶入奥氏体的程度来选定淬火温度。

6）对于过热敏感性强的钢（如锰钢）及脱碳敏感性强的钢（如钼钢），不宜选取上限温度。

此外，在空气炉中加热比在盐浴炉中加热一般高 10~30℃，采用油、硝盐作为淬火冷却介质时，淬火温度应比水淬提高 20℃左右。

3.11　如何计算淬火加热时间？

在生产中，一般将空炉加热到预定的工艺温度，工件入炉后炉温有所下降，待炉温回升到工艺温度后，保温一段时间，然后出炉。从工件入炉到炉温回升至工艺温度所需的时间为升温时间。在工艺温度保持的时间，称为保温时间。保温时间包括工件表面加热到工艺温度所需的时间（仪表指示温度刚到温时，工件表面并未到温）、透热时间和完成组织转变所需的时间。通常，加热时间指工件入炉到出炉所经过的时间，即包括升温时间和保温时间。

加热时间与设备的功率、加热介质、装炉量、装炉方式、装炉温度及工件的有效厚度、化学成分等因素有关。

加热时间可按下列经验公式计算：

$$\tau=\alpha KH \tag{3-1}$$

式中　τ——加热时间（min）；

α——加热时间系数（min/mm），参照表 3-1 选取；

K——工件装炉方式修正系数，根据表 3-2 选取；

H——工件有效厚度（mm）。

表 3-1　加热时间系数 α　　（单位：min/mm）

钢种	工件直径/mm	<600℃气体介质炉中预热	800～900℃气体介质炉中加热	750～850℃盐浴炉中加热或预热	1100～1300℃盐浴炉中加热
碳素钢	≤50	—	1.0～1.2	0.3～0.4	—
	>50	—	1.2～1.5	0.4～0.5	—
低合金钢	≤50	—	1.2～1.5	0.45～0.5	—
	>50	—	1.5～1.8	0.5～0.55	—
高合金钢	—	0.35～0.4	—	0.3～0.35	0.17～0.2
高速钢	—	—	0.65～0.85	0.3～0.35	0.16～0.18

表 3-2　装炉方式修正系数 K

装炉方式	修正系数	装炉方式	修正系数
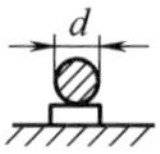 d	1.0	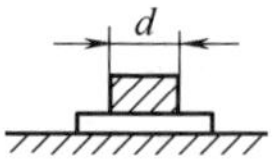 d	1.0
	1.0	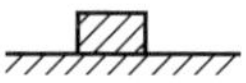	1.4
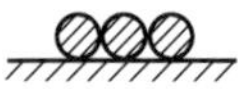	2.0	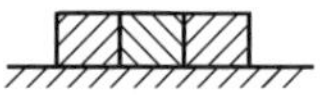	4.0
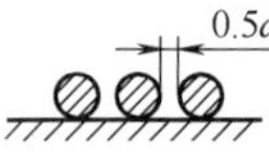 $0.5d$	1.4	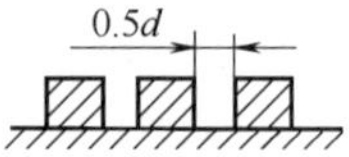 $0.5d$	2.2
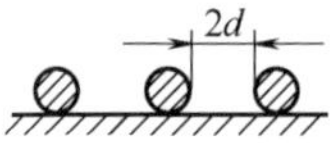 $2d$	1.3	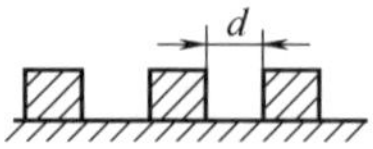 d	2.0
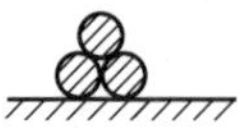	1.7	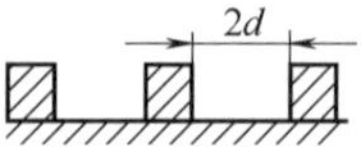 $2d$	1.8

生产实践表明，传统的加热时间计算方法比较保守，可根据具体情况适当缩短。

3.12 如何确定工件的有效厚度？

工件有效厚度的计算方法如图 3-6 所示。

1）轴类工件以直径为有效厚度。

2）板状或盘状工件以厚度为有效厚度。

3）实心圆锥体工件以离大端 1/3 高度处的直径为有效厚度。

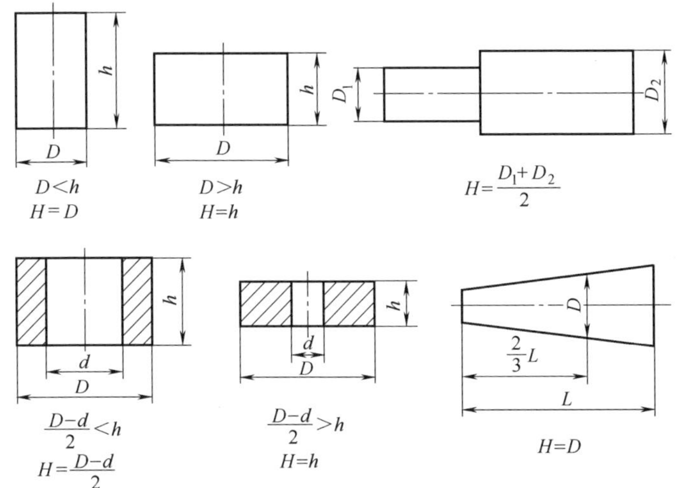

图 3-6 工件有效厚度的计算方法

4）套筒类工件壁厚小于高度时，以壁厚为有效厚度；壁厚大于高度时，以高度为有效厚度。内外径之比小于 1∶7 时，以外径为有效厚度。

5）阶梯轴或截面有突变的工件，以最大值径或最大截面为有效厚度。

6）形状复杂的工件以主要部分尺寸为有效厚度。

3.13 从节能角度考虑的加热时间是如何计算的？

这种计算方法是将工件按截面大小分为厚件和薄件，薄件的厚度最大可达 280mm。对钢而言，绝大部分钢材和制品为薄件，都可以认为表面到温后，表面和心部的温度基本一致，也就是说无须考虑均温时间。因此，工件总加热时间 $\tau_{加}$ 为升温时间 $\tau_{升}$ 和保温时间 $\tau_{保}$ 之和，即

$$\tau_{加}=\tau_{升}+\tau_{保} \tag{3-2}$$

根据斯太尔基理论公式，工件升温时间 $\tau_{升}=KW$，故

$$\tau_{加}=KW+\tau_{保} \tag{3-3}$$

式中 K——加热系数，与工件的形状、表面状态、尺寸、加热介质、加热炉次等

因素有关；

W——工件几何指数，$W=V/A$，V 为工件体积，A 为工件表面积。

与 $\tau_{升}$ 比较，$\tau_{保}$ 是一个较短的时间，它取决于钢的成分、组织状态和物理性能。对于碳素钢和一部分合金结构钢，$\tau_{保}$ 可以是零；对合金工具钢、高速钢、高铬模具钢和其他高合金钢，可根据碳化物溶解程度和固溶体的均匀化要求来具体考虑。为了简化计算，可适当增大 K 值，使 $\tau_{加}$ 的计算式简化为

$$\tau_{加}=KW \tag{3-4}$$

式中　K——修正后的加热系数。

不同形状工件在空气炉和盐浴炉中加热时的 K、W 值和加热时间，见表 3-3。

表 3-3　钢件加热时间计算表

炉型		圆柱	板	薄管 ($\delta/D<1/4, L/D<20$)	厚管 ($\delta/D\geqslant 1/4$)
盐浴炉	$K/(\text{min/mm})$	0.7	0.7	0.7	1.0
	W/mm	$(0.167\sim0.25)D$	$(0.167\sim0.5)B$	$(0.25\sim0.5)\delta$	$(0.25\sim0.5)\delta$
	KW/min	$(0.117\sim0.175)D$	$(0.117\sim0.35)B$	$(0.175\sim0.35)\delta$	$(0.25\sim0.5)\delta$
空气炉	$K/(\text{min/mm})$	3.5	4	4	5
	W/mm	$(0.167\sim0.25)D$	$(0.167\sim0.5)B$	$(0.25\sim0.5)\delta$	$(0.25\sim0.5)\delta$
	KW/min	$(0.6\sim0.9)D$	$(0.6\sim2)B$	$(1\sim2)\delta$	$(1.25\sim2.5)\delta$
备注		L/D 值大取上限，否则取下限	L/B 值大取上限，否则取下限	L/δ 值大取上限，否则取下限	L/D 值大取上限，否则取下限

注：D—工件外径（mm）；B—板厚（mm）；δ—管壁厚度（mm）；L—工件长度（mm）。

上述计算方法适用于单个工件或少量工件在炉内间隔排放（工件间距离$>D/2$）加热。堆放加热时，超过一定的堆放量，此法计算会产生较大出入。

3.14　工模具钢在盐浴及气体介质炉中的加热时间如何计算？

工模具钢在盐浴及气体介质炉中的加热时间见表 3-4。

表 3-4　工模具钢的淬火加热时间

钢　种	盐浴炉		空气炉、可控气氛炉
	有效厚度/mm	加热时间/min	加热时间系数
热锻模具钢	5	5~8	厚度<100mm，20~30min/25mm 厚度>100mm，10~20min/25mm （800~850℃预热）
	10	8~10（800~850℃预热）	
	20	10~15	
	30	15~20	
	50	20~25	
	100	30~40	

（续）

钢种	盐浴炉		空气炉、可控气氛炉
	有效厚度/mm	加热时间/min	加热时间系数
冷变形模具钢	5	5～8	厚度<100mm，20～30min/25mm 厚度>100mm，10～20min/25mm （800～850℃预热）
	10	8～10（800～850℃预热）	
	20	10～15	
	30	15～20	
	50	20～25	
	100	30～40	
刃具模具用非合金钢、合金工具钢	10	5～8	厚度<100mm，20～30min/25mm 厚度>100mm，10～20min/25mm （500～550℃预热）
	20	8～10（500～550℃预热）	
	30	10～15	
	50	20～25	
	100	30～40	

3.15 什么是加热时间的“369法则”？

加热时间的“369法则”是由大连圣洁热处理技术研究所等单位通过研究、试验，总结出的热处理加热时间计算法则，是在传统保温时间计算方法（$\tau=\alpha KH$）的基础上缩短至30%、60%和90%的方法。生产实践表明，该法则节约能源，降低成本，提高了产品质量和生产率。淬火加热保温时间的“369法则”见表3-5。

表3-5 淬火加热保温时间的“369法则”

炉型	项目		保温时间	备注
空气炉	钢种	碳素钢和刃具模具用非合金钢（45、T7、T8等）	传统保温时间的30%	
		合金结构钢（40Cr、35CrMo、40MnB等）	传统保温时间的60%	
		高合金工具钢（9SiCr、CrWMn、Cr12MoV、W6Mo5Cr4V2等）	传统保温时间的90%	
		特殊性能钢（不锈钢、耐热钢、耐磨钢等）	合金工具钢传统保温时间的90%	
	工件类型	中小型工件（有效尺寸≤0.5m）预热和加热 大型工件（有效直径≥1m）调质处理	$t_1=3D$ $t_2=6D$ $t_3=9D$	t_1、t_2、t_3的单位为h D的单位为m
密封箱式多用炉	总质量 G/kg	300～600	$t_1=t_2=t_3=30\text{min}+1\text{min/mm}\times D$	D的单位为mm
		>600～900	$t_1=t_2=t_3=60\text{min}+1\text{min/mm}\times D$	
		>900	$t_1=t_2=t_3=90\text{min}+1\text{min/mm}\times D$	

注：1. G为装炉总质量，包括工件、料筐、料架及料盘的所有质量。

2. t_1、t_2和t_3分别为第一次预热时间、第二次预热时间和最终保温时间。

3. D为工件有效厚度。

3.16　什么是双介质淬火?

双介质淬火是将工件加热至奥氏体化后，先淬入冷却能力较强的介质中，在组织即将发生马氏体转变时立即转入冷却能力弱的介质中冷却的淬火方法，如图3-7所示。加热至奥氏体化的工件在一种冷却能力较强的介质中冷却，快速绕过奥氏体等温转变图的“鼻尖”，以抑制奥氏体的分解，在冷到400℃～*Ms*点区间时，迅速移入另一种冷却速度较慢的淬火冷却介质中，使奥氏体在缓慢的冷却过程中完成马氏体转变。双介质淬火可以在保证工件淬硬的同时，有效地减小畸变和防止开裂。最常用的是水（或盐水）—油、水（或盐水）—空气双介质淬火。

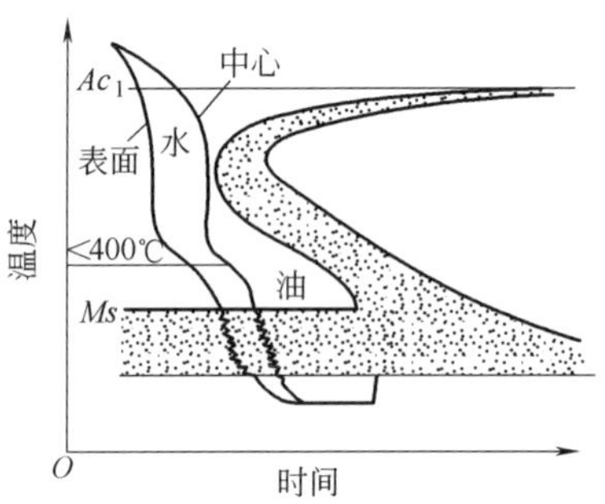

图3-7　双介质淬火工艺的冷却曲线

3.17　进行水—油双介质淬火时，如何控制工件在水中停留的时间?

水—油双介质淬火常用于碳素钢的淬火，在过冷奥氏体不稳定阶段，进行快速冷却，在低温区进行缓慢冷却，有利于防止工件的淬火变形和开裂；但操作不当，会产生硬度不足或变形、开裂的危险。这里，关键是掌握好工件在水中停留的时间。根据经验，将确定工件在水中停留时间的方法归纳如下：

（1）计算法　一般按3～5mm/s计算。高碳钢和形状复杂的工件水冷时间应取下限，中碳钢及形状简单的工件水冷时间取上限。

（2）水声法　工件淬入水中后会立即发出“丝丝……”的响声，在声音由强变弱即将消失之前，立即转入油中冷却。

（3）振动法　工件淬入水中，在发出响声的同时，会产生振动，并通过淬火工具（钩、钳等）传到手上，有种振动感，当振动大为减弱时即出水入油。

3.18　什么是分级淬火?如何制订分级淬火工艺?

分级淬火也称马氏体分级淬火，是把工件加热奥氏体化后，浸入温度稍高于或稍低于*Ms*点的热浴中保持适当时间，待工件整体达到介质温度后，取出空冷，以获得马氏体的淬火方法，如图3-8所示。分级淬火对于减小畸变和防止开裂，比双介质淬火更有效。

分级淬火的关键是分级盐浴的冷却速度一定要大于临界冷却速度，并能使工件保证获得足够的淬硬层深度。不同钢种在分级淬火时，其临界直径不同，但都比水淬和油淬的要小。因此，分级淬火不适用于大截面碳素钢和低合金钢工件的淬火。

（1）分级淬火加热温度　分级淬火加热温度可比正常淬火加热温度提高10～20℃，以增加奥氏体的稳定性，防止其分解为珠光体。

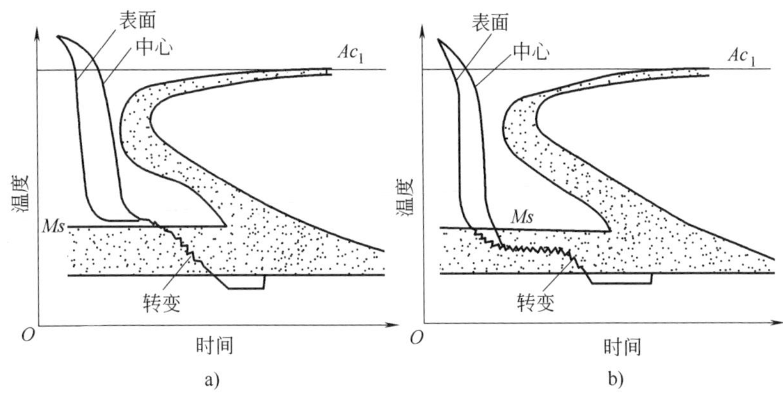

图 3-8　分级淬火工艺的冷却曲线
a）高于 *Ms* 点的分级淬火　b）低于 *Ms* 点的分级淬火

（2）分级温度　对于淬透性高的合金钢，其分级温度为 *Ms*+10~30℃，以减小淬火应力。对于要求淬火硬度较高、淬硬层较深的工件，应选用较低的分级温度；截面较大的工件分级温度应取下限；形状复杂、畸变要求较严格的小型工件应取分级温度的上限。

（3）分级时间　可用以下经验公式估算分级时间（s）：

$$\text{分级时间} = 30+5H \tag{3-5}$$

式中　*H*——工件有效厚度（mm）。

截面较小的工件的分级时间一般为 1~5min。

（4）分级淬火冷却介质　分级淬火冷却介质一般为硝盐浴或碱浴。

对于形状复杂、畸变要求严格的高合金工具钢，可采用多次分级淬火，如二次分级淬火或三次分级淬火。分级温度应尽量选择在过冷奥氏体稳定性较大的温度区间，以防止发生非马氏体转变。

常用钢的分级淬火工艺见表 3-6。

表 3-6　常用钢的分级淬火工艺

牌号	淬火温度/℃	淬火冷却介质	淬火后硬度 HRC	备注
45	820~830	水	>45	<12mm 可淬硝盐
	860~870	160℃硝盐或碱浴	>45	<30mm 可淬碱浴
40Cr	850~870	油或 160℃硝盐	>45	
65Mn	790~820	油或 160℃硝盐	>55	
T12	770~790	水	>60	<12mm 可淬硝盐
	780~820	180℃硝盐或碱浴		<30mm 可淬碱浴
T7、T8	800~830	水	>60	<12mm 可淬硝盐
		160℃硝盐或碱浴		<25mm 可淬碱浴
3Cr2W8	1070~1130	油或 580~620℃分级	46~55	
W18Cr4V	1260~1280	油或 600℃分级	>62	

3.19　什么是等温淬火？它与分级淬火有何不同？

等温淬火也称贝氏体等温淬火，是将奥氏体化后的工件淬入温度稍高于 *Ms* 点的热浴中，保持足够的时间，使奥氏体完全转变为下贝氏体，然后在空气中冷却的淬火方法，如图 3-9 所示。

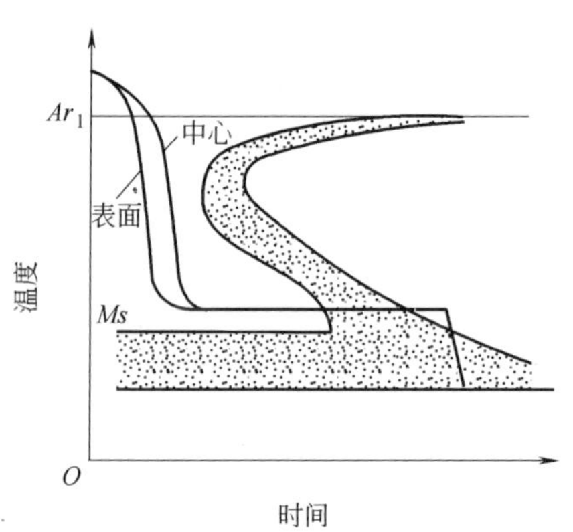

图 3-9　等温淬火工艺的冷却曲线

与分级淬火的不同之处在于，等温淬火在稍高于 *Ms* 点的热浴中保持的时间足够长，直到奥氏体全部转变为下贝氏体；而分级淬火时，在热浴中保持的时间仅使其过冷到与热浴温度相同的温度而已，组织转变是在空气中进行的。工件经等温淬火后不但可获得较高的硬度（共析钢为 56~58HRC），还能保持很高的韧性。

3.20　如何制订等温淬火工艺？

（1）淬火温度　等温淬火温度与普通淬火温度相同。尺寸较大的工件可适当提高淬火温度，淬透性较差的碳钢和低合金钢也可适当提高淬火温度。

（2）等温温度　等温温度一般为 *Ms*+0~30℃，尺寸较大的工件等温温度应取下限，也可将工件淬入温度较低的分级盐浴中保持较短时间，然后转入等温盐浴中。几种常用钢的等温温度见表 3-7。

表 3-7　几种常用钢的等温温度

牌号	等温温度/℃	牌号	等温温度/℃
65	280~350	T12	210~220
55Si2	330~360	9SiCr	260~280
65Si2	270~340	3Cr2W8	280~300
65Mn	270~350	Cr12MoV	260~280
30CrMnSi	320~400	W18Cr4V	260~280

（3）等温时间　等温时间 τ 由下式计算：

$$\tau=\tau_1+\tau_2+\tau_3 \tag{3-6}$$

式中　τ_1——工件从淬火温度冷却到盐浴温度所需时间；

τ_2——均温时间；

τ_3——从等温转变图上查出来的转变所需要的时间。

（4）冷却　等温后一般在空气中冷却，以减小淬火应力。

3.21 什么是亚温淬火?

亚共析钢制工件加热到 $Ac_1 \sim Ac_3$ 温度区间，淬火后获得马氏体和铁素体组织的淬火工艺，称为亚温淬火。铁素体的存在，可提高钢的高低温韧性，降低临界脆化温度，抑制高温可逆回火脆性。亚温淬火适用于低、中碳钢及低合金结构钢。

3.22 什么是快速加热淬火?

快速加热淬火是指预先将炉温升高到正常的淬火温度以上，然后将工件装入炉中，并停止供热，当炉温下降到淬火温度时，继续向炉中供热，并在淬火温度下保温，待工件烧透后实施淬火的热处理工艺。快速加热淬火工艺如图 3-10 所示。

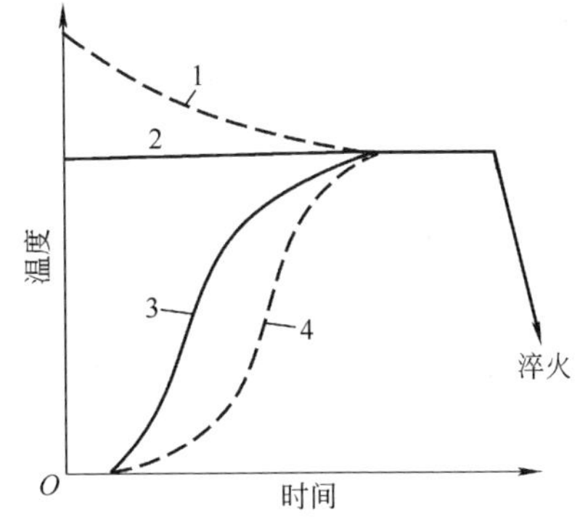

图 3-10 快速加热淬火工艺
1—炉温变化曲线 2—淬火温度
3—工件表面升温曲线 4—工件心部升温曲线

快速加热淬火时炉温比正常的淬火温度一般高出 100~200℃，应根据工件的大小和装炉量合理选择炉温，并严格控制加热时间，以防工件过热。快速加热淬火法适用于中、低碳钢及低合金钢。当炉温为 950~1000℃时，工件在气体介质炉中的加热系数为 0.5~0.6min/mm，在盐浴炉中的加热系数为 0.18~0.20min/mm。

快速加热淬火法的特点是可以缩短淬火加热时间，提高生产率，并能保证工件的淬火硬度。

3.23 如何正确地选择工件淬入冷却介质的方式?

工件淬火时，必须注意淬入冷却介质的方式，否则，各部分冷却速度不一致，不仅容易出现硬度不均或硬度不足的现象，还会造成很大的内应力，可能使工件产生畸变或开裂。

工件淬入冷却介质的方式与其形状有很大关系，可遵循以下几个原则：

1）轴类、杆类及筒状工件应轴向垂直浸入淬火冷却介质中。

2）板状工件应垂直浸入淬火冷却介质中。

3）圆盘状工件应使其轴向保持水平浸入淬火冷却介质。

4）截面不同或厚薄不均的工件，尺寸大的部分先浸入淬火冷却介质中，以免开裂。

5）有凹槽或有不通孔的工件应将凹槽或不通孔朝上浸入淬火冷却介质中，以利于蒸汽的排出。

6）薄刃工件应使整个刃口先行同时浸入。薄片件垂直浸入，大型薄件应快速垂直浸入。速度越快，畸变越小。

7）截面为半圆形或梯形的工件，应向截面上底边的一侧倾斜，再浸入淬火冷却介质中。

8）截面为 T 形或十字形的工件，应沿与截面垂直的方向浸入淬火冷却介质中。

9）尖角处带孔的工件，在不影响技术条件要求的前提下，可先将尖角处蘸一下水降温，然后整体浸入淬火冷却介质中。

10）工件浸入淬火冷却介质中，应以上下运动为主，再配合适当横向移动，以提高工件的冷却速度。

11）长方形带通孔的工件，应垂直淬入，以利于孔附近部位的冷却。

工件淬入冷却介质的方式如图 3-11 所示。

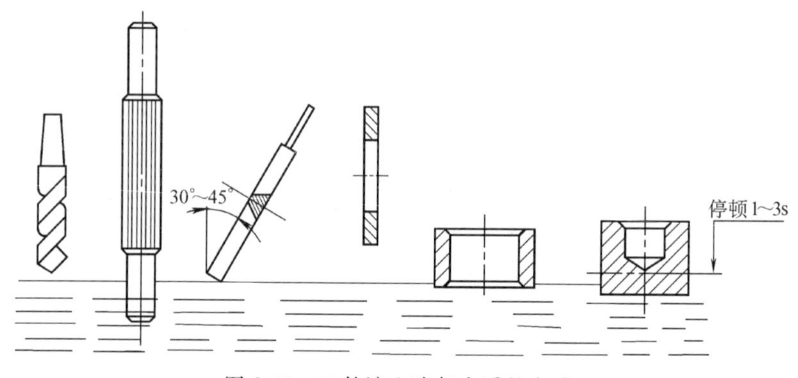

图 3-11 工件淬入冷却介质的方式

3.24 什么是模压淬火？

工件奥氏体化后，在特定夹具中紧压，靠夹具本身冷却淬火，或在夹具中紧压后，在某种淬火冷却介质中冷却淬火，称为模压淬火。

模压淬火可有效控制工件的畸变。

模压淬火适用于薄片、薄板等小型工件及盘形齿轮、细杆件的淬火。

3.25 超高温淬火为什么能提高断裂韧度？

合金结构钢超高温淬火的加热温度一般为 1200℃（比常用的加热温度约高 300℃）。为了使工件在冷却时不开裂，常预冷到 870℃保温较短时间，再投入油中冷却。合金结构钢经过超高温淬火后，其常规力学性能（R_m、A）与常规淬火很相近，而断裂韧度 K_{IC} 却提高了 60%，见表 3-8。超高温淬火使钢具有很高的强韧性，其主要原因是：得到的组织为板条状马氏体，马氏体板条之间有韧性较高的残留奥氏体；超高温加热时，合金碳化物可全部溶解，避免了第二相在晶界上形核，从而降低了脆性，提高了韧性。

表 3-8 超高温淬火和常规淬火的断裂韧度 K_{IC}

工艺	$K_{IC}/MPa\cdot m^{1/2}$		
	盐水冷	水冷	油冷
870℃淬火	开裂	开裂	142
1200℃直接淬火	开裂	开裂	240
1200℃预冷至870℃淬火	220	217	227

3.26 如何根据淬透性制订淬火工艺？

根据淬透性制订淬火工艺的步骤见表 3-9。

表 3-9 根据淬透性制订淬火工艺的步骤

序号	步骤方法	示例
1	材料牌号、工件尺寸、力学性能检测部位、力学性能要求	42CrMo 钢、直径 ϕ90mm(无限长)，力学性能检测部位：距离中心 $R/2$(R 为半径)部位，抗拉强度 $R_m \geq$ 900MPa，屈服强度 $R_{eL} \geq$700MPa
2	化学成分(质量分数，%)	C0.41，Si0.30，Mn0.70，Cr1.0，Mo0.20
3	端淬数据获取：测量、计算、资料	计算的端淬数据
4	计算等效端淬距离	假设在中等搅动程度下水的淬冷烈度 $H=1.3$，计算距离中心 $R/2$ 部位的等效端淬距离 $E=17$mm，对应硬度为 48HRC
5	计算淬火不完全度 S	$S=H_Q/H_{max}$，其中，H_{max} 表示在该钢成分下可能达到的最大淬火硬度，H_Q 表示该钢实际淬火时所获得的淬火硬度，例如，$H_{max}=57$HRC，$H_Q=48$HRC，$S=48/57=0.812$
6	计算 R_{eL} 值	计算回火后的 $R_{eL}=739$MPa，$R_m=900$MPa
7	换算达到 R_m 所对应的硬度	按照 GB/T 1172 换算，R_m = 900MPa 的对应硬度为 29HRC
8	确定浸液时间	奥氏体化温度为 850℃，距离中心 $R/2$ 部位冷却到 270℃时的水淬浸液时间为 168s
9	给出淬火冷却工艺	奥氏体化温度为 850℃，中等搅动程度下浸水 168s 后出水空冷

3.27 如何设计淬火工装夹具？

为保证淬火质量，工装夹具的设计和应用必不可少，应根据不同工件合理设计，正确使用。工装夹具的设计应以加热均匀、变形最小、装卸方便、结实耐用为原则。细长工件以吊挂为主，单件或小批生产的工件可根据工件特点，采用铁丝绑扎的方法，大批量生产的工件应设计多件同时加热用的吊架或吊筐。常用淬火工装夹具如图 3-12 所示。常见工件绑扎方法如图 3-13 所示。

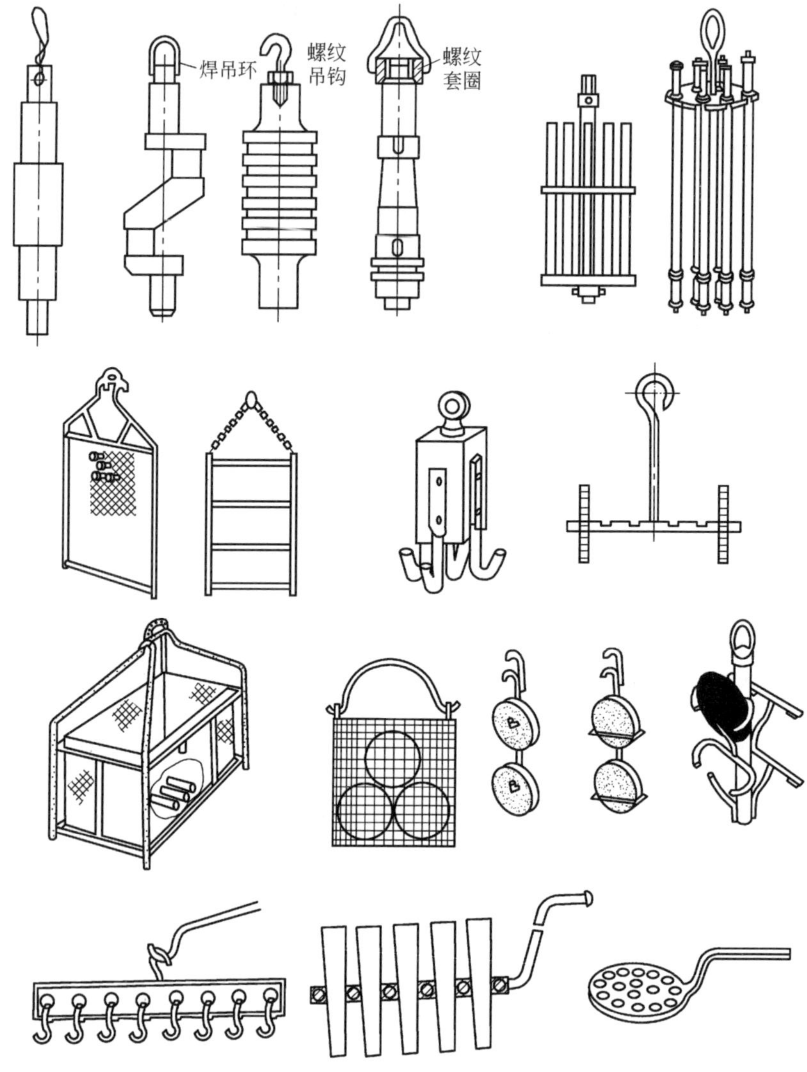

焊吊环
螺纹
吊钩
螺纹
套圈

图 3-12　常用淬火工装夹具

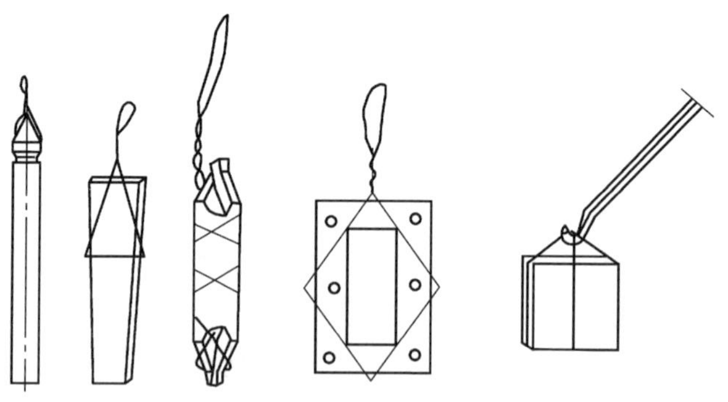

图 3-13　常见工件绑扎方法

3.28　如何对工件易开裂的部位及不需要淬硬的部位进行保护？

对工件不通孔、键槽、轴肩、尖角、薄壁等易开裂的部位及不需要淬硬的部位，可用黏土或石棉堵塞，用薄铁皮包裹，或用铁丝、石棉绳和石棉布包扎，如图 3-14 所示。

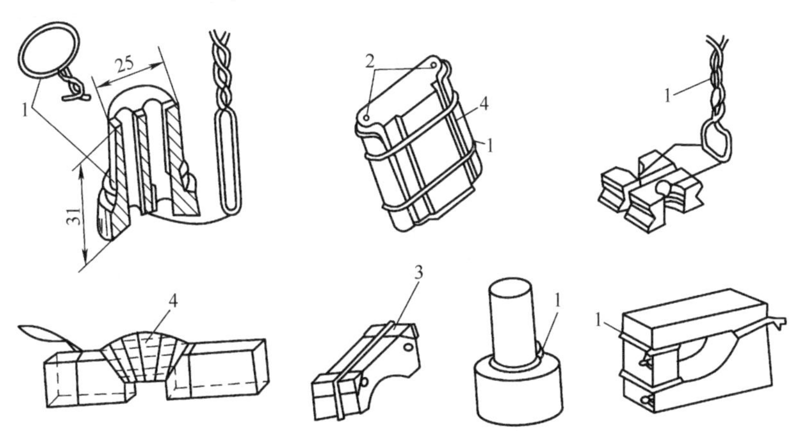

图 3-14　易开裂和不需要淬硬部位的保护

1—铁丝或石棉丝　2—黏土　3—薄铁皮　4—石棉布

3.29　为防止工件氧化和脱碳，一般采取哪些措施？

为防止氧化和脱碳，工件的加热应在经过脱氧的盐浴炉、可控气氛炉、真空炉中进行，感应加热也可实现少无氧化加热。

以空气为加热介质时，防止氧化和脱碳的常用方法有以下几种：

（1）喷撒法　炉温到达工作温度后，将工件装入炉中，即向炉内喷射或泼洒 QW-F1 钢材加热保护剂，也可将工件浸入保护剂后再入炉。

（2）装箱法　工件装入铁箱中，再以铸铁屑、木炭或焦炭填充，加盖密封，然后放入炉中加热。

（3）浸沾法　将质量分数为 6%的硼砂与质量分数为 94%的乙醇混合后，形成硼砂乙醇溶液。将工件浸沾溶液后，再装入炉中，可防止氧化。

（4）涂料法　用防氧化涂料涂覆于工件表面，使其与炉气隔绝，起到防止氧化和脱碳的作用。常用防氧化涂料主要由硅酸盐（如硅酸钾等）和一定比例的金属氧化物（如氧化铬、氧化铝、氧化硅等）组成，混合后再辅以黏合剂（如水玻璃、树脂、硅溶胶等），再加入稀释剂（如水、丙酮等），最后调成糊状，采用喷涂、涂刷或浸沾等方法使其黏附于工件表面，可起到与氧化性气氛隔离的作用。也可购买配好的成品，如中温防氧化涂料、高温防氧化涂料等。

3.30　聚乙烯醇水溶液（PVA）的冷却性能如何？

聚乙烯醇水溶液是应用最早的聚合物淬火冷却介质。聚乙烯醇水溶液具有逆溶性。当炽热工件淬入其中时，工件周围溶液温度急剧上升，聚合物从溶液中析出，在工件表面形成一层聚合物薄膜，使冷却速度降低。随着工件的冷却，薄膜又重新溶解，使工件冷却速度增大。这一特性使工件在高温和低温时都具有比较均匀的冷却速度，从而减少了工件的淬火畸变和开裂倾向。

聚乙烯醇水溶液的冷却能力在水、油之间或比油还慢。溶液浓度越高，膜层越厚，冷却速度越慢。溶液温度升高，冷却速度下降。提高溶液的流动速度或搅动均可提高冷却能力。

聚乙烯醇水溶液的主要缺点是使用浓度低（质量分数约为0.3%），冷却速度不稳定，易老化变质，易堵塞喷水孔，排放时易污染环境。聚乙烯醇水溶液静止状态的冷却性能见表3-10。

表3-10　聚乙烯醇水溶液静止状态的冷却性能

聚乙烯醇水溶液		最大冷却速度		300~200℃平均冷却速度/(℃/s)
质量分数(%)	温度/℃	所在温度/℃	速度/(℃/s)	
0.1	20	332	742	632
0.3	20	323	309	266
0.3	40	314	302	222
0.3	60	271	146	126
0.5	20	281	360	273
0.8	20	267	298	305

3.31　聚二醇（PAG）水溶液的冷却性能如何？

PAG具有逆溶性，即在水中的溶解度随温度升高而降低。一定浓度的PAG水溶液被加热到某一温度时，PAG即从溶液中分离出来，这一温度称为浊点。在淬火过程中，PAG的这一特性使其在工件表面形成一层热阻层，可使低温区的冷却速度下降。通过改变浓度、温度和搅拌速度可以对PAG水溶液的冷却能力进行调整。PAG水溶液共分五种牌号，其冷却速度覆盖了盐水和油之间的全部范围，见表3-11。

表3-11　PAG牌号及其冷却速度

牌号	冷却速度范围	牌号	冷却速度范围
PAG-A	水—快速油	PAG-HT	快速油—中速油
PAG-C	盐水—水	PAG-RL	中速油
PAG-E	中速油—普通油		

3.32 聚丙烯酸钠（PAS）水溶液的冷却性能如何？

聚丙烯酸钠（PAS）浓缩液为浅黄色黏稠液体，密度为1.05~1.15g/cm^3，pH值为6~8。

聚丙烯酸钠聚合物的特点是加热时不易分解，在工件表面不生成聚合物皮膜。PAS的冷却速度比其他几种聚合物慢。

聚丙烯酸钠水溶液静止时的冷却特性见表3-12。

表3-12 聚丙烯酸钠水溶液静止时的冷却特性

质量分数（%）	液温/℃	冷却特性		
		最大冷却速度所在温度/℃	最大冷却速度/(℃/s)	300℃冷却速度/(℃/s)
5	30	343	93	84.0
10	30	291	66	64.6
15	30	257	56	41.4
20	30	271	52	48.1

调整PAS水溶液的浓度及温度，淬火工件可以得到贝氏体等非马氏体组织。质量分数为30%~40%的PAS水溶液可作为锻后余热处理的冷却介质。

3.33 常用分级淬火和等温淬火的冷却介质有哪几种？

进行分级淬火或等温淬火的冷却介质主要有碱浴和盐浴两大类，见表3-13。

表3-13 常用碱浴和盐浴

名称	组成(质量分数)	熔点/℃	使用温度/℃
碱浴	20%NaOH+80%KOH,另加6%H_2O	130	140~250
硝盐浴	45%$NaNO_2$+55%KNO_3	137	150~500
	40%$NaNO_2$+53%KNO_3+7%$NaNO_3$,另加(2%~3%)H_2O	137	160~220
	50%KNO_3+50%$NaNO_3$	220	250~500
中性盐浴	50%$BaCl_2$+30%KCl+20%NaCl	560	580~800

3.34 常用淬火油有哪些？如何使用？

常用淬火油分为全损耗系统用油、普通淬火油、专用淬火油等。

（1）全损耗系统用油　全损耗系统用油存在冷却能力较低、易氧化和老化等缺点。在常温下使用时，应选用黏度较低的L-AN10~L-AN22，使用温度应低于80℃；用于分级淬火时则应选用闪点较高的L-AN100。在L-AN全损耗系统用油中添加冷却速度调整剂，可提高油的冷却速度。

（2）普通淬火油　普通淬火油为中速淬火油，是在全损耗系统用油中加入抗氧化剂、催冷剂和表面活化剂等添加剂调制而成的，克服了全损耗系统用油冷却能力较低、易氧化和老化的缺点。普通淬火油的闪点较低，使用温度一般为 20~80℃。普通淬火油可直接购买，也可购买添加剂后按要求现场调制。普通淬火油适用于具有一定淬透性的中高碳钢、合金结构钢、合金渗碳钢、轴承钢工件的淬火冷却。

（3）专用淬火油　专用淬火油包括真空淬火油、快速淬火油、分级淬火油和等温淬火油等。快速淬火油是在油中加入效果更高的催冷剂制成的，具有更快的冷却速度。分级淬火油和等温淬火油具有闪点高、挥发性小、氧化安定性好的特点，其使用温度为 100~250℃。真空淬火油是在低于大气压的条件下使用的，具有饱和蒸气压低、冷却能力强和光亮性好等特点。

淬火油经过一定时期的使用，会产生焦渣而老化，因而冷却能力会降低。对于已经老化的淬火油，应及时更新或予以净化。

3.35　常用盐浴成分有哪些？

将热处理用盐加热后熔为液态介质，用于热处理工件的加热或冷却，即为盐浴。用盐浴加热时，由于工件与空气隔绝，可以有效地防止工件氧化和脱碳。此外，盐浴加热还有加热速度快、加热均匀、变形小、加热温度范围宽、可局部加热等特点，适于多品种、小批量生产。盐浴加热主要用于工件的淬火加热或预热，还用于分级淬火和等温淬火的冷却。

常用盐浴为熔融的中性盐浴。对熔盐的具体要求是：成分稳定，对工件、炉衬的侵蚀性小，对钢的氧化、脱碳不严重，蒸发损失小，工件的带出损失小，处理后工件表面易清理，无毒、不污染环境等。盐浴的配方较多，常用盐浴成分、特点及用途见表 3-14。

表 3-14　常用盐浴成分、特点及用途

盐浴成分(质量分数,%)	熔点/℃	工作温度/℃	用途
$100BaCl_2$	960	1100~1350	高速钢及高合金钢淬火加热
$70BaCl_2+30Na_2B_4O_7$	940	1050~1350	
$95BaCl_2+5NaCl$	850	1100~1350	
100NaCl	810	850~1100	碳素钢与合金钢淬火加热,高速钢及高合金钢预热
100KCl	772	800~1000	
50NaCl+50KCl	670	720~1000	
$20\sim30NaCl+70\sim80BaCl_2$	650	700~1000	碳素钢与合金钢淬火加热,高速钢及高合金钢预热
$50BaCl_2+50NaCl$	600	650~1000	
$50BaCl_2+50KCl$	640	670~1000	
$50BaCl_2+50CaCl_2$	595	630~850	
44NaCl+56KCl	607	720~900	

（续）

盐浴成分（质量分数，%）	熔点/℃	工作温度/℃	用途
$50BaCl_2+30KCl+20NaCl$	560	580~880	高速钢及高合金钢预热
$50KCl+20NaCl+30CaCl_2$	530	560~870	
$100KNO_3$	337	350~550	等温淬火，分级淬火
$100NaNO_3$	271	300~550	
$100NaNO_2$	284	325~550	
$100KNO_2$	297	325~550	
$50KNO_3+50NaNO_3$	220	280~550	
$50KNO_3+50NaNO_2$	225	280~550	
100KOH	360	400~650	光亮淬火，低温加热
100NaOH	322	350~700	
50KOH+50NaOH	230	300~550	
60NaOH+40NaCl	450	500~700	
65KOH+35NaOH	155	170~300	

3.36　常用盐浴校正剂有哪些？有何特点？

盐浴加热时虽然隔绝了工件与空气的接触，但盐浴中如果存在某些氧化性杂质，也会造成工件氧化脱碳。

常用盐浴校正剂有以下几种：木炭、硼砂（$Na_2B_4O_7$）、SiC、硅胶（SiO_2）、二氧化钛（TiO_2）、Ca-Si、Mg-Al、MgF_2、$K_4Fe(CN)_6$、NaCN 等。

1）木炭主要用来消除盐浴中的硫酸盐，但校正作用较慢。使用时，将木炭敲碎为 15mm 大小的炭块。由于木炭密度小，须将木炭装筐后，再浸入盐浴中，适用于中温盐浴校正。

2）硼砂（$Na_2B_4O_7$）校正效果较差，不能完全防止脱碳，易捞渣，但其中含有结晶水，应烘干后使用，对炉衬、电极有强烈的腐蚀性，加入量大，适用于高中温盐浴校正。

3）硅胶（SiO_2）与二氧化钛配合使用，校正作用较弱，对电极有严重腐蚀，但捞渣方便。

4）硅钙铁用于中温盐浴时，容易捞渣；用于高温盐浴时，具有能弥补 TiO_2 迟效性（即能维持较长时间，使盐浴氧化物不能迅速上升的性能）不佳的优点，但不便单独使用。

5）二氧化钛（TiO_2）校正能力强，速效性好，迟效性差，高温时有显著效果；但易粘砖，不易捞渣，最好和硅胶配合使用。

6）复合盐浴校正剂是将几种盐浴校正剂配合使用的校正剂，如成分（质量分数）为 30% TiO_2 +15% SiO_2 +15%硅钙铁+40%的无水氯化钡。混合后的盐浴校正剂可用于中温盐浴的校正，效果较好。

3.37　如何进行盐浴校正操作?

盐浴熔化后要进行盐浴校正。校正前，先将盐浴校正剂混合均匀（或用成品盐浴校正剂）烘干。高温炉盐浴校正时，将盐浴升温到1290~1300℃，关闭风机，陆续加入烘干过的盐浴校正剂，并用烘干的不锈钢棒搅拌，以防硅钙在熔盐液面上燃烧，保持10~15min后，即可进行生产。盐浴校正应每隔4h进行1次。为充分发挥盐浴校正剂的作用，捞渣应在当班停炉前进行，连班生产时就每隔8h进行一次。捞渣时切断电源，待炉温降至1200℃左右时，用经过烘干的漏勺将渣捞出。中温盐浴炉的盐浴校正操作与高温炉相同，只是盐浴校正温度为880~900℃，捞渣温度为800℃左右。

3.38　淬火操作注意事项有哪些?

（1）准备

1）核对工件的图号、名称、材质、尺寸和数量，并检查工件有无磕碰、划伤、锈蚀和裂纹等影响淬火质量的缺陷。

2）查阅工艺文件图样，了解淬火的技术要求，如淬火部位、硬度要求等。

3）明确所用设备，检查仪表是否正常，设备是否完好，确认无误后可开始升温。

4）根据工艺文件或工件形状及淬火要求，选择合适的工装卡具或进行必要的绑扎。

5）对容易产生裂纹的部位采取适当的防护措施，如堵孔、用石棉绳包扎、捆绑铁皮等。

6）装炉时不得将工件直接抛入炉内，以免碰伤工件或损坏设备。

（2）加热

1）对表面不允许氧化、脱碳的工件，应在经过校正的盐浴炉、保护气氛炉或真空炉中加热。如条件不具备时，可以在空气电阻炉中加热，但需采取防护措施。

2）细长工件应尽量在盐浴炉或井式炉中垂直吊挂加热，以减少由于自重而引起的变形。

3）材质不同，但加热温度相同的工件可以在同一炉中加热。

4）截面大小不同的工件在同一炉中加热时，小件应放在炉膛外端；大小件分别计时，小件先出炉。

5）工件必须放在有效加热区内，装炉量、装炉方式及堆放形式均应确保加热温度均匀一致，且不致造成畸变和其他缺陷。

6）工件每次的装炉量要与炉子的功率相适应，装炉量大时易“压温”，加热时间需延长。

7）结构钢及碳素工具钢工件可以直接装入淬火温度或比淬火温度高 20~30℃ 的炉中加热。

8）高碳高合金钢或形状复杂的工件应在 600℃左右预热后，再升至淬火温度。

9）大型工件的淬火温度取上限，形状复杂的工件取下限。

10）淬水或盐水的工件，淬火温度取下限；淬油或熔盐的工件，淬火温度取上限。

11）要求淬硬层较深的工件，淬火温度可适当提高；要求淬硬层较浅的工件，可选取较低的淬火温度。

12）分级淬火时，可适当提高淬火温度，以增加奥氏体的稳定性，防止其分解为珠光体。

13）在盐浴炉中加热时，工件不要靠电极太近，以防局部过热，距离应在 30mm 以上。工件与炉壁的距离以及浸入液面以下的深度，都应在 30mm 以上。

14）发现工件掉入炉膛后，应立即断电捞出，以防烧坏工件和设备。

（3）冷却

1）根据工件形状及要求淬火的部位，选择淬火方式。

2）形状复杂容易变形的工件，可在空气中预冷后浸入淬火介质中。

3）细长杆工件垂直浸入淬火介质后，不作摆动，只做上下移动，并停止淬火冷却介质的搅动。

4）当工件硬度要求高的部位冷却能力不足时，可在工件整体浸入淬火冷却介质的同时，对该部位再实施喷液冷却，以提高其冷却速度。

5）进行双介质淬火时，在第一种淬火冷却介质中停留的时间按前述三种方法控制，从第一种淬火冷却介质移入第二种淬火冷却介质的时间应尽量短，以 0.5~2s 为宜。

6）水中不得有油、肥皂液等脏物。

7）一般情况下，水温不超过 40℃，油温不超过 80℃。

3.39 什么是调质处理？

钢经淬火和高温回火的双重处理，称为调质处理。调质处理后的组织为具有一定弥散度的细粒状珠光体组织——回火索氏体。回火索氏体具有良好的综合力学性能，即具有高的强度和良好的塑性与韧性。

调质处理既可用于预备热处理，也可用于最终热处理。用于预备热处理时，主要是为最终热处理做好组织准备，同时也为了满足一些工件（如表面淬火工件）的心部力学性能要求。用于最终热处理时，应满足工件在使用中的力学性能要求。

3.40 与正火、退火相比，调质后的力学性能有何优点？

组织决定力学性能。由于调质处理后的回火索氏体为粒状碳化物和铁素体的混合物，其性能比片状珠光体的力学性能优越得多。因此，调质处理比正火及退火后的力学性能优越得多。由表3-15可见，在硬度和抗拉强度相同的条件下，调质处理后的屈服强度比正火高，塑性与韧性的提高更为明显。

表3-15 40钢正火与调质后性能的比较

热处理		R_m/MPa	R_{eL}/MPa	A(%)	Z(%)	a_K/(J/cm^2)
正火		563.5	306.7	19.9	36.3	67.01
调质		583.1	339.1	30.0	65.4	136.7
提高值	绝对值	19.6	32.3	10.1	29.1	69.69
	相对值(%)	3.84	10.55	50.1	80.0	104.0

3.41 工件淬火后出现硬度不足和软点的原因是什么？如何预防？

工件淬火后出现硬度不足和软点的原因与预防措施见表3-16。

表3-16 工件淬火后出现硬度不足和软点的原因与预防措施

缺陷	产生原因	预防措施
硬度不足	亚共析钢加热不足，有未溶铁素体	正确选择并严格控制加热温度、保温时间和炉温均匀性
	高碳高合金钢加热温度高，残留奥氏体量过多	1)对于高碳高合金钢应严格控制加热温度 2)采用冷处理
	控温仪表故障	定期检查控温仪表
	预冷时间过长	正确控制预冷时间
	冷却速度不够	1)合理选择淬火冷却介质 2)控制淬火冷却介质的温度不超过最高使用温度 3)定期检查或更换淬火冷却介质
	在淬火冷却介质中停留时间不够	正确控制在淬火冷却介质中停留的时间
	双介质淬火时水中停留时间太短或从水中转入油中的时间太长	1)正确控制水中停留的时间 2)缩短转移时间
	分级淬火时分级温度太高或停留时间太长	正确控制分级温度及分级停留时间
	钢的淬透性差	更换淬透性高的钢或提高冷却速度
	氧化和脱碳导致淬火后的硬度降低	1)采取防氧化脱碳措施 2)采用下限加热温度 3)在600℃左右预热，然后加热到淬火温度，缩短高温加热时间
软点	原材料中存在带状组织或大块铁素体组织	合理选择材料，对有缺陷的钢材进行预备热处理，以消除缺陷
	工件在淬火冷却介质中移动不充分	加强工件与介质的相对运动，或对介质进行搅拌

（续）

缺陷	产生原因	预防措施
软点	工件上有氧化皮或污物，介质中有油污等	保持淬火冷却介质的清洁
	局部区域冷却速度过低，以致发生珠光体型转变	合理选择淬火冷却介质，碳素钢在盐水中淬火能有效防止软点的产生

3.42 工件淬火后出现过热和过烧的原因是什么？如何预防？

工件淬火后出现过热和过烧的原因与预防措施见表3-17。

表3-17 工件淬火后出现过热和过烧的原因与预防措施

缺陷	产生原因	预防措施
过热和过烧	加热温度过高	正确选择淬火温度；用盐浴炉加热时，应防止工件距电极太近
	在高温下加热时间过长	正确控制保温时间
	仪表失控	定期检查仪表、热电偶

3.43 工件淬火后出现畸变和开裂的原因是什么？如何预防？

工件淬火后出现畸变和开裂的原因与预防措施见表3-18。

表3-18 工件淬火后出现畸变和开裂的原因与预防措施

<table>
<tr><th>缺陷</th><th>产生原因</th><th>预防措施</th></tr>
<tr><td rowspan="6">畸变与开裂</td><td>冶金因素</td><td>在保证性能和表面硬度的情况下，选择合金元素和碳含量低的材料</td></tr>
<tr><td>工件结构不合理</td><td>在工件结构设计上，应尽量降低工件截面尺寸的不均匀性和减少应力集中部位，阶梯形轴淬火前粗加工时截面变化处的圆角半径见下表
<table>
<tr><td>D−d/mm</td><td>≤10</td><td>>10~25</td><td>>25~50</td></tr>
<tr><td>R/mm</td><td>2</td><td>5</td><td>10</td></tr>
<tr><td>D−d/mm</td><td>>50~125</td><td>>125~300</td><td>>300~500</td></tr>
<tr><td>R/mm</td><td>15</td><td>20</td><td>30</td></tr>
</table>
应进行合理支撑、悬挂，结构补偿、压淬，或避开材料的敏感尺寸</td></tr>
<tr><td>未进行预备热处理</td><td>正确选择和进行预备热处理，低中碳钢工件应进行退火或正火处理，中碳钢也可进行调质处理，高碳钢工件应进行球化退火</td></tr>
<tr><td>淬火冷却方法不合理，淬火工艺有待改进</td><td>可选择预冷淬火、双液淬火、断续淬火（液—空气交替淬火）、分级淬火、等温淬火，采取加压淬火、预加变形和预加应力淬火等方法</td></tr>
<tr><td>工件装夹过密</td><td>加大工件之间的距离</td></tr>
<tr><td>工件转移过程中的相互碰撞或挤压</td><td>选择合理的淬火夹具</td></tr>
</table>

（续）

缺陷	产生原因	预防措施
畸变与开裂	介质搅拌不均匀	提高有效淬火区内流体的均匀性
	工艺因素	加热：工件完成奥氏体化的加热后，在低于奥氏体化温度和高于 Ac_1 或 Ac_3 某个温度区间进行等温后再进行淬火冷却 预冷：减小工件整体热量和减少其与冷却介质之间的温差 控制浸液时间：在获得要求的硬化层深度或某部位温度低于 *Ms* 点后，结束浸液过程
	介质因素	提高有效淬火区内介质温度的均匀性，用热油淬火
	冷却方式	有条件可以选择马氏体分级淬火或等温淬火
	冷却时间过长	适当缩短冷却时间
	入液方式不合理	选择合适的淬火入液方式
	淬火冷却介质的选择不当	在保证组织和性能前提下，通过淬火冷却介质的选择或工艺措施降低淬火冷却过程中各个瞬间的应力
	加工应力大	采用去应力退火工艺
	回火不及时	工件淬火后应及时回火

3.44 对畸变工件的矫正方法有哪些？

对畸变工件的矫正方法有：冷压矫正法、热压矫正法、热点矫正法、回火矫正法和反击矫正法等。

（1）冷压矫正法　冷压矫正法是在常温下对弯曲工件凸面的最高点施加外力，使其承受压应力，凹面承受拉应力，产生塑性变形，从而达到矫正的目的，如图 3-15a 所示。对于 S 形弯曲的工件，应先矫正一段，将工件矫正成向一边弯曲后，再按一般方法矫正。

冷压矫正法适用于碳素钢或合金钢制的硬度低于 40HRC 的轴类或薄片工件。

（2）热压矫正法　热压矫正法是利用奥氏体高塑性的特点，使工件在机械压力作用下（单向加压或旋转加压）冷却，或使工件冷至接近 *Ms* 点时加压矫正。

热压矫正法适用于高碳、高合金钢制的工件。

（3）热点矫正法　热点矫正法是用氧乙炔火焰将弯曲工件凸起面的一点或几点快速加热至 600~700℃，然后迅速冷却，利用局部加热和冷却的内应力实现矫正的方法，如图 3-15b、c 所示。

热点大小一般为 $\phi4\sim\phi8$mm。

热点温度：一般结构钢为 750~800℃，工具钢可稍微降低。

冷却：碳素钢矫正后水冷，合金钢用压缩空气冷却。

热点顺序：沿全长均匀弯曲时，先点最凸处，然后向两端对称地进行热点。工件局部急弯时，采用局部连续热点。

热点矫正法适用于硬度大于40HRC的中小型工件。

热点矫正操作必须在回火后进行，热点的选择应在非工作面上，热点矫正可与冷压矫正配合使用。

（4）回火矫正法　回火矫正法是在回火过程中对工件加压矫正。

1）薄片工件放在两块压板之间，用螺杆压紧，然后回火。在回火过程中，每隔20~30min将螺母拧紧一次，拧2~3次，如图3-15d、e所示。

2）径向变形的薄壁圆环类工件，可用螺杆将圆环顶成正圆或稍过一些，再行回火，回火后冷至室温，卸去螺杆，如图3-15f所示。

回火矫正法适用于薄片、薄壁圆环类工件，如铣刀、摩擦片等。

（5）反击矫正法　反击矫正法是将变形工件凹面朝上，放在硬度为40~45HRC的垫铁上，用硬度为63HRC以上的钢锤连续敲击工件的凹面，从凹处最低点开始，锤击面向两端对称地扩展延伸，使每个小面积产生塑性变形，从而使弯曲的工件得以矫正，如图3-15g所示。

操作要点：

1）敲击时用力要均匀，不要过大。

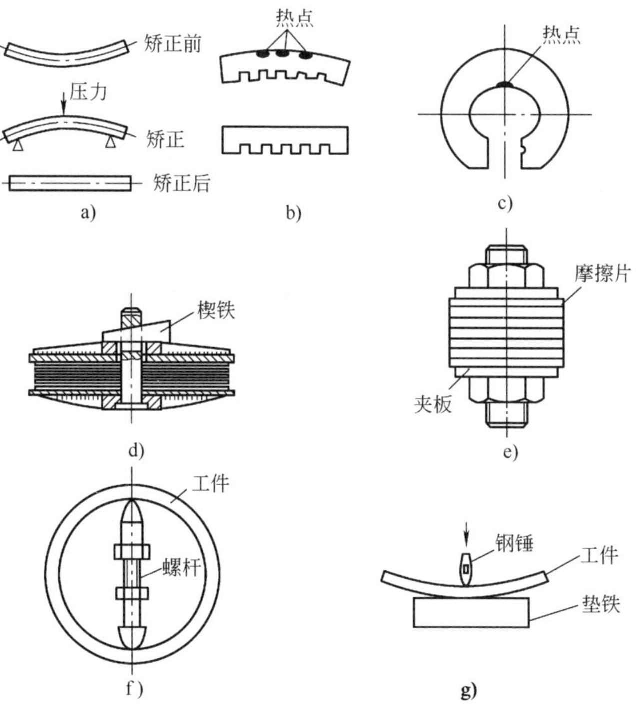

图3-15　常用矫正方法

a）冷压矫正法　b）、c）热点矫正法　d）、e）、f）回火矫正法　g）反击矫正法

2）若工件经一遍敲击后乃未矫正，可重复敲击。

3）被矫正的工件必须在回火后进行。

4）钢锤应用高速钢制成，锤头敲击部位为圆弧形，工件越硬，圆弧半径应越小。

5）反击矫正法适用于硬度在50HRC以上、变形量较小的细长工件和板状工件。

3.45　什么叫回火？回火的目的是什么？

回火是把淬火后的工件加热到 A_1 以下适当温度，保温一定时间，以一定的方式冷却的热处理工艺。

回火的目的及应用见表3-19。

表3-19　回火的目的及应用

类别	加热温度/℃	组织	目的	应用
低温回火	150~250	回火马氏体	降低脆性，减少内应力；硬度不降低或降低2~3HRC，保持高硬度和耐磨性	要求硬度高和耐磨性好的量具及刃具、冷作模具及渗碳件
中温回火	250~500	回火屈氏体（托氏体）	提高工件弹性极限，并有一定的硬度和韧性	弹簧、发条、刀杆、轴套等
高温回火	500~700	回火索氏体	获得既具有一定硬度和强度，又具有良好塑性和韧性相配合的综合力学性能	需要进行调质的工件，如轴、齿轮、连杆、螺栓等

3.46　回火对力学性能有什么影响？

淬火钢经回火后，由于组织发生了变化，必然引起钢的力学性能的变化，而且这种变化的趋势是随着回火温度升高，硬度和强度下降，而塑性和韧性提高。

（1）回火时硬度和强度的变化　在回火过程中，随着回火温度的升高，硬度的变化趋势是逐渐下降。图3-16所示为不同碳含量的碳钢的硬度与回火温度的关系。由该图可见，在120℃以下范围内，硬度基本不降或下降不多，而高碳钢的硬度则略有升高。随着回火温度升高，硬度开始下降，但在200~250℃区间内，高碳钢硬度的下降较为平缓，甚至稍有升高，这与硬度较低的残留奥氏体分解为硬度较高的马氏体或贝氏体有关。当回火温度超过250℃时，随着温度的升高，硬度直线下降。

硬度的变化必然伴随着强度的变化。图3-17为40钢的力学性能与回火温度的关系。由该图可见，曲线HBW、R_m、R_{eL} 是接近于平行的三条曲线，它们随着回火温度的升高，都逐渐下降。

（2）回火时韧性和塑性的变化　提高韧性和塑性是回火主要目的之一。回火时，在温度的作用下，碳原子从马氏体中析出，使晶格歪扭减少，内应力也相应减小，从而使塑性和韧性提高。所以，即使是在较低的温度回火，淬火钢的韧性也能明显提高。

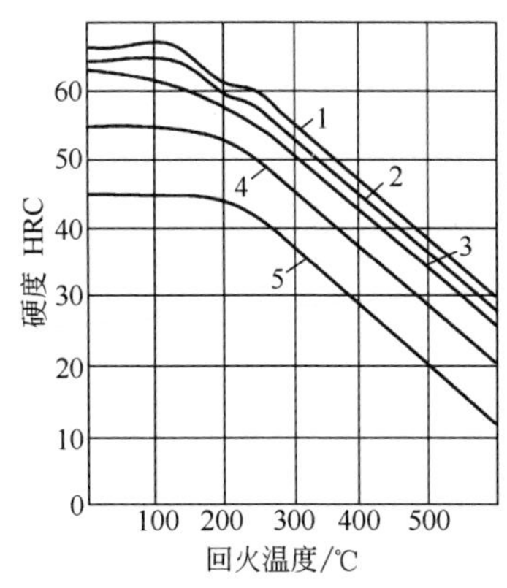

图 3-16　不同碳含量的碳钢的硬度与回火温度的关系

1—w(C) = 1.2%　2—w(C) = 0.8%

3—w(C) = 0.6%　4—w(C) = 0.35%

5—w(C) = 0.2%

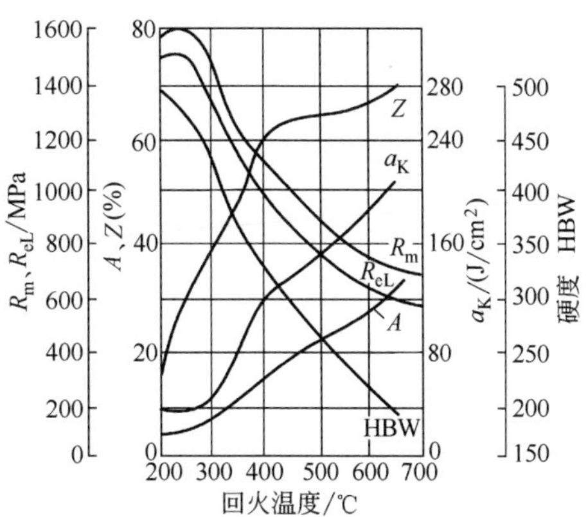

图 3-17　40 钢的力学性能与回火温度的关系

3.47　如何确定回火温度?

淬火钢回火后的力学性能主要取决于回火温度。

回火温度主要是根据工件要求的硬度来确定的，确定方法如下：

1）根据各种钢的回火温度-硬度曲线或表格来确定。这些曲线和表格都是科学试验和长期生产经验的总结。

2）用经验公式确定，如 45 钢的回火温度（℃）可参考下列公式：

$$回火温度 = 200+11\times(60-H) \tag{3-7}$$

式中　H——工件回火后的洛氏硬度（HRC）。

将此公式用于其他碳素钢时，碳的质量分数每增加或减少 0.05%，回火温度相应提高或降低 10~15℃。

回火温度还与钢材碳含量的波动范围、采用的淬火冷却介质、工件尺寸和使用设备等有关，应根据具体情况总结经验，灵活掌握。

3.48　如何确定回火时间?

确定回火时间的基本原则是保证工件热透和组织的充分转变，达到技术要求的硬度，并尽可能使内应力降低或消除。回火保温时间应根据工件的材料、有效厚度、装炉量和设备而定。

1）不同有效厚度工件在空气炉和盐浴炉中的回火时间见表 3-20。

表 3-20　不同有效厚度工件在空气炉和盐浴炉中的回火时间

有效厚度/mm		≤20	20~40	40~60	60~80	80~100
保温时间/min	空气炉	30~45	45~60	60~90	90~120	120~150
	盐浴炉	10~20	20~30	30~40	40~50	50~60

合金钢的保温时间按表 3-20 中所列时间增加 20%~30%。空气炉低温回火的保温时间不少于 120min。装炉量大时，保温时间应适当延长。

2）由经验公式确定的保温时间：

$$t=A+KH \tag{3-8}$$

式中　t——回火保温时间（min）；

A——回火时间基数（min），见表 3-21；

H——工件有效厚度（mm）；

K——回火时间系数（min/mm），见表 3-21。

表 3-21　回火时间参数

回火温度/℃	<300		300~450		>450	
回火设备	箱式电炉	盐浴炉	箱式电炉	盐浴炉	箱式电炉	盐浴炉
A/min	120	120	20	15	10	3
K/(min/mm)	1	0.4	1	0.4	1	0.4

3.49　什么是回火脆性？其产生原因是什么？

一般来说，随着回火温度升高，淬火钢回火后的冲击韧性会连续提高。但是，并不是所在的钢种都遵循这一规律。有些钢种随着回火温度升高，在某一温度区间会出现冲击韧性下降的现象，这种现象称为回火脆性。根据回火脆性产生的温度范围可分为第一类回火脆性和第二类回火脆性两种。

（1）第一类回火脆性　有些钢种在 250~400℃温度范围内回火后，冲击韧性会明显下降，甚至比 150~200℃回火时冲击韧性还要低，这种现象称为第一类回火脆性。第一类回火脆性产生的原因是由于从马氏体中析出碳化物，因而降低了晶界的断裂强度，引起脆性增加，目前还没有消除这类回火脆性的方法，所以这类回火脆性也称为不可逆回火脆性。

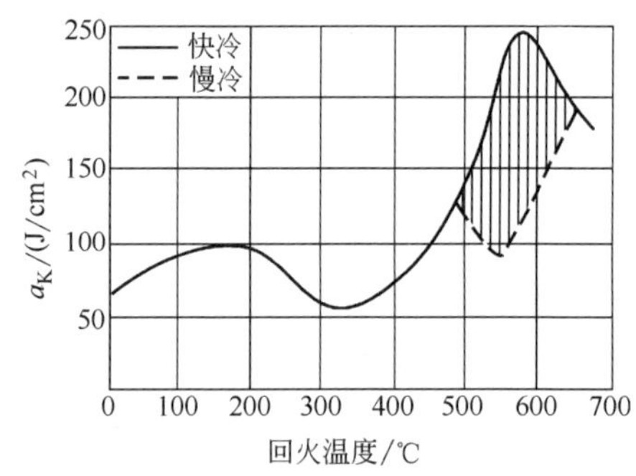

图 3-18　Cr-Ni 钢的冲击韧性与回火温度的关系

注：w(C) 为 0.3%，w(Cr) 为 1.47%，w(Ni) 为 3.4%。

（2）第二类回火脆性　部分合金结构钢（如 Cr 钢、Cr-Mn 钢、Si-Mn 钢和 Cr-Ni 钢等）在 480~680℃温度范围内回火后缓冷时，冲击韧性也会明显下降（见图 3-18），这种现象称为第二类回火脆性。第二类回火脆性产生的原因主要是由于 Cr、Mn 等合金元素和杂质元素聚集在晶界上，从而减弱了晶界上原子间的结合力而引起的。这类回火脆性可以通过回火后的快速冷却予以消除，因而也称为可逆回火脆性。

3.50　回火方法有哪几种？

回火方法主要有以下几种：

（1）普通回火　确定回火温度后，整体加热保温，根据具体情况冷却。这是应用最广泛的方法。

（2）局部回火　当工件的不同部位有不同硬度要求时，可以采用局部回火的方法。先将要求硬度低的部位用盐浴或高频感应加热装置进行快速加热回火；然后在油中冷却，以防止由于热传导降低其他部位的硬度；最后将工件放入温度较低的回火炉中，对要求硬度较高的部位回火。

（3）自回火　利用工件淬火冷却后的余热进行回火的方法，称为自回火。即将工件整体加热到淬火温度，将要求淬硬的部位淬火（不冷透）；然后很快用砂纸将淬硬部位打光，观察淬硬部位回火颜色的变化；待达到回火温度后，立即把工件整体放入淬火冷却介质中，以免淬硬部位的回火温度继续升高而使硬度降低。回火温度的确定方法是：用砂纸将上述淬火部位打光，通过观察其颜色（通称回火色）的变化来判断回火温度的高低，也可用测温笔直接测定表面温度。回火温度与回火色的对应关系见表 3-22。

表 3-22　碳钢的回火温度与回火色对照表

回火温度/℃	回火色	回火温度/℃	回火色
200	浅黄色	320	深蓝色
220	黄白色	340	蓝灰色
240	金黄色	370	蓝灰浅白色
260	黄紫色	400	黑红色
280	深紫色	460	黑色
300	蓝色	500	暗黑色

（4）快速回火　采用较高回火温度，可缩短加热时间，并获得与普通回火相同效果的方法，称为快速回火。快速回火的温度比普通回火温度稍高些。

（5）多次回火　采用多次较短时间的回火方法，可有效地消除淬火时产生的内应力。多次回火适用于具有二次硬化的高速钢，每次回火都应将工件冷却至室温，以使残留奥氏体向马氏体转变，而且下一次回火可对上一次回火转变的马氏体进行回火。

3.51　回火操作要点是什么？

（1）准备

1）工件上不得黏附油、盐、污物等。

2）工件装出筐时，应轻拿轻放，不得抛扔。

3）工件淬火后应及时回火，淬火和回火的间隔不要太长。有的工件甚至不等冷至室温就应立即回火，以防止开裂。如截面尺寸大的合金钢热锻模，在冷却温度不低于150℃时，就应立即回火。

（2）确定回火温度与回火时间

1）根据图样要求的硬度、淬火后的硬度、工件的材料、淬火冷却介质等因素从有关图、表中确定回火温度。

2）钢的碳含量接近允许范围的上限时，回火温度应偏高些。

3）合金钢比碳素钢的回火温度稍高些。

4）同一牌号的工件淬火时采用不同淬火冷却介质，淬水的工件应比淬油的回火温度高些。

5）同一牌号、不同形状大小的工件，淬火后的硬度不同，淬火硬度较低的工件回火温度应稍低些。

6）在空气炉中回火应比在油炉或热浴炉中回火温度适当提高。

7）回火时间根据工件有效厚度计算或查表。

（3）回火加热与冷却、矫正

1）在盐浴炉中回火时，工件应在液面下20mm以下。

2）对于截面较大、形状复杂或高合金钢工件，应限制回火时的加热速度，以防内应力过大而导致工件开裂。

3）需多次回火的工件，每次回火后应冷至室温，再进行下一次回火。

4）对于淬火后变形的工件，有些可用回火矫正法进行矫正的，应及时进行矫正。

3.52　工件回火后可能出现哪些缺陷？其产生原因是什么？如何预防？

常见回火缺陷的产生原因及预防方法见表3-23。

表3-23　常见回火缺陷的产生原因及预防方法

缺陷名称	产生原因	预防方法
回火硬度偏高	回火温度低	提高回火温度
	保温时间短	延长保温时间
回火硬度偏低	回火温度高	降低回火温度
	保温时间太短	按规定时间保温
	淬火组织中有非马氏体	改进淬火工艺,重新淬火
回火硬度不均	回火温度不均	采用有气流循环的设备回火
	装炉量太大	适当减小装炉量

（续）

缺陷名称	产生原因	预防方法
回火畸变	由回火时消除内应力而引起	采用回火矫正法矫正
回火脆性	在回火脆性温度区间回火	避开第一类回火脆性区回火
	高温回火引起第二类回火脆性	高温回火后快速冷却
网状裂状	回火时加热速度太快，表面产生多向拉应力	采用较缓慢的加热速度
回火开裂	淬火后因未及时回火形成显微裂纹，在回火过程中发展为开裂	1）减小淬火应力 2）淬火后及时回火
表面腐蚀	工件淬火后表面附有残盐	淬火后及时清洗工件上的残盐

3.53　真空加热与常压加热相比有何特点？

真空热处理是在低真空下进行加热，然后以不同方式冷却，可实现无氧化、无脱碳的光亮热处理。

真空炉加热与空气炉加热的最大区别是在一定的真空度下加热。由于热传导方式是以辐射传导为主，因而加热速度较慢，存在一个“加热滞后时间”，即炉内热电偶到达工艺温度的时间与工件心部到达工艺温度的时间有很大差距，如图 3-19 所示。因此，真空加热的保温时间，应考虑加热滞后时间。

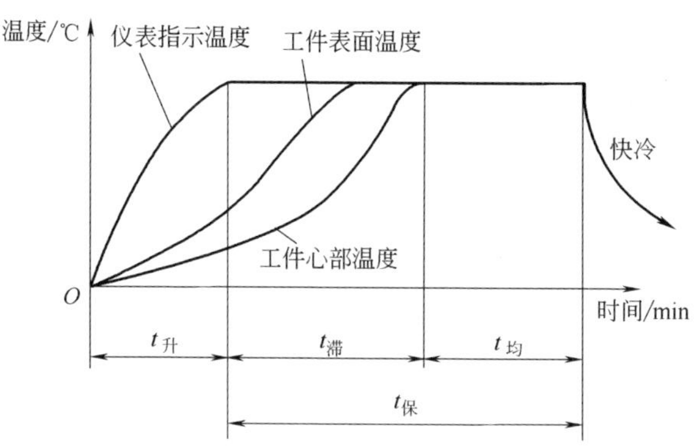

图 3-19　真空加热时炉温与工件温度的关系

3.54　如何制订真空淬火工艺？

真空淬火是在低真空下进行加热，然后在淬火冷却介质中进行淬火，可实现综合力学性能优异的光亮热处理。

由于真空淬火时存在加热滞后时间的特殊性，制订工艺时应考虑以下几点。

（1）预热　真空加热在 700℃以下辐射效率很低，升温速度慢，工件的温度显著滞后于炉膛温度。所以，工件加热应分段进行，通过预热来减少工件温度滞后的程度，特别是对形状复杂的大尺寸工件，进行多段预热十分重要。分段预热工艺规范见表3-24。

表3-24　分段预热工艺规范

设定加热温度/℃	形状	分段预热/℃
<1000		500~600(一次)
1000~1100	简单	800~850(一次)
	复杂	600~650、800~850(各一次)
>1100~1300	简单	800~850(一次)
	复杂	500~650、800~850(各一次或多次)

（2）加热温度　真空热处理的加热温度可参照常规热处理工艺采用的加热温度，通常允许稍低些。

（3）加热保温时间

1）在周期作业的真空炉中，影响真空淬火加热的因素比较多，如炉膛结构尺寸、装炉量、工件形状和尺寸、加热温度、加热速度及预热方式等。确定真空加热的保温时间，应考虑工件真空加热时的滞后效应。加热保温时间应包括加热滞后时间与组织均匀化时间。

$$t_{保}=t_{滞}+t_{均} \tag{3-9}$$

$$t_{滞}=aH \tag{3-10}$$

式中　$t_{保}$——保温时间（min）；

$t_{滞}$——加热滞后时间（min）；

$t_{均}$——组织均匀化时间（min），见表3-25；

a——透热系数（min/mm），见表3-26；

H——工件有效厚度（mm）。

表3-25　组织均匀化时间的确定

钢种	刃具模具用非合金钢	低合金钢	高合金钢
$t_{均}$/min	5~10	10~20	20~40

表3-26　透热系数 *a*

加热温度/℃	600	800	1000	1100~1200
a/(min/mm)	1.6~2.2	0.8~1.0	0.3~0.5	0.2~0.4
预热情况	—	600℃预热	600、800℃预热	600、800、1000℃预热

注：直接加热时，a 应增大10%~20%。

2）真空加热保温时的“369法则”见表3-27。

表 3-27　真空加热保温时的“369 法则”

装炉总质量 G /kg	第一次预热时间 t_1、第二次预热时间 t_2、最终保温时间 t_3	备注
100~200	0.4min/kg×G+1min/mm×H	工件有效尺寸为 100mm 左右
>200~300	30min+1min/mm×H	工件尺寸基本相同，摆放整齐，并留有一定空隙（摆放空隙<H）
>300~600	(30~60)min+1min/mm×H	
>600~900	(60~90)min+1min/mm×H	
>900	90min+1min/mm×H	

注：1. G 为装炉总质量（kg），包括工件、料筐、料架及料盘的所有质量。
2. H 为工件有效直径（mm）。

① 对于变形要求严格的工模具，第一次预热时间应取上限值，第二次预热取中间值，最终保温时间取下限值。

② 对于普通合金结构钢工件或变形要求不太严格的工件，第一次预热时间可以取下限值，第二次预热时间取中间值，而最终保温时间取上限值。

③ 对于一次仅装一件的大型工件，第一次和第二次预热时间可以取下限，最终保温时间根据实际要求取中限或上限值。

（4）冷却方式　真空淬火的冷却方式主要有气冷、油冷、水冷、硝盐冷等。淬火冷却介质与冷却方法按照淬火工件的材料、形状尺寸、技术要求来确定。

1）真空气冷。真空气冷时采用氢气、氦气、氮气和氩气作为淬火冷却介质（冷却速度由快至慢排序），适用于淬透性很好、有效厚度较小的工件。

2）油淬。真空淬火主要是在专用的真空淬火油中进行，有快速真空淬火油（1 号）、真空淬火油（2 号）、ZZ 系列真空淬火油等，适用于合金结构钢、超高强度钢等。

3）真空水淬。碳素钢、耐热金属需要在水中激冷。

4）真空硝盐淬火。采用硝盐等温或分级淬火可以使工模具减少畸变和开裂，再加上真空脱气的效果，可以使工件的使用寿命得到提高。

3.55　如何测定真空加热滞后时间？

真空加热滞后时间一般由试验测定，其方法及步骤如下：

（1）试样材料和几何尺寸　选取典型工件尺寸的试样进行加热滞后时间的测定。试样的材料和表面状态应与实际工件相同。试样的形状与尺寸如图 3-20 所示。

（2）测试温度与真空度

1）真空加热滞后时间的测定应在最高加热温度和预热温度下分别进行，升温方式与加热功率等应与实际生产条件相同。

2）真空加热滞后时间的测定应在加热室的真空度为 6.7×10^{-2}Pa 的条件下进行。

(3) 装炉量与装炉方式　测试时的装炉量及装炉方式应与生产中常用装炉量及装炉方式相同或近似。

(4) 热电偶的布置与数量　将两支热电偶分别固定在试样的表面和心部，并与试件紧密接触。

(5) 测试程序与记录　用温度-时间记录仪记录各热电偶的温度与测试时间。测试记录上应注明材料牌号、试样尺寸、装炉量与装炉方式、试样在炉中的位置、试样的表面状态、设定温度、升温方式、加热功率及炉子型号等内容。

(6) 测试结果的应用　测试结果用于确定工件在真空炉中加热的保温时间。如果已有测试结果不能代表生产工件的厚度、加热温度、装炉量与装炉方式，则选用与其相近的较厚厚度、较高加热温度、较大装炉量与装炉方式的测试结果。

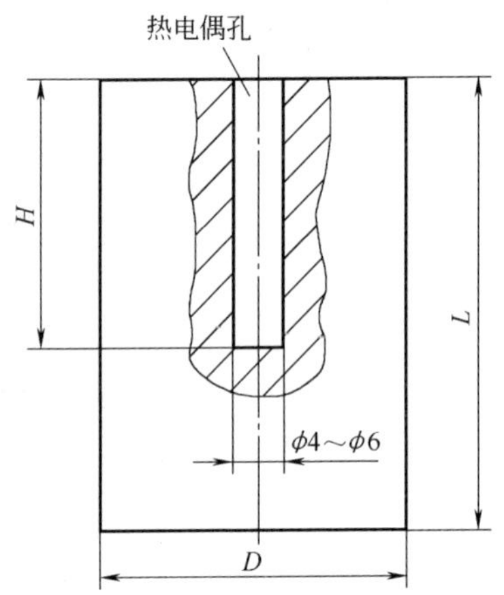

图 3-20　试样的形状与尺寸

注：1. 热电偶孔的直径应根据热电偶外径确定。

2. $L \geqslant 2D$，$H = D \sim 0.5L$，D 为圆形或矩形试样的直径或厚度。

3.56　常用合金结构钢、工模具钢的真空淬火与回火工艺如何?

常用合金结构钢的真空淬火与回火工艺见表 3-28，常用工模具钢的真空淬火与回火工艺见表 3-29。

表 3-28　常用合金结构钢的真空淬火与回火工艺

牌号	淬火			回火		
	温度/℃	真空度/Pa	冷却	温度/℃	气体压强/Pa	冷却
45Mn2	840	1.3	油	550	$N_2(5.3 \sim 7.3) \times 10^4$	油空冷 N_2 快冷
40CrMn	840	1.3		520	$N_2(5.3 \sim 7.3) \times 10^4$	快冷
25CrMnSiA	880	1.3		450	$N_2 5.3 \times 10^4$	
30CrMnSiA	880	1.3		520	10^4 或 5.3×10^4	
50CrV	860	0.13～1.3		500		
35CrMo	850	0.13～1.3		550		
40CrMnMo	850	1.3		600		
20CrMnMo	850	1.3		200	空气炉	空冷
38CrMoAl	940	1.3		640	0.13	N_2 或 Ar 强制冷却
40Cr	850	0.13～1.3		500	$N_2 5.3 \times 10^4$	
40CrNi	820	0.13～1.3		500	$N_2 5.3 \times 10^4$	
12CrNi3	860	0.13～1.3	N_2 或油	200	—	空冷

（续）

牌号	淬火			回火		
	温度/℃	真空度/Pa	冷却	温度/℃	气体压强/Pa	冷却
37CrNi3	820	0.13~1.3	N_2 或油	500	0.13, N_2 5.3×10^4	N_2 强制冷却
40CrNiMo	850	0.13~1.3		600		
45CrNiMoV	850	0.13~1.3		460	$N_2$5.3×10^4	
30CrNi13	820	0.13~1.3		500	—	
18CrNi4W	950	1.3		200	—	空冷

表 3-29 常用工模具钢的真空淬火与回火工艺

牌号	预热			淬火			回火		
	一次预热温度/℃	二次预热温度/℃	真空度/Pa	温度/℃	真空度/Pa	冷却介质	温度/℃	气体压强/Pa	冷却介质
W6Mo5Cr4V2	600~650	850~900	10^{-1}~1	1200~1220	50~100（N_2 分压）	惰性气体	540~580	(1.2~2.0)×10^5	惰性气体
W6Mo5Cr4V2Al	600~650	850~900	10^{-1}~1	1200~1220			540~560		
W12Cr4V4Mo	600~650	850~900	10^{-1}~1	1220~1240			550~580		
W2Mo9Cr4V2Co8	600~650	850~900	10^{-1}~1	1180~1200			540~580		
Cr12MoV	500~550	800~850	10^{-1}~1	1000~1050	1~10	油或惰性气体	170~250	空气炉	空气
Cr12	500~550	800~850	10^{-1}~1	950~980			180~200		
3Cr2W8V	480~520	800~850	10^{-1}~1	1050~1100			560~580	(1.2~2.0)×10^5	惰性气体
							600~640		
4Cr5MoSiV(H11)	600~650	800~850	10^{-1}~1	1000~1030	50~100（N_2 分压）		530~560		
4Cr5MoSiV1(H13)	600~650	800~850	10^{-1}~1	1020~1030			540~560		
GCr15	520~580	—	10^{-1}	830~850	10^{-1}~1	油	150~160	空气炉	油
GCr15SiMn	520~580	—	10^{-1}~1	820~840	1~10		150~160	(1.2~2.0)×10^5	惰性气体
60Si2MnVA	500~550	—	10^{-1}~1	860~880			410~460		
60Si2CrVA	500~550	—	10^{-1}~1	850~870	1		430~480		
50CrVA	500~550	—	10^{-1}	850~870	10^{-1}~1		470~420		
40Cr13	800~850	—	10^{-1}~1	1050~1100	1	油或惰性气体	200~300	空气炉	空气
95Cr18	800~850	—	10^{-1}~1	1010~1050	10^{-1}~1		200~300		
05Cr17Ni4Cu4Nb	800~850	—	10^{-1}~1	1030~1050	1		480~630	(1.2~2.0)×10^5	惰性气体

注：高速钢和高合金模具钢用于冷作模具时淬火温度也可采用低于表中淬火温度的下限。

3.57 什么是冷处理？工件淬火后为什么要进行冷处理？

冷处理就是将淬火冷却到室温的工件继续冷却至0℃以下，使残留奥氏体转变为马氏体的处理方法，它是工件淬火的后续处理。

根据处理温度的不同，冷处理可分为冰冷处理（0～-80℃），中冷处理（-80～-150℃）和深冷处理（-150～-200℃）三种。

淬火工件通过冷处理来消除残留奥氏体，可以达到以下目的：

1）提高淬火工件的硬度。

2）稳定工件尺寸，防止工件发生畸变。

3）提高工件的铁磁性。

4）提高渗碳工件的疲劳性能。

钢在淬火时，奥氏体冷却至马氏体转度开始温度 *Ms* 以下，开始形成马氏体，直至马氏体转变终了温度 *Mf* 转变结束。对于 *Mf* 低于室温的钢，在淬火冷至室温时，总会有一部分奥氏体没有发生转变而被保留下来，成为残留奥氏体。残留奥氏体的存在，不但影响淬火后的硬度，而且会影响精密零件的尺寸稳定性。因为残留奥氏体是不稳定的组织，在使用过程中会发生转变，使工件产生畸变。为防止这种情况的发生，就要尽可能地消除残留奥氏体，使奥氏体完全转变为马氏体。这就要求淬火时能冷却到钢的马氏体转变终了温度 *Mf* 以下，钢淬火后经冷处理即可达到这一目的。冷处理适用于要求硬度高、耐磨性好的精密零件。

3.58　常用制冷剂有哪些？其物理性能如何？冷处理时获得低温的方法有几种？

制冷剂是使淬火工件冷却至低于0℃或更低温度（如-78～-196℃）所使用的介质。常用制冷剂及其物理性能见表3-30。

表3-30　常用制冷剂及其物理性能

编号	化学名称	化学分子式	摩尔质量/(g/mol)	标准沸点/℃	沸点时的比能/(kJ/kg)	沸点时的比热容/[kJ/(kg·K)]
R12	二氯二氟甲烷	CCl_2F_2	120.9	-30	167.318	
R13	氯三氟甲烷	$CClF_3$	104.5	-81		
R14	四氟甲烷	CF_4	88.0	-128		
R22	氯二氟甲烷	$CHClF_2$	86.5	-41	233.676	
R23	三氟甲烷	CHF_3	70.0	-82	978.219	
R717	氨	NH_3	17.0	-33	1372.352	4.438
R728	氮	N_2	28.1	-196	199.075	2.009
R732	氧	O_2	32.0	-183	213.049	1.699
R744	二氧化碳	CO_2	44.0	-78	560.656	2.052

冷处理时获得低温的方法主要有以下几种：

（1）用干冰获得低温　采用干冰作为制冷剂时，干冰在汽化过程中吸收工件的热量，从而获得低温。其使用方法有以下两种：

1）直接将工件和干冰放在密闭容器中一起处理，此法应用渐少。

2）将干冰与乙醇、汽油或丙酮混合，制成液体制冷剂，再将工件放入液体制冷剂中处理。调节干冰的加入量，可以获得不同的低温，最低温度为-78℃。这种方法由于可使工件与液体充分接触，所以冷却速度快，效果好。

（2）用液态气体获得低温　为了获得更低的温度，可采用液氨、液氧、液氮、液态空气等液态气体作为制冷剂。其最低温度可达-180~-200℃。用液态气体进行冷处理的方法有以下两种：

1）直接将工件浸入液态气体中处理，此法冷却速度大，不常用。

2）使用冷处理设备进行处理。冷处理设备的冷冻室中有通有液态气体的蛇形管，液态气体通过蛇形管使冷冻室获得低温，再吸收工件的热量，从而实现冷处理。这种方法可调节冷处理的温度。

（3）用冷冻机制冷　采用的制冷剂是氟利昂，其原理与电冰箱的工作原理相同。在压缩机的作用下，使气体压缩液化，放出热量，再通入工作室使其膨胀汽化，从工件吸收热量，使工件温度降低。对于-18℃的冷处理，可用普通电冰箱进行处理。更低温度的冷处理，往往采用多级压缩的方法。

3.59　如何制订冷处理工艺？

（1）冷处理的温度　冷处理的目的是将奥氏体冷到马氏体转变终了温度 *Mf* 以下，使其发生马氏体转变，所以冷处理的温度一般都在 *Mf* 附近。温度过高，马氏体转变量少，效果不显著；温度过低，成本太高。

由于大多数钢材的 *Mf* 不低于-100℃，同时考虑到对工件性能的要求、设备的条件、工艺及操作的方便性，生产中常用的冷处理温度一般为-30~-80℃，属于冰冷处理范围。大致说来，碳素工具钢冷处理温度为-20~-50℃，合金工具钢为-40~-80℃。对于一些特殊工件可采用更低的冷处理温度。

（2）保温时间　冷处理的保温时间与工件大小、批量多少及处理方法有关，以工件表里温度达到均匀一致为原则。一般在成批处理时，保温时间为0.5~2h。当工件与制冷剂直接接触时，保温时间为0.5~1h；非直接接触时，保温时间为1~2h。

工件的冷处理应在淬火后立即进行。时间间隔一般不得超过1h。这是因为在室温下停留过长的时间，残留奥氏体会趋于稳定，在冷处理时不易转变为马氏体，会降低冷处理的效果。但对于形状复杂的高合金钢工件，为防止其冷处理时开裂，也可在回火后进行冷处理，然后再进行一次低温回火。

工件经冷处理后必须及时回火，以获得稳定的回火马氏体，并使残留奥氏体进一步转变。量具及精密仪器零件应长时间回火和时效处理，标准量块和高精密仪器零件可采用淬火→冷处理→回火→冷处理→回火的工艺流程。采用两次冷处理→回火，目的在于进一步减少残留奥氏体量，进一步增加工件的稳定性。工件经冷处理后，残留奥氏体量较冷处理前显著减少，并使硬度有所提高。

3.60　进行冷处理操作时应注意哪些事项?

1）认真清理工件，工件上不得有水、油污、杂物等。

2）工件未冷至室温时，不得进行冷处理，以防工件开裂。

3）工件冷处理前，先用冷水冲洗数分钟，再放入冷冻室。

4）为减少冷却过程中的应力，对形状复杂及尺寸较大的工件，应在室温下装入冷却设备中，与设备一起冷至处理温度。

5）由于冷处理使工件的内应力增加，工件处理后，应在空气中使其缓慢升温至室温后，再行回火。

6）操作中应穿戴劳动保护用品，用长柄工具取放工件，防止冻伤。

7）水、油与液态氧接触时会发生激烈反应而爆炸，应严格禁止。

8）必须防止制冷剂的泄漏。

第4章 钢的表面淬火

4.1 什么是表面淬火？表面淬火分为哪几种？

表面淬火就是对工件进行快速加热，使工件一定厚度的表层很快地加热到淬火温度，然后迅速冷却，从而使表面获得具有高硬度的马氏体，而心部则仍然是保持韧性和塑性较好的原始组织。根据加热方式的不同，表面淬火可分为感应淬火、火焰淬火、接触电阻加热淬火、激光淬火和电解液淬火等。

4.2 感应加热的基本原理是什么？

感应加热是利用工件在交变磁场中产生的感应电流，将工件表层或局部加热到淬火温度的方法，如图 4-1 所示。

将工件置于通有交变电流的感应器中，由于电磁感应的作用，会在工件上产生感应交变电流。这种感应交变电流在工件表面形成闭合回路，称为涡流，其电流方向与感应器中的交变电流方向相反。涡流将电能转变为热能，使工件表面加热。

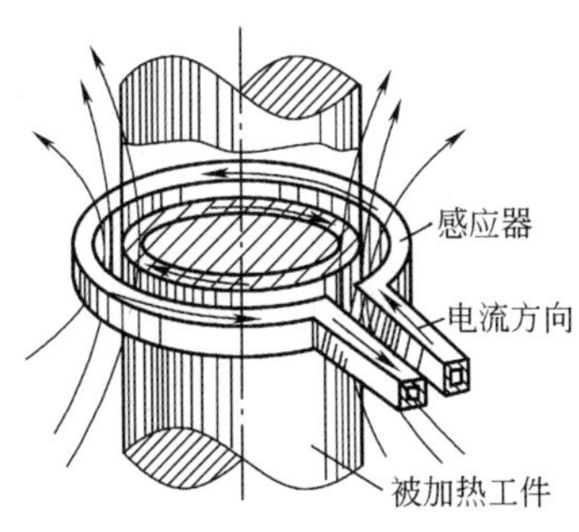

图 4-1 感应加热原理

4.3 什么是趋肤效应？

在感应加热过程中，感应电流在工件截面上的电流密度分布是不均匀的，越接近表面，电流密度越大，这种电流密度倾向于表面增大的现象称为电流的趋肤效应。

感应电流在工件截面上的分布情况如图 4-2 所示。

感应淬火正是利用交变电流的这一特点，来对工件实现表面加热的。选择不同的交变电流频率，就可以得到一定深度的加热层。基于此，感应加热设备的元器件及感应器可以用一定厚度的铜管来制造。

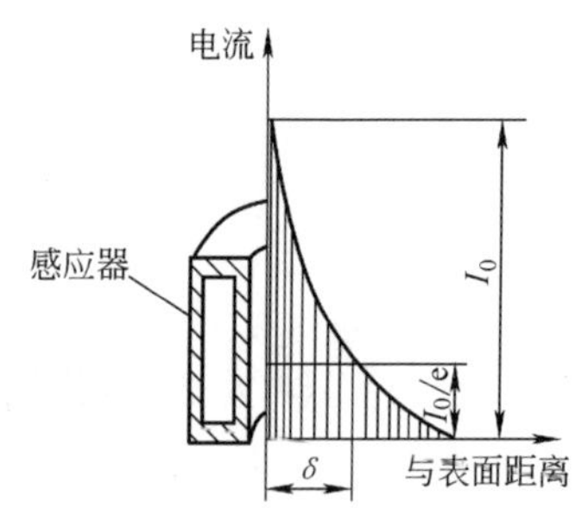

图 4-2　感应交变电流在工件截面上的分布情况

I_0—表面上的电流密度　δ—电流透入深度

4.4　什么是感应加热的电流透入深度？如何计算？

感应电流自工件表面向深处呈指数规律衰减。在工程上，规定感应电流降至表面电流的 1/e（e=2.718）处的深度，为电流透入深度。电流透入深度与电流频率有如下关系：

$$\delta = 5.03\times10^4\sqrt{\frac{\rho}{\mu f}} \tag{4-1}$$

式中　δ——电流透入深度（mm）；

μ——工件材料的磁导率（Gs/Oe，1Gs/Oe= 1.26×10^{-6}H/m）；

ρ——工件材料的电阻率（$\Omega\cdot$cm）；

f——电流频率（Hz）。

由式（4-1）可知，电流透入深度与交变电流频率的平方根成反比，即交变电流的频率越高，趋肤效应越强，电流的透入深度就越小，加热层越薄。这对获得适当的淬火层深度是很重要的。对于要求淬硬层较深的工件，可以选用较低的电流频率；而对于要求淬硬层深度较浅的工件，则可选用较高的电流频率。这样通过控制交变电流的频率，就可以得到不同深度的淬硬层。

4.5　什么是冷态电流透入深度和热态电流透入深度？

电流透入深度除与交变电流的频率有关外，还与工件材料的磁导率有关。就钢而言，在加热过程中随温度升高，电阻率增大。在 800~900℃ 范围内，各类钢的电阻率基本相同，约为 $10^{-4}\Omega\cdot$cm。磁导率在低温（磁性转变温度 770℃ 以下）时，μ=60~100Gs/Oe；在磁性转变温度 770℃ 以上时，μ=1Gs/Oe，如图 4-3 所示。因此，电流透入深度随温度的改变而变化，当温度升高到磁性转变点后，涡流的透入深度将显著增大。

低温时的电流透入深度称为冷态电流透入深度，按式（4-2）计算。

$$\delta=\frac{20}{\sqrt{f}} \tag{4-2}$$

高温时的电流透入深度称为热态电流透入深度，按式（4-3）计算。

$$\delta=\frac{500}{\sqrt{f}} \tag{4-3}$$

由此可见，钢件在高温时的电流透入深度比低温时大得多。

800℃时不同频率电流在钢中的透入深度见表4-1。

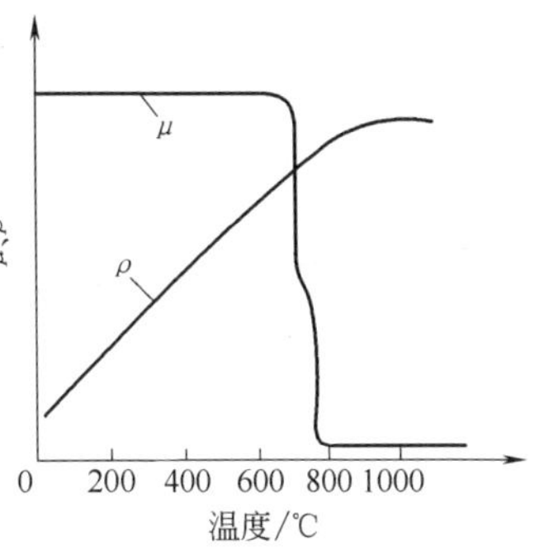

图4-3　钢在不同温度下的磁导率和电阻率

表4-1　800℃时不同频率电流在钢中的透入深度

频率/kHz	透入深度/mm	频率/kHz	透入深度/mm
0.05	70.8	8	5.6
0.5	22.4	10	5.0
1	15.8	70	1.9
2.5	10.0	250	1.0
4	7.9	450	0.75

4.6　什么是邻近效应？

当高频电流通过两个相邻的导体时，由于磁场的作用，导致电流在导体上的分布发生变化。当两相邻导体的电流方向相反时，电流从两导体相邻的内侧流过（见图4-4a）；而当两相邻导体的电流方向相同时，则电流从两导体不相邻的外侧通过（见图4-4b）。这种现象称为高频电流的邻近效应。

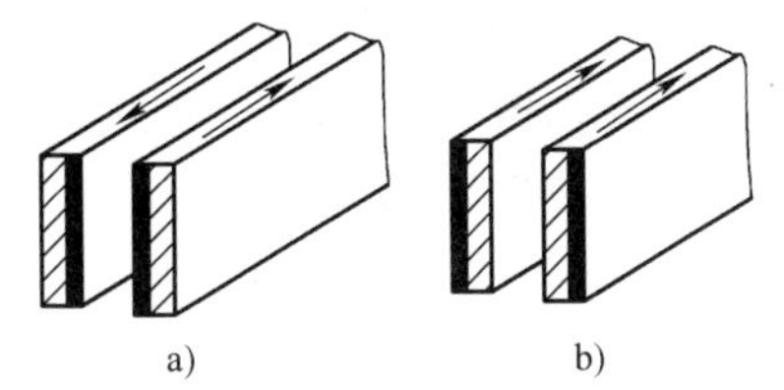

图4-4　高频电流的邻近效应
a）电流方向相反　b）电流方向相同
注：图中箭头所示为电流方向。

在生产中，由于感应器内侧的高频电流总是与工件表面的感应电流方向相反，所以邻近效应对感应加热经常是有利的。

根据邻近效应，当感应器与工件的间隙各处都相等时，涡流在工件表面的分布是均匀的，因而工件的加热温度也一致；否则感应电流的分布将不均匀，工件的加热温度也不一致，间隙小的地方温度高于间隙大的地方。

4.7　什么是环流效应？

当高频电流通过环状导体时，最大电流密度集中在环状导体的内侧，这种现象称为环流效应，如图 4-5 所示。

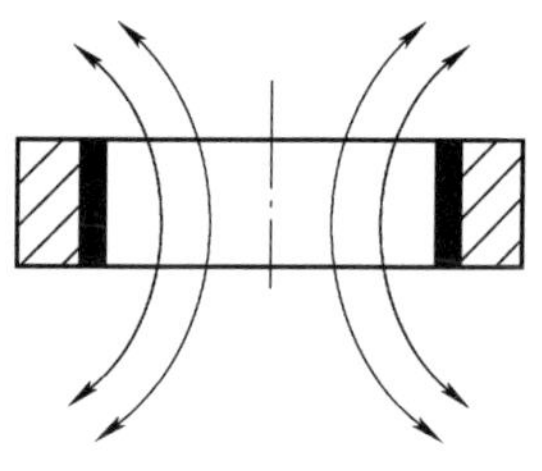
图 4-5　高频电流的环流效应

高频电流的环流效应对于加热工件的外表面十分有利。在环流效应和邻近效应的共同作用下，加热速度很快，热效率高，可达 85%。但在加热孔的内表面时，则加热速度很慢，热效率最低，仅为 40%。在生产中，在加热内孔或平面时，在感应器上都安装导磁体，将电流“驱”向感应器的外侧或与工件相对应的一侧，以提高热效率。

4.8　什么是尖角效应？有何危害？如何避免？

把外形带有尖角、棱边或突起的工件在各处间隙相等的感应器中加热时，工件的尖角或突起处感应电流密度太大，加热速度太快的现象，称为尖角效应。随交变电流频率的增高，尖角效应也为之加剧。

图 4-6　避免尖角效应的感应器

尖角效应容易使工件局部过热，甚至烧化，必须避免发生。方法是在工件尖角或突起处的部分，增大感应器与工件的间隙，将工件尖角处的感应器做成圆弧状，在工件突起处适当增大曲率半径，以保持整个加热表面温度的均匀性，如图 4-6 所示。

4.9　什么是同时加热淬火法？

将工件需要淬硬的表面一次同时加热淬火的方法，称为同时加热淬火法。同时加热淬火法根据冷却方式的不同，又分为以下 4 种情况。

（1）同时加热浸液冷却法　将表面同时加热到淬火温度的工件从感应器中迅速移入淬火槽中冷却。

（2）同时加热喷射冷却法

1）自喷式同时加热淬火法。工件在感应器中同时加热后，由感应器立即喷水冷却，如图 4-7a 所示。

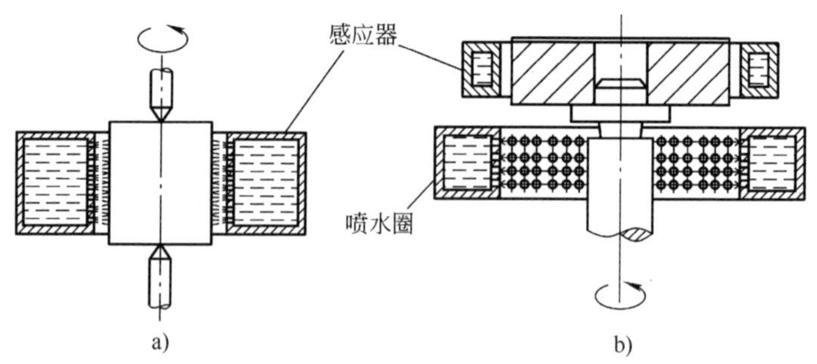

图 4-7　同时加热淬火法
a）感应器喷水冷却　b）下降到喷水圈中喷射冷却

2）分离式同时加热淬火法。感应器与喷水圈分别设置，感应器对工件同时加热后，将工件下降到喷水圈中喷射冷却，如图 4-7b 所示。

（3）埋油冷却法 将感应器和工件置于油面以下，在油中将工件同时加热到淬火温度，停止加热后利用油箱中的油进行冷却。此法适用于需要油冷的合金钢工件淬火。

（4）纵向同时加热淬火法 半环式矩形感应器的感应圈与工件轴向中心线平行，工件旋转加热，加热后脱离感应器进入喷液器或水中冷却，如图 4-8 所示。

同时加热淬火法适用于小型工件（淬火面积小于设备允许的最大加热面积），或工件较大而淬火面积较小的工件，如齿轮、曲轴等，该方法适宜大批量生产。纵向同时加热淬火法适用于处理直径相差较大的变截面工件，如阶梯轴、球头销、半轴等。对于一些淬火面积较大又不适于连续淬火的工件，需要采用较大的功率或延长加热时间，使其达到淬火温度，再由喷水圈喷水冷却或浸入淬火冷却介质中冷却。如果面积稍大于允许值时，可使工件在感应器内上下移动加热。

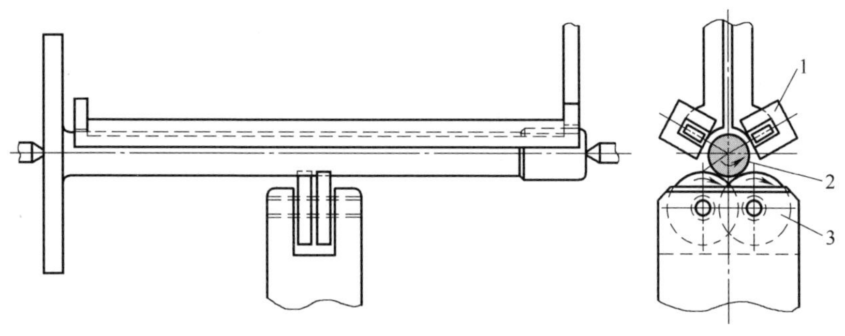

图 4-8 纵向同时加热淬火法

1—半环式矩形感应器 2—工件 3—矫正辊

4.10 什么是连续加热淬火法?

连续加热淬火法是将工件需要淬硬的表面边加热、边冷却，加热和冷却连续进行的淬火方法。连续加热淬火时，工件在旋转的同时，还要沿轴向移动。连续加热淬火法可以用较小的功率进行大面积的淬火。

图 4-9a 所示为单圈喷水感应器，在其内侧下边沿圆周方向钻有 $\phi0.6 \sim \phi1.0$mm、孔距为 3mm 的喷水孔，喷水孔与工件中心线的夹角一般为 25°~45°。这种感应器兼有加热和冷却双重作用，感应器的冷却水就是工件的淬火冷却介质。图 4-9b 所示为感应器和附设的喷水圈。这种加热和冷却分开的淬火方法不适合有台肩的轴类工件淬火。

连续加热淬火法适用于长轴、导轨类工件的表面淬火。加热温度除与功率密度有关外，还与移动速度有关。功率密度一定时，工件移动速度慢，则加热时间长，加热温度高，且通过热传导使淬硬层增加；反之，加快移动速度，则加热温度降低，淬硬层深度减小。在移动速度不变的条件下，感应器高度增大时，工件通过感

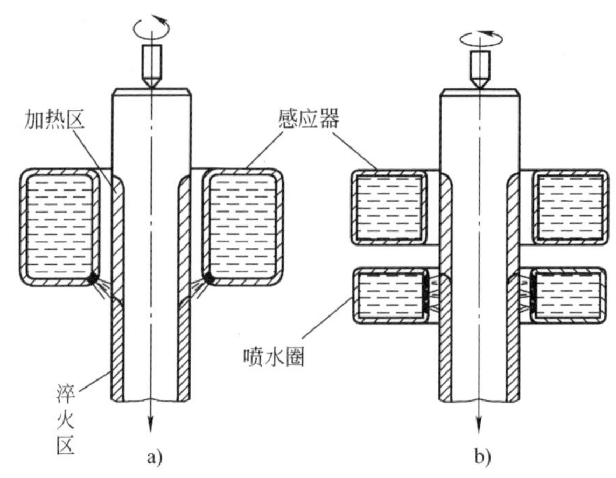

图 4-9　连续加热淬火法

a）感应器喷水连续冷却　b）喷水圈喷水连续冷却

应器的时间相对延长，即加热时间增加，使加热温度升高，淬硬层深度加深。

4.11　感应淬火温度与哪些因素有关?

感应淬火温度主要取决于钢的化学成分。此外，钢的原始组织和加热速度对感应淬火温度也有一定的影响。钢的原始组织越细致，珠光体向奥氏体的转变就可以在较低的温度及较短的时间内完成。如果原始组织粗大，则快速加热淬火无法获得很高的硬度。因此，感应淬火前必须进行预备热处理，不仅为感应淬火做好组织准备，同时也提高了工件的可加工性和心部的力学性能。通常，结构钢采用的预备热处理为正火或调质，但调质组织比正火组织在快速加热时更容易进行奥氏体的转变和奥氏体的均匀化。因此，在同样加热速度下，正火组织的感应淬火温度较调质组织高。

4.12　如何选择感应淬火温度?

由于感应加热的加热速度快，Ac_1 和 Ac_3 都较高，所以选用的感应淬火温度也较高。亚共析钢的感应淬火温度一般为 Ac_3+(80~150)℃。

表 4-2 列出了不同材料推荐的感应淬火温度及通常希望的表面硬度。

表 4-2　不同材料推荐的感应淬火温度及通常希望的表面硬度[①]

材料		感应淬火温度/℃	淬火冷却介质[②]	最低硬度　HRC
碳素钢及合金钢[③]	w(C)= 0.3%	900~925	水	≥50
	w(C)= 0.35%	900	水	≥52
	w(C)= 0.40%	870~900	水	≥55
	w(C)= 0.45%	870~900	水	≥58
	w(C)= 0.50%	870	水	≥60

（续）

材料		感应淬火温度/℃	淬火冷却介质[2]	最低硬度 HRC
碳素钢及合金钢[3]	w(C)=0.60%	840~870	水	≥64
			油	≥62
	w(C)>0.60%	815~845	水	≥64
			油	≥62
铸铁[4]	灰铸铁	870~925	水	≥45
	珠光体可锻铸铁	870~925	水	≥48
	球墨铸铁	900~925	水	≥50
马氏体型不锈钢	420型[5]	1095~1150	油或空气	≥50

① 表中所列金属是成功应用于感应淬火的典型材料，不包括所有的材料。

② 淬火冷却介质的选择取决于所用钢的淬透性、加热区的直径或截面、淬硬层深度及要求的硬度、要求最小畸变及无淬火裂纹的倾向。

③ 相同碳含量的易切削钢和合金钢可以进行感应淬火。含有碳化物形成元素（Cr、Mo、V或W）的合金钢的感应淬火温度比表中数值高55~110℃。

④ 铸铁中化合碳量 w(C) 至少为0.4%~0.5%，硬度随化合碳含量改变。

⑤ 其他马氏体型不锈钢如410、416及440型也可以进行感应淬火。

4.13 感应淬火的冷却介质有哪些?

感应淬火用的淬火冷却介质主要有：水、油、质量分数为0.1%~0.5%的聚乙烯醇水溶液、质量分数为10%的乳化液，以及近年来发展起来的新型水溶液等。

油一般用于合金钢的浸液淬火，有时也用于喷射淬火，但应具有良好的通风条件和灭火措施，油温不宜超过60℃。

自来水一般温度为15~40℃，压力为0.15~0.4MPa，主要用于碳素钢工件的淬火。

聚乙烯醇水溶液和乳化液通常用于合金钢的喷射冷却。

新型淬火冷却介质的冷却能力一般随浓度的不同而变化，应在规定的浓度和温度范围内使用。

当工件截面大，加热时间短或钢材淬透性较好时，也可依靠工件本身自冷或用压缩空气冷却淬火。

4.14 透入式加热和传导式加热有何区别?

淬硬层深度等于或小于热态电流透入深度的感应加热称为透入式加热。淬硬层深度大于热态电流透入深度的感应加热称为传导式加热。透入式加热的优点是工件表面不易过热，热效率高，表层压应力大。感应淬火都希望以透入式加热进行生产。因此，在选择电流频率时，要求感应加热的热态电流透入深度大于淬硬层深度，即全部采用透入式加热，而不用传导式加热。

4.15 如何根据淬硬层深度选择感应加热的频率?

首要原则是采用透入式加热，即电流热态透入深度 δ 应大于工件要求的淬硬层深度 D_S。

$$\delta>D_S \tag{4-4}$$

根据经验，δ 值和 D_S 的关系应符合以下条件，即

$$D_S>0.25\delta \tag{4-5}$$

这样，淬硬层深度 D_S 与热态电流透入深度 δ 之间的关系为

$$0.25\delta<D_S<\delta \tag{4-6}$$

将式（4-3）代入式（4-6），电流频率的范围为

$$\frac{15625}{D_S^2}<f<\frac{250000}{D_S^2} \tag{4-7}$$

实际使用时，一般认为淬硬层深度为热态电流透入深度的 50%时，加热的总效率最高，即

$$D_S=0.5\delta \tag{4-8}$$

将式（4-3）代入式（4-8），电流频率的最佳值为

$$f_{最佳}=\frac{62500}{D_S^2} \tag{4-9}$$

根据式（4-7）和式（4-9）求得的淬硬层深度与电流频率的关系见表 4-3。不同频率加热时的淬硬层深度见表 4-4。

表 4-3 淬硬层深度与电流频率的关系

淬硬层深度/mm	电流频率/kHz		
	最高	最佳	最低
1	250	60	15
1.5	100	25	7
2	60	15	4
3	30	7	1.5
4	15	4	1
6	8	1.5	0.5
10	2.5	0.5	0.15

表 4-4 不同频率加热时的淬硬层深度

频率/kHz	淬硬层深度/mm		
	最小	最佳	最大
250	0.3	0.5	1
70	0.5	1	1.9

（续）

频率/kHz	淬硬层深度/mm		
	最小	最佳	最大
35	0.7	1.3	2.6
8	1.3	2.7	5.5
2.5	2.4	5	10
1	3.6	8	15
0.5	5.5	11	22

4.16 如何根据工件直径和淬硬层深度选择频率？

在选择频率时，除与淬硬层深度有关系外，还要适当考虑工件的直径大小和形状。直径较小的工件应选用较高的电流频率，才能获得较好的电效率，从而获得所需的淬硬层深度。根据工件直径和淬硬层深度选择频率，见表 4-5。

表 4-5 根据工件直径和淬硬层深度选择频率

淬硬层深度/mm	工件直径/mm	频率/kHz			
		1	3	10	20~600
0.4~1.3	ϕ6~ϕ25	—	—	—	好
1.3~2.5	ϕ11~ϕ16	—	—	中	好
	>ϕ16~ϕ25	—	—	好	好
	>ϕ25~ϕ50	—	中	好	中
	>ϕ50	中	好	好	差
2.5~5.0	ϕ25~ϕ50	—	好	好	差
	>ϕ50~ϕ100	好	好	中	—
	>ϕ100	好	中	差	—

注：“好”表示加热效率高。“中”表示有两种情况：①比“好”的频率低，尚可用来将所需淬硬层深度加热到淬火温度，但效率低；②比“好”的频率高，功率密度大时，易造成表面过热，加热效率亦低。“差”表示频率过高，只有用很低的功率才能保证表面不过热。

4.17 如何选择工件表面加热的功率密度？

设备的输出功率应满足一定的加热速度，才能达到表面淬火的目的。感应加热速度取决于工件被加热表面上的功率密度（kW/cm^2）。功率密度越大，加热速度越快。通常，功率密度与淬硬层深度、加热面积的大小及原始组织等有关。淬硬层深度较深、加热面积较大、原始组织较细时，功率密度可小些；反之，应选择较大的功率密度。

轴类或圆柱形工件表面加热功率密度的选择见表 4-6。

表 4-6 轴类或圆柱形工件表面加热功率密度的选择

频率/kHz	淬硬层深度/mm	功率密度/(kW/cm²)		
		低值	最佳值	高值
500	0.4~1.1	1.1	1.6	1.9
	1.1~2.3	0.5	0.8	1.2
10	1.5~2.3	1.2	1.6	2.5
	2.3~3.0	0.8	1.6	2.3
	3.0~4.0	0.8	1.6	2.1
8	1.0~3.0	1.2	2.3	4.0
	2.0~4.0	0.8	2.0	3.5
	3.0~6.0	0.4	1.7	2.8
3	2.3~3.0	1.6	2.3	2.6
	3.0~4.0	0.8	1.6	2.1
	4.0~5.0	0.8	1.6	2.1
1	5.0~7.0	0.8	1.6	1.9
	7.0~9.0	0.8	1.6	1.9

4.18 常用感应加热电源的种类有哪些?

常用感应加热电源按频率可分为高频感应加热电源、超音频感应加热电源、中频感应加热电源和工频感应加热电源 4 种；根据元器件的不同，可分为真空管式感应加热电源、固态（MOSFET）感应加热电源、晶闸管（SCR）及绝缘栅双极型晶体管（IGBT）感应加热电源等。

常用感应加热电源的技术参数见表 4-7。

表 4-7 常用感应加热电源的技术参数

型号	功率/kW	频率/kHz	适合模数/mm		同时一次加热最大尺寸/mm
			最佳	一般	
GP100-C3	100	200~250	2.5	≤4	ϕ300×40
CYP100-C2	≥75	30~40	3~4	3~7	ϕ300×40
CYP200-C4	≥150	30~40	3~4	3~7	ϕ400×60
BPS100/8000	100	8	5~6	4~8	ϕ350×40
BPS250/2500	250	2.5	9~11	6~12	ϕ400×80
KGPS100/2.5	100	2.5	9~11	6~12	ϕ350×40
KGPS100/8	100	8	5~6	4~8	ϕ350×40
KGPS250/2.5	250	2.5	9~11	6~12	ϕ400×80

4.19 感应加热电源的输出功率不能满足工件加热所需的功率时，应如何处理？

如果现有电源输出功率不能满足工件加热所需的功率时，只能采用降低功率密度、适当延长加热时间的办法。此法仅适用于单件少量的情况。

在实际生产中，对于大多数回转体形工件的表面淬火，最好采用连续淬火。因为连续淬火时，工件加热部分的长度约为感应器的高度，其加热面积较小，需要的电源输出功率较小；同时，采用喷射冷却的冷却效果更好。

4.20 如何进行深层感应淬火？

进行深层感应淬火并不困难，根据淬硬层深度正确选择淬火加热频率就可以做到。但是，在实际生产中，各工厂的感应加热设备种类并不多，而且设备的频率一般来说是不可调的，因此大部分工件的表面淬火基本上都是在现有设备上进行的。

当工件要求的淬硬层深度超过现有设备的透热深度，并且二者相差不是特别大而数量又不多时，可采用以下类似传导式加热的方法，来获得所需的淬硬层深度。

1）降低功率密度，延长加热时间，使淬硬层深度加深。

2）增大工件和感应器间的间隙，延长加热时间，使淬硬层加深。

3）同时加热时采用间断加热法，通过热传导增加透热深度。

4）在炉中预热或感应加热预热，然后感应加热进行淬火。

5）连续加热淬火时可降低移动速度，也可使工件自下而上移动进行预热，然后自上而下移动进行连续加热淬火。

6）对于一些淬火面积稍大于电源允许值时，可使工件在感应器内上下移动加热，然后再淬火。

不同频率靠热传导可达到的淬硬层深度见表4-8。

表 4-8 不同频率靠热传导可达到的淬硬层深度

频率/kHz	一般达到的淬硬层深度/mm	靠热传导可达到的淬硬层深度/mm
250	0.8~1.5	3
60	1.5~2.5	4
8	1.7~3.5	5
2.5	2.0~4.0	7

这些方法加热时间长，生产率低，热效率低，只适用于单件、急件或小批试制时使用。

4.21 感应淬火时对淬火件的有效硬化层深度有什么要求？

有效硬化层深度在图样的技术要求中已标明。有效硬化层深度的下限一般应大于 0.5mm，使用较多的为 1mm、2mm、3mm，或≥1.2mm、≥1.5mm、≥3.0mm，有的要求为：1~2mm、1~2.5mm、2~4mm、3~5mm 等。

确定有效硬化层深度的一般原则如下：

1）在摩擦条件下工作的零件，一般有效硬化层深度为 1.5~2mm；磨损后可修磨的零件，有效硬化层深度为 3~5mm。

2）零件轴肩或圆角处的有效硬化层深度一般应大于 1.5mm。

3）受挤压及压力载荷零件的有效硬化层深度为 4~5mm。

4）冷轧辊有效硬化层深度在 10mm 以上。

5）受交变载荷的零件，其应力不太高时，有效硬化层深度可为零件直径的 10%~15%；在高应力时，为提高零件的疲劳强度，此值可大于零件直径的 20%。

6）受扭力的台阶轴，其有效硬化层在全长上必须连续，特别是台阶处不可中断。

4.22　凸轮和曲轴对有效硬化层有什么要求?

凸轮和曲轴除对有效硬化层的深度有要求外，还对硬化层的图形有要求。

1）凸轮感应淬火后，桃尖的有效硬化层深度比基圆处为深。当凸轮要求圆柱部分有效硬化层深度为 2.0~5.0mm 时，桃尖部允许为 2.0~8.0mm。

2）曲轴轴颈的有效硬化层深度一般为 2.0~3.5mm；而轴颈圆角处的有效硬化层深度一般大于 1.5mm，硬化区应延伸到圆角圆心上方大于 5mm 处。

4.23　感应淬火时对淬硬区的范围有何规定?

JB/T 8491.3—2008《机床零件热处理技术条件　第 3 部分：感应淬火、回火》规定，感应淬火淬硬区的部位应符合图样和工艺文件的规定，淬硬区范围的极限偏差一般为：中频淬火时为±5mm，超音频及高频淬火时为±4mm。

4.24　感应淬火时对软带或未淬区的尺寸有何规定?

1）淬硬层表面有槽、孔时，在槽、孔附近和零件端部的软带或未淬区的宽度 A（见图 4-10）为：中频感应淬火时 $A\leqslant 12$mm，超音频、高频感应淬火时 $A\leqslant 8$mm。

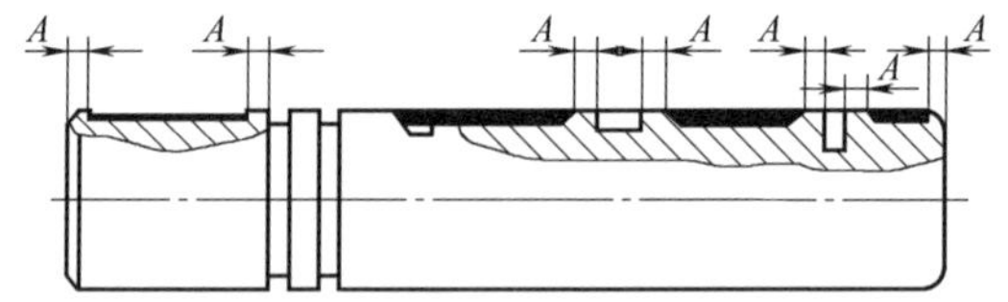

图 4-10　槽、孔附近和零件端部的软带或未淬区的宽度

2）阶梯轴小圆外径淬硬时，在阶梯处的环形软带或未淬区宽度 A（见图 4-11）应符合表 4-9 的规定。

表 4-9　阶梯轴阶梯处的软带宽度　　（单位：mm）

加热设备	阶梯轴大、小圆直径差 $D-d$	
	≤20	>20
	软带或未淬区宽度 A	
中频感应加热设备	≤10	≤15
超音频、高频感应加热设备	≤8	≤12

3）淬硬层下部有孔且最小壁厚 b 小于有效硬化层深度 5 倍时，其淬硬区的软带或未淬区宽度 A（见图 4-12）应不大于孔的深度。

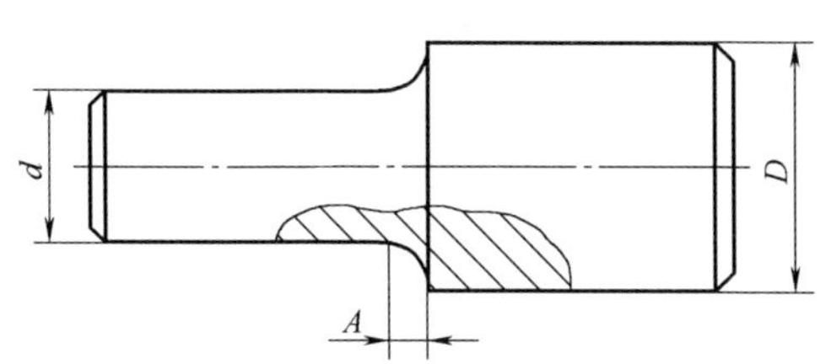

图 4-11　阶梯处的环形软带或未淬区宽度

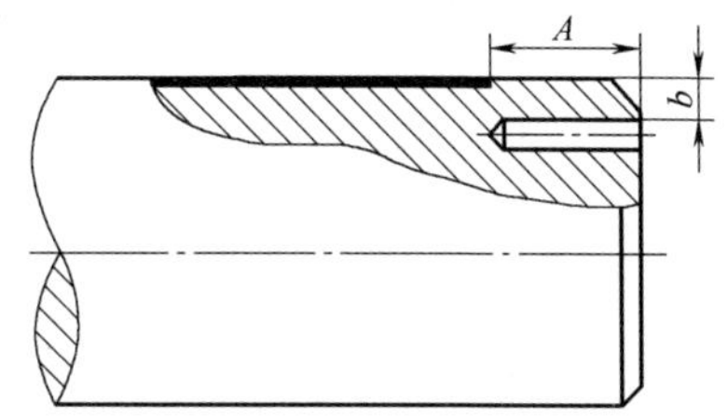

图 4-12　淬硬层下部有孔时淬硬区的软带或未淬区宽度

4）淬硬区不能一次连续淬火时，在接头处的软带或未淬区宽度 A、B（见图 4-13）应符合表 4-10 的规定。

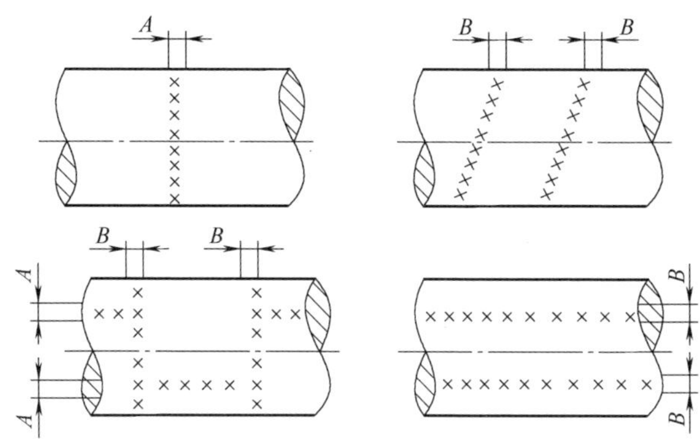

图 4-13　接头处的软带或未淬区宽度

表 4-10　淬硬区接头处软带宽度

加热设备	软带或未淬区宽度/mm	
	A	B
中频感应加热设备	≤25	≤15
超音频、高频感应加热设备	≤12	≤10

5）法兰盘内端面淬硬时，在相邻轴颈周围的环形软带或未淬区宽度 A（见图 4-14）为：中频感应淬火时 $A \leqslant 12$mm，超音频或高频感应淬火时 $A \leqslant 8$mm。

6）两相交面均淬硬时，在相交面的软带或未淬区宽度 A（见图 4-15）为：中频感应淬火时 $A \leqslant 15$mm，超音频、高频感应淬火时 $A \leqslant 8$mm。

7）深孔表面淬硬且淬硬处距端面 ≥20mm，或锥孔的大、小圆内径差 $D-d \geqslant$ 10mm 时，其接头处的环形软带或未淬区宽度 A（见图 4-16）为：中频感应淬火时 $A \leqslant 25$mm，超音频、高频感应淬火时 $A \leqslant 12$mm。

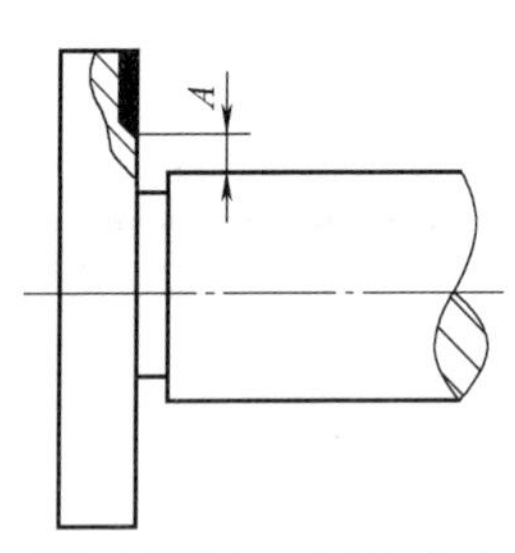

图 4-14　相邻轴颈周围的环形软带或未淬区宽度

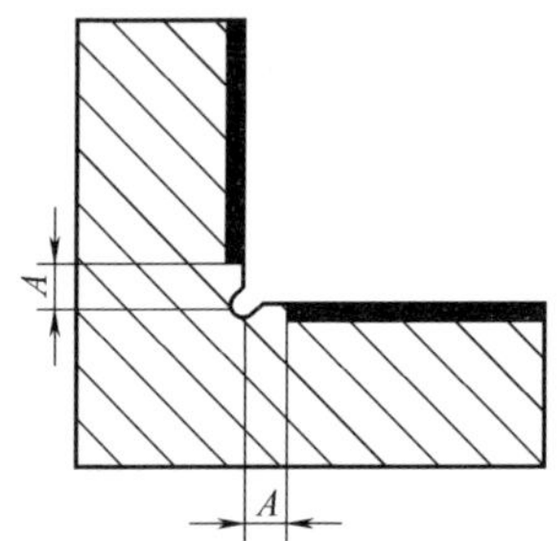

图 4-15　在相交面的软带或未淬区宽度

8）孔径大于 200mm 的内孔表面淬硬时，轴向的软带或未淬区宽度 A（见图 4-17）为：中频感应淬火时 $A \leqslant 25$mm，超音频、高频感应淬火时 $A \leqslant 12$mm。

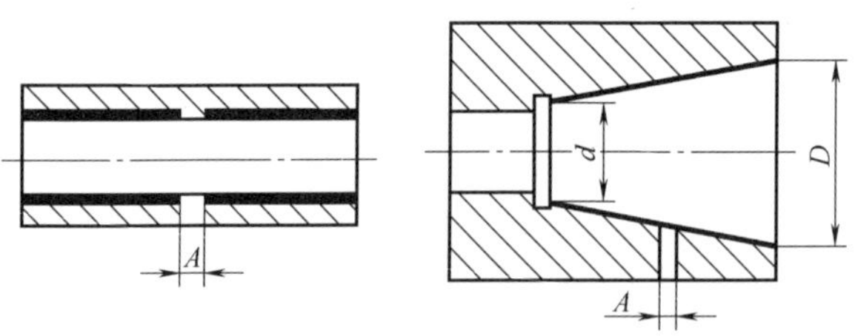

图 4-16　深孔与锥孔接头处的环形软带或未淬区宽度

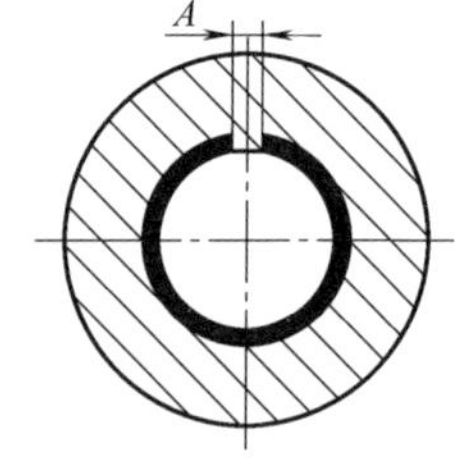

图 4-17　轴向的软带或未淬区宽度

4.25　钢高频感应淬火后得到什么样的组织？

（1）亚共析钢　亚共析钢在加热过程中，可以把加热层分为三个区域，如图 4-18 所示。

第Ⅰ区：加热温度高于 Ac_3（快速加热时的 Ac_3），淬火后得到的组织是马氏体。

第Ⅱ区：加热温度在 $Ac_1 \sim Ac_3$ 之间。高温下的组织为奥氏体+铁素体，淬火后得到的组织是马氏体+铁素体。亚共析结构钢淬透性不良，冷却不足时，也容易产生屈氏体组织。过渡层是未完全淬火的组织，与加热及冷却条件有关。

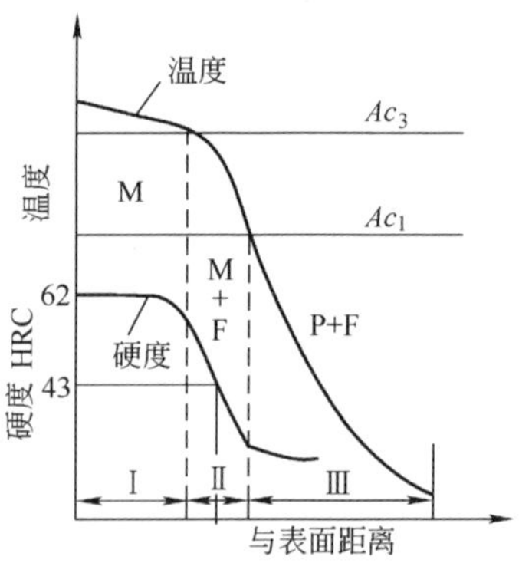

图 4-18　亚共析钢高频感应淬火后的组织和硬度变化

第Ⅲ区：加热温度低于 Ac_1，加热中没有奥氏体化，一般保持原始组织。

亚共析钢随碳含量的增加，$Ac_1 \sim Ac_3$ 的区间减小，相应地使第二区缩小。

（2）共析钢　共析钢淬火后很容易得到隐针马氏体。这是由于共析钢的淬火温度仅仅稍高于临界温度 Ac_1，而且没有自由铁素体存在，因此在较低的温度下就可以进行奥氏体的均匀化。原始组织为粒状珠光体的共析钢淬火后，可以在马氏体的基体上出现剩余的碳化物。

共析钢的临界温度区间很窄，第二区由隐针马氏体和珠光体组成。

（3）过共析钢　淬火层的组织是隐针马氏体，此外还有以网状或粒状存在的碳化物。如果为消除网状碳化物而提高淬火温度，容易使奥氏体饱和，淬火后会有较多的残留奥氏体，对提高硬度不利，故网状碳化物应预先消除。

过共析钢过渡层组织为屈氏体—马氏体或屈氏体—索氏体，且过渡层较宽。

4.26　感应淬火对工件的力学性能有何影响？

感应淬火主要改变工件表层的组织，使表层的硬度显著增加，心部则保留原有的组织，从而使工件具有外坚而内韧的特点。

图 4-19 所示为钢的表面硬度与碳含量的关系曲线，这些曲线也适用于合金钢。由图 4-19 可见，钢经高频感应淬火后的硬度值比普通淬火高 2~3HRC。

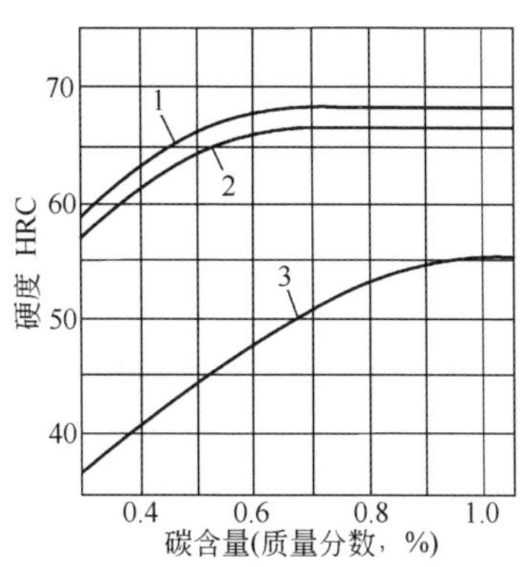

图 4-19　钢的表面硬度与碳含量的关系曲线

1—高频感应淬火　2—普通淬火　3—不完全淬火

感应淬火不仅提高了工件表面的硬度，提高了耐磨性，而且提高了工件的抗疲劳性能。这是由于在提高表面强度的同时，在表层产生了很大的压应力。所以，经高频感应淬火后一般可使小件的疲劳强度提高 2~3 倍，一般工件也可提高 20%~30%。

4.27　设计感应器的原则是什么？

感应器的功能是把感应加热装置的能量，通过电磁感应传输给工件。其设计的合理性对工件的淬火质量和设备的热效率有直接的影响。

设计感应器时应遵守以下原则：

1）由电磁感应产生的磁力线应尽可能均匀地分布在工件被加热的表面，使其形成的涡流能均匀地加热表面，保持加热温度均匀。

2）遵守感应加热的基本原理，尽可能提高感应加热的效率。

3）感应圈与淬火变压器之间的连接部分（汇流排与连接板）尽可能短，以减小电能损耗。

4）感应器的冷却良好。

5）制造简单，有一定强度，装卸方便。

4.28　如何确定感应器与工件的间隙?

感应器与工件的间隙越小，电效率越高。对于内孔表面和平面淬火时，应尽可能采用较小的间隙。一般情况下，感应器与工件之间的间隙为1.5~2.5mm，若大于5mm，则电效率显著降低。所以，不要采用较大的间隙。但当工件尺寸较大、形状复杂或要求淬硬层加深时，可采用较大的间隙。感应器与工件的间隙见表4-11。

表4-11　感应器与工件的间隙

工件形状	频率/kHz	工件直径/mm	同时加热时的间隙/mm	连续加热时的间隙/mm
圆柱	2.5~10	30~100	2.5~5.0	3.0~5.5
		>100~200	3.0~6.0	3.5~6.5
		>200~400	3.5~8.0	4.0~9.0
		>400	4.0~10.0	4.0~12.0
	20~400	10~30	1.5~4.0	2.5~4.0
		>30~60	2.0~5.0	2.5~4.5
		>60~100	2.5~5.5	3.0~5.0
		>100	2.5~5.5	3.5~5.5
内孔	2.5~10	—	2.0~5.0	2.0~2.5
	20~400	—	1.5~3.5	1.5~2.5
平面	2.5~10	—	—	2.0~3.5
	20~400	—	—	1.5~2.0

当细长轴（杆）外圆连续淬火时，确定感应圈与工件的间隙还应考虑工件加热时的弯曲。

4.29　如何确定感应器的高度?

确定感应器的高度，可以考虑以下几个方面：

1）同时加热淬火用的高频单圈感应器高度不宜过高，一般情况下高度 $h \leq$ 15mm。内侧敷铜板的单圈感应器的高度 $h=15\sim30$mm。感应圈高度 $h>30$mm 时，可设计成多匝感应器。多匝感应器高度与直径之比 h/D 应为3~5；否则，温度不均匀，中间温度偏高。

2）连续加热时，一般取 $h=10\sim15$mm；若淬硬区有台阶或圆角时，$h=5\sim8$mm。

3）当长轴的中间一段中频感应淬火加热时，要考虑淬硬区两端的吸热因素，感应圈高度应比加热区宽度大10%~20%，功率密度小时取上限。采用具有台阶的感应圈加热时，h 等于工件淬硬区长度。

4）同时加热淬火用的高频单圈感应器感应圈的高度见表4-12。不同频率下感应圈高度与工件高度的关系见表4-13。

表4-12　同时加热淬火用的高频单圈感应器感应圈的高度

工件直径 D/mm	≤25	>25~50	>50~100	>100~200	>200
感应圈高度 h/mm	≤D/2	14~20	>20~25	>25~30	>30

表4-13　不同频率下感应圈高度与工件高度的关系

感应器类型	频率/kHz	图示	感应圈高度 h/mm	间隙<2.5mm	间隙≥2.5mm
				b/mm	
外圆同时加热感应器	2.5~10		$h=B+2b$	0~3	0~3
	20~400		$h=B-2b$	1~3	0~2
内孔同时加热感应器	2.5~10		$h=B+2b$	2~5	
	20~400		$h=B+2b$	3~7	

4.30　如何选择感应器的壁厚？

感应圈的壁厚及板的厚度应大于在铜中电流透入深度的1.57倍。40℃时电流在铜中的透入深度为

$$\delta=\frac{70}{\sqrt{f}} \tag{4-10}$$

40℃时不同频率的电流在铜中的透入深度见表4-14。

表 4-14 40℃时不同频率的电流在铜中的透入深度

频率/kHz	透入深度/mm	频率/kHz	透入深度/mm
0.05	9.9	10	0.7
1	2.2	50	0.3
2.5	1.4	70	0.27
4	1.1	250	0.14
8	0.78	450	0.1

不同电流频率时感应圈的壁厚及板的厚度见表 4-15。

表 4-15 不同电流频率时感应圈的壁厚及板的厚度

频率/kHz	$1.57\delta_{Cu}$/mm	选用厚度/mm	频率/kHz	$1.57\delta_{Cu}$/mm	选用厚度/mm
1	3.5	3.0~4.0	10	1.1	1.5
2.5	2.2	2.0	250	0.22	1.0
8	1.2	1.5	450	0.16	1.0

根据工作条件，感应器分为加热时通水冷却和短时加热不通水冷却两种。后者的壁厚应比前者厚一些，且加热时间不得过长，否则容易引起感应器升温太高。不同冷却条件下的感应圈壁厚见表 4-16。

表 4-16 不同冷却条件下的感应圈壁厚

频率/kHz	感应圈壁厚/mm	
	加热时通水冷却	短时加热不通水冷却
200~300	0.5~1.5	1.5~2.5
8	1.0~2.0	6~8
2.5	2.0~3.0	6~12

水压为 0.1~0.2MPa 时感应器所用铜管的最小尺寸见表 4-17。

表 4-17 水压为 0.1 ~0.2MPa 时感应器所用铜管的最小尺寸

频率/kHz	200~300	8	2.5
铜管最小尺寸(直径×壁厚)/mm	ϕ5×0.5	ϕ8×1	ϕ10×1

注：若用更小规格的铜管，则须加大水压，以保证充分冷却。

4.31 感应圈截面的形状如何选择?

感应圈的截面形状根据工件形状选取，常见感应圈的截面形状如图 4-20 所示。截面形状对淬硬层的分布有一定的影响。比较圆截面、正方形截面和长方形截面三种情况，在与工件的间隙相同的条件下，假如三者截面积相同，则长方形截面的高度比正方形及圆截面的大，其截面周边较长，冷却条件较好，且节约铜材。从感应电流在工件表面的热形分布来看，矩形截面最好，圆形截面最差，如图 4-21 所示。

在加热多联齿轮的小轮时，为防止大轮端面被加热，感应器的截面一般设计成三角形。

当铜管高度不满足设计高度时，内圈附设铜板可轻易地实现所需要的高度。

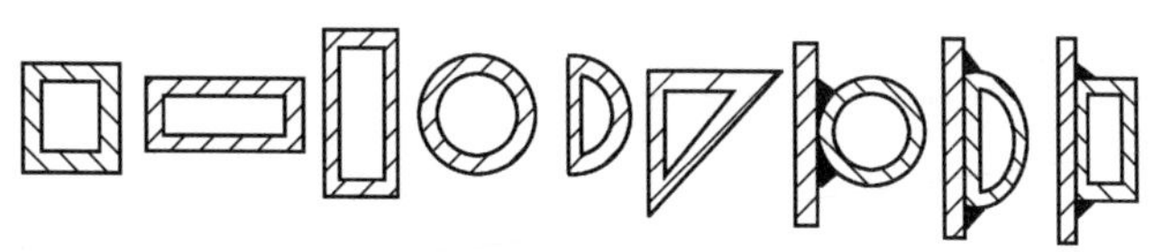

图 4-20　常见感应圈的截面形状

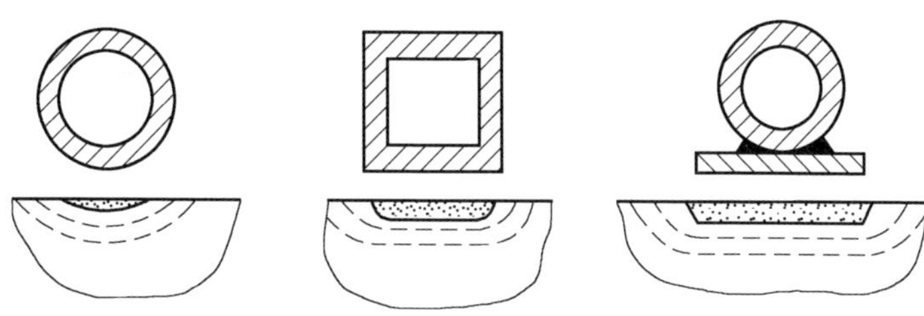

图 4-21　截面上的电流分布与工件上的热形

4.32　如何确定感应器的匝数？

一般情况下感应器均为单匝，尤其当工件直径较大时更是如此。当工件直径较小，而淬硬区轴向长度较长时，可做成双匝或多匝感应器，但应注意加热面积不大于设备允许的加热面积。感应圈的匝数对效率有一定影响。

图 4-22 所示为轴类、套类及平面类工件加热时感应器的感应圈匝数与工件尺寸的关系。

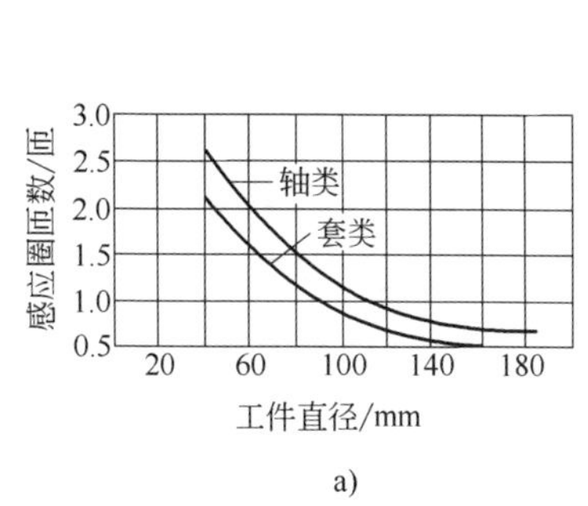

a)

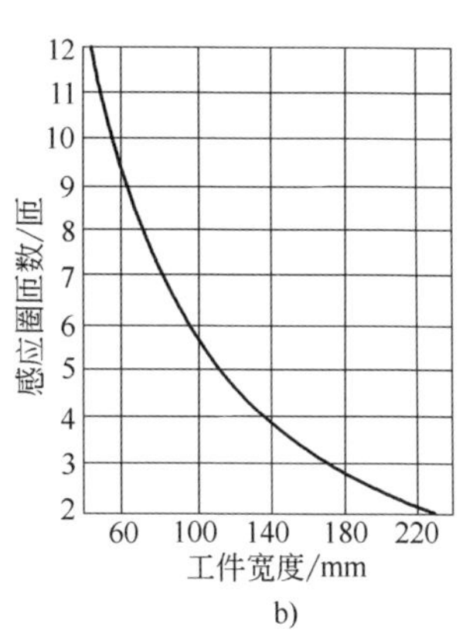

b)

图 4-22　感应圈匝数与工件尺寸的关系

a）轴类及套类工件　b）平面类工件

4.33　如何设计感应器的喷液孔？

连续加热淬火自喷式感应器的喷液孔数据见表 4-18。随淬火冷却介质的不同，喷液孔直径略有差异，中频感应器的喷液孔直径比高频感应器的稍大，见表4-19。同一感应器上各喷液孔轴线与工件轴线夹角应保持一致，以保证冷却均匀。

表4-18　连续加热淬火自喷式感应器的喷液孔数据

频率/kHz	喷液孔间距/mm	喷液孔轴线与工件轴线夹角/(°)	喷液孔列数
200~300	1.5~3.5	25~45	1
2.5~8	2.0~4.0	25~45	1~4

表4-19　不同淬火冷却介质自喷式感应器的喷孔直径

淬火冷却介质	频率/kHz		备注
	200~300	2.5~8	
	喷液孔直径/mm		
水	0.8~1.2	1.0~1.8	
聚乙烯醇水溶液	1.0~1.5	1.5~2.0	
乳化液	1.0~1.2	1.5~2.0	
油	1.2~1.5	1.5~2.5	常用附加喷头

一般进水管的面积是喷水孔总面积的1.5倍以上，喷水速度快，冷却速度快且均匀，硬度也均匀。

4.34　什么是水幕式喷液器？

水幕式喷液器如图4-23所示。它喷出的液体是一个环面，呈水幕状，调节上盖与环体之间的间隙，即可改变喷液量的大小。这种喷液器流量大，冷却能力强，多用于轧辊淬火。

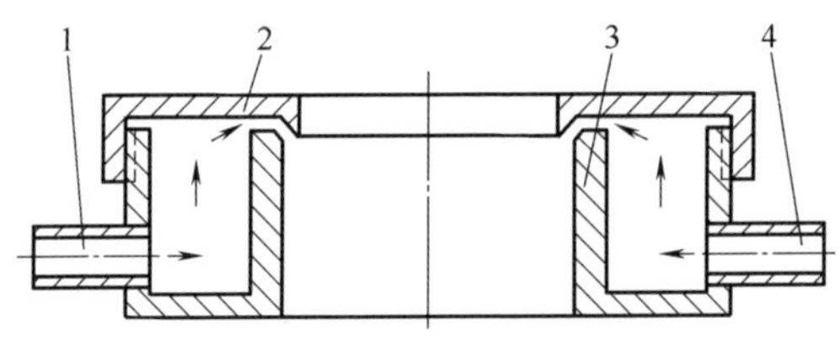

图4-23　水幕式喷液器

1、4—进水管　2—上盖　3—环体

4.35　汇流条的设计有何要求？

为减少能耗，降低汇流条的感抗和电阻，应尽可能缩短其长度和减小间距。汇流条的间距一般为1.5~3mm。

在深孔连续淬火时，为提高加热速度和减少能量损耗，最好采用同心式汇流条，如图4-24所示。

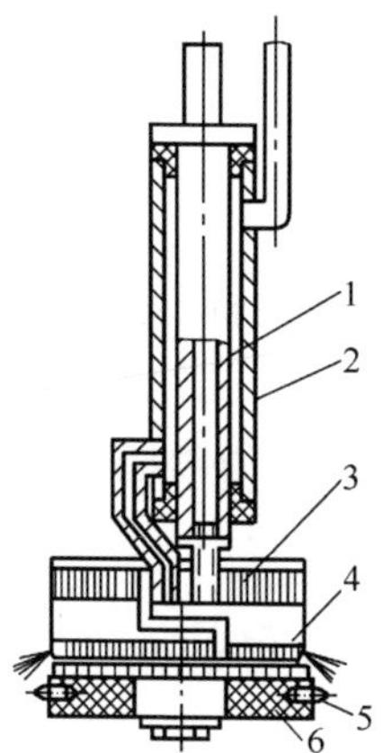

图 4-24　采用同心式汇流条的连续淬火感应器

1—内导电管　2—外导电管　3—导磁体　4—感应圈　5—黄铜紧定螺钉　6—绝缘板

4.36　什么是导磁体？导磁体的作用是什么？

导磁体也称磁场集中器，是由磁性材料制成的用于控制磁通量的元件。导磁体按使用频率分为中频导磁体、超音频导磁体和高频导磁体。随使用频率的不同，其制作材料也不同。因而，导磁体可以是铁氧体烧结的块状元件，用于高频感应加热；也可以是冷轧硅钢叠片，用于中频、工频感应加热。

导磁体的作用是通过控制磁通的密度和方向，改变感应器中的电流分布状态，达到控制感应加热区和提高感应加热效率的目的。

4.37　什么是导磁体的槽口效应？

当交流电流通过嵌有导磁体的矩形导体时，电流只在导磁体开口处的导体表面通过，这种现象称为导磁体的槽口效应，如图 4-25 所示。利用导磁体的槽口效应，

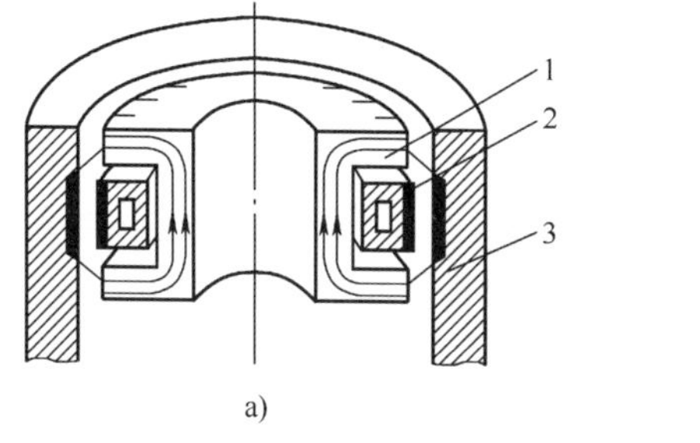

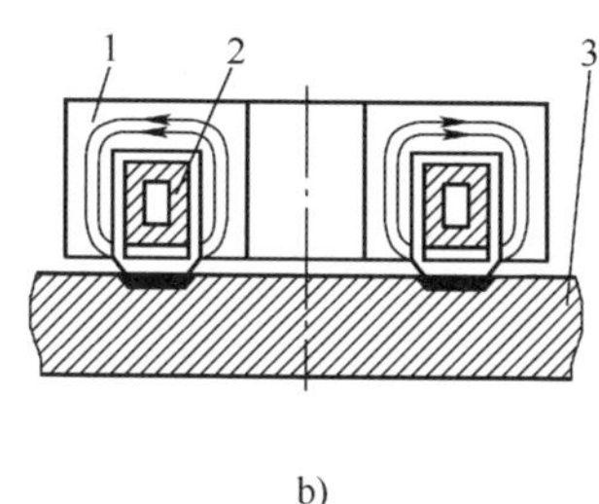

图 4-25　导磁体的槽口效应

a）导磁体槽口向外的内孔加热感应器　b）导磁体槽口向下的平面加热感应器

1—导磁体　2—感应圈　3—工件

可把通过感应器的交变电流“驱赶”到感应器的任何所需表面，以提高该处的加热效率。

4.38 铁氧体导磁体有何特性?

铁氧体导磁体由极细粉末颗粒压制后经烧结而成。其特点是磁导率高（弱磁场下），磁通密度低（<0.5T），居里点温度一般低于200℃，使用温度一般低于200℃，适宜频率≤300kHz，主要用于高频感应器。其主要缺点是难以加工，易脆断，热震性差，使用寿命低。这种导磁体有多种规格，有成品可购买。

4.39 什么是可加工导磁体？有何特点?

可加工导磁体一般由羰基铁（又称磁电介质）制造，由极细的铁粉与黏结剂经模压烘干而成，铁粉颗粒之间是绝缘的。

可加工导磁体的特点：可以根据工件的形状进行机械加工；铁粉的密度越大，磁导率越高；组片之间不需要绝缘；具有低的电导率、高的磁导率和低的磁力线散失；水激冷不裂，耐疲劳性能好，使用寿命较长；不需要水冷可连续工作。可加工导磁体原材料以圆柱体、矩形长条及板块等不同规格供应，再经过机械加工成所需形状。

4.40 什么是泥糊状导磁体？如何使用?

泥糊状导磁体是近年来发展起来的导磁体，也称可成形导磁体，是将磁介质或铁氧体粉与黏结剂混合后形成的一种胶状混合物，有点像橡皮泥，可用手捏成所要求的形状。由于其含胶更多，故密度更低，相应的磁导率也低一些。

泥糊状导磁体一般应用于不易安装束状或块状导磁体的感应器上，涂敷于感应圈上即可，使用方便。

泥糊状导磁体的使用方法：首先，将感应圈喷砂或用钢丝刷除去表面污物，用薄铝板做成模壳并用胶带将其固定到感应圈上；然后将泥糊状导磁体放入容器中加热到55℃，使其成橡皮泥状，制成厚度为6mm左右的条状，放到感应圈的模壳中，用压棒压实，并用加热机（热吹风机）加热，使泥糊状导磁体黏结到感应圈上，再用小刀修剪整形，去掉多余的部分，用胶带缠紧模壳；在烘箱中于120℃烘烤1h，再升温到190℃烘烤1h，然后趁热用刀解掉胶带，在平的台面上使其冷透，去除铝制模壳。

泥糊状导磁体也可直接挤压到需要贴的感应器上，再通过包扎、烘干，即与铜管结合成一体。加热小内孔的多匝感应器，中心有回路导管，在感应器的截面上，3个管径加2个绝缘间隙即等于内孔感应器的外径。此绝缘间隙一般不小于2mm，用泥糊状导磁体充填此间隙，既能起到绝缘的作用，又能提高感应器的效率。

4.41 硅钢片导磁体有何特点？如何选择?

硅钢片的特点是磁导率高，磁通密度为1.8~2.0T，居里点温度约为700℃，抗热震性优良，使用温度低于700℃，适宜频率≤10kHz，主要用于中频与工频感应器。其主要缺点是薄片加工困难，耐蚀性差。近年来，由于冷轧技术的进步，可轧制厚度为0.05~0.10mm的薄硅钢片，所以现在高频、超音频感应器上也开始使用硅钢片作导磁体了。

硅钢片的厚度与电流频率有一定关系，必须小于冷态电流透入深度，即随频率的升高而减薄，否则会严重发热，增加额外的功率损耗。硅钢片的厚度可用下式计算。

$$\delta=\frac{20}{\sqrt{f}} \tag{4-11}$$

不同电流频率时采用的硅钢片厚度见表4-20。

表4-20　不同电流频率时采用的硅钢片厚度

电流频率/kHz	0.05	1.0	2.5	4.0	8.0	10	50	100	200
硅钢片厚度/mm	0.5	0.5	<0.4	<0.3	<0.22	<0.2	<0.08	<0.06	<0.044

通常，中频感应器上采用0.2~0.35mm厚的硅钢片，超音频感应器上采用0.08~0.15mm厚的硅钢片，高频感应器上采用0.05mm厚的硅钢片。

4.42　蜗杆淬火用的感应器为什么不是圆形，而是回线形？

蜗杆淬火如果用圆形感应器只能使齿顶部淬硬，齿根部不能淬硬。为使蜗杆齿根部也得到一定深度的淬硬层，必须使感应电流流过齿顶与齿根。这就要求感应圈上的电流方向与蜗杆螺旋方向垂直，使电流流过齿根，于是感应圈就应变成与蜗杆轴线平行的回线形直管。蜗杆淬火感应器的形状有两种。图4-26a所示为波浪形感应器，波数一般为3~5个；为防止蜗杆端面过热，感应圈波峰、波谷均向外翘出。

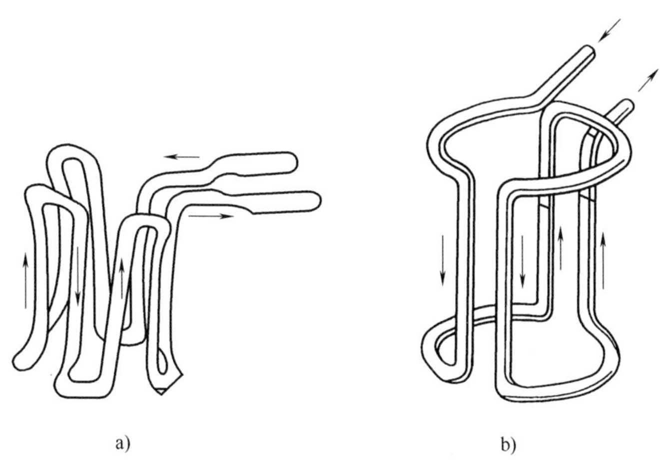

图4-26　蜗杆淬火用感应器

这种感应器两相邻直管的电流方向相反。图 4-26b 所示感应器两相邻直管电流方向相同，而对面的两条直管电流方向与其相反。因此，直管上的电流流向内侧面，使感应器效率提高。

4.43　感应淬火时如何对不需要加热的部位进行屏蔽?

在感应淬火时，为防止漏磁场对淬火部位的邻近部分，特别是已淬火部位加热，可在感应器上设置磁屏蔽体。

（1）铜环磁屏蔽　对于轴类工件，通常用顺磁材料铜制作成圆环状，置于工件上不需要加热的部位，铜环因漏磁通而产生感应涡流，这个涡流产生的磁场方向与感应加热的磁场方向相反，起到抵消或减弱漏磁的作用，从而达到屏蔽的目的，如图 4-27a 所示。铜环厚度要大于电流透入深度：高频感应加热时为 1mm，中频感应加热时为 3~8mm。

（2）钢环磁屏蔽　利用导磁材料低碳钢或硅钢片制成磁环，置于被保护部位，由于其磁导率比工件好，所以漏磁通被磁环短路，起到屏蔽作用，如图 4-27b 所示。为防止屏蔽环被加热，应在环上每隔 15°开一个宽度为 1.5mm，深度为 12mm 的槽，以切断涡流的通路。

（3）导磁体屏蔽　Π 形导磁体的驱流作用除用于提高加热效率外，还具有屏蔽作用，可防止加热区邻近部位因受漏磁通的影响而被加热，如图 4-28 所示。

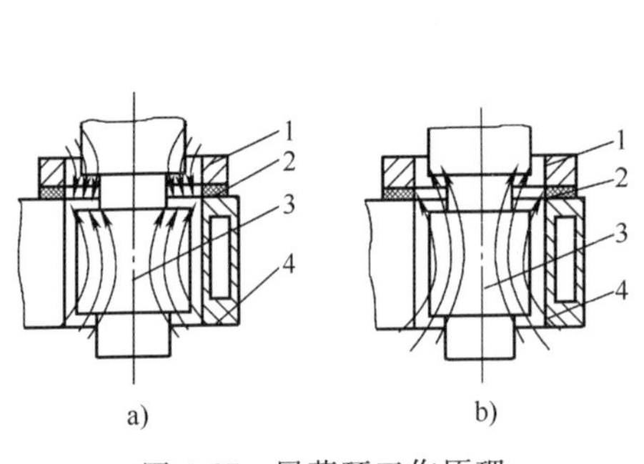

图 4-27　屏蔽环工作原理

a）铜环磁屏蔽　b）钢环磁屏蔽

1—环　2—绝缘体　3—工件　4—感应器

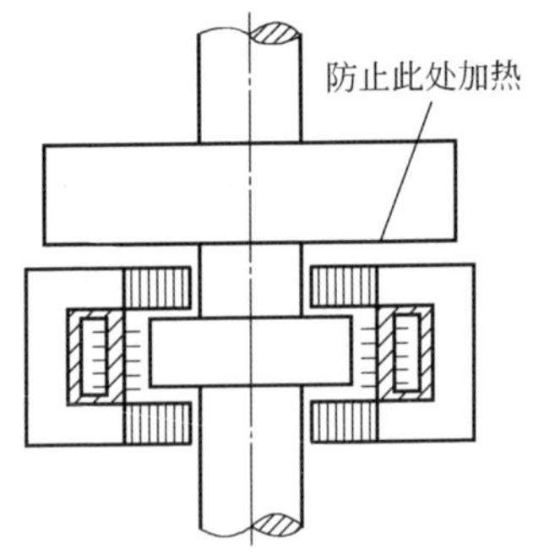

图 4-28　导磁体的屏蔽作用

4.44　如何制成各种截面的铜管?

各种截面铜管可由圆形铜管拉制或轧制而成。

（1）拉制　将圆形铜管在定形拉模中冷拉成形是最常用的方法。首先，根据感应器的截面形状制作拉管模具，如图 4-29 所示。为拉出较为理想的截面形状，有些矩形要通过多次拉制才能完成。多次拉制时可对加工硬化的铜管进行 550℃的中间退火。

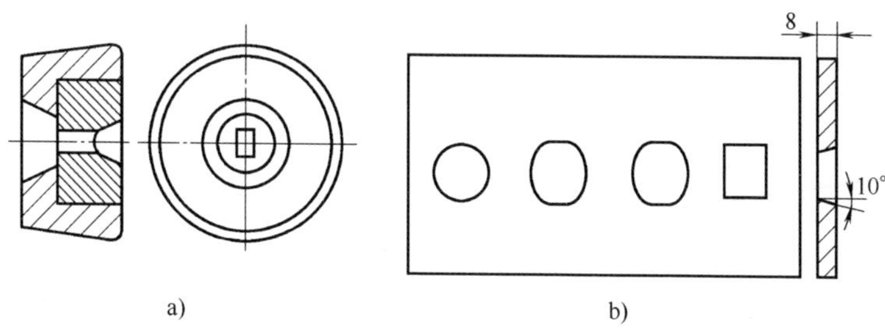

图 4-29　拉管模具
a）圆形拉模　b）多次成形拉模板

（2）轧制　在四爪单动卡盘的四个卡爪上各装一个滚轮，调整滚轮之间的距离，当圆形截面的铜管通过时，即可轧制成矩形截面的铜管。变换宽度不同的滚轮，即可轧制出不同尺寸矩形截面的铜管。

4.45　感应淬火时如何调整工件的转速？

为使工件加热均匀，尽可能使工件旋转。轴类工件采用同时加热淬火法时，一般采用的转速为 60~360r/min；采用连续淬火时，应使工件的旋转速度和下移速度成一定比例。一般工件移动速度为 1~24mm/s。工件直径大时，线速度大，转速可低些；反之，转速可高些。

花键轴和齿轮淬火冷却时，转速不可过快，外圆线速度应小于 500mm/s。转速太快容易引起与旋转方向相反的一侧齿面和键槽产生冷却不足的现象，如图 4-30 所示。

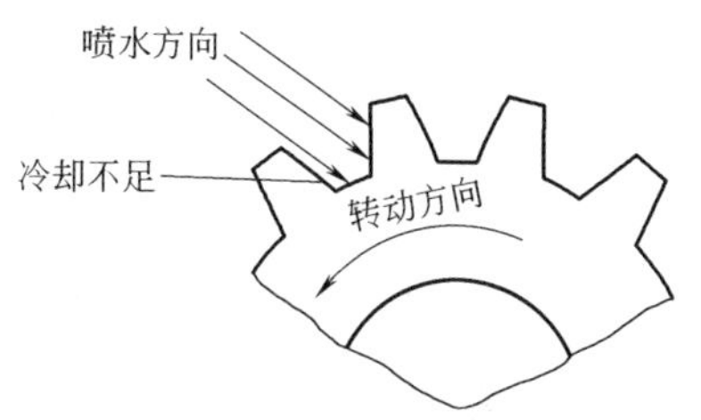

图 4-30　齿轮一侧齿面冷却不足

4.46　轴类工件感应淬火时应注意什么？

1）轴类工件淬火时一般采用顶尖定位。顶尖力量应适当，否则，较细的工件易产生弯曲变形。

2）带孔的轴类工件淬火时，孔周围感应电流分布不均匀，引起加热不均匀，往往出现过热或加热过深，淬火冷却时孔的边缘容易引起开裂，如图 4-31 所示。将孔镶铜或塞铜销子，使感应电流在孔的周围分布均匀，可防止开裂。

3）连续加热淬火时，若轴类工件直径较大或设备功率不足时，可采用预热连续加热淬火法，即利用感应器（或工件）反向移动预热，然后立即正向移动连续加热淬火。

4）阶梯轴应先淬直径小的部分，后淬直径大的部分。

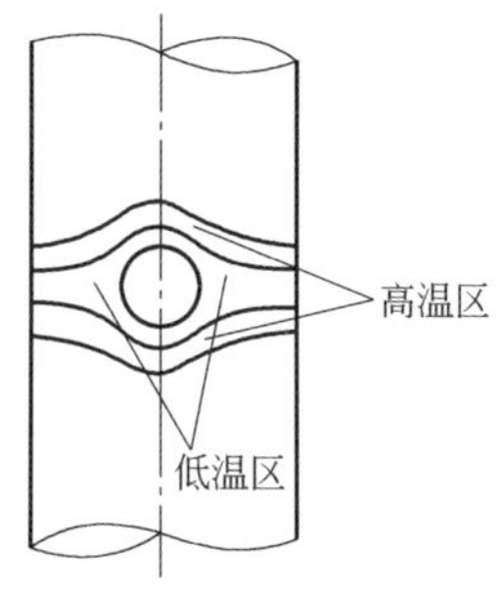

图 4-31　轴加热时孔周围感应电流分布不均匀

4.47　如何防止感应器与工件之间打火？

一般情况下，工件都是放在淬火机床的主轴上，边旋转边加热。当感应器与工件触碰时就会打火，烧伤工件，使之报废；烧坏感应器，甚至漏水。为避免打火现象的发生，可采取以下方法。

1）提高淬火机床的精度，主轴的径向圆跳动误差应≤0.2mm；使用回转工作台时，台面的全跳动误差≤0.2mm；长轴感应淬火时，顶尖连线对滑板移动的平行度误差在夹持长度≤2000mm时为≤0.3mm。

2）在淬火机床主轴锥孔内放置绝缘套，以隔断电流对地的通路，即可防止打火。绝缘套的材料可以是电工用层压制品、聚四氟乙烯等，如图4-32所示。

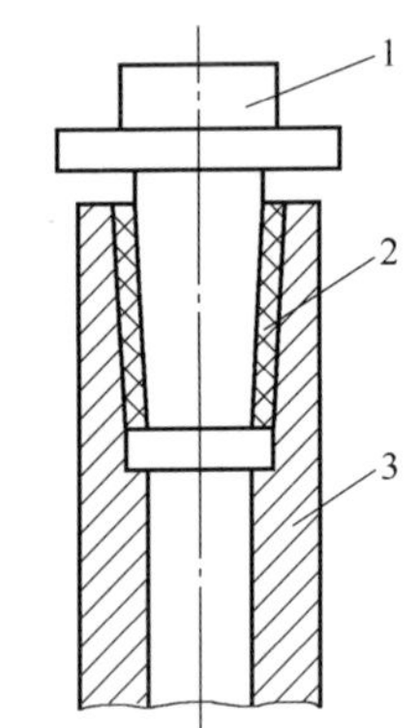

图4-32　置有绝缘套的主轴
1—心轴　2—绝缘套　3—主轴

3）内孔感应淬火时，在感应圈的导磁体上面固定一块圆形绝缘板，绝缘板直径与工件内孔的单边间隙应小于0.25mm，且与感应圈保持同轴，即可保证感应器与工件不会打火。在不能保持同轴或感应圈较大的情况下，可在绝缘板的外圆打三四个螺孔，拧入铜质无头紧定螺钉，调节紧定螺钉，即可保证感应圈与工件不会打火，且与内孔的间隙保持一致，并得到均匀的淬硬层。感应器上带调节紧定螺钉的绝缘板如图4-24所示。

4.48　感应淬火通用心轴是什么样的？

感应淬火时，工件置于淬火机床上的安装方式主要有两种方式：轴类工件使用上下顶尖固定，套类工件及齿轮以孔定位。以孔定位的工件由于孔径的不同，都需要专用的心轴，以保持工件与主轴的同轴度。当工件种类繁多时，特别是对一些单件零活淬火时，经常没有合适的心轴，加工又来不及。准备一套通用心轴套，能较好地解决这一难题。通用心轴套如图4-33所示（尺寸可根据实际情况改变）。

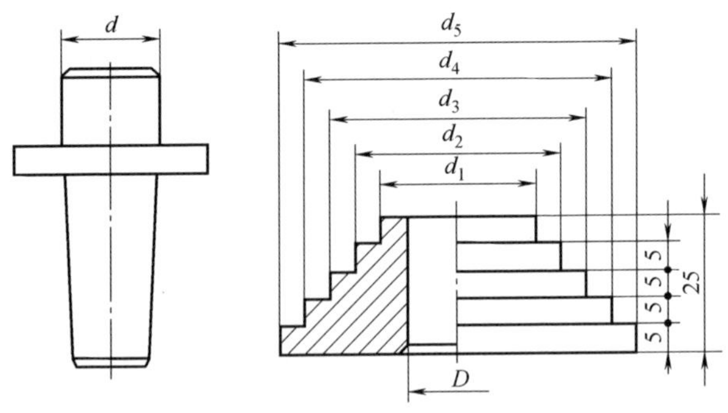

图4-33　通用心轴套

(单位:mm)

编号	d	D	d_1	d_2	d_3	d_4	d_5
Ⅰ	$20_{-0.1}^{0}$	$20_{0}^{+0.1}$	$29_{+0.5}^{+0.6}$	$39_{+0.4}^{+0.5}$	$49_{+0.4}^{+0.5}$	$59_{+0.3}^{+0.4}$	$69_{+0.3}^{+0.4}$
Ⅱ	$20_{-0.1}^{0}$	$20_{0}^{+0.1}$	$34_{+0.4}^{+0.5}$	$44_{+0.4}^{+0.5}$	$54_{+0.3}^{+0.4}$	$64_{+0.3}^{+0.4}$	$74_{+0.3}^{+0.4}$
Ⅲ	$70_{-0.1}^{0}$	$70_{0}^{+0.1}$	$79_{+0.3}^{+0.4}$	$89_{+0.1}^{+0.3}$	$99_{+0.1}^{+0.3}$	$109_{+0.1}^{+0.3}$	$119_{+0.1}^{+0.3}$
Ⅳ	$70_{-0.1}^{0}$	$70_{0}^{+0.1}$	$84_{+0.1}^{+0.3}$	$94_{+0.1}^{+0.3}$	$104_{+0.1}^{+0.3}$	$114_{+0.1}^{+0.3}$	$124_{+0.1}^{+0.2}$

图 4-33　通用心轴套（续）

4.49　常用的高频、超音频感应加热感应器有哪些?

常用的高频、超音频感应加热感应器见表 4-21。

表 4-21　常用的高频、超音频感应加热感应器

名称	结构图	主要参数	适宜工件	备注
外圆表面同时加热感应器	a) b)	1)感应圈与工件的间隙 a:对于简单圆柱体,a 为 1~3mm;对于特殊工件,$a \leqslant 5$mm 2)感应圈高度 h:对于图 a,$h \leqslant$ 15mm;对于图 b,h 为 15~30mm。无倒角工件,h 比工件高度低 10%~20%;有倒角工件,h 等于或稍高于工件高度。感应圈最大高度 h_{max} 与工件直径 d 的关系 d/mm | h_{max}/mm 14 | 14 50 | 20 100 | 25 100~400 | 25~30 3)感应圈宽度以纯铜管能保证冷却水流量为准,纯铜板厚度为 1~2mm	齿轮、圆盘、短柱或节圆锥角小于 20°的锥齿轮	1)工件的淬火冷却可在附加喷液器中进行,或采用浸液冷却 2)当所需感应圈的高度大于 h_{max} 时应采用多匝感应圈
		1)为使温度均匀,3 匝以上感应器中间匝与工件的间隙可适当加大,感应器成鼓形 2)通常感应器匝数 $n \leqslant 5$,$h \leqslant$ 10mm,应使感应圈总长度 l 与感应圈高度 h 之比 l/h = 5~10,此时感应器效率较高	圆柱表面或柱状齿轮	根据温度均匀情况调整匝间距,一般两端的匝间距较中间的稍小
蜗杆加热感应器		1)感应圈与工件间隙为 3~5mm 2)感应圈波数为 3~5 个,波峰、波谷均向外略翘	蜗杆	工件必须旋转

（续）

名称	结构图	主要参数	适宜工件	备注
蜗杆加热感应器	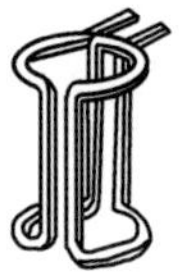	感应圈与工件间隙为3~5mm	蜗杆	1）工件必须旋转 2）感应圈两相邻导线电流方向相同，热效率较高
外圆表面连续淬火感应器		1）感应圈与工件的间隙为1.5~3.5mm 2）感应器高度为10~15mm，若工件的台阶或过渡处圆角须淬火时，高度为6~10mm 3）下端内侧有喷水孔，参数见表4-18和表4-19	轴类	
	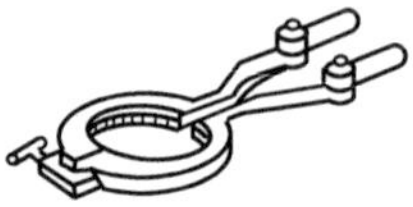	1）感应圈与工件的间隙为1~3mm 2）感应圈的高度为5~8mm 3）感应圈的宽度比一般感应圈更宽一些；要保证足够的水流量，为防止曲轴扇板面被加热，铜管截面外半部可稍薄些	曲轴	1）淬火时必须拧紧夹头 2）两汇流条同时进水自喷冷却
内孔表面同时加热感应器	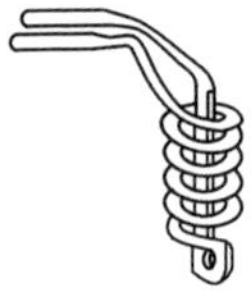 a) 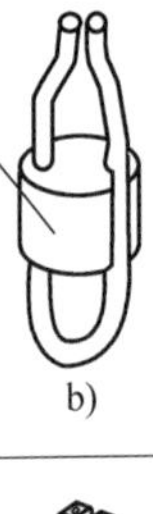 导磁体 b)	1）匝数 n 为2~5匝，两端的圈距较中间的稍小 2）匝间距为2~4mm 3）感应圈与工件间隙为1~2mm 4）加热直径为12~20mm小孔时，采用回线式感应器（见图b），应加导磁体，并使工件旋转	ϕ20~ϕ40mm内孔	用 ϕ4~ϕ6mm铜管绕制
	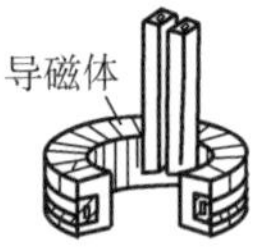 导磁体	1）感应圈与工件间隙为1~2mm 2）感应圈高度为6~12mm 3）感应圈宽度为4~8mm 4）喷水孔参数参考表4-18和表4-19	套筒、环类工件 ϕ40mm以上内表面	当内孔深度很大时，为减少汇流条感抗，可采用同心汇流条
内孔同时加热感应器		感应圈与工件的间隙为1~3mm	深度较浅的内孔或内齿轮	感应圈上放置导磁体，以提高加热效率 浸液或喷水圈冷却

（续）

名称	结构图	主要参数	适宜工件	备注
平面连续淬火感应器		感应器与工件间隙为 1～2mm	较长平面	需安装导磁体
外表面平面连续淬火感应器		间隙为 1～2mm 喷水孔参数参考表 4-18 和表 4-19 可制成双匝和多匝	钳口铁、方锉或其他方截面工件	淬火时可采用自喷或在附加喷水圈中喷水冷却
平面同时加热感应器		螺旋圈数为 2～5 圈 螺旋线间距为 3～6mm	圆形平端面	工件中心区温度较低，可通过偏心放置、旋转工件的加热方法，提高中心区的温度 感应器上放置导磁体 冷却方式为浸液或喷头喷液

4.50　常用的中频感应加热感应器有哪些？

常用的中频感应加热感应器见表 4-22。

表 4-22　常用的中频感应加热感应器

名称	结构图	主要参数	适宜加热的工件	备注
外圆表面同时加热感应器		1）感应圈与工件间隙为 2～5mm 2）感应圈高度等于或稍大于工件高度，一般应小于 150mm 3）感应圈铜板厚度一般为 3～4mm 4）感应圈外焊接半圆形冷却铜管，高度 <65mm 时焊接一条，高度 >70mm 时应焊接两条	齿轮、圆盘或锥角小于 20°的锥齿轮	工件高度小于 25mm 时，可直接用方截面纯铜管弯制

（续）

名称	结构图	主要参数	适宜加热的工件	备注
外圆表面同时加热自喷式感应器		1)感应圈与工件间隙 a：加热圆柱体及齿轮时 a 为2~5mm；加热凸轮时，凸尖处 a 为2.5~4mm 2)感应圈高度 h：加热圆柱体及齿轮时，h 等于或稍大于工件高度；加热凸轮时，h 比凸轮高度大3~6mm 3)为加强工件两端的加热，感应圈内孔两端可设计成宽为2~4mm、高为2~4mm的台阶，台阶处与工件的间隙为2~4mm 4)喷水孔参数参考表4-18和表4-19 5)感应圈壁厚见表4-16	齿轮、短柱、圆盘、凸轮轴等	用于小轴或凸轮轴淬火的感应器可制成双联式，同时加热两件
开启式外圆表面同时加热自喷式感应器		1)感应器内孔两端设计有宽为2~3mm、高为2~6mm的台阶 2)台阶与工件的间隙为2~3.5mm 3)感应器高度 h=曲轴颈长-曲轴圆角半径×2 4)感应圈壁厚见表4-16	曲轴	连接板和铰链都不通水
外圆表面连续加热感应器		1)感应圈与工件间隙为2.5~5mm 2)方铜管高度为14~20mm，宽度为9~15mm 3)匝间距为8~12mm	轴、花键轴、齿轮	1)双圈感应器下部设有喷水圈 2)也可不加喷水圈，在下一圈钻喷水孔 3)也可制成单圈自喷式感应器，参数为：间隙 a 为2.5~3.5mm，高度 h 为14~30mm，宽度 b 为9~20mm 4)选用油、聚乙烯醇水溶液作为淬火冷却介质时必须使用附加喷液圈

（续）

名称	结构图	主要参数	适宜加热的工件	备注
内孔连续淬火感应器		1)感应圈与工件间隙为2~3mm 2)感应圈截面高度为12~16mm 3)匝间距离为8~12mm 4)喷水孔参数见表4-18和表4-19	直径>ϕ70mm的深孔淬火	1)喷水孔根据要求可钻成一排或两排 2)感应器也可制成单匝的,感应圈高度为14~20mm,宽度为9~14mm,间隙为2~3mm 3)为减少汇流条的能量损耗,可制成同心式汇流条 4)安装硅钢片导磁体,以提高感应器的电效率
平面同时加热淬火感应器	导磁体 工件 感应圈	1)矩形感应圈的有效部分为中间三根导线,应略大于被加热平面,每边大3~6mm 2)感应圈高度为6~12mm 3)中间三根导线间距为2~4mm 4)最外侧两根导线与相邻导线间距均应大于15mm	淬火面积较小的平面	1)要点是中间三根导线电流方向相同,便于安装硅钢片导磁体,电效率较高 2)为提高设备利用率,可将几个相同的感应器串联起来使用;串联数目合适时,可省去淬火变压器,直接与设备匹配
平面连续淬火感应器		1)感应圈截面的宽度 b 为8~18mm 2)感应圈高度为4~10mm 3)矩形感应圈的长度应大于被加热平面的宽度,每边伸出(1/3~1/2) b;若受工件形状限制不能向前伸出时,可将前端铜管宽度减少1/2 4)感应圈两回线的间距为12~20mm 5)感应器与工件间隙应尽量小,一般为1~3mm	淬火面较长的平面	感应器两进水管同时进水,自喷冷却,前端竖管为放水管,以加强感应器自身冷却

4.51 高频感应淬火时如何操作?

（1）准备

1）清洗工件上的油污及其他污垢，以防加热时产生烟雾。

2）清除铁屑及毛刺，以防发生打弧，烧伤感应器及工件。

3）检查工件有无裂纹。

4）选择设备及淬火方法，根据工艺卡片或工件要求的淬硬层深度及淬火部位，选择感应淬火设备的频率及功率，从而确定所用的设备。

5）根据工艺卡片或工件的淬火部位及淬火方法选择感应器。

6）装夹工件及感应器，为感应器通水，并调节水压至适当压力。起动淬火机床，使工件旋转并观察工件和感应器之间的间隙是否均匀，轴向相对位置是否合适。

（2）操作

1）起动设备，按操作规程进行。

2）调整电参数。目的是使高频电源的工作处于谐振状态，使设备发挥出最高的效率。

根据工艺卡片调整电参数。全固态感应加热电源的操作比较简单。电子管式高频电源的操作方法是先将偶合手轮和反馈手轮放在中间位置，送高压；先半波整流，调节滑动变压器逐步升到全波整流，阳极电压 $V_{阳}$ 的数值一般为 11~13kV，最高可达 13.5kV。阳极电流 $I_{阳}$ 由偶合手轮来调节，栅极电流 $I_{栅}$ 由反馈手轮来调节，其最大允许值见表 4-23。同时，使 $I_{阳}$ 与 $I_{栅}$ 的比值保持规定的数值，若比值不对，可反复调节偶合手轮和反馈手轮，直至槽路电压保持不变，说明 $I_{阳}$ 与 $I_{栅}$ 的比值已调好，已获得最大输出功率。

以上操作方法也适用于超音频感应加热。

表 4-23　高频电源电参数的允许值

型号	GP100-C3	GP60-CR11	GP30-CR11
最高阳极电压/kV	13.5	13.5	13.5
最大阳极电流/A	12	3.5	3.5
最大栅极电流/A	2.5	0.75	0.75
最高槽路电压/kV	10	9	9
$I_{阳}/I_{栅}$	5~10	5~6	5~6

3）用仪表测温或时间继电器控温，也可目测。

4）按工艺卡片或根据需要冷却。

4.52　感应淬火后通常如何进行回火？

工件经感应淬火后，应及时回火，以降低淬火过渡区的残余应力，稳定组织，达到所要求的力学性能。工件感应淬火后的硬度比普通淬火的高，但它在回火时硬度也容易下降。回火方法有炉中回火、自回火和感应回火三种。

通常采用的回火方法是炉中回火。这种回火方法适用于各种中小工件，一般在带有风扇的井式炉中回火。回火温度应根据工件的材质、淬火后的硬度和要求的硬度来确定。通常，合金钢的回火温度比碳素钢高；淬火后的硬度较低时，回火温度也应适当降低。常用钢高频感应淬火后炉中回火工艺见表 4-24。回火时间一般为 1~2h。

表 4-24 常用钢高频感应淬火后炉中回火工艺

牌号	要求硬度 HRC	淬火后硬度 HRC	回火工艺	
			温度/℃	时间/min
45	40~45	≥50	280~300	45~60
		≥55	300~320	45~60
	45~50	≥55	220~250	45~60
	50~55	≥55	180~200	60~90
50	55~60	55~60	180~200	60
40Cr	45~50	≥50	240~260	45~60
		≥55	260~280	45~60
42SiMn	45~50	≥55	220~250	45~60
	50~55	≥55	180~220	45~60
20、20Cr、20CrMnTi 等（渗碳淬火后）	56~62	56~62	180~200	90~120

4.53 什么是自回火？

所谓自回火就是控制感应淬火的冷却时间，使工件表面淬火但不冷透，利用淬火区内部的余热迅速传导到工件的淬火表面，并达到一定的温度，使表面淬火层回火。感应淬火工件自回火时，工件表面温度的变化如图 4-34 所示。*ab* 段为加热温升阶段，*bcd* 段为喷水冷却阶段，*d* 点时停止喷水，在 *de* 段工件表面黏附的水分蒸发，*ef* 段升温至回火温度。

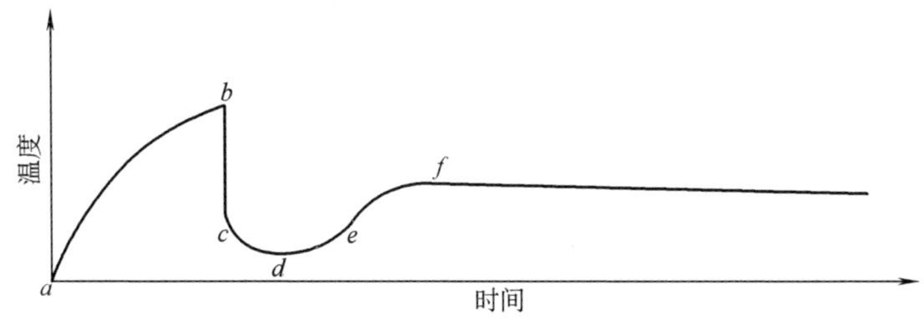

图 4-34 工件表面温度的变化

自回火适用于同时加热淬火及形状简单的工件。

自回火温度指的是自回火升温到的最高温度，即图 4-34 中的 *f* 点。由于自回火的时间很短，所以要达到同样的硬度，自回火的温度要比炉中回火高得多，见表 4-25。

表 4-25　自回火温度与炉中回火温度的比较

平均硬度　HRC		62	60	55	50	45	40
回火温度/℃	炉中回火	130	150	235	305	365	425
	自回火	185	230	310	390	465	550

由于工件淬火时并不冷透，所以自回火可防止工件淬火变形和开裂，且节约能源，生产率高。但回火温度的控制比较困难，容易出现硬度不均匀的现象。用测温笔可测定自回火温度。对于大批量的工件，可按工件大小、淬火冷却时间与自回火温度进行试验，以确定工艺参数。

4.54　如何进行感应回火?

长轴、套筒类工件经感应淬火后，有时采用感应回火。

感应回火通常与感应淬火配套，成为感应加热的热处理流水线，工件在通过淬火感应器加热和喷水圈冷却后，继续通过回火感应器加热进行回火。为了消除过渡层的残余拉应力，感应回火的加热层要比淬硬层深。但是，由于回火温度低于磁性转变点，电流的透入深度比较小。为此，可采用比淬火加热频率低的频率进行感应回火；也可以采用很小的功率密度通过延长加热时间，利用热传导使加热层增厚，加热速度一般为15~25℃/s。

回火温度通过电参数来控制，回火时间由感应器的长度和工件移动速度来控制。

由于感应回火的时间短，要达到与炉中回火相同的硬度时，感应回火的温度比炉中回火温度要高，见表4-26。

表 4-26　45钢感应回火和炉中回火温度比较

回火后的硬度　HRC	回火温度/℃	
	炉中回火	感应回火
60	150~160	200
55	180~200	300

此外，感应回火时，回火温度、加热频率与工件尺寸也有一定的关系，见表4-27。

表 4-27　感应回火温度、频率与工件尺寸的关系

工件尺寸/mm	最高回火温度/℃	频率/kHz					
		0.05	0.18	1	3	10	≥200
3.2~6.4	705	—	—	—	—	—	良好
>6.4~12.7	705	—	—	—	—	良好	良好

（续）

工件尺寸/mm	最高回火温度/℃	频率/kHz					
		0.05	0.18	1	3	10	≥200
>12.7~25	425	—	较好	良好	良好	良好	较好
	705	—	差	良好	良好	良好	较好
>25~50	425	较好	较好	较好	良好	较好	差
	705	—	较好	良好	良好	较好	差
>50~152	425	良好	良好	良好	较好	—	—
	705	良好	良好	良好	较好	—	—
>152	705	良好	良好	良好	较好	—	—

4.55 感应淬火有哪些常见缺陷？如何防止？

感应淬火常见缺陷及防止方法，见表4-28。

表4-28 感应淬火常见缺陷及防止方法

缺陷名称	产生原因	防止方法
加热不均匀	感应器与工件间间隙不均匀	调整间隙，四周应均匀
	淬火机床心轴旋转时径向圆跳动超差	矫直或更换新的心轴，使其径向圆跳动在0.2mm以内
硬度不足	加热温度低	按正常温度加热
	原始组织粗大	增加预备热处理，细化组织
	冷却速度低，水量不足，感应器与喷水器的距离太大	增大水量，提高冷却速度，调整感应器与喷水器的距离
	冷却操作慢，加热后未及时冷却	提高操作速度
淬裂	材料碳含量过高	45钢要用精选钢，高碳钢采用球化退火
	加热温度过高	按正常加热温度淬火
	材料含有连续分布的夹杂物（如氧化物）	高温正火或换材料
	加热造成内应力大，多产生于尖角、键槽、圆孔边缘	保留2~8mm非淬硬区
	冷却速度过大	降低水压，提高水温，缩短喷水时间；合金钢可改用喷乳化液、聚乙烯醇或油冷却
	二次淬火	二次淬火前，将返修件经感应加热到700~750℃，空冷后再按淬火规范淬火；或经炉内加热到550~600℃，保温60~90min后在水（或空气）中冷却，再按原淬火规范进行第二次淬火
畸变	轴类工件硬化层分布不均匀	加热时转动工件，且确保淬火机床心轴径向圆跳动误差≤0.2mm
	齿轮工件齿形变化及内孔缩胀	采用较大的功率密度，缩短加热时间，选择适当的冷却方式和冷却介质及合理的工件设计和加工工艺路线

（续）

缺陷名称	产生原因	防止方法
表面熔化	感应器结构不合理	改进感应器
	零件有尖角、孔、槽等	尖角在允许的情况下可倒角，孔、槽用铜销、铜块堵塞
	加热时间过长	合理控制加热时间
	材料表面有裂纹缺陷	换材料，有裂纹的只能报废

4.56　火焰淬火用燃料有哪些？

火焰淬火是利用可燃气体的高温火焰将工件表层快速加热到淬火温度，然后快速冷却的一种表面淬火方法。火焰加热是一种外热源加热，常用气体及其燃料特性见表 4-29，其中最常用的气体是氧乙炔混合气体。

表 4-29　常用火焰淬火用燃料的特性

项目		乙炔	甲烷	丙烷	煤气
发热值/(MJ/m³)		53.4	37.3	93.9	11.2~33.5
火焰温度/℃	氧气助燃	3105	2705	2540	2635
	空气助燃	2325	1875	1985	1925
氧与燃料气体积比		1.0	1.75	4.0	①
空气与燃料气体积比		—	9	25	①
正常燃烧速率/(mm³/s)		535	280	305	①
燃烧强度 /(MJ/m³)·(mm³/s)		14284	3808	5734	①
氧气与燃料气混合气比热值/(MJ/m³)		26.7	13.6	18.8	①

① 随煤气成分和发热值而定。

4.57　氧乙炔火焰具有哪些特性？

氧乙炔混合气体由特殊喷嘴喷出，经点燃后形成火焰。火焰的结构可分为焰心、还原区和全燃区三部分，各部分的温度并不一致，如图 4-35 所示。

(1) 焰心　由氧乙炔组成的火焰靠近烧嘴处为焰心，温度较低。

(2) 还原区　焰心外为还原区，长 2~3mm，光亮耀眼，温度最高，可达 3200℃。火焰加热用的是还原区产生的高温，加热工件内层的热量是由表面传导而来的。

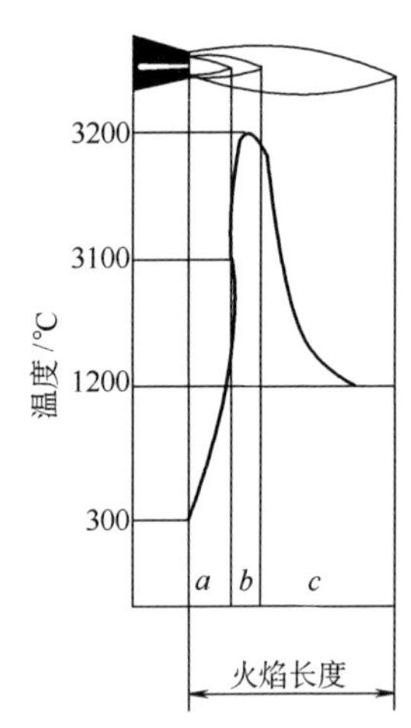

(3) 全燃区　在最外层，呈淡蓝色，温度较还原区低。

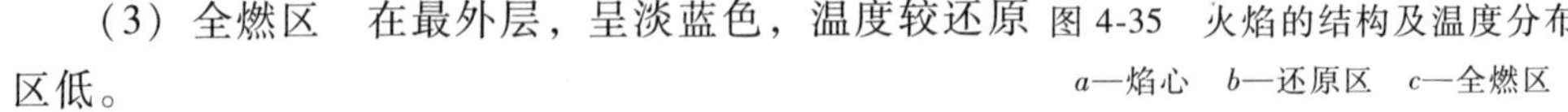

图 4-35　火焰的结构及温度分布
a—焰心　b—还原区　c—全燃区

根据燃烧时氧和乙炔混合比的不同，氧乙炔火焰可分为还原焰、中性焰和氧化焰。其特性见表 4-30。

表 4-30　氧乙炔火焰的特性

火焰	氧与乙炔体积比	过剩气体	温度	对工件的作用	火焰特点
还原焰	<1	乙炔	低	渗碳作用，有炭黑	焰心和整个焰较长、无力、呈红色，并有微量炭黑
中性焰	1~1.2	无	高、稳定	最佳	火焰稳定有力，焰心呈蓝色，三区明显
氧化焰	>1.2	氧气	高	氧化，脱碳，过热	焰心短，火焰光亮耀眼，带有噪声

4.58　火焰淬火方法分为哪几种？什么是同时加热淬火法？

根据表面加热和冷却方式的不同，火焰淬火分为同时加热淬火法和连续加热淬火法两大类，每类又分为若干种。

同时加热淬火法是将工件加热到淬火温度后，立即喷液冷却或投入淬火冷却介质中冷却进行淬火的方法。同时加热淬火法又分为固定法和快速旋转法两种。

（1）固定法　工件和火焰喷嘴都不动，当工件加热到淬火温度后，立即喷水冷却或将工件投入淬火冷却介质中冷却，如图 4-36a 所示。这种方法适用于形状简单、局部淬火的工件。

（2）快速旋转法　用一个或几个固定的火焰喷嘴，对快速旋转工件的表面进行加热，然后喷水冷却或投入淬火槽中冷却淬火，如图 4-36b 所示。工件转速一般为 75~150r/min。此法适用于淬火区宽度小、直径也不大的轴类工件。

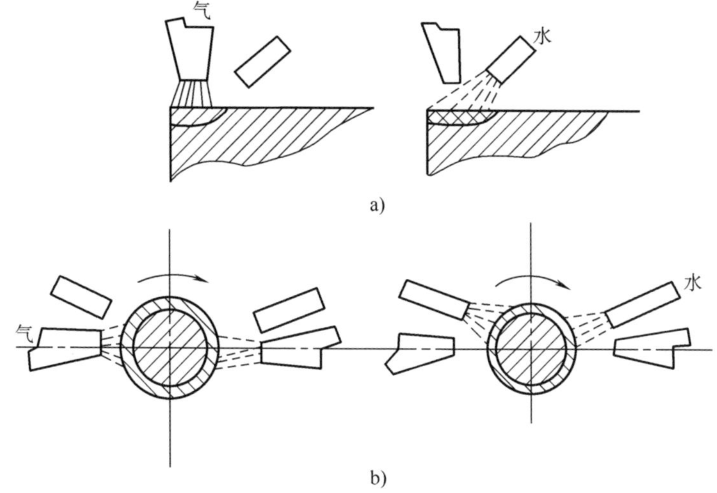

图 4-36　同时加热淬火法

a）固定法　b）快速旋转法

4.59　火焰淬火中的连续加热淬火法分为哪几种？如何操作？

连续加热淬火法是将工件淬火部位连续地进行加热和冷却的淬火方法。连续加热淬火法又分为平面前进法、旋转前进法、快速旋转推进法和螺旋推进法四种。

（1）平面前进法　如图4-37a所示，淬火工件表面为一平面，火焰喷嘴和淬火嘴一前一后沿平面做直线移动，移动速度为50~300mm/min，火焰喷嘴和淬火嘴之间距离为10~30mm。这种方法主要用于机床导轨、大模数齿轮的单齿淬火。

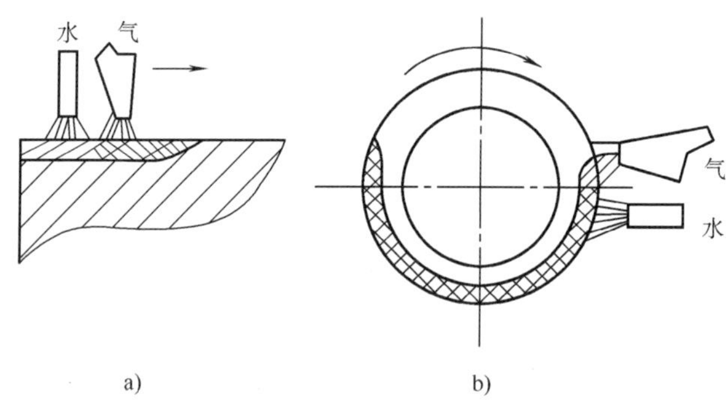

图4-37　连续加热淬火法
a）平面前进法　b）旋转前进法

（2）旋转前进法　如图4-37b所示，工件以50~300mm/min的速度缓慢旋转，火焰喷嘴和淬火嘴在轴侧同一位置一前一后固定，对工件进行连续地加热和冷却，旋转一周，完成淬火。其缺点是在淬硬带接头处必然造成轴向回火软带。这种方法多用于制动轮、滚轮、特大型轴承圈、大型旋转支承等工件的火焰淬火。

（3）快速旋转推进法　将火焰喷嘴和喷水装置置于轴的外圆周围，轴在高速旋转（75~150r/min）的同时，以一定的速度相对喷嘴做轴向移动，使工件的加热和冷却在轴表面相随而行，实现连续淬火。根据火焰喷嘴和喷水装置的不同，可分为以下几种情况：图4-38a所示为用几个联合喷嘴加热并冷却；图4-38b所示为几

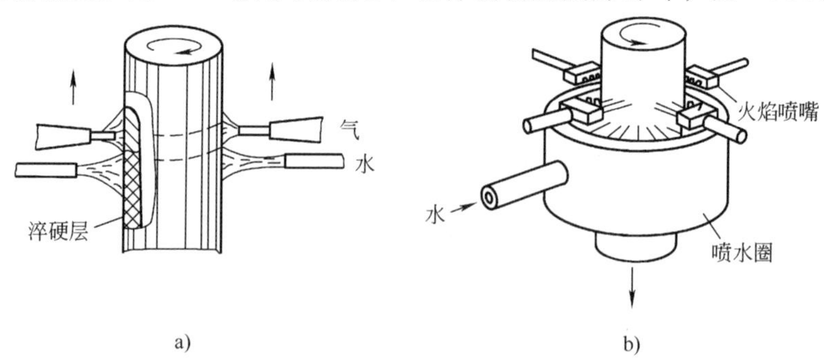

图4-38　快速旋转推进法
a）用几个联合喷嘴加热和冷却　b）几个火焰喷嘴加热，喷水圈冷却

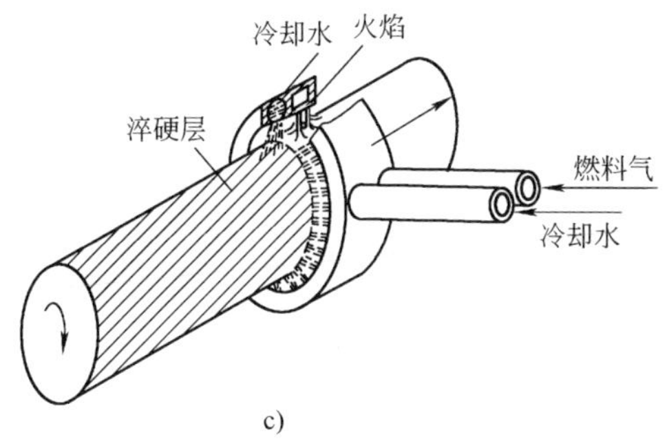

图 4-38　快速旋转推进法（续）

c）环形喷嘴加热，喷水圈冷却

个火焰喷嘴加热，用喷水圈冷却；图 4-38c 所示为环形喷嘴加热，喷水圈冷却。这种淬火方法无软带，质量较均匀，适用于长轴类工件的表面淬火，如长轴、锤杆、小型轧辊等。

（4）螺旋推进法　如图 4-39 所示，轴类工件以低速旋转，火焰喷嘴和淬火嘴沿轴向前进，工件每转一周，喷嘴前进的距离等于喷嘴宽度加 3～6mm，从而得到螺旋形淬硬表面。其缺点是形成螺旋状回火带。此法主要用于大型轴件的表面淬火，如大型柱塞、大型轧辊等。

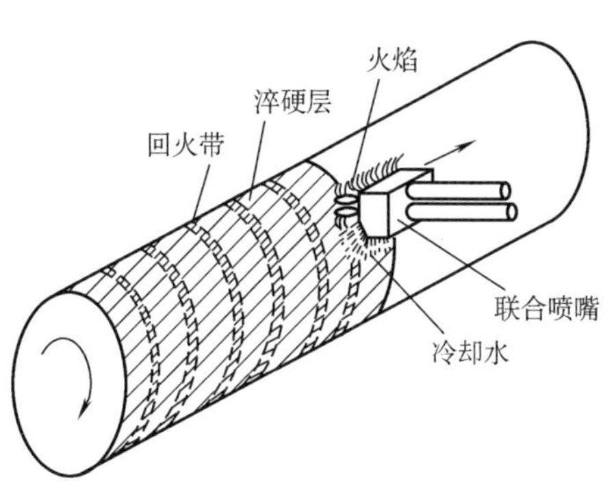

图 4-39　螺旋推进法

4.60　如何确定火焰淬火温度?

由于火焰加热的速度很快，过热度很大，奥氏体晶粒在短时间内不会长大，所以淬火温度比普通淬火温度高得多。对于有淬硬层深度要求的工件，表面加热温度应更高一些。各种钢铁材料的火焰淬火温度见表 4-31。

表 4-31　各种钢铁材料的火焰淬火温度

牌号	火焰淬火温度/℃	牌号	火焰淬火温度/℃
35、40	900～1020	9SiCr、GCr15、9Cr	900～1020
45、50	880～1000	20Cr13、30Cr13、40Cr13	1100～1200
50Mn、65Mn	860～980	ZG270-500	900～1020
40Cr、35CrMo、42CrMo	900～1020	ZG310-570	880～1000

对于同时加热淬火法，工件表面的温度取决于加热时间，加热时间越长，表面温度越高。对于其他几种火焰淬火方法，工件表面的温度取决于工件旋转速度及工

件相对于喷嘴的移动速度。

4.61　如何确定火焰喷嘴与加热面的距离?

在淬火过程中，火焰喷嘴与加热面之间的距离是影响淬火温度的因素之一，应根据工件直径大小及钢的化学成分来选择。该距离一般为6~15mm，使焰心距表面约2~3mm为好，这样可以得到较高的热效率。同时，火焰喷嘴与加热面之间保持固定的距离，有利于得到较均匀的加热层。对于截面较大，碳含量较低的工件可适当减小距离；对于截面较小，碳含量较高的工件，可适当增大距离。

4.62　如何控制喷嘴的移动速度?

在淬火温度一定的条件下，火焰喷嘴相对工件的移动速度由淬硬层深度、钢的化学成分，以及工件表面与火焰喷嘴之间距离的大小来决定。要获得较浅的淬硬层，可采用较快的移动速度；反之，则采用较慢的移动速度。但移动速度太慢会使表面过热，使表面硬度下降。喷嘴的移动应平稳而均匀。移动速度的选择范围为50~300mm/min，通常多选用50~150mm/min。喷嘴移动速度与淬硬层深度的关系见表4-32。

表4-32　喷嘴移动速度与淬硬层深度的关系

移动速度/(mm/min)	50	70	100	125	140	150	175
淬硬层深度/mm	8.0	6.5	4.8	3.0	2.6	1.6	0.6

4.63　什么是火焰喷射器?

火焰喷射器即喷枪，是使可燃气体与氧气以一定比例混合，并形成火焰的工具。根据原理的不同，火焰喷射器分为射吸式和等压式两种。

常用火焰喷射器结构如图4-40所示。

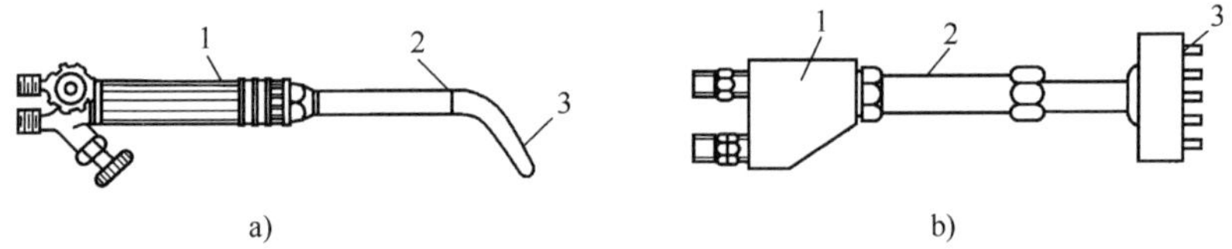

图4-40　常用火焰喷射器的结构

a）单头火焰喷射器　b）多头火焰喷射器

1—混合器　2—混合器管　3—喷嘴

4.64　火焰喷嘴的结构如何?

火焰喷嘴多采用直径为$\phi10$~$\phi16$mm，壁厚为2~3mm的纯铜管制造。火孔的

直径一般为 $\phi0.6 \sim \phi1.7$mm，间距为火孔直径的 4~6 倍。火孔可以是一排或多排，也可以是一条缝。火焰加热喷嘴大部分为多焰喷嘴，以提高加热速度。火焰喷嘴分为同时加热喷嘴和连续式淬火喷嘴。

（1）同时加热喷嘴　同时加热喷嘴通常为一字形，按其火孔形式分为多嘴式、缝隙式和筛孔式三种，如图 4-41 所示。

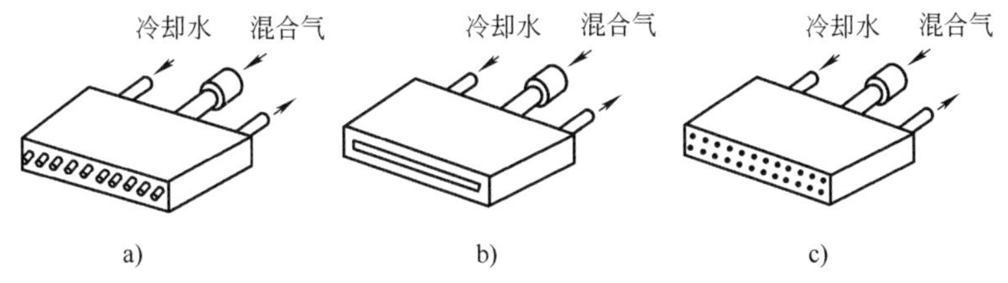

图 4-41　同时加热喷嘴的结构

a）多嘴式　b）缝隙式　c）筛孔式

（2）连续式淬火喷嘴　为保证工件表面加热均匀，喷嘴的形状和尺寸应与工件淬火表面的形状相似，且喷嘴与工件的距离应适当。喷水孔与火孔的距离一般为 10~15mm，喷水孔与轴线呈向外 10°~15°的倾角，以防水花溅到焰心处。根据需要，喷水孔可以是一排或多排的。

表 4-33 为几种常用的连续淬火喷嘴结构。

表 4-33　常用连续淬火喷嘴的结构

名称	喷嘴结构	用途
平面喷嘴		平面表面淬火
橇形喷嘴		凹槽表面淬火
角形喷嘴		机床导轨，压弯模上模表面淬火
环形喷嘴		滚轮、轴类等外圆表面淬火

（续）

名称	喷嘴结构	用途
圆形喷嘴		内孔表面淬火
夹形喷嘴	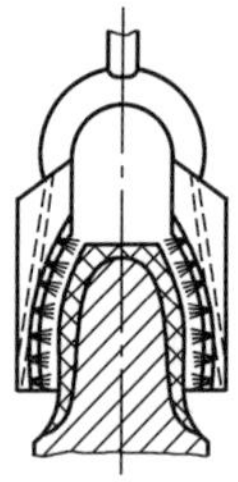	齿轮及类似工件的表面淬火

4.65　怎样进行火焰淬火?

（1）准备

1）清理工件上的油污及脏物，将工件装夹在淬火机床上。

2）淬火部位不得有气孔、裂纹、脱碳等缺陷。

3）氧气瓶和乙炔发生器应保持足够的流量和稳定的压力，导管连接良好。

（2）操作要点

1）根据工件淬火部位和技术要求，选择合适的淬火方法和喷嘴，喷嘴的水孔、火孔要畅通。

2）安装喷嘴，连接喷嘴的气路与水管。

3）按规定制取乙炔气体，控制压力为0.05~0.12MPa。

4）打开氧气阀门，吹出管路中的不纯气体，把压力控制在0.2~0.6MPa。

5）点火。先放少量乙炔气，点燃后再逐渐加大流量。再放氧气，将火焰调为中性焰，并检查各喷火孔的火焰强度是否均匀一致。

6）使用推进法淬火时，应根据要求的淬硬层深度选择移动速度，并保证移动速度均匀，火焰均匀。试淬后再确定淬火工艺。

7）工作结束后，先关氧气，再关乙炔气，待熄火后，再用少量氧气吹出喷嘴中剩余的气体。关闭氧气瓶阀门，最后关闭喷水器。

8）停止乙炔发生器的工作。

9）工件淬火后及时回火，间隔时间一般不超过4h。

4.66　火焰淬火操作时应注意哪些事项?

1）火焰淬火采用的氧气、乙炔气及其发生器、储存装置，具有易燃等特性。

为了生产和人身安全，要求有关人员必须按照使用说明书的要求执行。

2）气氛瓶应垂直安置在支架上，禁止靠近明火、热源或曝晒。搬运时应轻放，不得剧烈振动、冲击或倒置，不准将油污涂在瓶体、阀门、管路或其他工件上，以免爆炸。

3）氧气瓶的压力表、调节器、安全阀必须可靠，否则不得使用。瓶装氧气不准全部用完，压力表残压应不小于 0.1MPa。

4）乙炔发生器不得置于主厂房内，应离开淬火场地 10m 以远，与氧气瓶的距离不小于 5m。室内严禁烟火，并装有通风设备。

5）乙炔发生器的压力不得超过额定值，气体温度不得超过 100℃，水温不得超过 60℃，周围环境温度不得超过 40℃。若压力超过额定值，必须立即放散气体。

6）只允许用肥皂水检查系统的漏气情况，不得用明火检查。如发现管道泄漏或有火焰出现时，应立即用湿布扑灭，关闭气阀，及时修理。

7）桶装电石应单独存放，取用时严禁使用铁器敲打桶盖，捣碎电石时应使用青铜手锤。

8）点火前应先检查回火防爆器中的水位是否正常，天冷时应防冻。

9）点火、熄火时，必须严格按顺序进行，不得变动。

10）发生回火时，可将附近的乙炔管折弯，并迅速关闭前一级阀门。

11）由于喷嘴温度过高而引起的回火，应暂时停止操作或关闭乙炔气门，但不得关闭氧气，并用水将喷嘴冷透，再行使用。

12）操作人员在工作时，必须戴好防护眼镜及其他劳保用品。

4.67　火焰淬火后有哪些常见缺陷？如何防止？

火焰淬火缺陷的产生原因及防止方法见表 4-34。

表 4-34　火焰淬火缺陷的产生原因及防止方法

缺陷名称	产生原因	防止方法
硬度不足	钢材碳含量低，淬硬性差	采用碳的质量分数大于 0.3%的钢
	加热温度低	提高到正常加热温度
	冷却不及时，温度下降	加快操作速度，及时冷却
	冷却不足，水量少或水压低	加大冷却水量或提高水压
开裂	温度过高，冷却速度过快	适当降低加热温度和冷却速度，工件不冷透或采用自回火
	重复淬火，如环状工件沿圆周连续淬火时的交接处，推进法淬火的交接处，易出现重复淬火现象，产生淬火裂纹	淬火开始时，降低加热温度，使其成为一个低硬度区，当淬火快要结束时，喷嘴一旦进入该区，应立即关闭火焰，并加大冷却水量
	淬火后与回火间隔太长	淬火后及时回火

（续）

缺陷名称	产生原因	防止方法
畸变	加热或冷却不均匀	改进喷嘴的加热和冷却条件，使工件旋转，实现均匀加热和冷却
烧伤	加热温度过高，由供氧量太大、喷嘴变形、淬火机床停转等引起	检查氧气阀、喷嘴及淬火机床，并采取措施修整

4.68　接触电阻加热淬火的原理是什么？

接触电阻加热淬火的原理是：低压电流通过电极与工件间的接触电阻，使工件表面快速加热，并借助其自身热传导实现快速冷却而淬火。

接触电阻加热原理如图4-42所示。

将一低压交流电源的一极接到工件上，而把另一极接到一个特制的电极上，在电极与工件的表面接触时，就会产生很大的短路电流。由于电极与工件接触处存在接触电阻，因此在接触面处产生很大的热量，使接触处表面层被迅速加热到淬火温度。当电极离开该处时，加热层即靠工件自身冷却淬火，从而在工件表面得到一定深度的淬硬层。

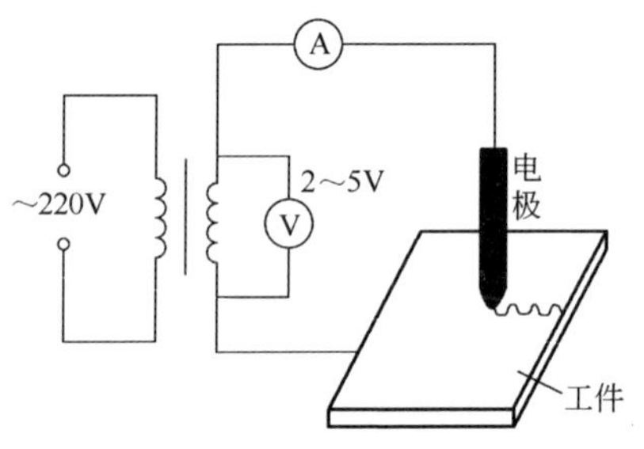

图4-42　接触电阻加热原理

4.69　接触电阻加热淬火设备的结构如何？

接触电阻加热淬火设备是淬火机，有多种形式，如行星差动式、自动往复式、传动电极式及多轮式等。其结构主要由变压器、电动机、减速机构与铜滚轮淬火头等组成。电源为单相交流电源，变压器的容量为1~3kW，一次侧接220V工频电源，二次侧具有多组抽头。电压在2~5V之间可调，通过调整工作电压来调整电流的大小，电流可在400~750A之间变化。行星差动式淬火机的结构见图4-43所示。

淬火机的电极为一用纯铜或黄铜制造的滚轮。在滚轮的边缘刻有波浪形、鱼鳞形或锯齿形等花纹。铜滚轮如图4-44所示。手工操作时，电极材料多用碳棒。

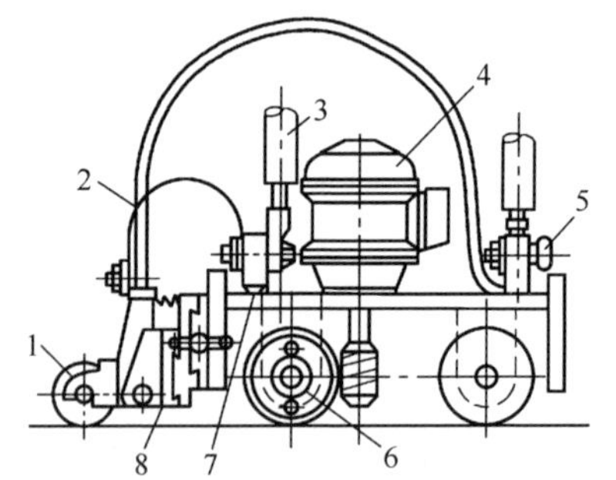

图4-43　行星差动式淬火机的结构

1—铜滚轮　2—柔性导线　3—接变压器的导线　4—电动机　5—风门　6—行星减速器　7—绝缘垫　8—电木座

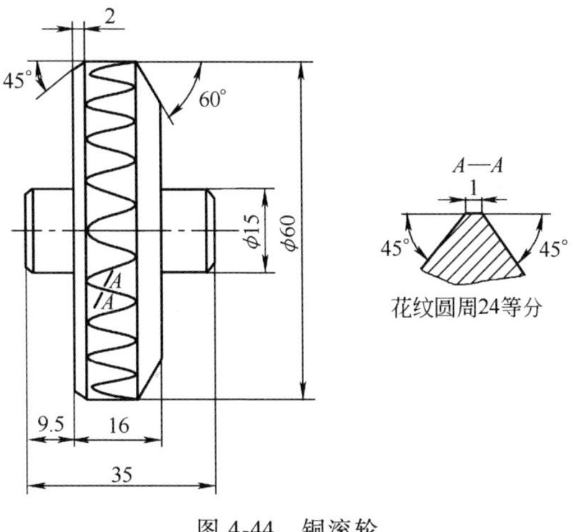

图 4-44 铜滚轮

4.70 如何确定接触电阻加热淬火工艺参数?

接触电阻加热淬火工艺参数主要包括电参数的调整、淬火机的移动速度和滚轮的接触压力等。

(1) 电参数 降压变压器二次电压、电流及输出功率是影响淬火质量的主要因素。

1) 二次电压一般取 2~5V。过高的电压会使电极和工件表面之间产生很大的电火花，将工件表面烧出麻点，影响表面粗糙度；过小则加热不足，淬不硬。

2) 增大二次电流，即增大设备的功率，可使加热速度加快，淬硬层加深，但过大的电流会使工件表面局部熔化，也会使表面粗糙度值增加。二次电流一般为 450~600A，最大不应超过 750A。

(2) 移动速度 移动速度可控制在 2~3m/min。移动速度过慢，则加热时间长，会增加莱氏体及残留奥氏体量；过快则加热时间短，淬硬层浅，甚至出现淬火条纹断续现象，以致降低耐磨性。

(3) 接触压力 接触压力一般保持在 40~60N。压力过低，则电阻大，易过热；压力过高，则电阻小，加热不足，甚至淬不硬。

(4) 冷却方式 一般为靠工件自身冷却，特殊情况下可用压缩空气助冷。

4.71 接触电阻加热淬火的效果如何?

接触电阻加热淬火可使淬硬层深度达到 0.3mm 左右，硬度在 54HRC 以上，组织为隐针状马氏体和少量莱氏体及残留奥氏体。

4.72 接触电阻加热淬火缺陷的产生原因是什么? 如何防止?

接触电阻加热淬火缺陷的产生原因及防止措施见表 4-35。

表 4-35　接触电阻加热淬火缺陷产生原因及防止措施

缺陷名称	伴随现象	产生原因	防止措施
条纹断续	宽度比电极轮缘的宽度窄 条纹颜色浅	加热不足	1)提高变压器二次电压,增大电流 2)降低移动速度 3)减小接触压力
有较多烧伤凹坑	宽度略大于电极轮缘的宽度 条纹颜色较深 条纹两侧热影响区加宽	过热	1)降低变压器二次电压,减小电流 2)提高移动速度 3)增大接触压力
烧伤凹坑很多	条纹常有断续 宽度明显大于电极轮缘的宽度 条纹呈灰黑色 条纹两侧热影响区很宽	过烧	

4.73　什么是激光淬火？

激光是一种具有高度的单色性、相干性、方向性和高亮度的光源，它也是一种聚焦性好、功率密度高、易于控制、能在大气中远距离传输的热源。激光淬火是应用激光束以极快的速度加热工件表面，进行冲击淬火的一种表面热处理技术。激光还可进行表面合金化处理等。

4.74　激光淬火有何特点？

1）加热速度非常快，并可依靠自身冷却而淬火。只要工件有足够的质量，冷却速度也相当快，因而可获得超细晶粒组织。

2）内应力小，畸变极小。

3）表面粗糙度值低，无须精加工。

4）可十分精确地控制加热部位，如对微孔、沟槽、不通孔底部、拐角等局部进行淬火。

5）可进行表面合金化处理。

6）能精确控制加工条件，可以实现在线加工，也易于与计算机连接，便于实现自动化生产。

4.75　什么是体积效应？

由于激光表面淬火是依靠自激冷却实现材料的硬化的，因此作为需要快速吸收淬火加热热量的基体，必须有足够大的体积。特别是大面积淬火件，若基体温升过高，温度梯度下降，势必影响淬火效果。在这种情况下，就需要考虑对工件进行冷却，或是进行间隔淬火。当工件较小或轻薄时，自身冷却速度必然缓慢，达不到需要的冷却速度，此时就需要助冷，可附加风冷等。

4.76　什么是表面效应？

工件的表面状态对激光淬火影响很大。表面越光洁，激光的反射率越高，工件吸收的激光能量越低，淬火效果越差。金属对激光能量的吸收率与激光束的波长成反比。此外，随着温度的升高，材料对激光的吸收能力会不同程度地提高。对波长较长的 CO_2（波长为 10.6μm）激光和 YAG（波长为 1.06μm）激光，光束与金属材料的耦合性较差，表面的激光反射率很高，一般不能直接进行激光表面淬火，必须先进行表面预处理，以提高材料对激光能量的吸收能力。

4.77 激光淬火对工件的材质及原始状态有什么要求?

由于激光淬火的特殊性，对工件的材质及原始状态都有要求。

（1）工件的材质 必须是能发生马氏体相变的材质。

（2）工件激光淬火前的原始状态

1）工件激光淬火前的原始表面应无油污、无锈蚀、无毛刺、无氧化皮，能直接进行预处理，以备进行激光淬火。

2）工件的原始组织应均匀、细小。应根据材料的种类、成分、用途和性能要求，选择退火、正火及淬火+回火等预备热处理。在相同的激光表面淬火工艺参数下，原始组织为淬火态时可获得最大的硬化层深度，其硬度也较高。退火态时硬化层深度最浅，硬度也较低。

4.78 激光淬火前为什么要对工件进行预处理?

由于激光淬火时工件的表面效应，表面越光洁，激光的反射率越高，精加工后的工件对激光的反射率高达 70%~80%，激光能量不能被充分利用。为增强对激光辐射能量的吸收，工件在激光淬火前应进行预处理，以在表面形成一层对激光有较强吸收能力的覆层。工件经预处理后，可使激光吸收率提高到 70%~85%。

4.79 对工件进行预处理的方法有哪些? 效果如何?

对工件进行预处理，常用的方法有两种：一种是化学方法，有磷化和氧化等；另一种是物理方法，即在工件表面涂敷一层可大量吸收激光的涂料，主要有碳素墨汁、胶体石墨、粉状金属氧化物、黑色丙烯酸和氨基屏光漆等。

常用的预处理方法见表 4-36。

表 4-36 常用的预处理方法

名称		主要原料	处理方法	效果	特点	应用
磷化法	磷酸锰法	马日夫盐 $Mn(H_2PO_4)_2$	质量分数为 15% 马日夫盐水溶液，加热至 80~98℃，浸渍 15~40min	深灰色的绒状磷化膜，由 $Fe(H_2PO_4)_2$ 和 $Mn_3(PO_4)_2$ 组成	操作简单，效果较好，适于大批量生产。磷化膜具有防腐蚀和减摩作用，激光淬火后无须清理，即使清理也很简便	适用于中碳、低碳钢和铸铁 对于高合金钢，磷化膜很薄，效果不好
	磷酸锌法	$Zn(H_2PO_4)_2$	可在室温下浸渍，加热后效果更好	深褐色绒状磷化膜，膜厚约 10μm，单位面积上的膜重约为 $0.1g/m^2$		

（续）

名称	主要原料	处理方法	效果	特点	应用
碳素法	碳素墨汁、普通墨汁或胶体石墨溶液	用涂刷或喷涂的方法使其附着在清洁工件的表面	吸收激光的效果较好	适应性强 缺点是涂层不够均匀，淬火时碳燃烧易产生烟雾及亮光，有时对工件表面有增碳作用	适于任何材料及大型工件的局部涂敷
油漆法	黑色油漆	将油漆喷涂或涂刷于工件表面	对 10.6μm 的激光有较强的吸收能力，且较稳定	适应性强；附着力较强，且便于均匀涂敷 缺点是淬火时产生难闻的气味和烟雾，且不易清除	可适用于任何材料，特别是难以采用磷化法的高合金钢和不锈钢制造的工件

表 4-37 为 45 钢经不同方法预处理并进行相同参数激光淬火后的效果比较。

表 4-37　45 钢经不同方法预处理并激光淬火后的效果比较

预处理方法	淬硬层深度/mm	淬硬带宽度/mm	硬度　HV	硬化层组织
氧化	0.19~0.20	1.08~1.10	542	细针马氏体
磷化	0.22~0.27	1.10~1.23	542	
涂磷酸盐	0.25~0.31	1.18~1.35	585	

4.80　激光淬火时如何控制表面温度和硬化层深度?

激光淬火时，主要是控制工件的表面温度和淬硬层深度，它们均与激光扫描速度的平方根成反比。通过调节功率密度和扫描速度，就可以控制工件的表面温度和淬硬层深度。功率密度又与光斑尺寸和激光功率有关系。

激光淬火的功率密度一般为 500~5000W/cm^2，作用时间为 0.1~10s。碳素钢合适的功率密度为 1000~1500W/cm^2，作用时间为 1~2s。功率密度高，作用时间短，得到的淬硬层浅；反之，得到的淬硬层深。为了使淬硬层深度均匀，必须使用长形或正方形激光束斑，并保持功率密度均匀。在总能量较低的条件下，为了获得最高的表面温度，应增加功率密度。因此，应以高功率密度、短时间照射为佳，一般照射时间≤0.2s。

对于原始组织好的高淬透性材料，可采用低功率密度和适当延长加热时间的方法处理，即采用低的扫描速度；而对于原始组织不好的低淬透性材料，可在高功率密度和短时间作用下处理。当功率密度为 4kW/cm^2，扫描速度大于 88mm/s 时，其硬化层表面出现精细结构，为白亮层。

影响激光淬火质量的因素很多，应根据设备的激光功率、扫描速度、工件材料、技术要求、涂料的种类、光斑及镜头的选择、淬火部位的形状及运行方式等，反复进行试验，找出合适的工艺参数。

4.81 什么是搭接系数？

激光淬火时，当激光淬火面积较宽时，应采用扫描带搭接方式处理。搭接系数一般为5%~20%。其计算公式如下：

$$\text{搭接系数}=\frac{\text{搭接量}}{\text{光斑宽度}}\times 100\% \tag{4-12}$$

在条件许可的情况下，应尽可能采用宽光束淬火，以减少搭接次数。

4.82 功率密度和扫描速度对硬化层组织和性能有什么影响？

当输出功率一定时，激光扫描速度是控制激光淬火质量的关键工艺参数。降低功率密度，提高扫描速度，可获得隐晶马氏体和中针状马氏体；继续提高扫描速度，可得到隐晶马氏体。

尺寸较小的工件应使用较高的功率密度和较短的作用时间；否则，由于自身冷却的不足，需要使用外部淬火冷却介质进行冷却。

4.83 什么是电解液淬火？

电解液淬火，就是具有一定电压的直流电流通过电解液，利用阴极效应来使电解液中的工件加热到奥氏体化，断电后在电解液中快速冷却的热处理工艺。

电解液淬火原理是：将工件置于电解液中作为阴极，金属电解槽作为阳极。当直流电流通过时，电解液被电离，在阳极上放出氧，而在阴极周围产生氢。氢围绕工件形成气膜，产生很大的电阻，电流通过时将电能转化为热能，使工件迅速加热到淬火温度。断开电流，气膜即消失，加热的工件在电解液中冷却，也可取出放入另设的淬火槽中冷却实现淬火，如图4-45所示。

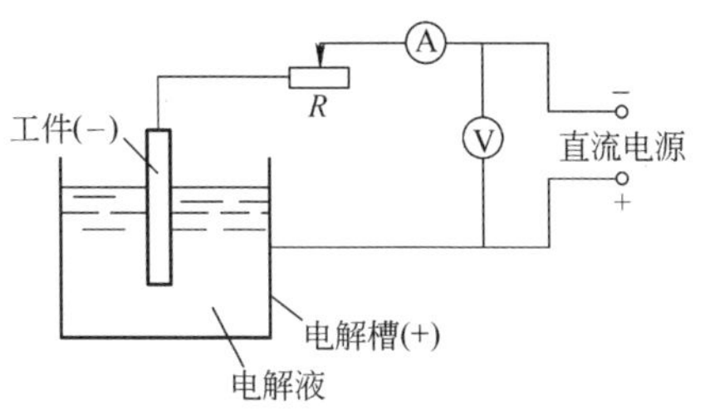

图4-45 电解液淬火原理

电解液淬火具有生产率高，淬火畸变小，成本比较低，易于实现自动化，保证产品质量等优点。其缺点是加热不够均匀，且需要一套大功率直流电发生装置。电解液淬火适用于形状简单的工件、小件的批量生产。

4.84 电解液淬火时如何控制工艺参数？

（1）电解液 常用的电解液是质量分数为5%~18%碳酸钠水溶液。电解液淬火主要控制电参数和加热时间。电解液使用温度不超过 60℃。

（2）电参数　直流电压为 200～300V。电流密度为 3～10A/cm^2，常用 6A/cm^2。电流密度过大，加热速度快，淬硬层薄。

（3）加热时间　加热时间一般为 5～10s，由试验确定。

表 4-38 为电解液加热规范与硬化层深度的关系。

表 4-38　电解液加热规范与硬化层深度的关系

$w(Na_2CO_3)(\%)$	工件浸入深度/mm	电压/V	电流/A	加热时间/s	马氏体区深度/mm
5	2	220	6	8	2.3
10	2	220	8	4	2.3
10	2	180	6	8	2.6
5	5	220	12	5	6.4
10	5	220	14	4	5.8
10	5	180	12	7	5.2

4.85　什么是电子束加热淬火？

电子束加热淬火是指在电子束加热装置上，利用能量高度集中的高能电子束对工件表面进行加热，并自行冷却硬化的热处理工艺。

电子束加热与激光加热一样，具有很高的加热速度，可在极短的时间内将金属表面加热至高温或熔化，可进行电子束加热淬火，也可进行表面合金化或熔覆。电子束加热与激光加热的区别在于它是在真空（<0.666Pa）下进行的。电子束加热淬火后可获得超细晶粒组织。电子束加热淬火时，一般都将功率密度控制在 10^4～10^5 W/cm^2，加热速度在 10^3～10^5℃/s。

几种钢电子束加热淬火后淬硬层的硬度见表 4-39。

表 4-39　几种钢电子束加热淬火后淬硬层的硬度

牌号	硬度　HRC	最高硬度　HRC
45	62.5	65
T7	66	68
20Cr13	46～51	57
GCr15	66	67

第5章　钢的化学热处理

5.1　什么是化学热处理？化学热处理分为哪几类？

化学热处理是表面合金化与热处理相结合的技术。钢的化学热处理就是在一定温度下，在特定的活性介质中，向钢的表面渗入一种或几种元素，使其表面的化学成分发生预期的变化，再配以不同的后续热处理，从而改变钢的表层组织和性能的热处理方法。

根据渗入元素的不同，钢的化学热处理可分为渗碳、渗氮、碳氮共渗、氮碳共渗、渗硼和渗金属（锌、铬、铝、钛、铌等），以及二元共渗和三元共渗等。

5.2　化学热处理是由哪三个基本过程组成的？

任何一种化学热处理都是由分解、吸收和扩散三个基本过程组成的，但这三个过程又是同时发生而且密切相关的。

（1）分解　化学热处理是把钢放在含有要渗入元素的活性介质中进行的。这是因为只有活性原子才易于被工件表面吸收。分解就是将含有渗入元素的渗剂，在一定温度下进行分解反应，产生活性原子的过程。所谓活性原子是指那些在一定的化学反应中刚生成的、以原子状态存在的元素。其性质活泼，能被工件表面吸收或与工件表面的某种元素化合。例如，碳的活性取决于是否呈原子状态。呈分子状态的碳是石墨或炭黑，活性很小，不能被工件表面吸收。渗碳时，在高温下一氧化碳会发生分解反应，产生活性碳原子［C］（以原子状态存在的碳），即

$$2CO \rightarrow CO_2 + [C]$$

渗剂分解的速度与其性质、数量及分解温度有关。为了增加介质的活性，还可加入催化剂或催渗剂，以加速反应过程。

（2）吸收　吸收就是活性原子被工件的表面吸附，然后溶入基体金属中。活性原子溶入铁的晶格中形成固溶体。碳、氮等原子半径较小的非金属元素溶入铁中形成间隙固溶体；金属元素渗入钢中，则大多数形成置换固溶体。例如，渗碳时，由 CO 分解出来的活性原子吸附在工件表面后，先溶于奥氏体中形成间隙固溶体，

而当碳浓度超过该温度碳在奥氏体中的饱和度时，便形成碳的化合物。

吸收过程的强弱与渗入元素的性质、活性介质的分解速度、钢的成分及其表面状态等因素有关。

（3）扩散　活性原子被工件的表面吸收后，提高了渗入元素在表面层的浓度，使得里层与表面之间产生了浓度差，即浓度梯度。在一定的温度下，原子会自发地沿着浓度梯度下降的方向做定向移动，经过一定的时间，形成一定厚度的扩散层，即渗层，这一过程称为扩散。渗入元素在表面层的浓度最高，由表及里，随着与表面距离的增加，浓度逐渐下降。

扩散速度与温度和浓度差有关。温度越高，浓度差越大，扩散速度就越快。

扩散层的深度与保温时间有关。

在其他条件一定的情况下，扩散层的深度 H（mm）与保温时间 τ（h）有如下关系：

$$H=K\sqrt{\tau} \tag{5-1}$$

式中　K——与温度等因素有关的渗入系数。

由上式可知，扩散层的深度与保温时间的平方根成正比。随着时间的延长，渗层加深，但渗层深度的增长速度变小。这是随着时间的延长，渗层深度增加，使浓度梯度减小等原因引起的。根据以上分析可见，影响扩散的主要因素是温度、时间和浓度差。

5.3　常用气体渗碳剂有哪些?

气体渗碳所用的渗碳剂按原料的物理状态可分为两大类：一类是液体介质，如煤油、苯、甲苯、甲醇+丙酮等，使用时通过滴注器直接滴入气体渗碳炉内，在高温下分解产生渗碳气体，对工件进行渗碳；另一类是气体介质，如天然气、城市煤气、液化石油气和吸热式可控气氛等，使用时可直接通入高温渗碳炉中对工件渗碳。常用液体渗碳剂的特性见表 5-1。

表 5-1　常用液体渗碳剂的特性

名称	分子式	相对分子质量	碳当量/(g/mol)	碳氧比	产气量/(L/mL)	渗碳反应式	用途
甲醇	CH_3OH	32	—	1	1.66	$CH_3OH \to CO+2H_2$	稀释剂
乙醇	C_2H_5OH	46	46	2	1.55	$C_2H_5OH \to [C]+CO+3H_2$	渗碳剂
异丙醇	C_3H_7OH	60	30	3	—	$C_3H_7OH \to 2[C]+CO+4H_2$	强渗碳剂
乙酸乙酯	$CH_3COOC_2H_5$	88	44	2	—	$CH_3COOC_2H_5 \to 2[C]+2CO+4H_2$	渗碳剂
丙酮	CH_3COCH_3	58	29	3	1.23	$CH_3COCH_3 \to 2[C]+CO+3H_2$	强渗碳剂
乙醚	$C_2H_5OC_2H_5$	74	24.7	4	—	$C_2H_5OC_2H_5 \to 3[C]+CO+5H_2$	强渗碳剂
煤油	$C_{12}H_{26} \sim C_{16}H_{34}$	—	25~28	—	0.73		强渗碳剂

5.4 对渗碳层的技术要求有哪些?

渗碳工件的使用性能取决于渗碳层的性能，渗碳层的性能决定于表面碳含量及其分布梯度和淬火后的渗层组织。为了满足渗碳工件要求表面具有高的硬度和耐磨性的使用性能，对渗碳层有以下要求：

（1）表面碳浓度　渗碳工件表面的碳浓度对力学性能有较大影响，w(C) 应控制在 0.85%~1.05%，一般要求为 0.9%左右。如果要求耐磨性则选用上限，要求强韧性而又有一定的耐磨性可选用下限，也可综合考虑，其效果更好。表面碳浓度太低，淬火后的硬度低，达不到所要求的高硬度和高耐磨性。碳浓度太高，容易形成大块或网状碳化物，使渗层脆性增大甚至剥落；碳浓度过高，还会使淬火后残留奥氏体量增加，降低工件的疲劳强度。

（2）碳浓度梯度　渗碳层的碳浓度梯度反映了碳含量沿渗碳层深度方向下降的状况，直接影响淬硬层的硬度梯度。碳浓度梯度的下降应平缓，以利于渗碳层与心部的结合；否则，在使用中容易产生剥落现象。

（3）渗碳层组织　工件自渗碳温度缓慢冷却后，表面层的碳浓度最高，组织为珠光体和碳化物（即过共析层），次层的碳浓度稍低，组织为珠光体（即共析层），再次层为珠光体和铁素体（即亚共析层，也称过渡层）。亚共析层是指从出现铁素体到原始组织之间的区域。

渗碳工件经淬火后，渗碳层的组织应为细针状马氏体加少量残留奥氏体及均匀分布的粒状碳化物，不允许有网状碳化物存在，残留奥氏体量一般不超过 20%（体积分数）。心部组织应为低碳马氏体或下贝氏体，不允许有块状或沿晶界析出的铁素体存在；否则，疲劳强度将急剧下降，冲击韧性也会下降。

（4）渗碳层深度　它对工件弯曲疲劳强度和接触疲劳强度的影响很大，主要表现在渗碳层深度与工件截面厚度之间的关系上，应根据工件的尺寸、工作条件和钢的化学成分决定。在复杂应力状态下工作的工件，要求渗碳层深度为半径或齿厚的 10%~20%。齿轮渗碳层深度与模数的关系见表 5-2。渗碳层太薄，容易引起表面压陷或剥落；渗层太厚，影响工件的抗冲击能力。

表 5-2　齿轮渗碳层深度与模数的关系　（单位：mm）

模数 m	1.6~2.25	2.5~3.5	4.0~5.5	6.0~10.0	11.0~12.0	14.0~18.0
渗碳层深度	0.3±0.1	0.5±0.2	0.8±0.3	1.2±0.3	1.5±0.4	1.8±0.3

（5）渗碳层硬度　工件经渗碳淬火后，表面硬度一般为 58~63HRC。受力较大的工件，心部硬度应为 29~43HRC。

5.5 如何计算渗碳层深度?

渗碳层深度的计算方法有以下两种：

1）由表面至原始组织处，即以过共析层、共析层和过渡层三者的总和作为渗层深度，多用于合金渗碳钢。

2）以过共析层、共析层和1/2过渡层的厚度作为渗层深度，过共析层加共析层之和不小于总深度的75%，多用于碳素钢。

渗碳层深度为工件成品的渗层深度，即图样要求的渗层深度。若渗碳后仍需进行磨削加工时，则渗碳层深度应为图样技术要求的渗层深度加磨量。

5.6　如何制订气体渗碳工艺？

气体渗碳工艺参数主要包括渗碳温度、保温时间、渗碳剂种类及不同阶段的渗碳剂流量、渗后处理等。

（1）渗碳温度　渗碳温度对表面碳浓度、渗碳速度及碳浓度梯度等影响很大。

由 $Fe\text{-}Fe_3C$ 相图可知，钢的加热温度越高，其奥氏体溶解碳的能力越大。当炉气碳势足够高时，提高渗碳温度，会使表面碳浓度增加。随着渗碳温度的提高，碳在钢中的扩散速度也急剧增大，在相同时间内的渗碳层深度也越深。

提高渗碳温度可以加快渗碳速度，缩短生产周期。不过，过分提高渗碳温度，容易引起钢的晶粒粗大，增加工件变形，降低设备及工装的使用寿命；在采用渗碳后直接淬火工艺时，渗层中残留奥氏体量较多。

在生产中，渗碳温度一般采用900~950℃，对于小型精密工件可采用较低的渗碳温度。

（2）渗碳保温时间　渗碳保温时间的长短主要根据工件渗碳层深度的要求来确定。渗层深度与保温时间的关系遵循渗层深度公式 $H=K\sqrt{\tau}$，即渗层深度与保温时间呈抛物线关系。在渗碳温度一定时，渗层深度随保温时间的延长而增加。在渗碳初期，渗入速度较快，曲线较陡；随着时间的延长，渗碳层中碳浓度梯度逐渐减小，渗入速度逐渐减慢，曲线变得平缓，如图5-1所示。

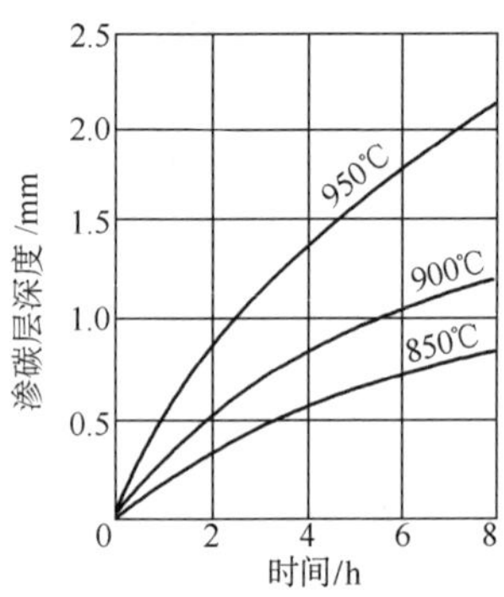

图5-1　渗碳时间与渗碳层深度的关系

在生产中，常根据渗碳平均速度来计算保温时间。例如，在RJJ型井式气体渗碳炉中，在920℃下以煤油为渗剂，对20CrMnTi钢进行渗碳，可按0.25mm/h的平均速度来计算。但还应考虑到钢的化学成分、渗碳温度、渗碳介质的活性、设备及工艺等因素的影响，所以这种计算方法仅供参考。

（3）渗碳剂流量　渗碳剂的流量是影响渗碳质量的重要因素之一，它决定了渗碳介质的供碳能力。流量太大，使表面碳浓度太高，易形成网状渗碳体，淬火后残留奥氏体增多，或者出现炭黑；流量过小，则渗碳速度太低，且表面碳浓度不足，影响淬火硬度。

渗碳剂流量与下列因素有关：装炉量越大，流量越大；炉子容积越大，流量越大；炉气要求的碳势越高，流量越大；渗碳剂的碳当量越小，流量越大；此外，还有工件的材质、渗碳层深度等因素。因此，渗碳剂流量应根据具体情况灵活掌握。

5.7　气体渗碳过程由哪几个阶段组成？

根据炉气控制方法的不同，滴注式气体渗碳可分为固定碳势法和碳势分段控制法两种。

固定碳势法渗碳是在整个渗碳过程中，渗碳剂的滴入量始终不变，炉内碳势基本保持一定，工件在一个碳势固定的气氛中进行渗碳。这种方法适用于渗碳层要求不太深的工件。其优点是操作和控制比较简单。

碳势分段控制法气体渗碳过程由排气、强渗、扩散和降温四个阶段组成。

图 5-2 所示为以煤油为渗剂的 RJJ 型井式炉碳势分段控制法气体渗碳工艺曲线。

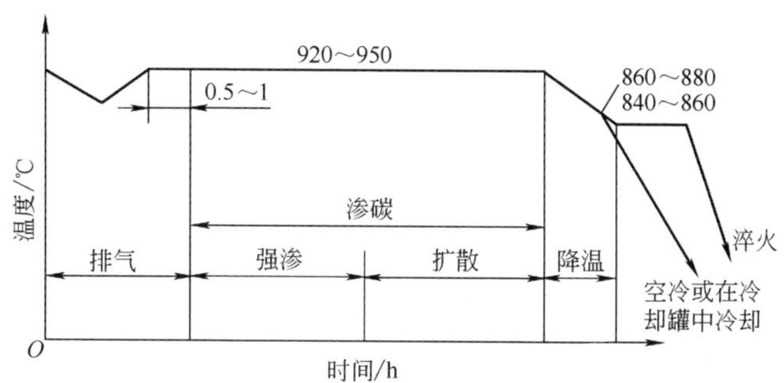

图 5-2　RJJ 型井式炉碳势分段控制法气体渗碳工艺曲线

（1）排气阶段　目的是尽快排除炉内氧化性气体，使炉气达到所要求的碳势，是渗碳的准备阶段。炉温升至渗碳温度后，装入工件，炉温会迅速下降。由于煤油在 850℃以下裂解不充分，容易产生炭黑，此时煤油的滴量要少。等温度回升到 850℃以上再加大滴量，以加快排气速度。当炉温回升到渗碳温度后，应保温 0.5～1h，目的是使炉内工件温度均匀。当炉气中 CO_2 的体积分数降到 0.5%以下时，排气结束。

（2）强渗阶段　在强渗阶段应采用大的渗剂滴量，提高炉气碳势，使工件表面的碳浓度高于最终的要求，增大表面与心部的碳浓度梯度，从而提高渗碳速度。强渗时间根据要求的渗碳层深度来决定，一般当试棒的渗层深度达到要求深度的 2/3 左右时，即可进入扩散阶段。

（3）扩散阶段　此段应减少渗剂的滴量，降低炉气碳势，使工件表面的碳向工件内部或向炉气中扩散，在表面碳含量适当降低的同时，渗碳层深度得以加深，最终得到所要求的表面碳浓度和渗碳层深度。

强渗阶段和扩散阶段合称渗碳阶段。

（4）降温与出炉　在规定的渗碳时间结束前0.5～1h抽检试棒，以决定开始降温的时间。在降温过程中，渗剂的滴量与扩散阶段相同。对于需要重新加热淬火的工件，可随炉冷至860～880℃左右出炉，放入冷却坑中冷却或在空气中冷却。对于直接淬火的工件可随炉冷至淬火温度（一般为840～860℃），保温15～30min，使工件温度均匀，然后出炉淬火。

这种方法的优点是渗碳速度快，节约渗剂，效率高。

表5-3为不同型号井式气体渗碳炉渗碳各阶段煤油滴量。

表5-3　不同型号井式气体渗碳炉渗碳各阶段煤油滴量　（单位：mL/min）

设备型号	排气		强渗	扩散	降温
	850～900℃	900～930℃			
RJJ-25-9T	2～2.4	4～4.8	2～2.4	0.8～1.2	0.4～0.8
RJJ-35-9T	2.4～2.8	5.2～6	2.4～2.8	1.2～1.6	0.8～1.2
RJJ-60-9T	2.8～3.2	6～6.8	2.8～3.2	1.4～1.8	1～1.4
RJJ-75-9T	3.6～4	6.8～7.6	3.4～4	1.6～2	1.2～1.6
RJJ-90-9T	4～4.4	8～8.8	4～4.4	2～2.4	1.4～1.8
RJJ-105-9T	4.8～5.2	9.6～10.4	4.8～5.2	2.4～2.8	1.6～2

注：1. 数据适用于合金钢，碳素钢应增加10%～20%；装入工件的总面积过大或过小时，应适当修正。
2. 渗碳温度为920～930℃。

5.8　什么是煤油+甲醇滴注式渗碳?

煤油+甲醇滴注式渗碳是将煤油和甲醇两种有机液体直接滴入高温炉罐内，煤油为渗碳剂，裂解后形成强渗碳气氛；甲醇为稀释剂，裂解形成稀释气体，起保护和冲淡的作用。煤油+甲醇滴注式气体渗碳通用工艺如图5-3所示。

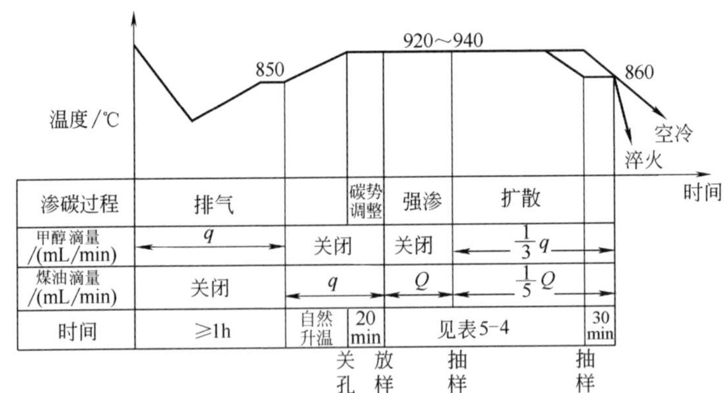

图5-3　煤油+甲醇滴注式气体渗碳通用工艺

图5-3中q为按渗碳炉电功率计算的渗剂滴量（mL/min），由下式计算：

$$q = CW \tag{5-2}$$

式中　C——单位功率单位时间所需要的滴量［mL/(kW · min)］，可取 C = 0.13mL/(kW · min)；

W——渗碳炉功率（kW）。

Q 为按工件有效吸碳面积计算的渗剂滴量（mL/min），由下式计算：

$$Q = KNF \tag{5-3}$$

式中　K——单位吸碳表面积单位时间耗渗碳剂量［$mL/(m^2 \cdot min)$］，取 K = $1mL/(m^2 \cdot min)$；

N——装炉工件数（件）；

F——单个工件有效吸碳表面积（m^2/件）。

上述工艺适用于不具备碳势测量与控制仪器的情况下使用。强渗时间、扩散时间与渗碳层深度的关系可参考表 5-4，使用时可根据具体情况进行修正。

表 5-4　强渗时间、扩散时间与渗碳层深度的关系

渗层深度/mm	强渗时间/min			强渗后渗层深度/mm	扩散时间/h	扩散后渗层深度/mm
	920℃	930℃	940℃			
0.4~0.7	40	30	20	0.20~0.25	≈1	0.5~0.6
0.6~0.9	90	60	30	0.35~0.40	≈1.5	0.7~0.8
0.8~1.2	120	90	60	0.45~0.55	≈2	0.9~1.0
1.1~1.6	150	120	90	0.60~0.70	≈3	1.2~1.3

注：若渗碳后直接降温淬火，则扩散时间应包括降温及降温后停留的时间。

为了保证煤油加甲醇充分裂解，对炉体有以下要求：

1）炉罐全系统密封良好，炉气静压大于 1500Pa。

2）滴注剂必须直接滴入炉内，炉内加溅油板。

3）滴注剂通过 400~700℃ 温度区间的时间不大于 0.07s。

5.9　什么是滴注式可控气氛渗碳?

滴注式可控气氛渗碳是将稀释剂和渗碳剂直接滴入高温炉罐，并对碳势进行自动控制的渗碳工艺。稀释剂为甲醇，渗碳剂多用煤油、丙酮、异丙醇等。在渗碳过程中，稀释气体保持常量，在排气阶段主要用作排气，在渗碳阶段能维持炉内正压，成为炉气中的恒定成分。渗碳剂由电磁阀控制滴入。利用气体分析仪器对炉气中的某一成分，如 CO_2、O_2 或 H_2O 等，进行分析检测，并将检测值与给定值做比较，根据比较结果对渗碳剂的滴量自动控制，从而实现对炉气碳势的控制。对炉气中的 CO_2 控制可用红外分析仪，对 O_2 控制可用氧分析仪，对 H_2O 控制可用露点仪。

在用 CO_2 红外分析仪控制气氛渗碳时，在排气开始阶段采用加大稀释剂滴量的方法加速排气。当炉温恢复和升到900℃时，加大渗碳剂的滴量，同时减少稀释剂的滴量，以迅速提高碳势，使炉气中的 CO_2 尽快下降，以结束排气阶段。排气结束后，通常有一段调整期，此时将炉气通至红外仪，调整 CO_2 含量，使其逐渐降至0.5%以下，并达到控制值，即转入自控渗碳阶段。

滴注式可控气氛渗碳可以获得高质量的渗碳层，既可在多用炉上实现，也可用井式气体渗碳炉改装，只要配备一套气体测量控制装置即可。

5.10 什么是吸热式气氛渗碳?

吸热式渗碳气氛由吸热式气体+富化气组成。吸热式气体由专用的吸热式气体发生器产生。常用吸热式气体成分见表5-5。富化气一般为甲烷或丙烷。

表5-5 常用吸热式气体成分

原料气	混合体积比（空气/原料气）	气体成分(体积分数,%)					
		CO_2	H_2O	CH_4	CO	H_2	N_2
天然气	2.5	0.3	0.6	0.4	20.9	40.7	余量
城市煤气	0.4~0.6	0.2	0.12	0~1.5	25~27	41~48	余量
丙烷	7.2	0.3	0.6	0.4	24.0	33.4	余量
丁烷	9.6	0.3	0.6	0.4	24.2	30.3	余量

吸热式气氛中的 CO_2、H_2O、CO、H_2 和富化气（CH_4）发生一系列反应，最终生成活性碳原子。

$$CH_4 \rightarrow [C] + 2H_2$$

当富化气为丙烷（C_3H_8）时，丙烷在高温下最终分解为甲烷，再参加渗碳反应。

$$C_3H_8 \rightarrow 2[C] + 2H_2 + CH_4$$

$$C_3H_8 \rightarrow [C] + 2CH_4$$

渗碳时，调整吸热式气体与富化气的比例即可控制炉气的碳势。由于CO和 H_2 的含量基本保持稳定，所以用 CO_2 红外仪或氧探头分别测定单一的 CO_2 含量或 O_2 含量即可控制碳势。

由于吸热式气体渗碳气氛中CO有毒，H_2 易爆，所以炉体应严格密封，炉口应点火，以防气体泄漏，发生爆炸或人员中毒事故。此外，甲烷和丙烷在炉内易形成积炭，应定期清理。

吸热式可控气氛渗碳多用于连续式炉的批量渗碳处理。

5.11 什么是氮基气氛渗碳?

氮基气氛渗碳是以氮气为载体添加富化气或其他供碳剂的气体渗碳方法。

根据原料气组成的不同，几种典型氮基渗碳气氛的成分列于表5-6。其中最具代表性的是甲醇+N_2+富化气，以40%氮气+60%甲醇为最佳。碳势控制宜选用反应灵敏的氧探头。

表5-6 几种典型氮基渗碳气氛的成分

序号	原料气组成	炉气成分(体积分数,%)					碳势(质量分数,%)	备注
		CO_2	CO	CH_4	H_2	N_2		
1	甲醇+N_2+CH_4（或C_3H_8）	0.4	15~20	0.3	35~40	余量	—	Endomix法，用于连续炉或多用炉
	甲醇+N_2+丙酮（或乙酸乙酯）							CarbmaaⅡ法，用于周期式炉
2	N_2+CH_4+空气（CH_4与空气体积比为0.7∶1）	—	11.6	6.9	32.1	49.4	0.83	CAP法
3	N_2+CH_4+CO_2（CH_4与CO_2体积比为6∶1）	—	4.3	2.0	18.3	75.4	1.0	NCC法
4	N_2+C_3H_8	0.024	0.4	15	—	—	—	用于渗碳
	N_2+CH_4	0.01	0.1	—	—	—	—	用于扩散

注：甲醇+N_2+富化气中氮气与甲醇裂解气的体积比为2∶3。

氮基气氛渗碳具有以下特点：不需要气体发生装置，成分与吸热式气氛基本相同，气氛的重现性、渗碳速度及渗层深度的均匀性和重现性与吸热式气氛的相当，能耗低，安全、无毒。

5.12 气体渗碳时对不需要渗碳的部位如何进行防渗处理？

有些工件，由于有特殊要求（如渗碳后需要加工或焊接等），某一部位不需要渗碳，对这些不需要渗碳的部位需要进行防渗碳处理。防渗方法主要有以下几种：

（1）填塞法　对不需要渗碳的小孔用黏土填塞，对深孔可先灌入沙子，然后用耐火土、石棉粉与水玻璃的混合物将孔口封闭。

（2）掩盖法　对非渗碳面用钢套、钢环或石棉绳掩盖，对不需要渗碳的孔、洞加盖保护。

（3）镀铜法　在非渗碳面镀铜，厚度为0.02~0.05mm。

（4）去除法　在非渗碳面预留加工量，渗碳后采用机械加工方法将渗碳层去掉。

（5）涂料法　对非渗碳面涂一层防渗碳涂料，可防止渗碳。常用防渗碳涂料见表5-7。

表5-7 常用防渗碳涂料

序号	涂料配方（质量分数）	用法
1	氯化亚铜 2质量份 铅丹 1质量份 松香 1质量份 酒精 2质量份	将前两种、后两种分别混合均匀后，再混合并调成糊状，用毛刷涂抹于工件的防渗部位，涂层厚度为1mm以上，应均匀、致密、无孔、无裂纹

（续）

序号	涂料配方（质量分数）	用法
2	熟耐火砖粉 40% 耐火黏土 60%	将两者混合均匀后，用水玻璃调成干稠状，填入无须渗碳的孔中，并捣实，然后风干或低温烘干
3	玻璃粉（75μm）70%～80% 滑石粉 30%～20% 水玻璃适量	混合均匀涂于防渗处，涂层厚度为0.5～2.0mm，于130～150℃烘干
4	硅砂 85%～90% 硼砂 1.5%～2.0% 滑石粉 10%～15%	用水玻璃调匀后使用
5	铅丹 4% 氧化铝 8% 滑石粉 16% 水玻璃 72%	调匀后使用，涂敷两层，适用于高温防渗碳

5.13　怎样进行气体渗碳操作？

下面以煤油为渗剂的滴注式碳势分段控制法气体渗碳为例，来介绍气体渗碳的操作。

1）按照井式气体渗碳炉操作规程检查设备，确保运转正常。

2）清除工件表面油污、锈斑、毛刺和水迹，无碰伤及裂纹。

3）对非渗碳表面进行防渗处理。

4）准备试样。试样的材料要与渗碳工件相同。试样有两种：一种是 ϕ10mm×100mm 的炉前试棒，用于确定出炉时间；另一种是与工件形状近似的随炉试块，与工件一起处理，用于检查渗碳层深度及金相组织。

5）检查渗剂的数量是否充足。

6）滴油管不得倾斜，应保持垂直状态，以保证渗剂能直接滴入炉膛内。

7）将工件装入料筐或挂在吊具上，装吊方式要有利用减少变形。

8）工件之间的间隙应大于5mm，层与层之间可用丝网隔开，以利于气流循环，使渗碳层均匀。

9）在每一筐有代表性的位置放一块试块。

10）装炉质量及装料总高度应小于设备规定的最大装载量和炉膛有效尺寸。

11）将炉温升至600℃，起动风扇，在800℃时开始滴入渗剂，到渗碳温度即可装炉。

12）工件入炉后，将炉盖压紧密封。开始加热，并起动风扇。滴入渗碳剂，打开排气孔进行排气，将废气点燃。待炉温达到900℃时，加大渗剂滴量，加速排气，至 CO_2 体积分数小于0.5%时排气结束。

13）排气阶段结束后，进入渗碳阶段，放入试棒，关试棒孔。调整渗剂滴量，调整炉内压力为200～500Pa。排气管的火焰应稳定，呈浅黄色，长度在80～

120mm 之间，无黑烟和火星。根据火焰燃烧的状况可以判断炉内的工作情况，若火焰中出现火星，说明炉内炭黑过多；火焰过长，尖端外缘呈白亮色，是渗碳剂供给量太多的表现；火焰太短，外缘为透明的浅蓝色，表明渗碳剂供给量不足或炉子漏气。

14）在渗碳阶段结束前 30~60min，检查炉前试棒渗层深度，确定降温的开始时间。检查方法有断口目测法和炉前快速分析法。断口目测法是将渗碳试棒从炉中取出，淬火后打断，观察断口，渗碳层呈银白色瓷状，未渗碳部分为灰色纤维状，交界处碳的质量分数约为 0.4%，用读数放大镜测量表面至交界处的厚度。或将试棒断口在砂轮上磨平，用 4%（质量分数）硝酸乙醇溶液浸蚀磨面，几秒钟后会出现黑圈，黑圈厚度即可近似代表渗碳层深度，用读数放大镜测量。

15）降至规定温度出炉，按工艺要求将工件放入带有水冷却套的冷却井中冷却或直接淬火。在冷却井中冷却时，为减少氧化脱碳，可向冷却井中倒入一些煤油或乙醇。

5.14 什么是固体渗碳？常用固体渗碳剂有哪些？怎样配制？

固体渗碳就是将工件埋在装有固体渗碳剂的渗碳箱中，并加以密封，然后加热到渗碳温度，保温一定时间，使工件表面增碳的一种化学热处理方法。

固体渗碳剂主要由两类物质组成，一类是供碳剂，是产生活性碳原子的物质，如木炭、焦炭等，木炭一般采用硬质的桦木、柞木等烧成。另一类是催渗剂，如碳酸钠、碳酸钡、乙酸钠、乙酸钡等。由于单纯木炭活性不大，加之渗碳箱内氧气有限，不能保证连续不断地产生大量活性碳原子，因而使渗碳速度减慢，效果较差。为了改变这种状况，在木炭中加入 10%左右的催渗剂，可加速 CO 的形成，增加气相中 CO 的体积分数，从而增加活性碳原子，加快渗碳速度。其反应式为

$$BaCO_3 \rightarrow BaO + CO_2$$

$$CO_2 + C \rightarrow 2CO$$

$$2CO \rightarrow CO_2 + [C]$$

几种常用固体渗碳剂列于表 5-8。

表 5-8 几种常用固体渗碳剂

序号	渗碳剂成分（质量分数,%）	用法	效果
1	碳酸钡 15,碳酸钙 5,木炭（余量）	新旧渗剂配比 3 : 7	920℃,渗层深度为 1.0~1.5mm,平均渗碳速度为 0.11mm/h,表面碳的质量分数 1.0%
2	碳酸钡 3~5,木炭（余量）	1)用于低合金钢时,新旧渗剂配比为 1 : 3 2)用于低碳钢时,碳酸钡应增至 15%	20CrMnTi, 930℃ × 7h, 渗层深度为 1.33mm,表面碳的质量分数为 1.07%

（续）

序号	渗碳剂成分（质量分数,%）	用法	效果
3	碳酸钡 3～4,碳酸钠 0.3～1,木炭(余量)	用于 12CrNi3 时,碳酸钡应增至 5%～8%	18Cr2Ni4W 及 20Cr2Ni4 渗层深度为 1.3～1.9mm 时,表面的质量分数为 1.2%～1.5%
4	乙酸钠 10,焦炭 30～35,木炭 55～60,重油 2～3	新旧渗剂的比例为 1：1	20CrMnTi,900℃×12～15h,磨后渗层深度为 0.8～1.0mm

固体渗碳剂的配制是保证固体渗碳质量的重要环节。配制固体渗碳剂的方法有两种：

1）干法配制。将催渗剂和粒状炭混合均匀后直接使用。

2）湿法配制。用糖浆、重油或清水等，将催渗剂黏附在炭粒表面，并浸透，然后在 140℃左右烘干备用。

固体渗碳剂应满足以下条件：水的质量分数不得超过 6%，SiO_2 的质量分数不得超过 2%，硫的质量分数不得超过 0.4%；木炭或焦炭的粒度应在 12mm 以下，其中 90%以上应在 3～8mm 之间。

配制和使用固体渗碳剂时，应注意以下几点：

1）全新的渗碳剂易导致工件表面碳浓度过高，使渗层中出现粗大的碳化物，并使淬火后残留奥氏体量增加。因此，一般都将新、旧渗碳剂混合使用，其中新渗碳剂占 20%～30%。

2）当全部使用新渗碳剂时，渗碳剂应先装箱密封，在渗碳温度下焙烧一次后再用，未经焙烧，不要使用。

3）回收的旧渗碳剂须除去氧化铁皮，筛去灰分。对损失的催渗剂应予以适当补充，或适当增加新的渗碳剂的比例。

5.15　怎样制订固体渗碳工艺?

制订固体渗碳工艺主要应考虑的因素有：渗碳剂种类、渗碳温度、保温时间、透烧时间等。

固体渗碳工艺如图 5-4 所示。图 5-4b 所示为分级渗碳工艺，该工艺在渗碳后于 840～860℃进行扩散，目的是适当降低表面碳含量，并使渗层适当加深。

（1）渗碳剂　渗碳剂的选择应根据具体情况确定，对于要求表面碳含量高、渗层深的工件，选用活性高的渗剂；对于含有碳化物形成元素的钢，则应选用活性低的渗剂。

（2）渗碳温度　渗碳温度一般为 920～940℃，对含 Ti、V、W 的合金钢可提高到 950～980℃，以加速渗碳过程。由于固体渗碳剂导热性差，渗碳箱传热速度慢，为减小渗碳箱中心与边缘的温差，通常采用分段加热的方法，在 800～850℃进行透烧，透烧时间见表 5-9。

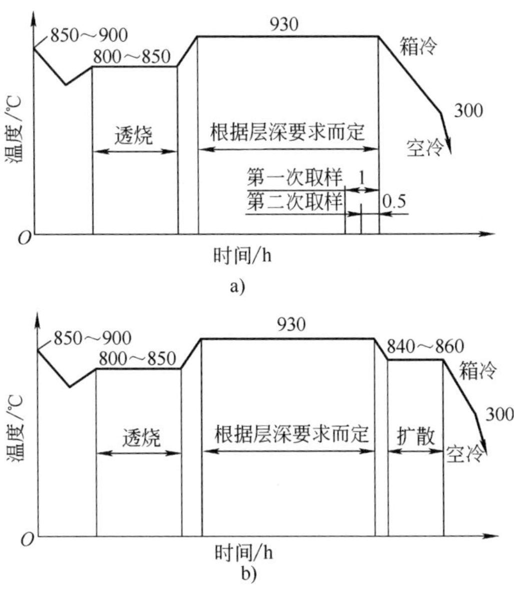

图 5-4 固体渗碳工艺

a）普通渗碳工艺 b）分级渗碳工艺

表 5-9 固体渗碳透烧时间

渗碳箱尺寸（直径×高）/mm	ϕ250×450	ϕ350×450	ϕ350×600	ϕ400×450
透烧时间/h	2.5～3	3.5～4	4～4.5	4.5～5

（3）保温时间 保温时间应根据渗碳层要求、渗剂成分、工件大小及装箱等具体情况确定，试验后再确定下来。一般情况下，当渗碳温度为 920～940℃，渗层深度为 0.8～1.5mm 时，可以按 0.10～0.15mm/h 的渗碳速度估算。

5.16 怎样进行固体渗碳操作？

（1）准备

1）检查设备和仪表工作是否正常。

2）准备工件。参照气体渗碳操作规程。

3）准备试样。试样的材料与工件相同，炉前试样 2 件，其尺寸为 ϕ10mm×(200～250)mm，外端弯成环状，便于取出；炉后试样，每箱 1 件以上，其尺寸为 ϕ10mm×(30～50)mm。

（2）装箱 渗碳箱外形为圆柱形或立方体形，可用耐热钢板或低碳钢板焊成，也可用耐热铸铁铸成。箱盖和箱体之间的密封要好；也可以把箱体做成带有密封槽的形式，在密封槽内填充熟料耐火泥，盖好箱盖后，再在箱盖外缘用熟料耐火泥密封，以防渗碳气体逸出或炉气进入渗碳箱内，降低渗碳能力。

常用的两种固体渗碳箱如图 5-5 所示。

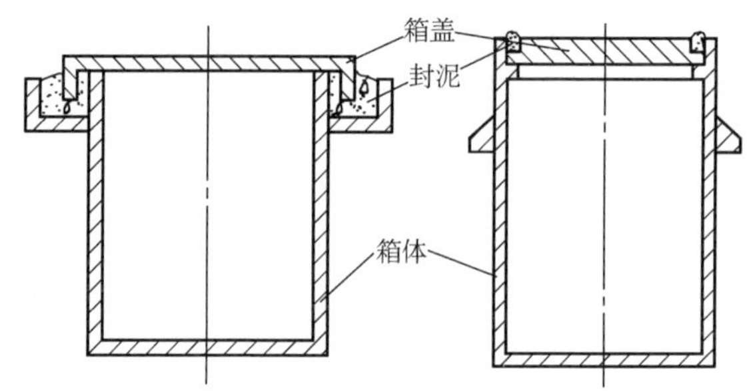

图 5-5　常用的两种固体渗碳箱

装箱时应注意以下几个方面：

1）根据工件形状、尺寸和数量，选择合适的渗碳箱，渗碳箱容积一般为工件体积的 3.5~7 倍。

2）工件的放置应使其尽量不产生变形。

3）装箱时，先在箱底铺一层渗碳剂并捣固，然后摆放工件，再填入渗碳剂并捣固。工件的摆放时，与箱壁、箱底之间以及工件之间都应保持适当的距离，见表 5-10。

表 5-10　工件摆放间距

项目	工件与箱底	工件与箱壁	工件与工件	工件与箱盖
间距/mm	30~40	20~30	10~20	30~50

4）试样应放在有代表性的地方，插入炉前试样两根，插入深度为 100~120mm，最后用熟料耐火泥密封。

5）对渗碳层要求不同的工件进行同炉渗碳，不能装在同一渗碳箱中，可按不同渗层要求分别装箱，渗层浅的渗碳箱装在炉口处，便于先出炉。

（3）操作要点

1）空炉升温到 850~900℃时，即可将渗碳箱装入炉内。

2）升温到 800~850℃时保温一段时间（视装炉量和渗碳碳箱的大小而定），然后再将炉温升至渗碳温度。

3）按规定渗碳时间保温，在预计出炉时间前 60min 和 30min，先后取出两根炉前试棒，直接淬火后打断，根据断口硬化层深度确定出炉时间。采用分级渗碳工艺时，在渗层深度接近要求的下限时，在 840~860℃保温一段时间进行扩散，扩散结束后出炉。

4）渗碳箱出炉后，空冷至 300℃以下开箱，取出工件。过早开箱，会增大工件的变形，并使渗碳剂烧损严重，而且劳动条件差。

5.17 什么是膏剂渗碳？其特点是什么？如何进行？

膏剂渗碳是将渗碳剂和催渗剂制成糊状膏剂，涂敷在工件表面，然后在高温下进行渗碳。

膏剂渗碳的特点是渗碳速度较快，但表面碳含量及渗层深度稳定性较差，适用于单件生产或修复渗碳、局部渗碳等。一般用于渗层深度≤0.45mm 的工件。涂敷膏剂的工件，由于膏剂脱落或碰撞，常引起斑点状渗碳缺陷。

渗碳剂以活性炭、木炭粉为渗碳剂，以碳酸盐、乙酸钠、黄血盐为催渗剂，用水玻璃、全损耗系统用油等调匀成膏状。将膏状渗剂涂于工件表面，厚度为 3~4mm；然后置于渗碳箱内，箱盖用耐火黏土密封，加热至渗碳温度并保温后可得到一定深度的渗层。膏剂渗碳工艺见表 5-11。

表 5-11　膏剂渗碳工艺

序号	膏剂配方(质量分数,%)	工艺参数		渗层深度/mm	备注
		温度/℃	时间/h		
1	木炭粉 64,碳酸钠 6,乙酸钠 6,黄血盐 12,面粉 12	920	15min	0.25~0.30	炭粉粒度为 0.154mm 硬度为 56~62HRC
2	炭黑粉 30,碳酸钠 3,乙酸钠 2,废全损耗系统用油 25,柴油 40	920~940	1	1.0~1.2	
3	炭黑粉 55,碳酸钠 30,草酸钠 15	950	1.5	0.6	w(C)为 1.0%~1.2% 硬度为 60HRC
			2	0.8	
			3	1.0	

5.18 什么是液体渗碳？其特点是什么？液体渗碳常用盐浴是由哪些成分组成的？

将工件放在含有活性渗碳剂的熔盐中进行渗碳的方法称为液体渗碳。

液体渗碳的特点是，渗碳速度快，效率高，渗碳层均匀，便于局部渗碳和直接淬火，操作方便，设备简单，适用于中小型工件及有不通孔的工件；但成本高，且大多数盐浴有毒，对环境有污染，对操作者有危害，不适于大批量生产。

渗碳盐浴一般由基盐、供碳剂和催化剂三类物质组成。

（1）基盐　一般用 NaCl 和 $BaCl_2$ 或 NaCl 和 KCl 的混合盐，它们一般不参加渗碳反应，只作为加热介质，改变其配比可以调整盐浴的熔点和流动性。

（2）供碳剂　通常用 603 渗碳剂、C90 渗碳剂、碳化硅（SiC）、木炭粉等。

（3）催化剂　常用碳酸盐，如 Na_2CO_3、$BaCO_3$ 或（NH_2）$_2$CO，新型催渗剂还有碳化硼、碳酸稀土等。

不同类别渗碳盐浴的成分见表 5-12。

表 5-12　不同类别渗碳盐浴的成分

<table>
<tr><th rowspan="2">盐浴类别</th><th colspan="3">渗碳盐浴成分(质量分数,%)</th><th rowspan="2">备注</th></tr>
<tr><th>基盐</th><th>供碳剂</th><th>催化剂</th></tr>
<tr><td>原料无毒盐浴</td><td>NaCl 35~40,KCl 40~45</td><td>603 渗碳剂 10</td><td>Na_2CO_3 10</td><td>原料无毒,但 Na_2CO_3 与渗碳剂中的尿素会发生反应,生成少量 NaCN</td></tr>
<tr><td>无毒盐浴</td><td>NaCl 35~40,KCl 30~40</td><td>C90 渗碳剂 10</td><td>Na_2CO_3 20</td><td></td></tr>
</table>

注：1. 603 渗碳剂成分（质量分数，%）为：木炭粉 50，尿素 20，Na_2CO_3 15，KCl 10，NaCl 5。

2. C90 渗碳剂成分（质量分数，%）为：木炭粉 70，高聚塑料粉 30。

5.19　如何制订液体渗碳工艺？

盐浴渗碳的渗碳温度与盐浴的活性是影响液体渗碳速度和表面碳浓度的主要因素。对于渗碳层较厚的一般工件，渗碳温度在 910~950℃之间选取；对于渗碳层较薄、变形要求严格的工件，应采用较低的渗碳温度，渗碳温度可在 850~900℃之间选取。渗碳保温时间根据渗层深度确定。

表 5-13 为常用液体渗碳工艺及效果。

表 5-13　常用液体渗碳工艺及效果

<table>
<tr><th>序号</th><th>盐浴组成(质量分数,%)</th><th>工艺及效果</th></tr>
<tr><td>1</td><td>603 渗碳剂 10,KCl 40~45,NaCl 35~40,Na_2CO_3 10</td><td>20 钢,渗碳温度为 920℃;渗碳时间和渗层深度见下表
<table>
<tr><td>渗碳时间/h</td><td>1</td><td>2</td><td>3</td></tr>
<tr><td>渗层深度/mm</td><td>>0.5</td><td>>0.7</td><td>>0.9</td></tr>
</table>
盐浴原料无毒,但加热后,产生 0.5%~0.9%(质量分数)NaCN</td></tr>
<tr><td>2</td><td>C90 渗碳剂 10,NaCl 40,KCl 40,Na_2CO_3 10</td><td>渗碳温度为 920~940℃;表面碳的质量分数为 0.9%~1.0%,三种钢的渗碳时间和渗层深度见下表
<table>
<tr><th rowspan="2">渗碳时间/h</th><th colspan="3">渗层深度/mm</th></tr>
<tr><th>20</th><th>20Cr</th><th>20CrMnTi</th></tr>
<tr><td>1</td><td>0.3~0.4</td><td>0.55~0.65</td><td>0.55~0.65</td></tr>
<tr><td>2</td><td>0.7~0.75</td><td>0.9~1.0</td><td>1.0~1.10</td></tr>
<tr><td>3</td><td>1.0~1.10</td><td>1.4~1.5</td><td>1.42~1.52</td></tr>
<tr><td>4</td><td>1.28~1.34</td><td>1.56~1.62</td><td>1.56~1.64</td></tr>
<tr><td>5</td><td>1.40~1.50</td><td>1.80~1.90</td><td>1.80~1.90</td></tr>
</table></td></tr>
<tr><td>3</td><td>Na_2CO_3 78~85,NaCl 10~15,SiC 粉 6~8</td><td>渗碳温度为 880~900℃,渗碳时间为 30min;渗层总深度为 0.15~0.20mm,共析层深度为 0.07~0.10mm,硬度为 72~78HRA</td></tr>
</table>

5.20　液体渗碳操作中应注意什么？

液体渗碳所用的设备是盐浴炉，其操作规程及注意事项与盐浴炉相同。在盐浴渗碳过程中，化学反应使盐浴的渗碳活性逐渐降低，会影响渗碳速度，盐浴的成分

应定期分析、调整，以保证盐浴成分在规定的范围内。同时，工件表面将黏附的熔盐带走以及高温挥发，使渗碳盐浴不断消耗，应及时补充新盐，以保持炉内有足够的熔盐容量。

渗碳结束后，根据需要可将工件直接淬火，或移入另一温度较低的中性浴炉中均温后再行淬火，也可以缓冷后重新加热淬火。

液体渗碳的工件，不论是淬火后的，还是渗碳后冷却的，均应进行清理，除掉表面黏附的盐渍，以免引起表面锈蚀。对于用氰盐浴渗碳的工件，必须进行中和处理，以免造成环境污染。中和的方法是把工件放在质量分数为10%的 $FeSO_4$ 溶液中煮沸，直至残盐全部溶解为止。在原料的保管、存放及生产操作等方面都要非常认真，以免对人造成危害。残盐、废渣、废水应按环保规定处理后再行排放。

5.21　什么是离子渗碳？如何操作？

离子渗碳是在低于 1×10^5Pa 的渗碳气氛中，利用工件（阴极）和阳极之间辉光放电产生的等离子体进行的渗碳。

离子渗碳的渗剂为甲烷、丙烷或丙烯。

渗碳温度一般为900~950℃，高温渗碳时渗碳温度一般为1040~1050℃。

真空度为0.13~2.60Pa。

工件经清洗后装炉，抽真空至1.3~13.3Pa，用外电源将工件加热至600℃左右，充入惰性气体（纯氮或氩气），施加直流高压（400~700V）起辉，净化工件表面，并升温至渗碳温度，均温后充入渗碳气进行渗碳。载气与渗碳气的体积比为1∶1。

为增加渗层均匀性，也可采用脉冲离子渗碳法。一个周期为2~3min，炉压一般为数百帕，而电流则在一定范围内波动。脉冲离子渗碳法对带小孔、狭缝等形状复杂的零件有很好的效果。

5.22　什么是高温渗碳？如何进行？

渗碳温度超过950℃的渗碳就属于高温渗碳。当要求渗层深度一定时，渗碳温度越高，所需的渗碳时间越短。因此，高温渗碳能显著地提高渗碳速度，节省时间（比常规渗碳工艺可减少30%~50%的处理时间），提高生产率，而且可以节能降耗（水、电、气），减少废气排放。

高温渗碳气氛推荐使用滴注式气氛或氮气+甲醇气氛。

高温渗碳时，工件的加热应分段进行，在渗碳温度（950~1050℃）下经强渗和扩散后，降温至800~860℃保温一段时间，然后淬火。

渗碳时间根据要求的渗层深度和渗碳温度确定，强渗时间一般为扩散时间的2~5倍。

扩散碳势一般为0.65%~1.00%。

为防止碳化物析出，扩散后可快速降温。

5.23　什么是真空渗碳？其特点是什么？

真空渗碳是在真空炉中进行的高温气体渗碳工艺。与普通气体渗碳相比，真空渗碳具有以下特点：

1）由于渗碳温度较高（980~1100℃），真空对工件表面有净化作用，可显著缩短渗碳时间，仅为普通气体渗碳的一半左右。

2）在真空状态下渗碳，工件表面不脱碳，不发生晶界氧化，有利于提高零件的疲劳强度。

3）可将渗剂直接通入真空炉内，省去气体制备设备。

4）对于有狭缝、深孔、不通孔的零件，以及不锈钢等渗碳效果不好的钢种，真空渗碳均可获得良好的渗碳层。

5）耗气量小，仅为普通渗碳的几分之一或十几分之一。

6）缺点是易产生炭黑。

5.24　真空渗碳有哪几种方式？

真空渗碳方式可分为一段式、脉冲式和摆动式三种。

（1）一段式渗碳　工艺过程只有一个渗碳期和扩散期。工件均热后，继续抽真空，并通入渗碳介质，保持炉内压力不变（约40kPa），进行渗碳。之后停止渗碳剂的供给，在真空条件下进行扩散。这种渗碳方式适用于形状较简单工件的外表面渗碳。一段式真空渗碳工艺曲线如图5-6所示。

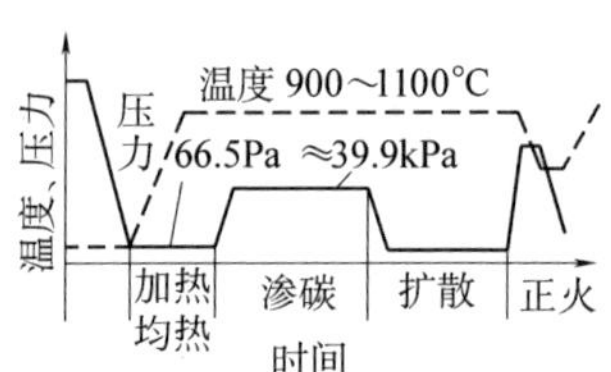

图5-6　一段式真空渗碳工艺曲线

（2）脉冲式渗碳　渗碳气体以脉冲方式通入炉内并排出，一个脉冲内既渗碳又扩散。在渗碳期向炉内通入渗碳介质，达到一定压力（约40kPa）后，停止介质供应，停止抽真空，保持炉内压力不变，并维持适当时间，向工件渗碳。之后抽真空，排出废气，并得到较高真空度（如60Pa），在此期间进行扩散。如此，送气、抽气交替进行（脉冲），工件的渗碳与扩散反复进行，直到完成渗碳全过程。这种方式适用于形状复杂的工件，特别是细孔、窄缝、不通孔内表面的渗碳。脉冲式真空渗碳工艺曲线如图5-7所示。

（3）摆动式渗碳　渗碳期以脉冲方式充气和排气，之后为扩散渗碳阶段。与脉冲式不同之处是在每个周期的低压抽气段，并不将炉内渗碳气体全部抽出（压力约600Pa），在此阶段工件仍在渗碳。渗碳后进行扩散处理。摆动式渗碳也适用于有窄缝、不通孔及形状复杂的工件。摆动式真空渗碳工艺曲线如图5-8所示。

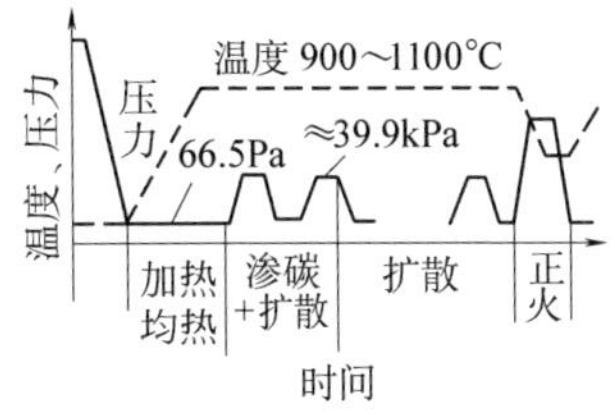

图 5-7 脉冲式真空渗碳工艺曲线

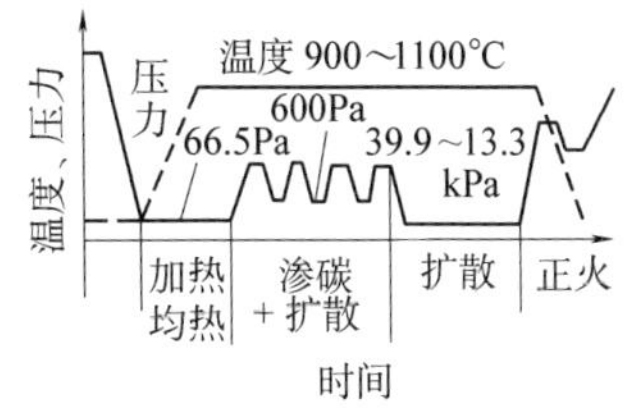

图 5-8 摆动式真空渗碳工艺曲线

5.25 如何制订真空渗碳工艺?

(1) 渗碳剂 真空渗碳的渗碳剂为甲烷、丙烷、天然气或纯度不低于 96%的乙炔气 (C_2H_2)，可直接通入真空炉内裂解，形成渗碳气氛。当渗碳温度低于1000℃时，甲烷裂解不充分，易产生炭黑。常用丙烷作为渗碳剂。

(2) 渗碳温度 真空渗碳温度一般为 980～1100℃，温度越高，渗碳所需时间越短，但工件变形量越大。一般情况下采用 980℃渗碳。对于形状复杂、渗层较浅、畸变要求严格的工件，可选用 980℃以下温度渗碳；对于形状简单、渗层较深、畸变要求不严格的工件，可用 1040℃渗碳。

(3) 炉内压力和气体流量 真空渗碳阶段，要求炉内有一定的压力。当用甲烷作为渗剂时，炉内压力一般为 26～47kPa；用丙烷作为渗剂时，炉内压力一般为 13～23kPa。

对于脉冲式渗碳工艺，渗碳效果主要与脉冲式充气和抽气有关，搅拌风扇作用不大，渗碳气的压强一般为 20kPa。当装炉量及渗碳表面积很小时，可适当降低。渗碳气流量按炉膛容积大小及压升速度确定，压升速度一般为 133Pa/s。

强渗过程中富化气通入量一般按装入工件的表面积确定。表面积越大，流量也越大。每炉工件表面积一般不大于 $20m^2$。富化气流量与表面积的关系见表 5-14。

表 5-14 富化气流量与表面积的关系

气体种类	工件表面积/m^2		
	≤3	3～10	10～20
	气体流量/(L/h)		
丙烷气	3000	4500	5700
乙炔气	1200	2000	2700

(4) 保温时间 渗碳保温时间包括渗碳时间和扩散时间。

1) 渗碳时间按工艺温度、深层深度、碳富化率来确定。碳富化率一般为 8～15mg/(cm^2·h)。扩散时间主要按表面碳含量和碳含量梯度来确定。

根据渗碳温度和碳富化率，推荐的真空渗碳保温时间见表 5-15。

表 5-15　推荐的真空渗碳保温时间

工艺温度/℃	920		940		960		980	
碳富化率/[mg/(cm^2·h)]	8		11		13		15	
渗层深度(550HV1)/mm	渗碳时间	扩散时间	渗碳时间	扩散时间	渗碳时间	扩散时间	渗碳时间	扩散时间
	min							
0.30	7	26	6	21	4	12	4	9
0.60	15	94	11	80	10	60	8	40
0.90	22	240	17	163	15	120	12	68
1.20	29	420	24	320	20	230	17	140
1.50	37	697	30	530	25	400	22	260

2）根据 Harris 关系式，即渗层深度与保温时间和渗碳温度之间的关系式［式(5-4)］，求得渗碳时间与扩散时间。

$$d=\frac{802.6}{10^{\frac{3720}{T}}}\sqrt{t} \tag{5-4}$$

式中　d——渗层深度（mm）；

T——渗碳温度（K）；

t——保温时间（h）。

由式（5-4）得

$$t=Kd^2 \tag{5-5}$$

式中　K——系数（h/mm^2），见表 5-16。

表 5-16　不同温度下的系数 *K* 值

渗碳温度/℃	900	930	950	980	1010	1040	1080
K/(h/mm^2)	3.41	2.37	1.88	1.34	0.98	0.72	0.49

当渗碳所需保温时间为 t 时，可按下式求出渗碳时间和扩散时间。

$$t_c=t\left(\frac{C_d-C_0}{C_c-C_0}\right)^2 \tag{5-6}$$

$$t_d=t-t_c \tag{5-7}$$

式中　t——保温时间（h）；

t_c——渗碳时间（h）；

t_d——扩散时间（h）；

C_c——渗碳期结束后表面碳的质量分数（%）；

C_d——扩散期结束后表面碳的质量分数（%）；

C_0——钢材原始碳的质量分数（%）。

根据式（5-5），对低碳钢的渗层深度与渗碳温度和渗碳时间进行计算，计算结果列于表 5-17，供参考。

表 5-17　渗碳温度、保温时间与渗层深度的关系

渗层深度/mm	渗碳温度/℃						
	900	930	950	980	1010	1040	1080
	保温时间/h						
0.3	0.3	0.22	0.17	0.12	0.09	0.065	0.044
0.5	0.9	0.6	0.5	0.34	0.25	0.18	0.123
0.8	2.2	1.5	1.2	0.86	0.63	0.46	0.314
1.0	3.4	2.4	1.9	1.34	1.0	0.72	0.5
1.2	4.9	3.4	2.7	1.93	1.4	1.04	0.71
1.5	7.7	5.3	4.2	3.0	2.2	1.62	1.1
1.8	11.1	7.7	6.1	4.34	3.2	2.33	1.6
2.0	13.6	9.5	7.5	5.4	3.9	2.9	2.0
2.2	16.5	11.5	9.1	6.5	4.74	3.5	2.4
2.5	21.3	14.8	11.8	8.4	6.13	4.5	3.1
2.8	26.7	18.6	14.7	10.5	7.7	5.65	3.84
3.0	30.7	21.3	16.9	12.1	8.8	6.5	4.4

3）根据图表绘图求得渗碳时间与扩散时间。图 5-9 和图 5-10 所示分别为 930℃、1040℃下渗碳层深度、表面碳含量与渗碳时间、扩散时间的关系。

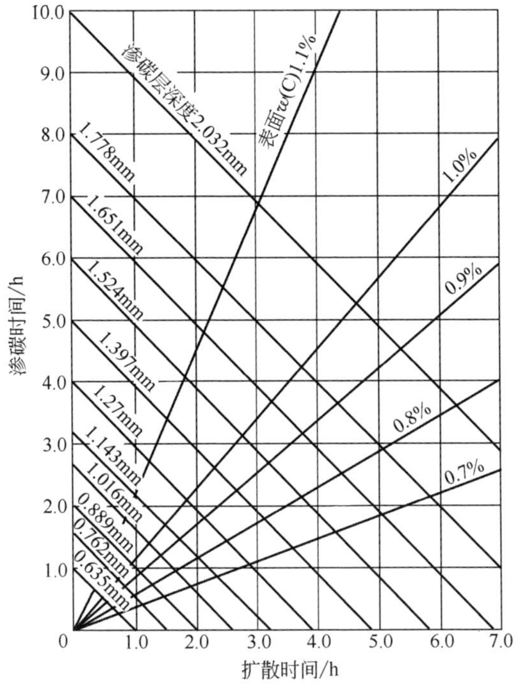

图 5-9　930℃下渗碳层深度、表面碳含量与渗碳时间、扩散时间的关系

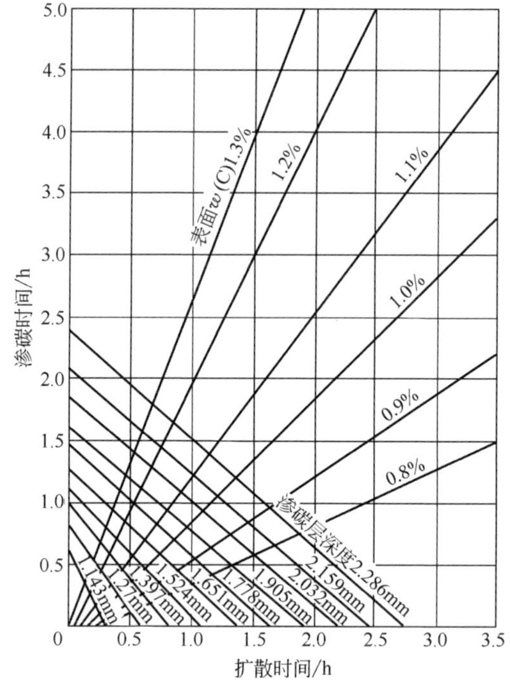

图 5-10　1040℃下渗碳层深度、表面碳含量与渗碳时间、扩散时间的关系

5.26　怎样进行真空渗碳淬火操作?

（1）清洗　工件应进行清洗并烘干，不应有锈斑，不应有对工件、炉膛产生有害影响的污物、低熔点涂层与镀层等。

（2）工装　料盘和夹具一般用耐热钢或不锈钢材料制造，且须清洗干净。新料盘和夹具须进行一次渗碳处理。所用钢丝必须去除镀锌层，以免使工件渗锌。

（3）装炉

1）轴类工件应采用三点支撑方式挂装，或者双层组合工装竖放，不应用平板冲孔的工装挂放。

2）工件串放时，应保证有一定的间距，应有轴向定位，防止高压气淬时摇摆。

3）工件平放时，上下层工件的中心应错开放置；若支撑板上装料位置无固定脚，应采用挡边，防止工件气淬时滑落；支撑方式最好是三点支撑，不能用冲孔平板。

4）小工件要用不锈钢网分层放置。

（4）抽真空与净化　工件入炉后抽真空，使工件脱气，除去表面的氧化物、油脂及污物，使工件表面活化。

（5）加热和均热　当炉内压力达到60～66.5Pa时，开始加热。根据工件形状、装炉方式以及对变形的要求选择不同的加热速率。炉温达 700～800℃时保温 25～45min，然后继续加热到渗碳温度并均热，使炉子各部位的工件及工件各部位都达到同一温度。均热时间一般以工件有效厚度 1h/25mm 计算，或由观察孔目测工件与炉温颜色的一致性来判断。

（6）渗碳和扩散

1）保持炉温不变，向炉内通入渗碳剂，并根据不同的渗剂选择适当的炉压。根据不同的渗碳方法采用强渗-扩散或脉冲-扩散方式。

2）齿轮类工件采用脉冲方式供气时，可减小轮齿节圆部位和齿根部位的渗层深度差，但富化气单个脉冲时间不应小于 50s。

3）对于不通孔和深孔渗碳工件，富化气应采用乙炔气（C_2H_2），并用较高供气压强和气体流量进行供气，必要时在富化气中可适量添加高纯 N_2，以避免炭黑的产生。

（7）淬火

1）高压气淬。渗碳后高压气淬的工件，一般为高淬透性低碳合金结构钢。高压气淬温度应比油淬温度要高，气淬压力、搅拌速度、淬火时间依据工件大小和畸变要求而定。对于 20CrMnTiH、20CrMoH、20CrNiMoH 等钢，气淬温度应为 860～900℃。

气淬过程可以在不同阶段通过选择不同的冷却速度和冷却时间来实现对工件的分段冷却淬火，从而减小工件畸变。

需要二次淬火的工件，气淬室可以作为缓冷室使用，用于缓冷时，应采用低压力气冷。

2）油淬火。油淬火时，油淬室应充入高纯氮气，压强为 80kPa。淬火时，油槽应进行搅拌和循环冷却。

（8）出炉及清洗　工件应冷却到 100℃以下出炉，油淬工件出炉后应进行清洗除油。

5.27　工件渗碳后的热处理方法通常有哪几种?

工件经渗碳后仅仅是改变了表面层的化学成分，为使工件具有较高的力学性能，还必须进行淬火和低温回火，才能提高表面强度、硬度和耐磨性，提高心部的韧性，使其具有外坚内韧的特点。

根据工件的材料和性能要求，常用的渗碳后热处理方法有以下几种：

（1）直接淬火　工件渗碳过程结束后即淬火、随炉降温或出炉预冷至略高于心部 Ar_3 的温度进行淬火，然后低温回火。根据冷却方式不同，分为不预冷直接淬火、预冷直接淬火和预冷分级淬火。

1）不经预冷直接淬火。图 5-11a 所示为不经预冷而自渗碳温度直接淬火。此法操作简单，成本低廉。其缺点是不能细化钢的晶粒；工件淬火畸变较大，合金钢渗碳件表面残留奥氏体量较多，表面硬度较低。此法应用较少，只适用于不重要工件气体渗碳或液体渗碳后的淬火。

2）预冷直接淬火。预冷温度一般为 840~860℃，如图 5-11b 所示。此法的关键是控制好预冷温度。温度过低，容易出现大块铁素体；温度过高，会影响碳化物的析出，并使残留奥氏体量增加，导致硬度偏低，还可能增大淬火变形。预冷直接淬火操作简单，工件氧化和脱碳及淬火畸变均较小，广泛用于细晶粒钢制造的各种工件。

3）预冷分级淬火。渗碳件预冷后在 120~160℃的热油中短时间停留，再置于空气中冷却，如图 5-11c 所示。这种冷却方法使淬火畸变和开裂倾向大大减少，适用于形状复杂、截面变化很大的工件，但会增加表面的残留奥氏体量。

渗碳淬火后的回火为低温回火，一般为 150~200℃，以保持高的硬度；由于回火温度较低，回火时间应适当长些，一般为 2~3h，以充分消除内应力。

直接淬火法加热和冷却次数少，可减少热处理畸变、氧化和脱碳，操作简便，效率高，节省能源，但仅适用于本质细晶粒钢。

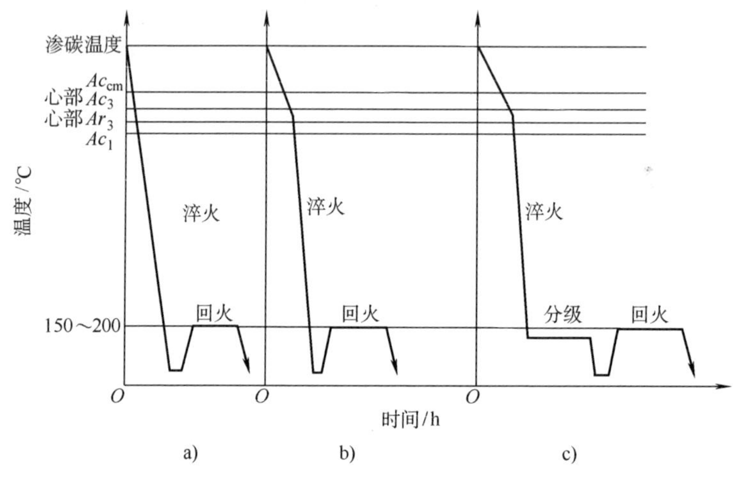

图 5-11　渗碳后直接淬火工艺曲线

a）不预冷直接淬火　b）预冷直接淬火　c）预冷分级淬火

（2）一次加热淬火　工件渗碳过程结束后，出炉空冷或在冷却罐中冷至室温，然后再重新加热淬火，并进行低温回火，如图 5-12a 所示。

对于合金钢渗碳件，心部组织和性能要求较高，其淬火温度可选择稍高于心部 Ac_3 的温度，使心部的铁素体全部溶于奥氏体，淬火后获得强度较高的低碳马氏体。这一温度对于表面的渗碳层来说虽然高了一些，但因为是本质细晶粒钢，对淬火后的渗层组织不致有太大影响。对于碳素钢渗碳件，淬火温度应比合金钢适当低一些，可选在 Ac_1~Ac_3 之间，约为 820~850℃。这样可以同时兼顾表面和心部，使组织均得到改善。如果淬火温度也选在 Ac_3 以上，由于碳素钢容易过热，高碳表面层的奥氏体晶粒容易长大，淬火后必然得到粗大的马氏体，使工件的表面硬度和疲劳强度降低。对于只要求表面耐磨而对心部组织和性能无要求的量规、样板等，可只根据表面碳含量选择淬火温度，略高于 Ac_1 即可，一般为 760~780℃。

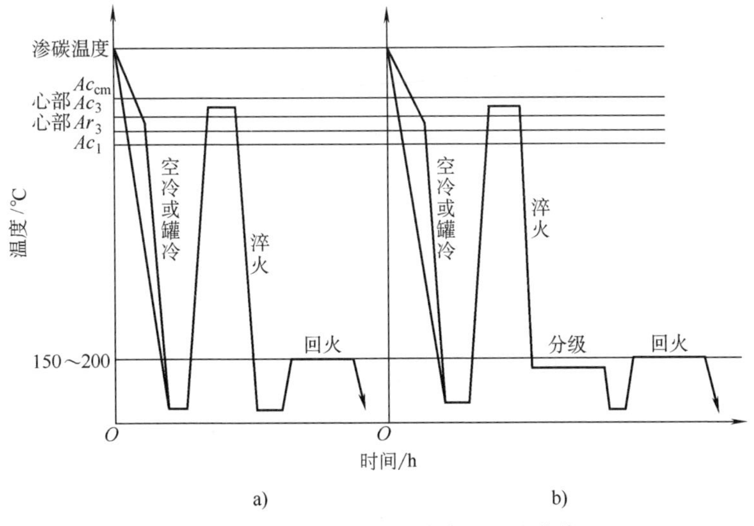

图 5-12 渗碳后一次加热淬火工艺曲线

a）一次淬火 b）一次分级淬火

这种方法适用于渗碳后不宜直接淬火的工件、渗碳后需要切削加工的工件及固体渗碳后的碳素钢和低合金钢工件，适用于本质细晶粒钢和容易过热的碳素钢。

对于形状复杂和要求较高的渗碳件，为减少淬火畸变，也可进行分级淬火。如图 5-12b 所示。

（3）二次淬火 二次淬火就是将渗碳工件冷至室温后，再进行两次淬火，然后低温回火。其工艺曲线如图 5-13 所示。这种方法适用于对使用性能要求很高的工件，以保证心部和表面都获得高的性能。

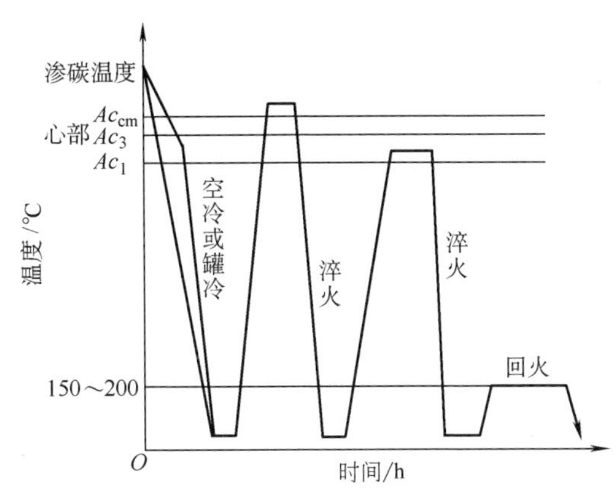

图 5-13 渗碳后二次淬火工艺曲线

第一次淬火的加热温度在心部的 Ac_3 以上，碳钢为 880~900℃，合金钢为 850~870℃，其目的是细化心部组织，并消除表层的网状渗碳体。第二次淬火的加热温度在 Ac_1 以上，是根据表层的碳含量而确定的，这样可改善表层的组织和性能，淬火后可得到细针状马氏体和均匀分布的细粒状碳化物，达到高的硬度和耐磨性。对于要求硬度高、残留奥氏体少的工件，淬火温度可选 760~780℃；对于要求心部硬度高的工件，淬火温度应选择 810~830℃，淬火后的表面组织为细针状马氏体和均匀分布的细粒状碳化物。二次淬火有利于减少表面的残留奥氏体。

二次淬火由于加热和冷却次数较多，工艺比较复杂，所以工件容易氧化、脱碳和畸变，且生产周期长，成本高，在生产中很少应用，只有在表面要求高耐磨性、心部要求高冲击韧性的重载荷零件上才应用。

（4）感应淬火　工件渗碳后冷至室温，再进行感应淬火及低温回火。这种方法可以细化渗层及靠近渗层处的组织，淬火畸变小，不要求淬硬的部位可不加热，故无须预先进行防渗处理。该方法适用于各种齿轮及轴类零件。

5.28　如何减少高强度合金渗碳钢工件渗碳淬火后的残留奥氏体?

12CrNi3、12Cr2Ni4、20Cr2Ni4、18Cr2Ni4W 等高强度 Cr-Ni 合金渗碳钢，由于合金元素含量较高，渗碳后经一般方法淬火回火后，表层的残留奥氏体量会显著增加，体积分数高达 20%～40%，对工件的硬度和疲劳强度有极大影响。因此，对这类合金钢进行渗碳后的热处理时，必须设法减少残留奥氏体量，方法有以下两种：

1）在渗碳后进行一次高温回火，再加热淬火并进行低温回火，如图 5-14a 所示。渗碳工件经 650～670℃ 回火后，使渗层中的碳和合金碳化物从奥氏体中析出，造成奥氏体中碳和合金元素的贫化。在淬火过程中，由于奥氏体中合金元素和碳含量的减少，降低了奥氏体的稳定性，使其在淬火过程中转变为马氏体，因而减少了残留奥氏体量。

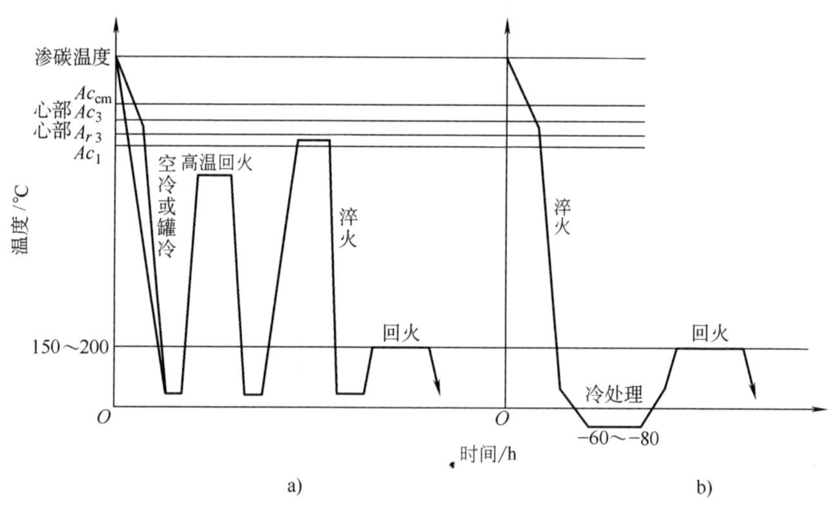

图 5-14　减少表层残留奥氏体的热处理

a）高温回火后淬火　b）淬火后冷处理

2）将工件淬火冷至室温后，立即进行冷处理，冷处理温度为-60～-80℃，使表面的残留奥氏体转变为马氏体，然后低温回火，从而提高表面的硬度和耐磨性，如图 5-14b 所示。这种方法的缺点是：必须有专用的冷处理设备，冷处理后残留奥氏体的转变会产生很大的内应力。

5.29 常见的渗碳缺陷有哪些？如何防止及补救？

常见的渗碳缺陷的产生原因与防止及补救方法见表 5-18。

表 5-18 常见渗碳缺陷的产生原因与防止及补救方法

缺陷名称	产生原因	防止及补救方法
表面碳浓度低	炉温低	校检仪表，调整温度
	渗剂滴量少	按工艺调整滴量
	炉子漏气	检查炉子密封系统
	盐浴成分不正常	调整盐浴成分
	工件表面不干净	清理工件表面补渗
残留奥氏体过多	炉气碳势过高	按工艺调整渗剂滴量
	渗碳或淬火温度过高	降低渗碳及直接淬火温度或重新加热淬火
	奥氏体中碳及合金元素含量过高	冷处理或高温回火后重新加热淬火
渗层深度不够	保温时间不够	适当延长保温时间
	表面碳浓度低	按正常渗剂滴量补渗
渗层深度不均匀	炉温不均匀	正确摆放工件
	炉气循环不良	检查风扇
	工件表面沉积炭黑	渗剂量不要过多
	固体渗碳时渗碳箱内温差大或催渗剂分布不均匀	固体渗碳时均匀分布催渗剂
表面硬度低	表面碳浓度低	按正常渗剂滴量渗碳
	淬火冷却速度不够，残留奥氏体过多	提高淬火冷却速度
	形成屈氏体组织	可重新加热淬火
表面有粗大的网状碳化物	炉气碳势过高，渗碳剂浓度太高或活性太大	严格控制表面碳浓度，或当渗层要求较深时，保温后期适当降低渗剂滴量
	预冷温度过低	提高预冷温度，适当加快出炉的冷却速度
	渗碳温度高或保温时间太长	提高淬火温度，延长保温时间重新淬火
	冷却太慢	渗碳后通过正火处理，予以消除
心部铁素体过多	淬火温度低，加热保温时间不足	执行正常工艺重新加热淬火
切削加工困难，硬度大于 30HRC	出炉温度太高	按正常温度出炉，进行退火或高温回火处理
表面脱碳	渗碳后期炉气碳势太低	严格控制渗碳后期炉气碳势
	炉子漏气	检查炉子密封系统

（续）

缺陷名称	产生原因	防止及补救方法
表面脱碳	出炉温度高，在空气中引起氧化脱碳	按正常温度出炉，放入冷却罐并滴入煤油
	淬火加热时保护不当	淬火时注意保护
	液体渗碳的碳酸盐含量过高	在浓度合格的介质中补渗
渗碳后变形	夹具选择及装炉方式不当，因工件自重而产生变形	合理装夹工件
	工件本身截面不均，在加热和冷却过程中因热应力和组织应力而变形	对易变形工件采用压床淬火或淬火时趁热矫正

5.30　什么是碳氮共渗？碳氮共渗有何特点？

碳氮共渗是使钢件表面同时渗入碳和氮的化学热处理工艺，但以渗碳为主。

由于碳、氮原子的共同渗入，碳氮共渗与渗碳、渗氮相比，既具有共同点，又具有自身的特点。碳氮共渗，特别是气体碳氮共渗具有一系列的优点：

1）处理温度低。氮原子的渗入降低了渗层组织的奥氏体化温度，使碳氮共渗得以在低于渗碳温度下进行，使晶粒长大趋势减小，并可降低能耗。

2）渗层性能好。由于氮原子的渗入使奥氏体等温转变曲线右移，使马氏体转变点降低，提高了渗层的淬透性。这样就可以用普通碳素钢代替合金钢，或采用冷却能力较弱的冷却介质淬火，也有利于减少畸变与开裂。共渗层经淬火后具有比渗碳略高的硬度、较高的耐磨性和疲劳强度，并有一定的耐蚀性。与渗氮层相比，有足够的厚度，抗压强度较高且脆性较低。

3）渗入速度快。在碳氮共渗过程中，渗碳物质和渗氮物质能相互作用促进碳、氮原子的产生，碳原子和氮原子能互相促进，加快渗入速度。所以，在同样的温度下，共渗速度比渗碳和渗氮都快。

4）工件畸变小。由于氮原子的渗入降低了渗层组织的奥氏体化温度，使碳氮共渗可在较低的温度下进行，工件不易过热，且淬火畸变较小。

5）不受钢种限制。碳素结构钢、合金结构钢、合金工具钢、灰铸铁和球墨铸铁均可进行碳氮共渗。

5.31　气体碳氮共渗常用共渗剂有哪些？

气体碳氮共渗常用的共渗剂分为两类：一类是渗碳剂+氨，另一类是含有碳、氮元素的有机化合物。

（1）渗碳剂+氨　气体渗碳用的各种液体碳氢化合物（煤油、苯、甲苯）+氨气，以及各种气体渗碳剂（城市煤气、吸热式保护气+富化气，液化石油气）+氨气均可作为气体碳氮共渗剂。

（2）含有碳氮元素的有机化合物　作为共渗剂的含碳氮元素的有机化合物有：

三乙醇胺、甲酰胺、尿素甲醇溶液+丙酮等。使用时直接将其滴入高温炉膛中，即可分解产生活性碳原子和活性氮原子。

1）三乙醇胺。三乙醇胺活性较强、无毒，在500℃以上发生分解，产生的甲烷、一氧化碳、氢氰酸进一步反应，析出活性碳原子和活性氮原子，被工件表面所吸收。

2）尿素甲醇溶液+丙酮。将尿素［$(NH_2)_2CO$］溶于甲醇中，与丙酮（CH_3COCH_3）同时滴入高温炉内，裂解产生活性碳、氮原子。

5.32 如何制订气体碳氮共渗工艺？

（1）共渗温度　共渗温度的选择应同时考虑工艺性能和使用性能，如共渗速度、工件变形、渗层组织及性能等。在渗层深度一定的情况下，温度越高，所需的时间越短，但工件变形也越大；温度越高，渗层中碳含量增加，氮含量急剧下降，碳氮共渗的特点逐渐消失。所以，共渗温度一般在820~880℃范围内选择，在此温度区间，工件畸变小，晶粒不会长大，共渗后可直接淬火。

（2）共渗时间　在共渗温度一定时，共渗时间主要取决于要求的渗层深度。当共渗温度为840℃，要求渗层深度≤0.5mm时，共渗速度一般取0.15~0.20mm/h；渗层深度>0.5mm时，共渗速度一般为0.1mm/h左右。在生产中通过检查炉前试棒的渗层深度来决定出炉时间。

在使用渗碳剂+氨进行碳氮共渗时，应特别注意控制好氨的比例。当用稀释气为渗剂共渗时，氨气的体积应为炉气总量的2%~10%；在用煤油+氨气进行共渗时，则氨气所占体积为炉气总体积的25%~35%较合适。供氨过量将产生不良后果，如产生大量碳氮化合物而阻碍碳氮原子的扩散，残留奥氏体量多。渗剂滴量在升温阶段为1.8~2.4mL/min，丙酮滴入量为0.9~1.5mL/min。在排气和升温阶段只滴入尿素甲醇溶液。

5.33 如何进行液体碳氮共渗？

液体碳氮共渗通常指的是中温液体碳氮共渗。液体碳氮共渗具有加热速度快、共渗效率高的特点。

液体碳氮共渗的盐浴由中性盐和碳氮共渗剂组成。常用的中性盐有氯化钠（NaCl）、氯化钾（KCl）、氯化钡（$BaCl_2$）、碳酸钠（Na_2CO_3）等，用于调整盐浴的熔点。碳氮共渗剂有尿素、氯化铵、电玉粉等。碳酸钠的作用是提高盐浴的活性。几种盐浴碳氮共渗剂的成分见表5-19。

表5-19　几种盐浴碳氮共渗剂的成分

序号	共渗剂成分(质量分数,%)	备注
1	尿素 37.5,Na_2CO_3 25,KCl 37.5	烟雾气味大,盐浴成分稳定性差
2	SiC 10,NH_4Cl 5~10,NaCl 15~20,Na_2CO_3 60~75	氯化铵挥发性大,盐浴活性下降
3	电玉粉 10~25,Na_2CO_3 15~25,NaCl 50~70	盐浴成分稳定性好,易于再生

以无毒原料尿素组成的液体碳氮共渗盐浴，可改善劳动条件。此法原料虽无毒，但尿素与碳酸盐在生产过程中反应的生成物为有毒的氰酸盐。

液体碳氮共渗温度通常为820~870℃。

渗层中碳的质量分数为0.70%~0.80%，氮的质量分数为0.25%~0.50%。

5.34　液体碳氮共渗后对工装夹具如何处理？

为保护环境和安全生产，液体碳氮共渗后，对工装夹具和废渣等应进行中和处理，方法如下：

1）在质量分数为5%~10%的 Na_2CO_3 水溶液中煮沸5~10min。

2）在质量分数为2%沸腾磷酸溶液或质量分数为10%硫酸铜或硫酸亚铁溶液中洗涤。

3）在开水中冲洗。

4）盐浴的废渣及清洗后的废水，也要经中和处理后方可流入下水道，以防污染环境。

5.35　碳氮共渗常见缺陷有哪些？

碳氮共渗常见缺陷有表面硬度低、渗层深度不够或不均匀、心部铁素体过多、表面脱碳脱氮、出现非马氏体组织等。其表现方式、产生原因及防止方法与渗碳基本上相同。此外，共渗件还有一些由于氮的渗入而产生的缺陷。碳氮共渗常见缺陷的产生原因及预防方法见表5-20。

表5-20　碳氮共渗常见缺陷的产生原因及预防方法

缺陷	产生原因	预防方法
碳氮化合物粗大	1)表面碳、氮含量过高,共渗温度较高 2)共渗温度较低,炉气氮势过高	严格控制碳势和氮势,特别是共渗初期,必须严格控制氨的加入量
黑色组织(黑点、黑带、黑网)	黑点的产生原因:共渗初期炉气氮势过高,渗层中氮含量过高	渗层中氮的质量分数应控制在0.5%以下。在共渗第一阶段减少供氨量,在共渗第二阶段适当增加供氨量
	黑带的产生原因:形成合金元素的氧化物、氮化物和碳化物等小颗粒,使奥氏体中合金元素贫化,淬透性降低,而形成屈氏体	适当提高共渗温度和淬火冷却速度
	黑网的产生原因:氮、碳晶向扩散,沿晶界形成Mn、Ti等合金元素的化合物,降低附近奥氏体中合金元素的含量,使淬透性降低,形成屈氏体网。渗层中氮含量过低,易形成屈氏体网	适当提高淬火温度,采用冷却能力强的淬火冷却介质。氨气加入量要适中

5.36　什么是渗氮？渗氮分为哪几种？

渗氮是在一定温度下，于一定介质中使氮原子渗入工件表层的化学热处理工艺。

根据渗氮方法的不同，渗氮主要有气体渗氮、液体渗氮、固体渗氮、离子渗氮、高频感应渗氮和流态床渗氮等。根据渗氮目的的不同，气体渗氮分为抗磨渗氮和耐蚀渗氮。

5.37　怎样制订气体渗氮工艺？

气体渗氮工艺主要包括渗氮温度、渗氮时间和氨分解率的控制。

（1）渗氮温度　渗氮温度对渗氮层的深度和表面最高硬度都有很大影响。抗磨渗氮的渗氮温度一般都在 480～570℃ 之间，多用 500～530℃。若温度高于 590℃，氮化物的弥散度减小，使表面硬度显著降低。此外，为了保证调质后心部的硬度和强度，渗氮温度也不能太高，一般应低于调质回火温度 20～30℃。同时，提高渗氮温度还可能增加工件的畸变。但是，过低的渗氮温度也是不可取的，会影响渗氮层的表面硬度和深度。渗氮温度、时间和对 38CrMoAl 钢渗氮层深度和表面硬度的影响如图 5-15 所示。

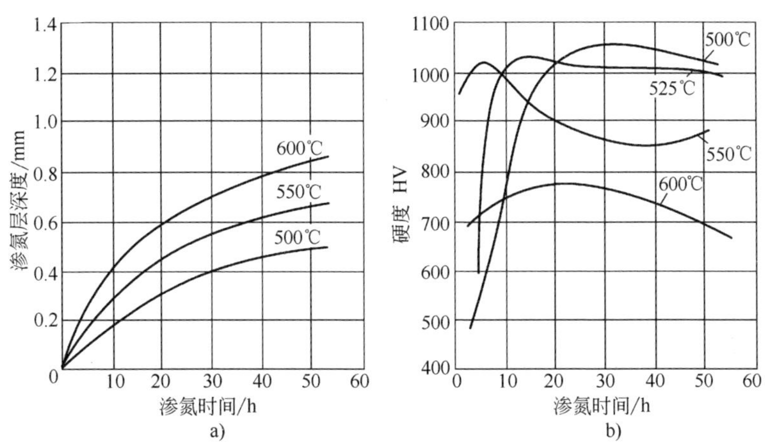

图 5-15　渗氮温度、时间和对 38CrMoAl 钢渗氮层深度和表面硬度的影响

a）渗氮温度和时间对深度的影响　b）渗氮温度和时间对表面硬度的影响

（2）渗氮时间　渗氮时间主要取决于所要求的渗氮层深度，同时还与渗氮温度和渗氮用钢有关。渗氮层深度随渗氮时间延长而增加，且符合抛物线法则，即在渗氮初期增加较快，随后增幅趋缓。根据经验，38CrMoAl 钢在 510℃ 渗氮，渗氮层深度小于 0.4mm 时，平均渗氮速度为 0.01～0.02mm/h；当渗层深度为 0.4～0.7mm 时，平均渗氮速度为 0.005～0.01mm/h。这说明随着渗层深度的加深，渗氮速度逐渐降低。

（3）氨分解率　氨分解率也是渗氮过程中的一个重要工艺参数，是指在某一温度下，氨分解后的氮、氢混合气体占炉中气体的体积分数，即氨在炉气中分解的程度。氨分解率的大小表示提供氮原子的能力强弱，直接影响工件表面吸收氮的速度。分解率的大小取决于渗氮温度、氨气的流量、进气和排气压力、工件渗氮面积，以及有无催化剂等因素。当氨分解率在15%~40%时，活性氮原子多，钢件表面吸收的氮量最大。当氨分解率超过70%时，大量氢原子吸附在工件表面，从而影响渗氮，使表面氮浓度降低，渗氮层硬度和深度减小。为了获得好的渗氮质量，氨分解率一般控制在15%~65%之间。不同温度下氨分解率的合理范围见表5-21。

表5-21　不同温度下氨分解率的合理范围

渗氮温度/℃	500	510	525	540	600
氨分解率(体积分数,%)	15~25	20~30	25~35	35~50	45~60

5.38　什么是一段渗氮？有何优缺点？

一段渗氮即等温渗氮，是在同一温度下长时间保温的渗氮过程，其工艺曲线如图5-16所示。渗氮温度一般在480~530℃之间，实际生产中多用500~520℃。一段渗氮强渗阶段为20~25h，分解率为18%~25%，以利于工件表面吸收大量氮原子，提高表面氮含量；同时，在表面形成弥散度大的氮化物，以提高表面硬度。在扩散阶段，表层氮原子向内部扩散，增加渗氮层深度。这一阶段采用较高的氨分解率，一般为30%~40%。在渗氮最后2~4h为退氮处理阶段，目的是降低表面氮含量，以降低渗氮层的脆性。这一阶段可将氨分解率提高到70%~90%。目的是增加渗氮层深度，使硬度梯度更为平缓。

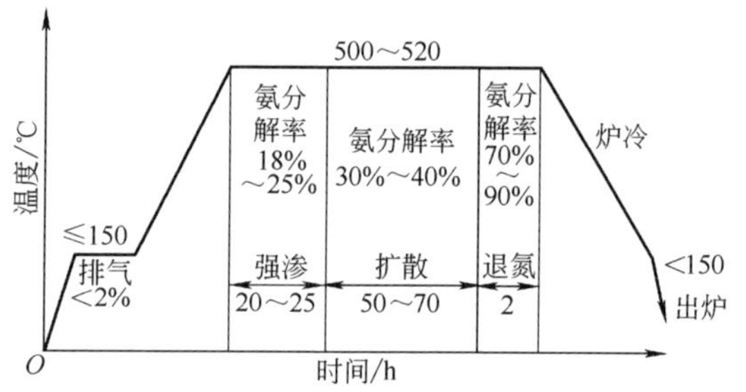

图5-16　38CrMoAl钢一段渗氮工艺曲线

一段渗氮后，渗氮层硬度为1100~1150HV，脆性较低，工件畸变小。缺点是由于温度低，所以渗氮速度慢，生产周期长。该工艺适用于渗氮表面硬度要求较高而渗氮层深度较浅的精密零件。

5.39　什么是二段渗氮？有何优缺点？

二段渗氮的渗氮过程分两个阶段进行，各段的渗氮温度和氨分解率都不相同，其工艺曲线如图5-17所示。第一阶段的渗氮温度和氨分解率与一段渗氮的强渗段相同，采用较低的渗氮温度（500~520℃）和较低的氨分解率（18%~25%），保温约15~25h（根据要求的硬度和深度而定）。由于温度较低，在工件表面形成弥散度大、硬度高的合金氮化物，但深度浅。在第二阶段将渗氮温度提高到550~560℃，氨分解率提高到40%~60%，以加速氮原子向钢内部的扩散，增加渗氮层深度，并可缩短渗氮时间。由于第一阶段形成的氮化物稳定性高，在第二阶段虽然提高了温度，但并不会引起氮化物的显著聚集和长大，因而硬度降低很少，其硬度在 850~1000HV 之间，且使渗氮层硬度分布均匀。与一段渗氮一样，渗氮第二阶段结束后，也要进行退氮处理。

与一段渗氮相比，由于二段渗氮温度较高，故渗氮后表面硬度稍低，畸变亦有所增大，但渗氮速度较快，生产周期较短。二段渗氮适用于渗氮层较深及批量较大的零件。

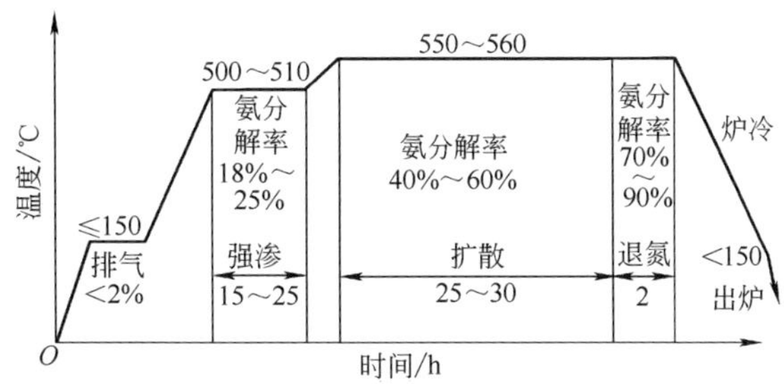

图 5-17　38CrMoAl 钢二段渗氮工艺曲线

5.40　什么是三段渗氮？有何优缺点？

三段渗氮是在二段渗氮的基础上，对所存在的一些不足改进而形成的，其工艺曲线如图 5-18 所示。将第二阶段的温度适当提高，以加速氮原子的扩散，增加渗氮层深度。第三阶段的温度与第一阶段相同或稍高，可以提高表面的氮浓度和硬度。因此，三段渗氮的渗氮速度比二段渗氮要快。

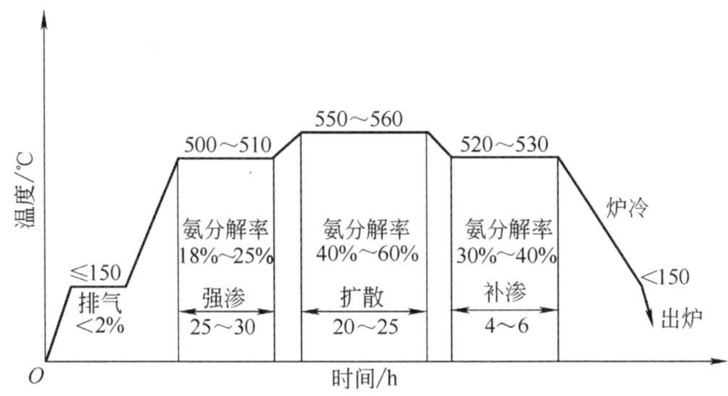

图 5-18　38CrMoAl 钢三段渗氮工艺曲线

比较三种渗氮工艺，一段渗氮时间最长，二段渗氮的时间为等温渗氮时间的 70%，三段渗氮的时间为等温渗氮时间的 60%。由此可见，三段渗氮大大地缩短了渗氮周期，提高了生产率，但工件在硬度、脆性及畸变等方面较差。

5.41　什么是短时渗氮？应用情况如何？

短时渗氮的工艺如下：

1）渗氮温度一般为500~580℃，常用560~580℃。

2）渗氮时间一般为2~4h。

3）氨分解率为35%~65%。

短时渗氮的化合物层为0.006~0.015mm。

高速工具钢短时渗氮时间一般为20~40min。采用较高的氨分解率，避免在高速钢渗氮层表面出现化合物层。

短时渗氮适用于易畸变和尺寸精度要求很高的工件。由于化合物层很薄，脆性不大，硬度高，可以有效地提高工件的疲劳强度、耐磨性、抗咬合性及耐蚀性；但不能承受较重载荷。凡是以磨损或咬合为主要失效方式，而承受的接触应力不高的工件，用短时渗氮替代常规渗氮，节能效果明显。

5.42　什么是耐蚀渗氮?

耐蚀渗氮是使工件表面获得ε相层（渗氮白亮层），以提高工件耐蚀性的短时间一段渗氮。

1）耐蚀渗氮与抗磨渗氮过程基本相同，但渗氮温度较高，通常为600~700℃。

2）保温时间短，一般为1~3h。

3）氨分解率为20%~70%。

渗氮层深度一般为0.015~0.06mm。

渗氮温度的提高，有利于致密的、化学稳定性高的ε相的形成。ε相比γ′相具有更高的化学稳定性，还可以缩短渗氮时间。

耐蚀渗氮适用于碳素结构钢和电磁纯铁。

5.43　什么是奥氏体渗氮？应用情况如何?

奥氏体渗氮是在形成奥氏体的温度下进行的渗氮。在Fe-N相图中，氮在γ-Fe中的间隙式固溶体称为含氮奥氏体，只存在于590℃以上的区域。590℃时氮在γ-Fe中的溶解度为2.35%，在650℃时达到最大值2.8%。

1）渗氮温度高于590℃，一般为600~700℃。

2）渗氮时间一般为2~4h。

3）氨分解率为60%~80%。

工件奥氏体渗氮后油淬，经180~200℃回火，残留奥氏体未发生转变，保持很高的韧性和塑性。该工艺适用于对韧性要求很高，以及在装配或使用过程中需承受一定程度塑性形变的渗氮件。

奥氏体渗氮淬火后经过220~250℃回火，残留奥氏体发生分解，硬度提高到950HV以上，化合物层中的ε相也发生时效，使硬度提高到1000HV以上。该工艺适用于耐磨性要求很高的渗氮件。

以提高耐蚀性为主的工件经奥氏体渗氮后不必进行回火处理。奥氏体渗氮的耐蚀性优于耐蚀渗氮。

5.44　工件渗氮前应进行哪些预备热处理?

为了保证渗氮工件心部有较高的综合力学性能，渗氮前应根据工件对基体材料性能的要求进行预备热处理。

1）一般采用调质或正火处理。结构钢应进行调质处理，以获得回火索氏体组织，使工件心部具有良好的综合力学性能，而且为渗氮做好必要的组织准备。38CrMoAl钢必须采用调质处理，并保证工件表面层的奥氏体转变为马氏体组织。

2）形状复杂、畸变量要求较高的精密零件，在调质和粗加工后应施行去应力退火，以消除在切削加工过程中产生的应力，从而减少渗氮过程中的畸变。调质过的轴类工件若经矫直后也应进行去应力退火。去应力退火温度应低于高温回火温度，高于渗氮温度。

3）对于高合金工具钢、模具钢和高速工具钢工件，为提高工件的使用寿命，渗氮一般在淬火与回火后进行，且渗氮温度应低于回火温度。

4）不锈钢、耐热钢通常采用调质处理，奥氏体不锈钢还可采用固溶处理。

5.45　气体渗氮时，工件的非渗氮部位如何保护?

在气体渗氮前，必须对工件的非渗氮部位进行保护。常用的保护方法有以下几种：

（1）镀层防护法　对结构钢可采用镀锡或镀铜防护，不锈钢可采用镀铜、镀镍防护。镀铜厚度≥0.025mm，镀锡厚度≥0.0127mm。

（2）留加工余量防护法　在非渗氮部位预留1.5~2倍渗氮层深度的加工余量，然后镀铜，渗氮后切除。

（3）涂料防护法　对非渗氮面刷涂防渗氮涂料，有成品涂料可购，也可自行配制。

配方（质量分数）Ⅰ：水玻璃80%~90%，石墨粉10%~20%。将工件加热到60~80℃，均匀涂覆，然后在90~130℃下烘干或自然干燥。

配方（质量分数）Ⅱ：锡粉60%，铅粉20%，氧化铬粉20%。将配料混合均匀，用氯化锌溶液调成稀糊状，涂于工件防渗表面。

（4）堵塞法　对于不通孔、深孔件可用石英砂灌满孔腔，再用锥形铜塞或铝合金螺栓防护。

5.46　怎样进行气体渗氮操作?

（1）准备

1）清理渗氮罐，用压缩空气吹去管路中的积水与污物，确保无漏气及堵塞现象。

2）检查测温仪表及氨分解率测定仪是否正常。

3）检查氨气干燥箱，干燥剂应有足够的数量，含水量应小于0.2%（质量分数）。

4）检查工件有无划痕、碰伤及变形等缺陷。

5）用汽油、乙醇或水溶性清洗剂擦洗工件表面，不许有污物和锈斑存在。用水溶性清洗剂擦洗过的工件应用清水漂洗干净、烘干。

6）不锈钢工件应做喷砂或磷化处理，以消除金属表面钝化膜。

7）对非渗氮面进行防护处理。

8）工装夹具必须保持干净，不得有污物，绑扎工件的铁丝和放置工件的铁丝网必须去掉表面的镀锌层（用酸洗即可去除）。

9）轴类工件应垂直吊挂，工件的摆放应有利于减小变形和氨气的流动，并装入同材料、同炉号、经同样预备热处理的试样。装炉后盖上炉盖，对称拧紧螺栓。

（2）操作要点

1）升温前先排气，排气时氨的流量应比使用时大1倍以上。随着炉内空气的减少，也可边升温边排气，在炉温升至150℃以前完成排气。在排气过程中，可用pH试纸（试纸用水浸湿，遇氨后变成蓝色）或盐酸棒（玻璃棒蘸盐酸，遇氨后出现白烟）检查炉罐及管道是否漏气。

2）用氨分解率测定计测定氨分解率。当氨分解率大于98%时，可降低氨流量，保持炉内正压，继续升温。

3）对于一般工件可不控制升温速度，而对于细长、薄壁、形状不对称和截面尺寸急剧变化等容易产生畸变的工件，应适当限制升温速度，可采用阶段升温方式，在400~470℃保温一定时间，待炉内工件温度均匀后再升至渗氮温度。

4）当炉温升到450℃左右时，对于任何工件升温都不能太快，以免保温初期出现超温现象。

5）在炉温达到500℃时，调节氨流量，使氨分解率控制在18%~25%之间。

6）保温阶段应保持温度和氨分解率的正确和稳定，每隔30min测定一次氨分解率，并将温度、氨分解率、氨流量及炉压记录下来。

7）氨分解率的调整方法是：渗氮温度一定时，氨流量增大，分解率减小；氨流量减小，分解率增大。

8）退氮时关闭排气阀门，减小氨流量，保温2h，将氨分解率调至70%以上，使工件表面氮浓度降低，减小表面脆性。

9）退氮完毕，切断电源，给少量氨气以保持炉内正压，待炉温降至150℃以下时，停止供氨。工件出炉前应排除炉内剩余氨气，再打开炉门。

10）短时渗氮一般采用油冷，奥氏体渗氮必须采用油冷或等温淬火。

11）渗氮过程中若发生停电事故，当炉温不低于400℃时应继续向炉膛通入氨气。恢复供电后，再升到工艺规定温度。

12）渗氮件应尽量避免矫正。若必须矫正，随后应立即进行去应力退火及无损检测。渗氮后畸变超差的工件，需热矫正。矫正的加热温度应低于渗氮温度。重要工件渗氮后一般不应矫正。

13）为保持炉膛内氨分解率的稳定，炉膛、炉内构件与工夹具长期使用后，应定期施行退氮处理。退氮可在停炉后施行，空炉加热至600~650℃，保温4~6h。

5.47 气体渗氮有哪些缺陷？如何防止？

气体渗氮缺陷的产生原因及防止方法见表5-22。

表5-22 气体渗氮缺陷的产生原因及防止方法

缺陷	产生原因	防止方法
渗氮层硬度低	渗氮温度高	严格控制渗氮工艺参数,校正测温仪表
	分段渗氮时第一阶段氨分解率偏高	严格控制氨分解率
	炉盖密封不良,漏气	更换密封石棉或石墨条,保证炉罐密封性
	使用新渗氮罐、夹具时未经预渗氮处理	新渗氮罐及夹具应经过预渗氮处理
	渗氮罐使用过久	使用过久渗氮罐应进行一次退氮处理,以保证氨分解率正常,每渗氮10炉后,应在800~860℃空载保温2~4h
渗氮层硬度不匀	炉温不均匀	注意均匀装炉
	炉气循环不畅	保持间隙,保证炉气循环畅通
	装炉量太大	合理装炉
	工件表面有油污	认真清洗工件表面
	非渗氮面镀锡层淌锡	严格控制镀锡层厚度,镀前对工件进行喷砂处理
渗氮层深度浅	渗氮温度低	适当提高渗氮温度
	时间不足	保证渗氮时间
	渗氮时第二阶段氨分解率低	提高氨分解率,按第二阶段工艺规范重新处理
	渗氮罐漏气	检查渗氮罐漏气点,并采取措施
	渗氮罐久用未退氮	渗氮罐每渗氮10炉后,应在800~860℃空载保温2~4h,进行一次退氮处理
	装炉量太大,炉气循环不良	均匀装炉,工件间隙不小于5mm,保证炉气循环畅通
硬度梯度过陡	第二段渗氮温度偏低,时间过短	提高第二段渗氮温度,延长保温时间
渗氮层脆性太大或易剥落	氨分解率低	严格控制氨分解率
	炉气氮势高	按工艺操作
	退氮工艺不当	将氨分解率提高到70%以上,重新进行退氮处理,以降低脆性
	工件表面有脱碳层	增大加工余量
	工件有尖角、锐边	尽可能将尖角、锐边倒圆

（续）

缺陷	产生原因	防止方法
表面氧化色	渗氮罐漏气，冷却时造成负压	检查设备，密封性应完好；冷却时少量供氨，保持炉内正压
	出炉温度过高	炉冷至200℃以下出炉
	干燥剂失效	定期更换干燥剂
畸变	消除机械加工应力不充分	渗氮前充分去应力
	装炉方式不合理，因自重产生蠕变畸变	合理装炉，注意工件自重的影响，细长杆件要垂直吊挂
	加热或冷却速度太快，热应力大	控制加热和冷却速度
	炉温不均匀	合理装炉，保证5mm以上间隙，保持炉气循环畅通
	工件结构不合理	合理设计工件，形状尽量对称
渗氮层出现网状及波纹状氮化物	渗氮温度过高	严格控制渗氮温度，定期检验测温仪表
	液氨含水量高	将氨气严格干燥，更换干燥剂
	调质时淬火温度过高，致使晶粒粗大	严格控制淬火温度
	工件有尖角或锐边	避免尖角锐边
渗氮层出现针状或鱼骨状氮化物	表面脱碳层未去净	增加工件的加工余量
	液氨含水量高，使工件脱碳	将氨气严格干燥，更换干燥剂
	原始组织中有较多大块铁素体	严格控制调质的淬火温度
渗氮层不致密，耐蚀性差	表面氮浓度过低，化合物层太薄	氨分解率不宜过高
	表面有锈斑	仔细清理工件表面
	冷却速度太慢，氮化物分解造成疏松层偏厚	适当调整冷却速度

5.48　离子渗氮的基本原理是什么？氮原子是怎样渗入金属表面的？

在低真空（2kPa）含氮气氛中，利用工件（阴极）和阳极之间产生的辉光放电进行渗氮的工艺称为离子渗氮。

在低真空室内，在阴极和阳极之间加以高压直流电场时，部分气体发生电离，正离子和电子分别向阴极和阳极运动，并不断地被加速，碰撞其他的中性原子，使这些中性原子发生电离或激发，就产生放电现象，且在阴极上出现了辉光。

辉光放电装置如图5-19所示。

辉光放电时，表示电压与电流相互关系的辉光放电伏-安特性曲线如图5-20所示。连续可调直流电源 E 的负极接炉底座上的阴极（阴极与炉底座绝缘），电源的正极经限流电阻 R 接到阳极（炉罩）。逐渐增加电源的电压，开始时阴极与阳极之间并没有电流（实际上有很小的电流）。当电压增加到 A 点（A 点电压称为点燃电压）时，阴极与阳极之间突然出现了电流，阴极上产生了部分辉光，并在瞬间使阴极与阳极之间的电压下降到 B 点。此时增加电源电压或减小限流电阻，阴极表面覆盖的辉光面积逐渐增大，直至辉光几乎覆盖全部阴极，其间阴极与阳极之间电压保持不变，但电流增大，即图中 BC 段，称为正常辉光放电区。在 C 点以上，随着阴极与阳极之间电压的升高，电流也增大，直至 D 点，辉光将阴极表面全部均匀覆盖，CD 段称为异常辉光放电区。电压高于 D 点后，电流突然增大，而阴极与阳极之间电压则急速下降，使辉光熄灭，在阴极表面上出现强烈的弧光放电，DE 段称为弧光放电区。弧光放电时，大量正离子集中轰击阴极（工件）的某一点，形成强大的弧光电流，甚至能使工件局部熔化。

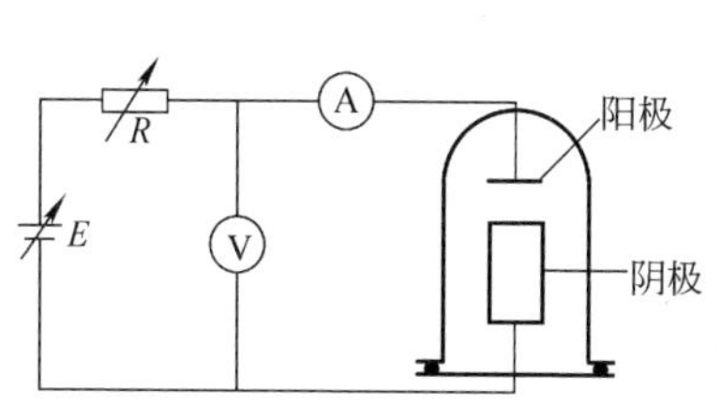

图 5-19 辉光放电装置示意图

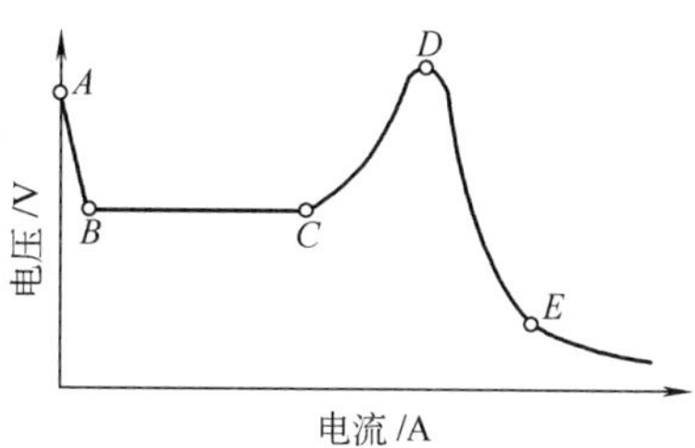

图 5-20 辉光放电伏-安特性曲线

离子渗氮发生在异常辉光放电区，这时辉光覆盖整个工件表面，工件被均匀加热。一旦辉光在正常辉光放电区和异常辉光放电区之间变动，这时就会出现“打弧”现象，使渗氮无法进行。

在高压直流电场的作用下，电子向阳极移动，气体中的正离子向阴极移动（见图 5-21），当正离子达到阴极附近时，由于高压的作用，正离子被强烈加速，以极高的速度轰击工件表面，将动能转变为热能，从而使工件被加热。正离子轰击工件表面后，一部分氮离子夺取电子后还原成氮原子，并直接渗入工件表面，一部分氮离子引起阴极溅射，被溅射出的铁原子与此处的氮原子相结合，形成高氮的氮化铁（FeN），沉积在工件表面上。由于受热和受到离子轰击，FeN 很快被分解为低价的铁氮化合物（如 Fe_2N、Fe_3N、Fe_4N）和铁。所放出的一部分自由氮原子扩散到工件内部，形成渗氮层，另一部分氮原子返回到辉光

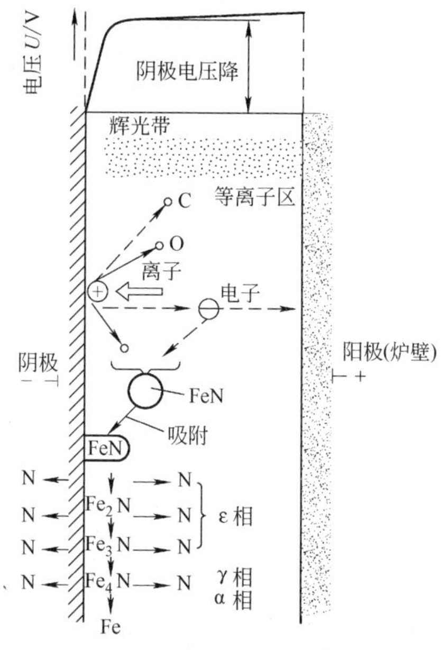

图 5-21 离子渗氮的原理

放电的气体中重新参与反应。

5.49　怎样制订离子渗氮工艺？

离子渗氮的工艺参数较多，除了常见的渗氮温度和时间外，还与炉气压力、气源、气体压力及流量、电压与电流、抽气速率等因素有关。

（1）渗氮温度和时间

1）离子渗氮的渗氮温度和气体渗氮基本相同，一般为500~540℃，不同材料渗氮硬度与温度之间均有一最佳对应值，一般在450~540℃之间。当温度高于590℃时，会因氮化物的积聚而使硬度明显下降。

升温速度主要取决于工件表面的电流密度、工件体积与产生辉光的表面积之比，以及工件的复杂程度与散热条件等。为减少畸变，升温速度不宜过快，一般为150~250℃/h。保温温度要稳定，波动要小。保温温度的稳定性与炉压及电压有密切的关系，通过稳定炉压和电压来稳定电流密度，进而提高保温温度的稳定性。

2）渗氮时间取决于渗氮件的材料，以及渗氮层的厚度和硬度要求，渗氮时间从几十分钟到几十小时。当渗氮时间在20h以内时，离子渗氮的速度明显大于气体渗氮；当渗氮时间在20h以上时，两种渗氮的速度接近。如图5-22所示，在处理渗氮层小于0.5mm的工件时，用离子渗氮是最合适的，一般保温8~20h即可。渗氮时间与渗层深度的关系见表5-23。

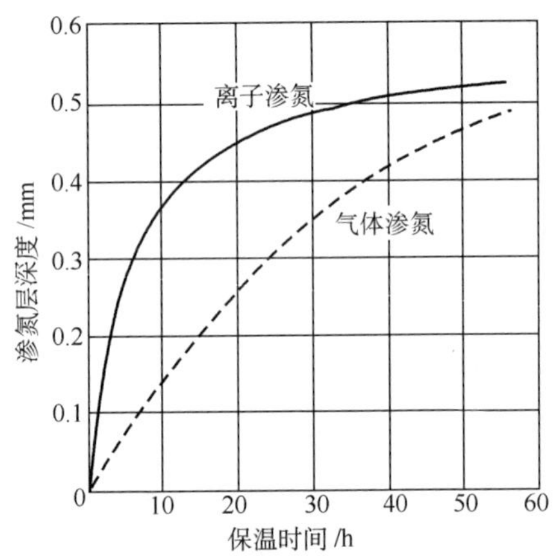

图5-22　38CrMoAl钢离子渗氮与气体渗氮时渗氮层深度与渗氮时间的关系

表5-23　渗氮时间与渗氮层深度的关系

渗氮时间/h	2	4	6	8	10	12	14	16	20
渗氮层深度/mm	0.1	0.14	0.20	0.30	0.34	0.37	0.40	0.42	0.45

（2）炉气压力　炉气压力与供气流量和抽气速率有关。在气压一定的条件下，真空泵的抽气速率越大，气体的流量就越大，氨气的消耗量也就越大。在离子渗氮中，气压直接影响电流密度的大小。气压大，电流密度大，而电流密度又影响升温速度和保温温度。在实际操作中，气压一般为266~800Pa。气压还决定辉光层的厚度，气压越大，辉光层越薄，越有利于升温。

（3）电压　离子渗氮所需的电压与炉气压力、电流密度、工件温度及阴极与阳极之间的距离等因素有关。在其他因素一定时，电压升高，则电流密度增大；气压升高，则电压下降。在实际操作中，通过调节电压和气压来控制电流的大小，达到升温和保温的目的，保温阶段的电压一般为500~700V。

（4）电流密度　电流密度直接影响供给工件热量的多少。在升温阶段，需要的热量大，电流密度也大；在保温阶段，需要的热量较小，电流密度也较小。电流密度一般在0.5~20mA/cm^{2}之间，常用0.5~5mA/cm^2。

（5）气源　离子渗氮推荐采用氮氢混合气、热分解氨或氨气为渗氮介质。

1）氮氢混合气。氮气和氢气的纯度应不低于99.9%。氮气和氢气的体积比可在1∶9~9∶1之间变化，氢气所占的比例越大，则渗氮层中的ε相层越薄。

2）热分解氨。将氨在660~670℃下分解为氮气和氢气。

3）氨气。氨气质量应符合一等品的要求。

渗氮介质流量可根据设备的输出电流选取，见表5-24。输出电流大，装炉量多，渗氮保温时间短者取上限。

表5-24　渗氮介质流量的选择范围

输出电流/A		10~30	30~50	50~75	75~100	100~150
合理供气量/（mL/min）	氨气	150~400	400~600	600~800	800~1000	1000~1200
	氮氢混合气	300~800	800~1200	1200~1600	1600~2000	2000~2400

常用材料的渗氮温度及渗氮层技术要求见表5-25。

表5-25　常用材料的渗氮温度及渗氮层技术要求

牌号	预备热处理		离子渗氮技术要求		常用渗氮温度/℃
	工艺	硬度　HRC ≥	表面硬度　HV ≥	一般深度范围/mm	
40Cr	调质	235HBW	500	0.20~0.50	510~540
35CrMo	调质	28	550		
42CrMo	调质	28	550		
35CrMoV	调质	28	550		
40CrNiMo	调质	28	550		
38CrMoAl	调质	255HBW	850	0.30~0.60	等温渗氮：510~560 二段渗氮：480~530+550~570
3Cr2W8V	调质	396HBW	800	0.15~0.30	520~560
	淬火+回火	45	900	0.10~0.25	
4Cr5MoSiV1	淬火+回火	48	900	0.10~0.40	510~530
Cr12MoV	淬火+回火	59	1000	0.10~0.20	480~520
W18Cr4V	淬火+回火	64	1000	0.02~0.10	480~520

（续）

牌号	预备热处理		离子渗氮技术要求		常用渗氮温度/℃
	工艺	硬度 HRC ≥	表面硬度 HV ≥	一般深度范围/mm	
06Cr19Ni10	固溶处理		1000	0.01	420~450
			900	0.08~0.15	560~600
20Cr13	淬火+回火	235HBW	850	0.10~0.30	540~570
14Cr11MoV	淬火+回火	280HBW	650	0.20~0.40	520~550
42Cr9Si2	淬火+回火	30	850	0.10~0.30	520~560
45Cr14Ni14W2Mo	退火	235HBW	700	0.06~0.12	540~580
QT600-3、QT700-2	正火	235HBW	450	0.10~0.30	540~570

5.50 离子渗氮如何测温?

离子渗氮温度可以用热电偶或红外光电温度计和双波段比色温度计测量，目测温度是测量500℃以上温度常用的辅助方法。热电偶插入封闭内孔测温是离子渗氮常用的测温方法，要求热电偶热端到某一起辉表面的距离应不大于2mm，热电偶插入孔内的深度应大于30mm，此时热电偶的温度就是该起辉表面的温度，如图5-23所示。测温试件材料为中碳钢。

将标准热电偶插入测温试件孔内，可以检定其他测温仪表的准确度。

用封闭内孔测温法可对目测温度进行校对。当测温试件中的热电偶指示值达到500℃时，每增加10℃应均温0.5h，然后熄灭辉光，通过观察窗观看测温试件表面的颜色，比较它们之间的区别，实现准确目测温度。

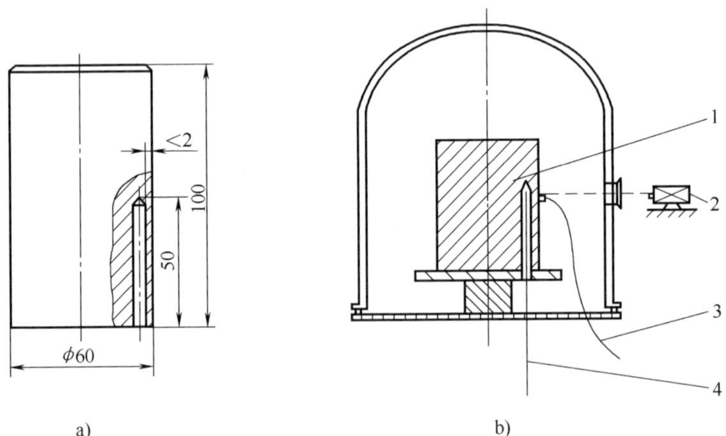

图5-23 离子渗氮测温方法

a）测温试件 b）测温方法

1—测温试件 2—红外光电温度计 3—被鉴定的测温头 4—热电偶

5.51　怎样进行离子渗氮操作?

（1）准备

1）检查设备及仪表是否正常，设备炉压是否达到要求，阴极屏蔽是否良好。

2）用汽油或洗涤剂仔细清洗工件上的污物，要特别注意对工件上的小孔、不通孔及沟槽的清洗，去除毛刺及锈斑。

3）对工件上容易引起弧光放电的小孔和窄槽，以及设计要求不需要渗氮的部位，用螺钉、销、键堵塞或用套等屏蔽。

（2）装炉

1）同炉渗氮的工件最好是同一种工件，以保证渗氮温度及渗氮层的均匀性；不同种类工件同炉渗氮时，应将有效厚度接近、渗氮层深度相同的工件同装一炉。

2）装炉时，工件与工件之间、工件与阳极之间的距离要均匀一致。工件之间的距离应大于10mm，工件与阳极之间的距离一般为30mm以上。堆放时上部散热较多，温度较低；吊挂时下部温度较低，应适当增加辅助阴极或阳极。散热条件好的地方，工件可排放得密一些。散热条件差的地方，工件间距离应适当加大。

3）细长杆及轴类工件尽量采用吊挂方式，以减少变形。

4）根据需要布置辅助阳极或辅助气源。长度 L 与内径 D 之比 $L/D>8$ 的深孔工件，或内孔壁渗氮层要求均匀的工件，内孔可设辅助阳极；$L/D>16$ 的工件，内孔应设辅助气源。

5）工件不需要渗氮的平面可以互相接触或堆放，但不应形成狭窄的间隙或槽沟，以免辉光集中使温度过高或出现弧光放电现象。

6）将不需要渗氮的表面、小孔、凹槽用金属物堵上或覆盖，加以屏蔽，屏蔽间隙应在1mm以内。

7）测温点应在有代表性的位置，距离工件越近越能代表工件的温度。

8）将与工件同材质且经过相同预备热处理的试样放在有代表性的位置上。

（3）操作要点

1）预抽真空。接通电源，起动真空泵，缓缓打开真空蝶阀，当炉压达到6.67Pa左右时，即可对炉内通入少量氨气。通入氨气一方面可清洗炉内的空气，另一方面可降低起辉电压。同时，对炉内输入400~500V高压电流，使工件起辉，对工件打散弧以活化工件表面。打弧时间一般为30~60min，随工件表面清洁程度和装炉量的不同而异。

2）升温。经过打弧阶段后，辉光基本稳定，即可开始升温。这时可提高电压，增大电流，为减少工件变形，升温速度控制在200℃/h左右。升温至150~200℃时送气，350℃时要恒温，使工件各处温度均匀，控制气体流量及抽气速率，使炉压保持在13Pa左右。升温过程中要注意经常观察炉内工作情况，如出现打弧或局部温度过高等现象时，要及时调整工艺参数，降低电压，以降低升温速度，或暂停供气。

3）保温。当工件的温度升到所要求的渗氮温度时，观察热电偶测温仪表指示的温度与光电测温仪或红外测温仪所测温度的误差，以热电偶测温仪表控制温度。在不具备非接触测量仪表的情况下，可以目测为基准找出误差，但操作者须有一定实践经验。在保温阶段，所需的电流密度小于升温时所需的电流密度，炉压为266~800Pa，辉光层厚度一般为2~3mm。期间应稳定气体流量和抽气率，以稳定炉气压力，也应随时观察炉内工作状况，发现情况及时处理。

4）冷却。保温结束后即可停止供气，关掉高压，进行降温。因炉内为低真空状态，降温速度较慢，工件可随炉冷却。对于畸变要求较严格的工件，应降低冷却速度。控制冷却速度的方法是：若要降低冷却速度，可以停止向炉内供气，停止抽气，以小电流维持弱辉光，待工件温度降至300℃以下时再加快冷却速度。若要加快冷却速度，可以关掉高压，继续送气、抽气，加大冷却水量。操作中应根据工艺需要、工件复杂程度及畸变要求等实际情况灵活运用。

5）出炉。当工件温度降至150℃以下时，即可向炉内充气，打开炉罩或炉盖，取出工件。

5.52 离子渗氮常见问题有哪些？如何防止？

离子渗氮常见问题的产生原因及防止方法见表5-26。

表5-26 离子渗氮常见问题的产生原因及防止方法

常见问题	产生原因	防止方法
打弧不止	工件的小孔、不通孔及窄槽引起热电子发射	将不需要渗氮的小孔、不通孔或窄槽堵塞或屏蔽
	工件之间、工件与阴极或夹具之间形成间隙或窄缝	装炉时注意不能人为形成间隙或窄缝
	阴极击穿，绝缘破坏，阴极屏蔽失效	调整屏蔽间隙，更换阴极，清除溅射物
	阴极、工件上有非金属沉积	清除非金属沉积物
	真空压强太高	调整真空压强
测温温差大	热电偶离工件太远	缩短热电偶与工件的距离或使电热偶贴紧工件
	测温点温度低	采用模拟工件或测温头
温度不均匀	工件散热条件不同	调整工件安放位置，增加辅助阴极、阳极，调整进气管位置，改善散热条件
	小孔、窄槽未屏蔽	堵塞或屏蔽小孔和窄槽，装炉时不形成人为的间隙或窄槽
	阴极与阳极距离不同	调整阴极与阳极距离尽量相同
	工件形状不同	尽可能同一炉中装一种工件，或将易于升温的工件放于易散热处

（续）

常见问题	产生原因	防止方法
毫伏计吸排针	热电偶带电	不使热电偶带电，采用隔离变压器隔离高压
	控温仪表接地	在测温头内做好绝缘和屏蔽

5.53 什么是高频感应渗氮？效果如何？

高频感应气体渗氮是将工件置于通有氨气的耐热陶瓷或石英玻璃容器中，靠高频感应加热进行渗氮。渗氮加热温度为 520～560℃。

高频感应气体渗氮时，由于容器中仅工件周围介质温度较高，氨气分解主要在工件表面附近进行，使有效活性氮原子数量大为提高。此外，高频交变电流产生的磁致伸缩所引起的应力，能促进氮在钢中的扩散。因此，高频感应气体渗氮可使气体渗氮过程大为加速，能促进开始阶段（3～5h）的渗氮过程，使这段时间缩短为气体渗氮的 1/3～1/2。

表 5-27 为几种材料高频感应气体渗氮工艺及效果。

表 5-27　几种材料高频感应气体渗氮工艺及效果

材料	工艺参数		效果		
	渗氮温度/℃	渗氮时间/h	渗层深度/mm	表面硬度 HV	脆性等级
38CrMoAl	520～540	3	0.29～0.30	1070～1100	Ⅰ
20Cr13	520～540	2.5	0.14～0.16	710～900	Ⅰ
Ni36CrTiAl	520～540	2	0.02～0.03	623	Ⅰ
40Cr	520～540	3	0.18～0.20	582～621	Ⅰ
07Cr15Ni7Mo2Al	520～560	2	0.07～0.09	986～1027	Ⅰ～Ⅱ

高频感应渗氮也可采用膏剂法渗氮，将表面涂覆含氮化合物膏剂的工件高频感应加热进行渗氮。

5.54 固体渗氮如何进行？

固体渗氮是把工件和粒状渗剂放入铁箱中加热保温的渗氮工艺。

固体渗氮的渗剂由活性剂和填充剂组成。活性剂可用尿素、三聚氰酸［$(HCNO)_3$］、碳酸胍｛$[(NH_2)_2NH]_2 \cdot H_2CO_3$｝、二聚氨基氰［$NHC(NH_2)NHCN$］等。填充剂可用多孔陶瓷粒、蛭石、氧化铝颗粒等。

固体渗氮温度为 520～570℃，保温时间为 2～16h。

5.55 什么是气体氮碳共渗？有何特点？

气体氮碳共渗就是在 520～570℃ 的温度下，向工件表面渗入氮、碳原子（以渗入氮原子为主）的化学热处理工艺。气体氮碳共渗主要用于模具、量具、刃具，以及硬化层薄、载荷较小且对畸变要求较为严格的耐磨件。

气体氮碳共渗具有以下特点：

1）可以提高工件的耐磨性、疲劳性能、抗咬合性及耐蚀性，提高模具、量具、刃具的使用寿命。

2）由于气体氮碳共渗的温度低，时间短，处理后的畸变小，化合物层脆性小。

3）适于任何钢种及铸件。

气体氮碳共渗的缺点是渗层较薄，不超过 0.5mm，所以不适合载荷较重的工件。

5.56 气体氮碳共渗的渗剂有哪几种？

常用气体氮碳共渗渗剂有以下几种：

（1）渗碳气+氨气

1）吸热式气氛+氨气。向炉内通入 50%（体积分数，下同）吸热式气氛+50%氨气。碳势用露点仪测定，气氛的露点控制到 0℃。其缺点是废气中 HCN 量很高。

2）放热式气氛+氨气。向炉内通入 80%放热式气氛加 20%氨气。废气中 HCN 少，制备成本较低。

3）甲烷（或丙烷）+氨气。CH_4（或 C_3H_8）40%~50%+$NH_3$50%~60%。

4）氨气+二氧化碳+氮气。$NH_3$40%~95%+$CO_2$5%+$N_2$0~55%，添加氮气有助于提高氮势和碳势。

（2）有机液体+氨气　向炉内滴入甲烷、乙醇、煤油等含碳液体的同时，通入氨气。

（3）以同时含 C 和 N 的有机物为滴注剂　滴注剂采用甲酰胺、乙酰胺、三乙醇胺及甲醇、乙醇等，以不同比例配制。

1）甲酰胺 100%，用甲醇排气。

2）甲酰胺 70%+尿素 30%。

3）三乙醇胺 50%+乙醇 50%。

（4）尿素　以尿素为共渗剂时，尿素要预先经 80℃烘干，再加入炉内。尿素热解反应式为

$$2(NH_2)_2CO \rightarrow 2CO+4H_2+4[N]$$

$$2CO \rightarrow CO_2+[C]$$

加入炉内的方式有以下几种：

1）尿素直接加入 500℃以上的炉中进行热分解；可通过螺杆式送料器将尿素颗粒送入炉内，或用弹力机构将球状尿素弹入炉内。

2）尿素在裂解炉中分解成气体后再导入炉内。

3）将尿素溶入有机溶剂中，再滴入炉内。

5.57 如何制订气体氮碳共渗工艺？

气体氮碳共渗温度一般为520~570℃，高速钢及高铬工具钢的气体氮碳共渗温度应比回火温度低10℃左右，时间为1~6h。出炉后一般采用快速冷却方式，以利于提高工件的疲劳强度。碳素钢水冷，合金钢油冷，但对畸变要求较严格的工件可以采用缓慢冷却的方式。

共渗剂成分（质量分数）为甲酰胺70%+尿素30%时，几种材料的氮碳共渗效果见表5-28。

表5-28 几种材料的氮碳共渗效果

材料	温度/℃	共渗层深度/mm		共渗层硬度 HV0.05	
		化合物层	扩散层	化合物层	扩散层
45	570±10	0.010~0.025	0.244~0.379	450~650	412~580
40Cr	570±10	0.004~0.010	0.120	500~600	532~644
20CrMo	570±10	0.004~0.006	0.079	672~713	500~700
T10	570±10	0.006~0.008	0.129	677~946	420~466
3Cr2W8V	580	0.003~0.011	0.066~0.120	846~1100	657~795
	600	0.008~0.012	0.099~0.117	840	761~1200
	620		0.100~0.150		762~891
Cr12MoV	540±10	0.003~0.006	0.165	927	752~795
W18Cr4V	570±10		0.090		1200
灰铸铁	570±10	0.003~0.005	0.100	530~750	508~795

图5-24所示为球墨铸铁曲轴（QT500-7）在RJJ-105-9T井式气体渗碳炉中气体氮碳共渗工艺实例。曲轴经共渗处理后，渗层深度为0.05~0.08mm，表面硬度490~680HV。

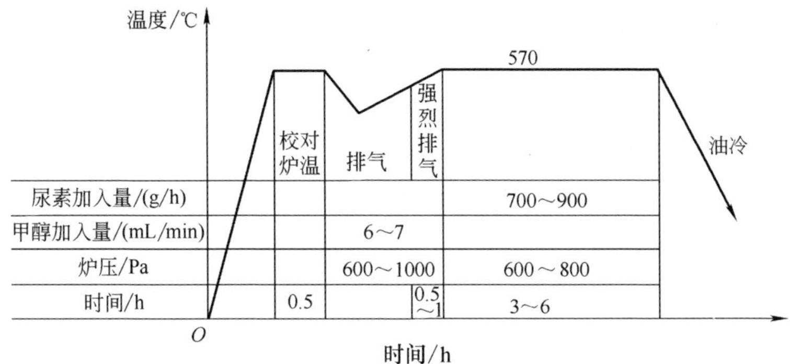

图5-24 球墨铸铁曲轴气体氮碳共渗工艺

5.58 如何制订盐浴氮碳共渗工艺？

（1）共渗盐浴 传统的共渗盐浴主要成分是氰酸盐，由于其毒性大，已逐步被淘汰，应选用低氰盐浴或无氰盐浴。

1）尿素盐浴配方（质量分数）有以下几种：

$(NH_2)_2CO$ 40%，Na_2CO_3 30%，K_2CO_3 20%，KOH 10%。

$(NH_2)_2CO$ 37.5%，Na_2CO_3 25%，KCl 37.5%。

$(NH_2)_2CO$ 40%，Na_2CO_3 30%，KCl 30%。

$(NH_2)_2CO$ 40%，Na_2CO_3 30%，K_2CO_3 20%，KCl 10%。

尿素与碳酸盐反应生成氰酸盐：

$$2(NH_2)_2CO+Na_2CO_3 \rightarrow 2NaCNO+2NH_3+H_2O+CO_2$$

该配方原料无毒，但在使用过程中，氰酸盐分解和氧化都生成氰化物，CN^-不断增多，成为 $w(CN^-)\geqslant 10\%$的中氰盐。$w(CNO^-)$ 为 18%~45%，波动范围较大，效果不够稳定。盐浴中 CN^-无法降低，不符合环保要求。

2）尿素+有机物盐浴配方。该配方由基盐和再生盐组成。基盐是钾、钠和锂的碳酸盐和氰酸盐的混合物，主要为工件的氮碳共渗提供活性氮、碳原子。再生盐是一种有机物，主要成分为有机缩合物，可将 CO_3^{2-} 转为 CNO^-。用于调整盐浴中活性成分氰酸根的含量，以恢复活性。尿素+有机物盐浴配方有两种：①J-2 基盐+Z-1 再生盐，为低氰盐，在使用过程中 $w(CN^-)<3\%$。工件氮碳共渗后在 Y-1 氧化盐浴中冷却，可将微量 CN^-转化为 CO_3^{2-}；②TF-1 基盐+REG-1 再生盐（degussa 产品），也为低氰盐，在使用过程中 CNO^-分解而产生 CN^-[$w(CN^-)\leqslant 4\%$]，工件氮碳共渗后在 AB1 氧化盐浴中冷却，可将微量 CN^-氧化成 CO_3^{2-}。这两种盐浴配方均可实现无污染作业，且强化效果稳定。

（2）共渗工艺

1）共渗温度。多数钢种的共渗温度为 540~580℃（结构钢、工具钢、不锈钢的共渗温度为 560~580℃，高速钢为 540~550℃，冷作模具钢为 520~540℃）。除奥氏体共渗温度可高于 590℃外，一般共渗温度不应高于 590℃，这是因为温度过高，CNO^-浓度下降太多，使盐浴的活性降低；而温度低于 520℃时，盐浴的流动性降低，也不利于共渗。温度超过 560℃，表面硬度开始下降，并开始出现疏松层。表 5-29 为在不同温度下保温 1.5h 后 20 钢及 40CrNi 钢的共渗层深度。

表 5-29　共渗温度对共渗层深度的影响

牌号	共渗温度/℃							
	540±5		560±5		580±5		590±5	
	共渗层深度/μm							
	化合物层	总渗层	化合物层	总渗层	化合物层	总渗层	化合物层	总渗层
20	9	350	12	450	14	580	16	670
40CrNi	6	220	8	300	10	390	11	420

2）共渗时间。共渗时间一般为 0.5~4h。通常，结构钢、工具钢、不锈钢等

耐磨件保温时间为 2~4h，高速钢刀具为 5~45min，Cr12 型冷作工模具为 0.2~2h。工件入炉后，若炉温下降未超过 20℃，共渗时间从工件入炉时开始计算；若炉温下降超过 20℃，共渗时间应从炉温上升到设定温度时开始计算。共渗时间对表面硬度的影响如图 5-25 所示。

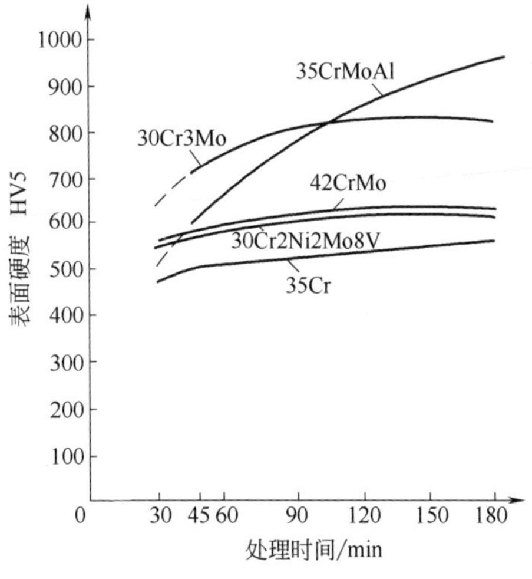

图 5-25 共渗时间对表面硬度的影响

注：共渗温度为 580℃。

3）$w(CNO^-)$ 应控制在 32%~38%（最佳为 33%~35%）。

4）冷却方式。在空气、油、水或氧化盐浴中冷却。①空冷，在沸水中洗盐渍 10~30min，工件尺寸变化小；②油冷，在沸水中洗盐渍 30~60min；③水冷，在沸水中洗盐渍 3~10min，工件尺寸变化大，但处理后疲劳强度高；④在氧化盐浴（国产 Y-1）中冷却，用于对工件进行 QPQ 处理，可将微量 CN^- 转化为 CO_3^{2-}，实现无污染作业。使用中 $w(CNO^-)$ 可以稳定在 30%以上，强化效果稳定。

常用材料的盐浴氮碳共渗工艺及效果见表 5-30。

表 5-30 常用材料的盐浴氮碳共渗工艺及效果

牌号	预备热处理工艺	共渗工艺	化合物层深度/μm	扩散层深度/mm	硬度 HV0.1
20	正火	(565±5)℃×(1.5~2.0)h	12~18	0.30~0.45	450~500
45	调质		10~17	0.30~0.40	500~550
20Cr			10~15	0.15~0.25	600~650
20CrMnTi			8~12	0.10~0.20	600~620HV0.05
38CrMoAl			8~14	0.15~0.25	950~1100HV0.2
T8	退火		10~15	0.20~0.30	600~800
CrWMn			8~10	0.10~0.20	650~850
3Cr2W8V	调质		6~10	0.10~0.15	850~1000HV0.2
W18Cr4V	淬火、回火 2 次	(550±5)℃×(20~30)min	0~2	0.025~0.040	1000~1150HV0.2
30Cr13	调质	(565±5)℃×(1.5~2.0)h	8~12	0.08~0.15	900~1100HV0.2
12Cr18Ni9	固溶		8~14	0.06~0.10	1049HV0.05
45Cr14Ni14W2Mo		(560±5)℃×3h	10	0.06	770HV1.0
HT250	退火	(565±5)℃×(1.5~2.0)h	10~15	0.18~0.25	600~650HV0.2

5.59 什么是 QPQ 处理?

QPQ（Quench-Polish-Quench）处理即氮碳氧复合处理，是工件经过盐浴氮碳共渗和盐浴氧化处理后，再进行抛光和盐浴氧化的复合处理工艺。

QPQ 处理的工艺流程：装夹→前清洗→预热→盐浴氮碳共渗→盐浴氧化→后清洗→抛光→烘干→二次盐浴氧化→再清洗→干燥→浸油。

QPQ 处理的工艺曲线如图 5-26 所示。

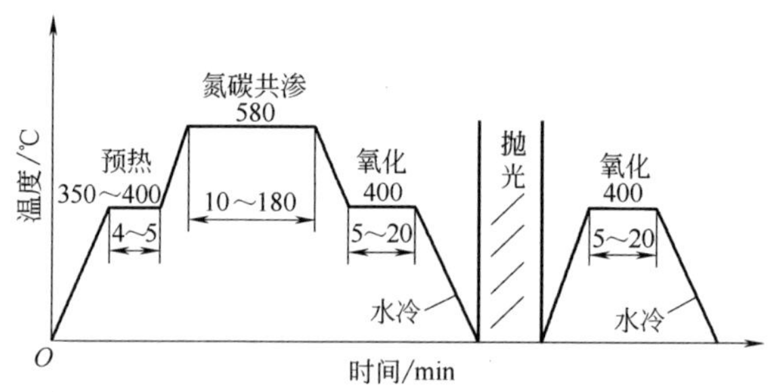

图 5-26 QPQ 处理的工艺曲线

QPQ 处理使由共渗盐浴中带入的氰根彻底分解，在工件表面形成黑色的氧化膜，以提高工件的防锈能力和美化工件外观。

（1）预热

1）预热温度一般为 350~400℃。

2）预热时间可按下面公式计算：

$$t = akD \tag{5-8}$$

式中 t——预热时间（min）；

a——加热系数（min/mm），碳素钢一般为 1.1~1.4，合金钢一般为 1.6~2.0；

k——工件装炉条件修正系数，通常取 1.0；

D——工件有效厚度（mm）（圆柱形工件按直径计算。管状工件：当高度/壁厚≤1.5 时，以高度计算；当高度/壁厚>1.5 时，以 1.5 壁厚计算；当外径/内径≥7 时，按实心圆柱体计算。空心内圆锥体工件以外径的 80%计）。

工件预热一般为到温入炉加热，采取到温计时。

（2）盐浴氮碳共渗　盐浴配方为尿素+有机物（见 5.58 题）。常用材料盐浴氮碳共渗工艺见表 5-31。

表 5-31 常用材料盐浴氮碳共渗工艺

牌号	预备热处理	共渗温度/℃	共渗时间/h
20、20Cr	—	470~650	1~4
45、40Cr、35CrMo、T8、T10、T12	不处理或调质	470~650	1~4
38CrMoAl	调质	560~630	2~5
4Cr5MoSiV1、3Cr2W8V、5CrMnMo	淬火、回火	560~630	2~4

（续）

牌号	预备热处理	共渗温度/℃	共渗时间/h
Cr12MoV	高温淬火、高温回火	480～520	2～5
W6Mo5Cr4V	淬火、回火	550	1/12～3/4
		560～630	2～3
12Cr13、40Cr13、06Cr19Ni10、022Cr17Ni12Mo2、06Cr17Ni12Mo2Ti	调质或固溶	560～630	1～5
53Cr21Mn9Ni4N	固溶	520～570	1～3
05Cr17Ni4Cu4Nb	—	580	2～3
HT200、QT600-7	—	560～650	1～3

（3）盐浴氧化　氧化盐是碱、碱金属硝盐和碳酸盐的混合物。对氮碳共渗工件进行氧化，可以增加渗层致密度，获得更耐磨耐蚀的黑色膜，同时消除残留氰根离子，做到无公害。

1）工件在J-2基盐+Z-1再生盐盐浴中氮碳共渗后，在Y-1氧化盐浴中冷却，可将微量CN^-转化为CO_3^{2-}。

2）工件在TF-1基盐+REG-1再生盐（degussa产品）盐浴中氮碳共渗后，在AB1氧化盐浴中冷却，可将微量CN^-氧化成CO_3^{2-}。

盐浴氧化温度为350～450℃。盐浴氧化时间为10～120min。常用氧化工艺为350～370℃×10～20min，可通过对试件的检查，合理确定盐浴氧化工艺参数。

（4）抛光　抛光的作用是除去工件表面的疏松层，降低工件表面粗糙度值，以利于大幅度提高工件二次氧化后的耐蚀性。

（5）二次盐浴氧化　二次盐浴氧化的目的是消除工件表面残留的微量CN^-及CNO^-，在工件表面生成致密的Fe_3O_4膜。盐浴氧化温度一般为400～450℃，时间一般为10～60min。

（6）浸油　在油槽中加入合理高度的L-AN15～L-AN68全损耗系统用油，浸油温度一般低于油品燃点以下30～50℃，浸油时间一般为5～10min。工件浸油后应放置5～10min，使油滴干。

5.60　如何进行离子氮碳共渗？

离子氮碳共渗是在离子渗氮的基础上加入含碳的介质而进行的，含碳的介质一般为乙醇、丙酮、二氧化碳、甲烷、丙烷等。

部分材料离子氮碳共渗的渗层深度及硬度见表5-32。

表5-32　部分材料离子氮碳共渗的渗层深度及硬度

牌　号	心部硬度 HBW	化合物层深度/μm	总渗层深度/mm	表面硬度 HV
15	≈140	7.5～10.5	0.4	400～500

（续）

牌　　号	心部硬度 HBW	化合物层深度/μm	总渗层深度/mm	表面硬度 HV
45	≈150	10~15	0.4	600~700
60	≈30HRC	8~12	0.4	600~700
15CrMn	≈180	8~11	0.4	600~700
35CrMo	220~300	12~18	0.4~0.5	650~750
42CrMo	240~320	12~18	0.4~0.5	700~800
40Cr	240~300	10~13	0.4~0.5	600~700
3Cr2W8V	40~50HRC	6~8	0.2~0.3	1000~1200
4Cr5MoSiV1	40~51HRC	6~8	0.2~0.3	1000~1200
45Cr14Ni14W2Mo	250~270	4~6	0.08~0.12	800~1200
QT600-3	240~350	5~10	0.1~0.2	550~800HV0.1
HT250	≈200	10~15	0.1~0.15	500~700HV0.1

5.61　奥氏体氮碳共渗如何进行？

奥氏体氮碳共渗的渗剂为氨气与甲醇，氨气与甲醇的摩尔比为 92∶8。

常用的奥氏体氮碳共渗温度为 600~700℃。

工件经氮碳共渗后，渗层发生相变而形成奥氏体，淬火后在 180~350℃ 回火（时效）。以耐蚀为主要目的的工件，共渗淬火后不宜回火。

表 5-33 为推荐的奥氏体氮碳共渗工艺参数。

表 5-33　推荐的奥氏体氮碳共渗工艺参数

设计共渗层总深度/mm	共渗温度/℃	共渗时间/h	氨分解率（%）
0.012	600~620	2~4	<65
0.02~0.05	650	2~4	<75
0.05~0.10	670~680	1.5~3	<82
0.10~0.20	700	2~4	<88

注：共渗层总深度为 ε 层深度与 M+A 深度之和。

5.62　什么是氧氮共渗？如何进行？

氧氮共渗是在渗氮介质中添加氧的渗氮工艺。

氧氮共渗兼有蒸汽处理和渗氮处理的优点，在工件表面形成氧化膜和氮的扩散层，可提高工件的减摩性、抗黏着性、散热性及耐蚀性，尤其能显著延长高速钢刀具的使用寿命。

氧氮共渗在井式气体渗碳炉中进行。

（1）共渗介质及共渗方法　共渗介质为氨水和氨。常用方法有以下几种：

1）氨与水蒸气经汽化炉（250℃以上）混合汽化（氨与水蒸气体积比为1∶1）。

2）通氨加氨水法，以氨为主，再辅以氨水直接导入井式炉热分解。

3）在氨气中通氧或加入空气。

（2）共渗工艺

1）共渗温度为（550±10）℃，不宜超过570℃。

2）共渗时间一般1.5~3h。对于细小或磨刃刀具，共渗时间为1~2h；对于大尺寸或较厚切削刀具为2~3h。

3）渗剂的质量分数为25%~28%。

4）加氧量以0.2%~1.0%（质量分数）为宜。

5）氨流量（对于25kW井式炉）为0.3~0.4m^3/h，换气次数为9~15次/h。

6）炉压为1~2kPa。

7）冷却方法为油冷，或冷至200~300℃后浸油。

通氨加氨水法氧氮共渗工艺曲线如图5-27所示。

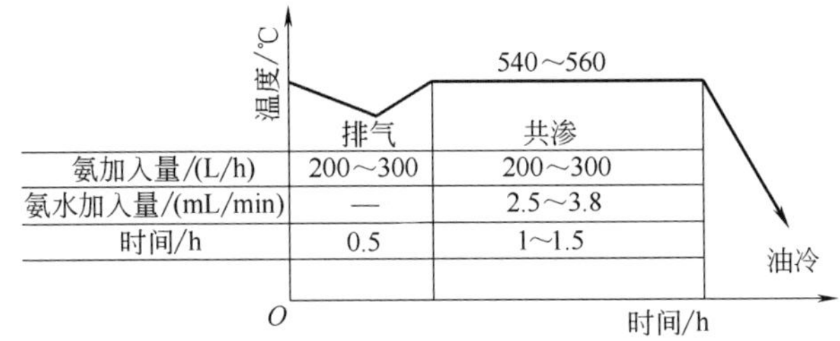

图5-27 通氨加氨水法氧氮共渗工艺曲线

5.63 什么是液体渗硫？如何进行？

液体渗硫是在盐浴中进行渗硫的热处理工艺。

（1）渗硫剂

1）常用渗硫剂为（NH_2）$_2$CS及$Na_2S_2O_3$。

2）SUL135低温液体渗硫剂为商品渗硫剂，不含硫氰化物，无毒，具有无污染、液体流动性好、渗剂抗老化等特点，适应性广。该渗硫剂既可用于一般碳素钢、合金结构钢和铸铁，又可用于低温电解渗硫难已处理的高合金工具钢及高铬钢。

（2）液体渗硫工艺 液体渗硫工艺见表5-34。

表5-34 液体渗硫工艺

渗剂组成(质量分数,%)	渗硫温度/℃	保温时间/min	渗硫层深度
$(NH_2)_2CS$ 100	90~180	45~60	数微米
$(NH_2)_2CS$ 50,$(NH_2)_2CO$ 50	140~180		
KSCN 75,$Na_2S_2O_3$ 25	180~200		
SUL135低温液体渗硫剂	120~150	60~120	5~20μm

5.64 如何制订低温盐浴电解渗硫工艺？

（1）渗硫剂 常用渗硫剂有 KSCN、NaSCN、NH_4SCN 等。

（2）渗硫工艺 渗硫处理时工件接阳极，浴槽接阴极。主要渗硫反应如下：

熔盐中：
$$KSCN \rightarrow K^+ + SCN^-$$
$$NaSCN^- \rightarrow Na^+ + SCN^-$$

盐槽（阴极）：
$$SCN^- + 2e \rightarrow CN^- + S^{2-}$$

工件（阳极）：
$$Fe \rightarrow Fe^{2+} + 2e^-$$
$$Fe^{2+} + S^{2-} \rightarrow FeS$$

由于工件接阳极，不会出现氢脆现象。

渗硫温度一般为 150～200℃。电流密度一般为 1～5A/dm^2。

低温熔盐电解渗硫工艺见表 5-35。

表 5-35 低温熔盐电解渗硫工艺

熔盐成分(质量分数,%)	温度/℃	时间/min	电流密度/(A/dm^2)
KSCN75,NaSCN25	180～200	10～20	1.5～3.5
KSCN75,NaSCN25,另加 $K_4Fe(CN)_6$0.1,$K_3Fe(CN)_6$0.9	180～200	10～20	1.5～2.5
KSCN73,NaSCN24,$K_4Fe(CN)_6$2,KCN0.7,NaCN0.3;通氮气,流量为 59m^3/h	180～200	10～20	2.5～4.5
KSCN60～80,NaSCN20～40,$K_4Fe(CN)_6$1～4,S_x 添加剂	180～200	10～20	2.5～4.5
NH_4SCN30～70,KSCN70～30	180～200	10～20	2.5～4.5

该工艺的缺点是：①渗硫盐浴各组分易与铁及空气中的 CO_2 等发生反应，形成沉渣而老化，影响渗硫层质量；②产生的氰盐有毒，容易污染环境。

5.65 如何制订离子渗硫工艺？

根据渗硫温度的不同，离子渗硫分为低温离子渗硫和中温离子渗硫。

（1）低温离子渗硫

1）渗硫剂。常用的渗硫剂有二硫化碳（CS_2）和硫化氢（H_2S）。采用硫化氢作渗硫源时，一般以 H_2S-Ar-H_2 作为渗硫气氛，高纯度（99.999%）的 Ar 和 H_2（体积比为 1∶1）作为载体气，H_2S 的用量为总气体量的 3%。H_2 可活化工件表面，Ar 能增大铁的溅射量。混合气的流量为 80～120L/h（对 LDMC-75 炉型而言）。

2）渗硫工艺。渗硫温度为 160～300℃，常用的渗硫温度为 180～200℃。保温时间依据不同渗层的要求，可选用十几分钟至 2h。

（2）中温离子渗硫 中温离子渗硫工艺见表 5-36。

表 5-36　中温离子渗硫工艺

渗剂成分	工艺参数			渗层深度/mm	组织
	温度/℃	时间/h	炉压/Pa		
$\varphi(H_2S)$3%，载气为 H_2、Ar	560	2	6.65	0.050	Fe_2S、FeS
H_2S+H_2+Ar	500~560	1~2	—	0.025~0.050	FeS

5.66　如何制订硫氮共渗工艺？

硫氮共渗是向工件同时渗入硫和氮的化学热处理工艺。硫氮共渗工艺见表 5-37。

表 5-37　硫氮共渗工艺

方法	渗剂成分	材料	工艺参数		共渗层	
			温度/℃	时间/h	深度/mm	硬度 HV
气体法	NH_3 与 H_2S 体积比为(9~12)∶1 氨分解率为 15%	W18Cr4V	530~560	1~1.5	0.02~0.04	950~1050
盐浴法（质量分数）	$CaCl_2$50%，$BaCl_2$30%，NaCl 20%，另加 FeS8%~10%，再以 1~3L/min 的流量导入氨气	—	520~600	0.25~2	—	—

5.67　什么是硫氮碳共渗？如何制订盐浴硫氮碳共渗工艺？

硫氮碳共渗是在一定温度下，使硫、氮、碳渗入工件表层的化学热处理工艺。硫氮碳共渗类似于硫氮共渗，可提高钢铁工件的耐磨性、减摩性及抗咬合性能。该工艺适用于碳素结构钢、合金结构钢、模具钢、高速钢、不锈钢、耐热钢和铸铁制成的工件、刃具及模具，但不适用于回火、时效或去应力退火温度低于共渗温度下限（510℃）的工件。

盐浴硫氮碳共渗工艺一般采用无氰盐浴法。

（1）共渗剂成分

1）Sursulf 法。工作盐浴（基盐）为 CR4（由 K、Na、Li 的氰酸盐与碳酸盐及少量 KS 组成），再生盐（用于调整成分）为 CR2 [$w(CNO^-)$ 31%~39%，$w(S^{2-})$ 为 $(5\sim40)\times10^{-4}\%$]。

2）LT 法。工作盐浴为 J-1（与 CR4 相同），基盐 J-2 用于调整（无硫）；再生盐为 Z-1（与 CR2 相同）[$w(CNO^-)$ 通常控制在 30%~39%，$w(S^{2-})$ 控制在 $(10\sim40)\times10^{-4}\%$]。

（2）共渗工艺　共渗前工件应除油、除锈，于 350℃ 预热 15~30min 或烘干。

1）共渗温度不应超过 600℃，共渗时间一般 1~2h。不同种类工件的硫氮碳共渗工艺见表 5-38。

表 5-38　不同种类工件的硫氮碳共渗工艺

工件类别	共渗工艺		推荐的盐浴成分	
	温度/℃	时间/min	$w(CNO^-)(\%)$	$w(S^{2-})(10^{-4}\%)$
要求以耐磨为主的工件	520	60~120	32±2	≤10
高速钢刃具	520~560	5~30	32±2	≤20
不锈钢及要求较高耐磨、抗咬合性的工件	570±10	90~180	37±2	20~40
铸铁件	565±10	120~180	34±2	≤20

2）硫氮碳共渗过程中，通入熔盐的压缩空气量按下式计算。

$$Q=(0.10\sim0.15)m\times2/3 \tag{5-9}$$

式中　Q——流量（L/min）；

m——盐浴的质量（kg）。

3）共渗后的工件应按技术要求，分别采用空冷、水冷、油冷或在氧化浴中分级冷却。氧化工艺主要用于要求较高耐磨性、耐蚀性及外观的工件，在350~380℃氧化浴中氧化10~20min。

几种常用材料盐浴硫氮碳共渗工艺及效果见表5-39。

表 5-39　几种常用材料盐浴硫氮碳共渗工艺及效果

材料	预备热处理方法	硫氮碳共渗工艺		共渗后的冷却方式	硫氮碳共渗层深度①/μm			硫氮碳共渗层硬度②			
		温度/℃	时间/min		化合物层	弥散相析出层	共渗层总深度	$HV0.05_{max}$	HV1	HV5	HV10
45钢	调质	565±10	120~180	空冷、水冷或氧化盐分级冷却	18~25	300~420	650~900	620	360	320	290
35CrMoV		550±10	90~120		12~16	170~240	300~430	850	640	590	550
QT600-3	正火	565±10	90~150		8~13	70~120		820	410	340	300
W18Cr4V	淬火回火	550±10	15~30	空冷或氧化盐分级冷却	0~3	20~45		1120	950	890	850
3Cr2W8V		570±10	90~180		8~15	40~70		1050	820	740	700
1Cr18Ni9Ti③	固溶处理	570±10	120~180		10~15	40~80		1070	720	610	560

① 共渗层深度在空冷并经3%（质量分数）HNO_3-C_2H_5OH腐蚀后测量。

② 共渗层硬度指深度为上限时的最高显微硬度（$HV0.05_{max}$）与最低表面硬度（HV10、HV5、HV1）。

③ 旧牌号，GB/T 20878—2007中无对应牌号。

5.68　对于气体硫氮碳共渗，如何配制渗剂和制订工艺？

（1）渗剂　气体法硫氮碳共渗采用的渗剂有三乙醇胺、甲酰胺、无水乙醇、硫脲、苯及氨等。

1）NH_3 5%（体积分数），H_2S 0.02%～2%（体积分数），丙烷与空气制得的载气（余量），必要时可加滴煤油或苯，以提高碳势。

2）将 1000g 三乙醇胺（$(C_2H_4OH)_3N$）与 1000g 乙醇（C_2H_5OH）混合，再把 20g 硫脲（$(NH)_2CS$）溶入其中制成滴注剂，以 3.8～4.2mL/min 滴入炉内，并以 0.1m^3/h 的速率通入氨气。

3）在 1L C_6H_6 中溶入 25g（$(C_6H_4)_2NHS$）、质量分数为 9%的 S，再通入适量氨气，在通氨的同时滴入二硫化碳 CS_2 或其他含 S 的有机液体供硫剂（如溶入 NH_4CNS 的 C_2H_5OH）均可。

4）在甲酰胺（$HCONH_2$）中加入乙醇和硫脲，混合后再加入质量分数为 1%的硫脲。

5）将 24g 硫脲（或 CS_2 12mL）溶于 1L 乙醇后，滴入炉内（RJJ-35-9T 渗碳炉），再以 0.15～0.3m^3/h 的速率通入氨气。

（2）共渗工艺　共渗温度为 500～650℃，共渗时间为 1～4h。滴量及氨气流量应根据炉膛大小、材料种类、工件渗层表面积等经过试验确定。

5.69　如何选择低温化学热处理工艺？

选择低温化学热处理工艺应根据以下原则进行：

（1）根据工件的服役条件、失效形式与渗层的特性选择工艺

1）用碳素结构钢或低合金结构钢制造的低速或轻载荷下工作的、有耐磨要求的工件，选用气体氮碳共渗或盐浴硫氮碳共渗。低合金结构钢工件，亦可采用离子渗氮。

2）承受中等弯曲、扭转和一定冲击载荷且工作表面承受磨损的轴类工件，应采用气体氮碳共渗、盐浴硫氮碳共渗或离子渗氮（碳素结构钢除外）。

3）承受重载荷并要求耐磨性与抗疲劳性高的工件，应采用离子渗氮或气体渗氮。

4）承受很高的弯曲、扭转和一定冲击载荷，工作表面易磨损的工件，以及承受很高的弯曲、扭转和一定冲击载荷，转速高、精度高的工件，应采用离子渗氮或气体渗氮。

5）用含铬、钼、钒的合金结构钢制造的承受高接触载荷和弯应力，且要求变形小的工件，采用深层离子渗氮或气体渗氮。

6）要求减摩、自润滑性能高的工件，应采用盐浴硫氮碳共渗。

7）单纯要求耐蚀性好的工件，可用碳素钢制造，并进行抗蚀渗氮，但化合物层应以 ε 相为主，且致密区厚度在 10μm 以上。

8）承受较轻与中等载荷、以黏着磨损为主要失效形式的工件，应采用盐浴硫

氮碳共渗或气体氮碳共渗。

9）以黏着磨损为主要失效形式的模具（如高精度冲模、冷挤压模、拉深模、塑料及非金属成型模等）和刀具（回火温度低的刃具模具用非合金钢、低合金工具钢冷作模具除外），应采用盐浴硫氮碳共渗或气体氮碳共渗；以热磨损与冷疲劳为主要失效形式的模具（如铜合金挤压模与压铸模等），应采用离子渗氮或气体渗氮。

10）经过渗碳淬火、渗氮、整体或表面淬火及调质的工件，以达到降低表面摩擦因数，提高抗擦伤、抗咬合能力为目的，应选用低温电解渗硫。

五种低温化学热处理渗层性能的对比见表5-40。

表5-40　五种低温化学热处理渗层性能的对比

项目		气体渗氮	离子渗氮	盐浴硫氮碳共渗	气体氮碳共渗	低温电解渗硫
减摩、抗咬合及自润滑性能		优良	良	优良	优良	优良
弯曲疲劳强度		优良	优良	良	优良	—
接触疲劳强度		优良	优良	中	中	—
冲击疲劳强度		—	较差	中	良	—
冷热疲劳强度		良	优良	良	优良	—
抗黏着磨损性能		良	中	优良	优良	抗咬合能力优良，不耐磨
抗磨粒磨损性能		良	良	较差	较差	较差
表面硬度HV0.1	碳素结构钢	≥400	≥400	≥450	≥450	—
	合金结构钢	≥700	≥700	≥650	≥650	—
	合金工具钢	≥950	≥950	≥950	≥950	—
渗层深度/mm		一般0.3～0.5，特殊0.5～0.7	一般0.2～0.4，特殊0.4～0.8	≤0.3	≤0.3	≤0.02

（2）根据工件的材料与技术要求选择工艺

1）碳素钢工件，不应选用气体渗氮（抗蚀渗氮除外）或离子渗氮，应采用气体氮碳共渗或盐浴硫氮碳共渗。

2）铸铁工件、回火温度低于520℃的弹簧钢工件等，应选用气体氮碳共渗或离子渗氮。

3）形状复杂件，有深孔、小孔、不通孔或细狭缝的需硬化工件，不应选用离子渗氮。

4）需要局部渗或局部防渗的工件，不应选用盐浴硫氮碳共渗。

5）要求有效硬化层深度大于0.35mm的工件，应选用离子渗氮或气体渗氮；要求渗层较浅的工件，应选用气体氮碳共渗或盐浴硫氮碳共渗，也可选用离子渗氮。

（3）根据工件的尺寸和生产批量选择工艺

1）工件尺寸较大且批量生产，应选用气体氮碳共渗或离子渗氮。

2）品种单一且大批量生产，可选用气体氮碳共渗；工件大小不一，品种多，宜采用盐浴硫氮碳共渗。

（4）根据综合经济效益选择工艺　从生产率、生产周期、能源消耗、设备投资、生产成本及环境保护等因素综合考虑，因地制宜合理选择工艺。五种低温化学热处理工艺综合经济效益比较见表5-41。

表5-41　五种低温化学热处理工艺方法综合经济效益比较

项目	气体渗氮	离子渗氮	盐浴硫氮碳共渗	气体氮碳共渗	低温电解渗硫
设备繁简及投资额	一般，投资额不大	较复杂，投资额较大	简单，投资额较小	一般，投资额不大	简单，投资额较小
生产周期及节能、节材潜力	周期长，能耗较大、节材潜力小	周期较短，比气体渗氮节能约1/3	周期短，能耗比气体法小，部分工件可用碳钢制造，经共渗后可代替不锈钢、青铜	周期较短，部分工件可用碳钢制造，经共渗后可代替不锈钢	周期短，能耗低
生产率	较低	较高	高	较高	高
劳动条件及对环境有无污染	较好，无污染	好，无污染	一般，共渗后在氧化浴中等温，清洗水可直接排放，否则应先加$FeSO_4$中和	较好，排气口点燃并先用溶剂萃取氢氰酸，则不污染大气	较好，无污染
成本	较高	较高	较低	较低	较低
实现连续作业生产难易	较难	较难	较易	较易	较易

5.70　如何处理盐渣及清洗废水？

盐渣及清洗废水的处理方法如下：

（1）用含次氯酸钠（NaOCl）的制碱废液清除氰根　每6.7g次氯酸钠可消除1gCN^-。若制造NaOCl的废液中含有质量分数为5%的NaOCl，则NaOCl量为58.7g/L，应可清除8.76g CN^-。为了便于记忆和做到安全可靠，可按每10gNaOCl可消除1g CN^-计算废液用量。如果按有效氯含量标准计算，则［Cl］的质量分数为 30%时，废液含 NaOCl 为 74g/L，其余类推。

（2）用硫酸亚铁（$FeSO_4$）及漂白粉消除氰根　每消除 1g CN^-应加 10g $FeSO_4$、3g $Ca(OCl)_2 \cdot 4H_2O$（工业漂白粉）。

示例：每 1t 清洗水清洗工件 1t 后，CN^-不大于 40g，加 400g $FeSO_4$、120g$Ca(OCl)_2 \cdot 4H_2O$，搅拌 3~5min，静置 5~10min 即可排放。

（3）盐渣的处理　共渗盐浴中捞出的渣中 CN^-的质量分数低于 0.1%，每 1g 渣加入 20kg 水，煮沸后加 10g $FeSO_4$ 及 3g $Ca(OCl)_2 \cdot 4H_2O$ 或加入相当于含 10g NaOCl 的氢氧化钠的废液，搅拌 3~5min，静置 5~10min 即可排放。

以上三种处理方法，均可达到 CN^-浓度低于 0.5mg/L 的排放标准。

（4）清洗废水的处理　氧化后的清洗废水，当 pH 值>9 时需用工业废酸做酸碱中和处理，达到 pH 值≤9 的排放标准即可。

5.71　什么是粉末渗硼？如何进行？

粉末渗硼是固体渗硼的一种，是把工件埋入粉末渗硼剂中，在高温下保温一定时间，使硼原子渗入工件表面，形成硼化物的热处理工艺。

渗硼温度是影响渗硼速度的主要因素，温度越高，渗速越快。粉末渗硼的加热温度为 850~1050℃，通常选用 900~950℃；保温时间一般为 3~5h；渗层深度为 0.1~0.3mm。

渗硼剂一般分为碳化硼（B_4C）型、硼铁（B-Fe）型和硼砂型。渗硼剂由碳化硼、硼铁、无水硼砂、硼酐、硼粉等含硼物质配以适量的三氧化二铝、氟硼酸盐、碳化硅等组成，见表 5-42。

表 5-42　几种粉末渗硼剂成分及工艺

渗剂成分(质量分数,%)	工艺参数		渗硼层	
	温度/℃	时间/h	深度/mm	组织
B-Fe 72,KBF_4 6,$(NH_4)_2CO_3$ 2,木炭 20	850	5	0.12	$FeB+Fe_2B$
B-Fe 5,KBF_4 7,SiC 78,活性炭 2,木炭 8	900	5	0.09	Fe_2B
B_4C 1,KBF_4 7,SiC 82,活性炭 2,木炭 8	900	5	0.094	Fe_2B
B-Fe 57~58,Al_2O_3 40,NH_4Cl 2~3	950~1100	3~5	0.1~0.3	$FeB+Fe_2B$
B_4C 5,KBF_4 5,SiC 90	700~900	3	0.02~0.1	$FeB+Fe_2B$
B_4C 80,Na_2CO_3 20	900~1100	3	0.09~0.32	$FeB+Fe_2B$
B_4C 95,Al_2O_3 2.5,NH_4Cl 2.5	950	5	0.6	$FeB+Fe_2B$

注：工件材料为 45 钢。

粉末渗硼操作方法与固体渗碳类似。将工件装入用耐热钢制成的箱中，四周充以渗硼剂，加盖后，即可在箱式电炉或燃气炉中进行渗硼。

5.72 什么是膏剂渗硼？如何进行？

膏剂渗硼是在固体渗硼剂的基础上加入黏结剂，形成膏剂，然后涂覆于工件表面，干燥后在高温下进行渗硼的工艺。黏结剂有水解硅酸乙酯、松香乙醇、明胶、水等。

膏剂渗硼的加热可以采用一般的加热方式，也可采用感应加热、激光加热等方式。加热时应采用保护措施，例如，将工件放入有惰性填料的罐内，等离子轰击加热时炉内充入惰性气体；也可将自保护渗硼膏剂涂覆于工件表面，直接在空气介质炉中加热渗硼。膏剂配方及渗硼工艺见表 5-43。

表 5-43 膏剂配方及渗硼工艺

膏剂成分(质量分数,%)		材料	加热方式	工艺参数		渗硼层	
渗硼剂	黏结剂			温度/℃	时间/h	深度/mm	组织
硼铁,KBF_4,硫脲	明胶	3Cr2W8V	辉光放电	600	4	≈0.040	$FeB+Fe_2B$
				650	4	≈0.060	
				700	2	≈0.065	
B_4C 50,Na_3AlF_6 50	水解硅酸乙酯		高频加热	1150	2~3min	0.10	FeB,Fe_2B
H_3BO_3 25~35,稀土合金 40~50,Al_2O_3 8~15,活化剂 10~15	呋喃树脂	45	空气中自保护加热	920	6	0.20	少量 $FeB+Fe_2B$
B_4C,Na_3AlF_6,CaF_2,添加剂	羧胶液	45	装箱密封	960~980	8~10	0.3~0.4	Fe_2B 或 $FeB+Fe_2B$
B_4C 40,高岭土 40,Na_3AlF_6 20	乳胶			800~1000	4~6	0.04~0.15	$FeB+Fe_2B$
B_4C 50,NaF 35,Na_2SiF_6 15	桃胶液			900~960	4~6	0.06~0.12	$FeB+Fe_2B$
B_4C 50,CaF_2 25,Na_2SiF_6 25	胶水			900~950	4~6	0.08~0.10	$FeB+Fe_2B$

5.73 什么是盐浴渗硼？常用的盐浴渗硼工艺有哪些？

盐浴渗硼是将工件浸入以硼砂为主的盐浴中，保温一定的时间，对工件表面进行渗入硼原子的化学热处理工艺。工件渗硼后可以大幅度提高硬度、耐磨性、热硬性、耐蚀性和抗氧化性。该工艺广泛应用于工模具及各种机械零件。

盐浴通常由供硼剂、还原剂和添加剂组成。供硼剂为硼砂、硼酐及碳化硼等，还原剂为碳化硅、氟硼酸盐、硅钙合金及铝粉等，添加剂为氯化盐、碳酸盐、冰晶石、氟化物等。

常用的盐浴渗硼工艺见表 5-44。

表 5-44　常用的盐浴渗硼工艺

盐浴成分(质量分数,%)	渗硼工艺		渗硼层			备注
	温度/℃	时间/h	牌号	深度/mm	组织	
$Na_2B_4O_7$ 70~80,SiC 20~30	900~950	5	45	0.07~0.1	Fe_2B	工件粘盐较多
$Na_2B_4O_7$ 90,Al 10	950	5	45	0.185	$FeB+Fe_2B$	盐浴流动性相对较好
$Na_2B_4O_7$ 80,Al 10,NaF 10	950	5	45	0.231	$FeB+Fe_2B$	
$Na_2B_4O_7$ 80,SiC 13,Na_2CO_3 3.5,KCl 3.5	950	3	20	0.12	Fe_2B	
$Na_2B_4O_7$ 70,SiC 20 ,NaF 10	950	5	45	0.115	Fe_2B	残盐较易清洗
$Na_2B_4O_7$ 90,Si-Ca 10	950	5	20	0.07~0.2	$FeB+Fe_2B$	残盐清洗较难
NaCl 80,$NaBF_4$ 15,B_4C 5	950	5		0.2		盐浴流动性好

5.74　什么是电解渗硼？常用的电解渗硼工艺有哪些？

电解渗硼是以石墨（或以石墨为衬里，以耐热钢为外套的坩埚）作阳极，工件为阴极，通以电压为 10~20V 的直流电，在硼砂盐浴中进行渗硼的工艺。

电解渗硼的主要反应：

硼砂受热分解并电离：$Na_2B_4O_7 \rightarrow 2Na^+ + B_4O_7^{2-}$

阳极上的反应：$B_4O_7^{2-} - 2e^- \rightarrow B_4O_7$

$$2B_4O_7 \rightarrow 4B_2O_3 + O_2\uparrow$$

阴极（工件）上的反应：$Na^+ + e^- \rightarrow Na$

$$6Na + B_2O_3 \rightarrow 3Na_2O + 2[B]$$

常用的电解渗硼工艺见表 5-45。

表 5-45　常用的电解渗硼工艺

盐浴成分(质量分数,%)	工艺参数			渗硼层	
	电流密度/(A/cm^2)	温度/℃	时间/h	深度/mm	组织
$Na_2B_4O_7$ 100	0.1~0.3	800~1000	2~6	0.06~0.45	$FeB+Fe_2B$
$Na_2B_4O_7$ 80,NaCl 20	0.1~0.2	800~950	2~4	0.05~0.30	$FeB+Fe_2B$
$Na_2B_4O_7$ 40~60,B_2O_5 40~60	0.2~0.25	900~950	2~4	0.15~0.35	$FeB+Fe_2B$
$Na_2B_4O_7$ 90,NaOH 10	0.1~0.3	600~800	4~6	0.025~0.10	$FeB+Fe_2B$

5.75　渗硼件的后处理如何进行？

工件渗硼后可进行以下处理：

1）工件渗硼后进行研磨或抛光处理，以降低表面粗糙度值，可用金刚石、碳化硼或绿色碳等磨料或磨具进行研磨加工。为防止渗硼层产生裂纹，应采用低的转速进行研磨。

2）在低载荷下服役的一般耐磨或耐蚀件，渗硼后无须进行后处理，可直接使用。

3）承受重载的渗硼件可进行正火处理。

4）工件承受冲击载荷时，渗硼后应重新加热淬火和回火，以提高基体强度及疲劳强度。热处理工艺可参照相应钢种的常规淬火和回火工艺，但是淬火温度应低于硼共晶化温度。淬火加热应避免脱硼，宜在保护气氛炉或真空炉中进行；在盐浴炉中加热时必须严格脱氧。回火可在空气炉、保护气氛炉或油浴中进行，但不能在硝盐浴中加热。

5.76　渗硼层的组织及性能如何？

（1）渗硼层的组织　钢经渗硼后，渗硼层为由含硼16%（质量分数）的FeB和含硼8.8%（质量分数）的Fe_2B组成的双相层或FeB单相层，其显微镜下的组织形态为针状和舌状，如图5-28所示。FeB数量的多少与渗硼工艺、渗硼方法及材料有关。当采用电解盐浴渗硼时，FeB较多；而当采用非电解盐浴渗硼时，FeB则很少或没有。提高渗硼温度和延长保温时间容易形成双相层；钢中含有铬、镍、钨等合金元素时，容易形成双相层。

图5-28　45钢渗硼层的组织形态

（2）渗硼层的性能

1）具有高硬度和高耐磨性。渗硼层有单相（Fe_2B）和双相（$FeB+Fe_2B$）两种。Fe_2B 具有很高的硬度，其显微硬度可达 1100～1700HV0.1；FeB 的硬度则更高，其显微硬度可达 1500～2200HV0.1。这就极大地提高了渗硼工件表面的硬度和耐磨性，大大地延长工件的使用寿命。因此，渗硼层耐磨粒磨损性能优于渗氮层、镀硬铬层等。在滚动磨损条件下，渗硼层的耐磨性也优于渗氮层和碳氮共渗层。但是由于 FeB 脆性大，易剥落，所以一般工件渗硼层的组织以获得单相 Fe_2B 为主；而对于要求高耐磨，但冲击载荷较小的工件，以获得 FeB 和 Fe_2B 两相组织为主。

2）具有良好的耐蚀性和抗高温氧化性。渗硼层能抵御硫酸、盐酸、磷酸等多种酸（除硝酸外）和碱的侵蚀。在高温下具有良好的抗氧化能力，可在 800℃ 以下的空气中使用。

5.77　渗硼操作时应注意什么？

1）固体渗硼时，工件与工件、工件与箱壁之间保持 10mm 以上的距离，距上盖、底部应大于 20mm，加盖密封。应采用热装炉方式，避免 700℃ 以下长时间加热。冷却时随炉冷到 500℃ 以下出炉开箱。

2）膏剂渗硼时，将膏剂涂（或喷）于工件需要渗硼表面，干燥后装箱入炉。

3）液体渗硼时，当盐浴达到规定温度后，将盐浴搅拌均匀，把已装上挂具的渗硼件吊挂在炉子有效加热区内，工件之间的间隙应保持在 10mm 以上。

4）非渗硼面的防护采用镀铜方法，镀层大于 0.15mm；或进行局部渗硼。

5.78　渗硼常见缺陷有哪些？如何防止？

渗硼常见缺陷的产生原因及防止方法见表 5-46。

表 5-46　渗硼常见缺陷的产生原因及防止方法

缺陷名称	产生原因	防止方法
渗硼层深度不够	渗硼温度低	按工艺正确定温，检查或鉴定仪表
	保温时间短	延长保温时间
	渗剂活性不足	检查渗剂的活性及质量
渗硼层存在疏松及孔洞	渗硼温度高	适当降低渗硼温度
	渗硼剂中氟硼酸钾及硫脲等活化剂较多	降低渗硼剂中氟硼酸钾及硫脲的含量
	与钢种有关	采用高碳钢或高碳合金钢比中碳钢渗硼好些
垂直于表面的裂纹	渗硼后冷却速度过快	渗硼后采用较缓和的冷却速度，如油冷或空冷
平行于表面的裂纹	渗硼层中 FeB 和 Fe_2B 之间存在相间应力	获得 Fe_2B 单相渗硼层组织；渗硼后，进行 600℃ 去应力退火

（续）

缺陷名称	产生原因	防止方法
渗硼层剥落	渗硼层太深	适当控制渗硼层深度
	渗硼层存在严重疏松裂纹或软带等缺陷	获得单相 Fe_2B 渗硼层，避免产生疏松、裂纹或软带等缺陷
硼化物层与基体之间有软带	硅在渗硼过程中向内部扩散，富集于硼化物层下面，硅为铁素体形成元素，硅元素富集区在高温时为铁素体状态，冷却后仍为铁素体状态，故在硼化物层与基体之间形成软带	渗硼工件选材时，硅的质量分数应在 0.5%以下
渗硼层过烧	渗硼温度太高	控制渗硼温度在正常范围内
	渗硼后重新加热时淬火温度过高	重新淬火的加热温度不得超过 1080℃

5.79 如何制订气体渗铬工艺？

（1）渗剂　气体渗铬的渗剂通常为 $CrCl_2$。$CrCl_2$ 由金属铬与 HCl 反应生成，其生成有以下两种方法：

1）预制 $CrCl_2$ 气体。H_2 与浓盐酸或 NH_4Cl 形成的 HCl 与金属铬反应形成 $CrCl_2$，然后通入密封的加热炉内进行渗铬。

2）直接在炉内形成 $CrCl_2$ 气体。把干燥的 H_2 通过浓盐酸，将得到的 HCl 气体引入渗铬罐，在罐的进气口处放置铬铁粉。当 HCl 气体通过高温的铬铁粉时，即制得了 $CrCl_2$ 气体。

（2）气体渗铬工艺　气体渗铬工艺见表 5-47。

表 5-47　气体渗铬工艺

渗剂组成	材料	工艺参数		渗层深度/mm	备注
		温度/℃	时间/h		
Cr 块（经活化处理）+ NH_4Cl，通 H_2	35CrMo	1050	6~8	0.020~0.030	断续加入 NH_4Cl，通 H_2 气
	纯铁	1050	6~8	0.200	
Cr-Fe+陶瓷碎片，通 HCl	—	1050	—	—	Cr-Fe［w(Cr)＝65%，w(C)＝0.1%］
α 合金（活性 Cr 源）+氟化物，通卤化氢、H_2	—	900~1000	5~12	0.254~0.380	Alphatized 法
$CrCl_2$+N_2（或 N_2+H_2）	42CrMo	1000	4	0.040	日本法

5.80 固体渗铬剂有哪些？固体渗铬原理是什么？如何制订固体渗铬工艺？

（1）固体渗铬剂　固体渗铬剂通常由产生活性铬原子的含铬物质、填充剂和催渗剂组成。铬粉或铬铁粉是产生活性铬原子的物质；填充剂一般用氧化铝（Al_2O_3），其作用是减轻铬粉在高温下的粘结现象；催渗剂为氯化铵（NH_4Cl），起催渗和排气的作用，使铬粉中的铬转变为活性原子铬。固体渗铬剂的配制方法为：铬粉或铬铁粉的粒度为 0.154～0.071mm（100～200 目），氧化铝粉的粒度为 0.154～0.071mm，用前应在 1000～1100℃焙烧脱水；渗铬剂配制后应在 150～200℃烘干。

（2）固体渗铬原理　固体渗铬中的主要化学反应如下：

氯化铵分解：

$$NH_4Cl \rightarrow NH_3 + HCl$$

氨分解：

$$2NH_3 \rightarrow N_2 + 3H_2$$

氯化氢与铬粉反应生成氯化亚铬（$CrCl_2$ 高温下为气相化合物）和氢气：

$$2HCl + Cr \rightarrow CrCl_2 + H_2$$

生成的氯化亚铬气体通过三种简单反应，产生活性原子铬［Cr］。

置换反应：

$$CrCl_2 + Fe \rightarrow FeCl_2 + [Cr]$$

还原反应：

$$CrCl_2 + H_2 \rightarrow 2HCl + [Cr]$$

热分解反应：

$$CrCl_2 \rightarrow Cl_2 + [Cr]$$

以上反应产生的活性铬原子［Cr］被工件表面吸收，并向内部扩散，形成渗铬层。由上述反应可以看出，固体渗铬剂虽然是固态的，但渗铬过程是在气相下进行的。

（3）固体渗铬工艺　渗铬温度一般为 950～1100℃。保温时间与渗铬层深度有关系，一般为 6～15h。渗铬层深度可达 0.02～0.10mm。渗铬后随炉冷至 600～700℃出炉。

常用固体渗铬工艺见表 5-48。

表 5-48　常用固体渗铬工艺

渗剂组成(质量分数,%)	材料	工艺参数		渗层深度/μm
		温度/℃	时间/h	
Cr 粉 50, Al_2O_3 48～49, NH_4Cl 2～1	低碳钢	980～1100	6～10	50～150
	高碳钢	980～1100	6～10	20～40
Cr-Fe 60, NH_4Cl 0.2, 陶土 39.8	碳素钢	850～1100	15	40～60
Cr-Fe 48～50, Al_2O_3 48～50, NH_4Cl 2	铬钨钢	1100	14～20	15～20

5.81　固体渗铬如何操作？

固体渗铬与固体渗碳很相似，不同之处在于渗铬箱的密封性要求较高。

（1）准备

1）清洗工件上的污物、锈迹，并烘干。

2）将工件与渗铬剂装入渗铬箱，装箱原则上可参阅固体渗碳方法。

3）装箱完毕，将渗铬箱内盖板盖好，并用水玻璃耐火泥密封，以防铬粉氧化。

4）将渗铬箱放入温度为300℃的炉中保温30~40min，部分氯化铵分解产生的气体将箱内空气排出。

5）将渗铬箱从炉中取出，用水玻璃调好的耐火泥将渗铬箱的内盖板再封一次，然后盖上外盖，用水玻璃耐火泥严密封好。

6）阴干或低温烘干。

（2）操作要点

1）工件必须清洗干净，并烘干。

2）渗铬剂及渗铬箱必须烘干。

3）渗铬箱必须严格密封，不得漏气。

4）渗铬箱入炉后，在400~500℃保温2~2.5h。

5）升温至渗铬温度，保温时间根据工艺或渗铬层深度确定。

6）渗铬后炉冷至600~700℃，将渗铬箱出炉空冷。

7）渗铬箱冷至100℃左右即可开箱取出工件。

5.82 怎样制订硼砂熔盐渗铬工艺？

（1）渗铬剂　渗铬剂为Cr粉或Cr_2O_3粉。新配渗剂中铬的质量分数应不小于5%，金属氧化物的质量分数不小于1%。

（2）渗铬工艺　渗铬温度为850~950℃，保温时间为3~6h。

硼砂熔盐渗铬工艺见表5-49。

表5-49　硼砂熔盐渗铬工艺

盐浴组成(质量分数,%)	工艺参数		渗层深度/mm	备注
	温度/℃	时间/h		
Cr_2O_3 粉 10~12, Al 粉 3~5, $Na_2B_4O_7$ 85~95	950~1050	4~6	0.015~0.020	盐浴流动性较好
Cr 粉 5~15, $Na_2B_4O_7$ 85~95	1000	6	0.014~0.018	盐浴成分有重力偏析
Ca 粉 90, Cr 粉 10	1100	1	0.050	用氩气或浴面覆盖保护剂
Cr_2O_3 粉 10, $Na_2B_4O_7$ 85, Al 粉 5	1000	4	0.015	材料为45钢
	950	6	0.020	
	900	4	0.012	

连续工作过程中，应不断补充工件带出的盐。盐浴中铬的质量分数应不小于

1.5%，金属氧化物的质量分数不小于2%。

（3）渗后处理

1）工件在渗铬保温结束后可直接淬火，冷却方法视钢材而定。

2）工件（如Cr12型冷作模具钢工件）的淬火温度高于渗铬温度时，可在保温结束后随炉升温至淬火温度，均温后直接淬火。

3）综合力学性能要求较高、晶粒长大倾向大的工件，若渗铬温度高于淬火温度时，应经空冷、清洗后重新加热淬火。重新加热淬火的工件淬火加热时，推荐选用保护气氛炉或真空炉加热。

4）不需要淬火的工件，在渗铬结束后空冷。

5）用沸水将工件表面残盐清洗干净。

5.83　真空渗铬如何进行?

（1）渗铬剂　渗铬剂的组成见表5-50。

表5-50　渗铬剂的组成

组成	组成物	技术要求
供铬剂	Cr-Fe粉	w(Cr)≥65%,w(C)≤0.1%,其余为Fe,粒度为0.27mm(50目)
	Cr块	w(Cr)≥99.7%,粒度为3~6mm
催渗剂	氯化铵	纯度≥99.0%
填充剂	氧化铝粉、耐火土粉	氧化铝粉粒度为0.075~0.270mm(50~200目)

（2）渗铬工艺　真空渗铬的加热温度为1100~1150℃，保温时间为6~12h，真空度为0.133~1.33Pa。

真空渗铬工艺见表5-51。

表5-51　真空渗铬工艺

渗铬剂(质量分数)	材料	工艺参数			渗层深度/mm
		真空度/Pa	温度/℃	时间/h	
Cr-Fe粉25%,Al_2O_3粉75%	50	0.133	1150	12	0.04
	40Cr				0.04
	20Cr13				0.3~0.4
Cr块	T12	0.133~1.333	950~1050	1~6	0.03

5.84　渗铬层的组织和性能如何?

（1）渗铬层的组织　渗铬层中的铬含量随材料碳含量的增加而增加，最高可达50%（质量分数）以上。根据Fe-Cr相图，当渗铬层中的铬含量超过12.5%（质量分数）时，便形成铁素体组织，是富铬的固溶体。随着铬不断地向内部扩散，铁素体晶粒沿着与工件表面垂直的方向生长。因此，铁素体的晶粒呈柱状，渗铬层由柱状α固溶体所组成，且从表面一直延伸至渗层与基体的交界处，其深度在0.025~0.076mm之间。

（2）渗铬层的性能

1）硬度和耐磨性。渗铬层具有很高的硬度和耐磨性。其硬度与钢的碳含量有关，钢的碳含量越高，则渗铬层硬度越高，见表5-52。

表5-52 渗铬层硬度与钢中碳含量的关系

材料	基体硬度 HV	渗铬层硬度 HV
工业纯铁	148	257
10	161	645
40	192	925
T10	175	1460

高碳钢和中碳钢渗铬后，其渗层具有高的硬度。经淬火和低温回火后，基体硬度得到极大提高，而渗铬层硬度稍有下降，但仍高于基体2~6HRC，见表5-53。

表5-53 几种钢经渗铬及淬火加低温回火后的硬度

牌号	渗铬层深度/mm	渗铬后硬度		热处理后硬度	
		HV0.2	相当于HRC	表面	基体
T8	0.038	1560	>70	65	59
T10	0.04	1620	>70	66	61
CrWMn	0.038	1620	>70	66	63
Cr12	0.038	1560	>70	67	65

渗铬层的高硬度，必然提高工件的耐磨性。同时，由于渗铬层的摩擦因数小，使渗铬后模具的使用寿命得到大幅度的提高。此外，高碳钢渗铬后的热硬性好，在较高温度下能保持高硬度。

2）抗氧化性。渗铬工件的表面具有较高的抗氧化性和高温抗氧化性，渗铬层越深，抗氧化性越好。工件经渗铬后，可以在750℃以下的环境中长期使用，而不氧化。

3）耐蚀性。渗铬层具有良好的耐蚀性。渗铬后的工件在空气、过热蒸汽、碱、盐水、硝酸等环境中，都具有很好的耐蚀性。

5.85 渗铬缺陷有哪些？如何防止？

渗铬缺陷产生的原因及预防方法见表5-54。

表5-54 渗铬缺陷产生的原因及预防方法

缺陷	产生原因	预防方法
表面黏结渗剂	粉末渗铬时，渗剂中有水分或低熔点物质	将氧化铝焙烧，渗剂装罐前烘干

（续）

缺陷	产生原因	预防方法
渗层剥落	1)渗层的碳化铬多,渗层越深所含碳化铬越多,多出现于工件的尖角部位 2)渗铬后或热处理后冷却速度过快	1)适当控制渗层深度,设计上尽量避免尖角的出现 2)合理选择工艺规范,缓慢冷却或选择冷却速度缓和的淬火冷却介质
脱碳	1)固体渗铬剂使用次数太多后,易导致脱碳 2)铬粉氧化 3)气相渗铬时水汽、氢气过量	1)补充新渗剂 2)加强渗铬罐的密封或通入保护气体,防止铬粉氧化 3)严防水汽出现,调整运载气体
贫碳	铬渗入钢的表面后与基体中的碳形成碳化铬,致使渗铬层下面出现贫碳区	使用含钛、钒、铬、钼的钢,以阻止碳向外扩散
腐蚀斑	催渗剂用量过多	适当控制催渗剂用量

5.86 什么是粉末包埋渗铝？其目的和原理是什么？

粉末包埋渗铝是在密闭的容器内，用粉状渗铝剂将待渗的工件包埋，缓慢加热至高温并保持一定时间，使工件表层形成渗铝层。

渗铝的主要目的是提高工件在高温下的抗氧化性和在某些特殊介质中的耐蚀性。低碳钢或中碳钢渗铝后，在950℃的高温下，仍具有很好的抗氧化性，适用于在高温下工作、受力较小的工件，可以代替高合金的耐热钢。

粉末渗铝时，将工件与渗铝剂一起装箱并密封，在高温下会发生以下化学反应：

氯化铵分解：

$$NH_4Cl \rightarrow NH_3\uparrow + HCl\uparrow$$

氯化氢与铝反应生成三氯化铝：

$$6HCl + 2Al \rightarrow 2AlCl_3 + 3H_2\uparrow$$

三氯化铝与工件表面的铁反应生成三氯化铁和活性铝原子：

$$AlCl_3 + Fe \rightarrow FeCl_3 + [Al]$$

活性铝原子再渗入工件表面，形成完全由铝铁化合物组成的渗铝层。由上述反应中可见，铝粉不能直接渗入工件，而是通过与氯化铵的作用生成三氯化铝，再由三氯化铝生成活性铝原子，才能渗入工件表面。

5.87 怎样进行粉末包埋渗铝？

（1）渗铝剂　渗铝剂通常由供铝剂、催渗剂和稀释剂组成，见表5-55。

表5-55　渗剂组成

组成	组成物(质量分数,%)	技术要求
供铝剂	铝粉 20~40	纯度应高于98%,粒度应不大于180μm
催渗剂	氯化铵 1~2	纯度≥99.0%
稀释剂	氧化铝粉 58~79	粒度为0.075~0.150mm,应进行高温脱水

渗铝剂可重复使用，渗铝剂在使用后，铝含量会逐渐降低，下次使用时应补充一定量新的渗铝剂，一般补充量为15%（质量分数）左右。

（2）渗铝工艺

1）渗铝温度一般为900～1100℃，碳素钢为1000～1050℃，合金钢和铸铁为1050～1100℃。

2）渗铝时间一般为5～10h，合金钢和铸铁件渗铝时间应比碳素钢多20%左右。

常用粉末包埋渗铝工艺见表5-56。

表5-56 常用粉末包埋渗铝工艺

渗剂组成(质量分数,%)	工艺参数		渗层深度/mm
	温度/℃	时间/h	
Al-Fe粉99,NH_4Cl 1	900～1050	2～6	0.08～0.53
Al-Fe粉39～80,NH_4Cl 0.5～2,其余Al_2O_3	850～1050	6～12	0.25～0.6
Al-Fe粉35,NH_4Cl 1,KF、HF 0.5,其余Al_2O_3	960～980	6	0.4
铝粉15,NH_4Cl 0.5,KF、HF 0.5,余量Al_2O_3	950	6	0.4
铝粉49,Al_2O_3 49,NH_4Cl 2	950～1050	3～12	0.3～0.5
铝铜铁合金粉99.5,NH_4Cl 0.5	975	4	0.2

5.88 怎样进行膏剂感应渗铝?

膏剂感应渗铝是在工件表面涂膏状渗铝剂和保护涂层，烘干后感应加热到一定温度下进行扩散渗铝的化学热处理工艺。

（1）膏剂 膏剂由渗铝剂和黏结剂组成。渗铝剂组成（质量分数）为：铝粉（粒度应不大于130μm）30%～60%，稀释剂为38%～69%，催渗剂为1%～2%。

（2）膏剂感应渗铝工艺

1）将膏剂均匀地涂刷在除油及除锈后的工件上，涂层厚度为0.4～1mm，并在100～120℃烘干2h以上。

2）渗铝温度为950～1050℃，对碳素钢工件取下限，合金钢和铸铁工件取上限。中频感应加热的升温速度应控制在30～50℃/s。

3）膏剂感应渗铝时间为1～5h。

4）构件渗铝后，应用毛刷除尽工件表面的残留渗剂粉末，用清水冲洗，并及时烘干。

5.89 什么是热浸镀铝？热浸镀铝层分为哪两种?

热浸镀铝是将工件浸入熔融铝液中，保温一定时间，使铝覆盖并渗入工件表面，从而获得热浸镀铝层的工艺方法，也称热浸铝、热镀铝、液体渗铝。热浸镀铝与粉末渗铝相比，具有渗速快，设备简单，操作方便，成本低廉的优点。缺点是渗铝后表面粗糙度值较高。

采用热浸镀铝工艺在工件表面形成的铝及铝铁合金层，分为浸渍型热浸镀铝层和扩散型热浸镀铝层。浸渍型热浸镀铝层是直接在铝液中热浸镀后得到的镀层，外层为铝覆盖层，其成分基本上与铝液成分相同，内层为铝铁合金层。扩散型热浸镀铝层是在铝液中热浸镀后再经扩散处理得到的热浸镀铝层，全部由铝、铁互扩散形成的铝铁合金层构成。

5.90 如何进行热浸镀铝?

浸渍型热浸镀铝的工艺流程为：除油→除锈→助镀→热浸镀铝。

扩散型热浸镀铝的工艺流程为：除油→除锈→助镀→热浸镀铝→扩散处理。

（1）除油　可采取低温加热除油、碱液清洗除油或有机溶剂清洗除油等。

（2）除锈　必须除尽工件表面锈蚀物，可采取机械除锈或化学除锈方法。

（3）助镀　助镀的目的是防止干净的工件在酸洗后再生锈，并使工件表面在热浸镀时容易吸附铝原子。传统的水溶液法主要成分为氯化铵水溶液或氯化锌和氯化铵的复盐水溶液。

1）氯化铵水溶液。其密度为1.014~1.028g/cm^3，溶液内铁浓度不超过9g/L，温度为70~90℃。

2）氯化锌和氯化铵复盐水溶液。配方：$ZnCl_2$与NH_4Cl质量比为3∶2。该配方熔点较低，润湿能力强，具有较强的化学洗净作用，但由于烘干温度较高（250~320℃），氯化铵易分解，产生大量烟雾，并生成较多残渣。

3）环保型热浸镀铝助镀剂（有专利）。助镀剂由含有硼砂、氯化钠的混合水溶液组成。钢材工件助镀温度为70~90℃，助镀时间为2~5min，然后进行干燥。该助镀剂配方简单，成本低，无毒环保，产品质量高，耐蚀性好，镀层致密均匀、附着力高，表层有金黄光泽，美观。

（4）热浸镀铝　铝的熔点为667℃。铝浴温度在700~800℃之间选择。温度过低，铝浴流动性差，容易被工件带走，使铝的消耗量增加；温度过高，铝浴流动性好，但表面氧化加快，铁在铝浴中的溶解度增加，加速了工件在铝浴中的溶解。所以，铝浴的温度一般为770~790℃。对于10钢或20钢，浸入时间一般为15~60min。铝浴中加入质量分数为2%~4%的铝硅合金，能提高铝浴的流动性，可适当降低铝浴的温度。铝浴温度可选择730℃，浸渗时间为1~3min。

（5）扩散处理　扩散型热浸镀铝的工件经热浸镀铝后，应进行扩散处理，以降低表面铝浓度，增加渗层深度。如Q235钢经730℃×2min热浸镀铝后，合金层深度为0.065mm，经900℃×1h扩散处理后，渗层深度达0.38mm。

钢材工件热浸镀铝后表面形成的铝铁化合物，硬度较高，显微硬度可达500~700HV。渗铝层具有较高的抗氧化性和耐蚀性。

5.91 如何进行粉末渗锌?

（1）渗剂 渗剂组成见表 5-57。按配比配制好渗剂，搅拌混匀，置于 150~200℃烘箱中烘干 1~2h。渗箱（罐）及工件均应烘干。

表 5-57 渗剂组成

组成	组成物	技术要求
供锌剂	锌粉	锌的质量分数>95%，铅的质量分数<0.2%；粒度为 0.12~0.25mm
催化剂	氯化铵	纯度≥99.0%
填充剂	氧化铝粉（或氧化锌粉）	粒度为 0.18~0.27mm，应进行高温熔烧脱水

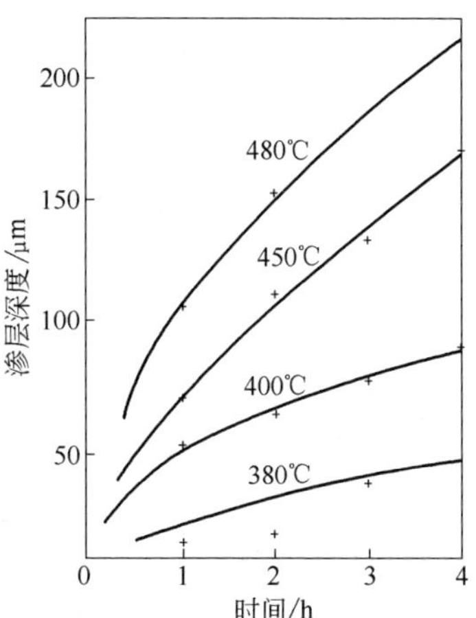

图 5-29 粉末渗锌温度及时间对渗层深度的影响

（2）渗锌工艺

1）加热。装炉温度为室温~400℃，加热温度为 340~440℃。

2）保温。保温时间为 4~6h。

3）冷却。随炉冷却至室温。

温度及时间对渗层深度的影响如图 5-29 所示。常用粉末渗锌工艺见表 5-58。

表 5-58 常用粉末渗锌工艺

渗剂成分（质量分数，%）	工艺参数		渗层深度/μm
	温度/℃	时间/h	
锌粉 97~100，NH_4Cl 0~3	390	2~6	20~80
锌粉 50~75，Al_2O_3（ZnO）25~50，另加 NH_4Cl 0.05~1	340~440	1.5~8	12~100
锌粉 50，Al_2O_3 30，ZnO 20	380~440	2~6	20~70
锌粉，另加 NH_4Cl 0.05	390	2	10~20

（3）后处理 渗锌后，一般工件在 150~160℃的全损耗系统用油中加热 1h，也可直接喷涂料。

第6章 铸铁的热处理

6.1 灰铸铁分哪几类？其性能与组织有什么关系？

灰铸铁的组织由金属基体和片状石墨组成。由于石墨的强度很低，所以灰铸铁件主要依靠基体组织承受载荷。灰铸铁按基体组织不同，分为铁素体灰铸铁、珠光体灰铸铁和铁素体加珠光体灰铸铁三类。

（1）铁素体灰铸铁　铁素体的性能是强度和硬度低，而塑性和韧性较高，所以铁素体灰铸铁的力学性能及耐磨性都较低，在生产实际中应用较少，只用于某些特殊场合。其显微组织如图 6-1 所示。

（2）珠光体灰铸铁　珠光体是铁素体和渗碳体的机械混合物，性能优于铁素体，所以珠光体灰铸铁的强度、硬度及耐磨性均高于铁素体灰铸铁。其显微组织如图 6-2 所示。

图 6-1　铁素体灰铸铁的显微组织　200×

图 6-2　珠光体灰铸铁的显微组织　500×

（3）铁素体加珠光体灰铸铁　这种灰铸铁以铁素体和珠光体为基体，其力学性能及耐磨性介于铁素体灰铸铁和珠光体灰铸铁之间，在生产中应用最多。其显微组织如图 6-3 所示。

随着基体中珠光体量的增加，铸铁的力学性能及耐磨性逐渐提高，并且珠光体的含量能在较大的范围内变化。

图 6-3　铁素体加珠光体灰铸铁的显微组织　100×

灰铸铁的性能除与基体组织有关外，还取决于其中石墨的大小、数量及分布状态。石墨的力学性能很低，硬度仅为 3~5HRC，脆性大，抗拉强度及断后伸长率近于零。由于石墨呈片状，对基体有割裂作用，使铸铁件抗拉强度降低，其尖端又容易使零件在承受载荷时出现应力集中现象。因此，灰铸铁的强度、塑性及韧性比碳素钢差。但是，石墨的存在却赋予铸铁许多钢所不及的性能。石墨是一种润滑剂，使灰铸铁具有良好的减摩性，并能用于制造低速轴承。石墨性脆，在切削加工过程中容易断屑，使灰铸铁具有良好的切削加工性能。石墨具有良好的吸振性，由于石墨片对基体的割裂作用，破坏了基体的连续性，使铸件对来自外界的振动具有强烈的吸收作用。这一特点对于机床床身、精密仪器机身等高精度零件的制造非常有利。铸铁的缺口敏感性不显著。此外，灰铸铁还具有良好的铸造性能。

6.2　与钢相比，在制订铸铁热处理工艺时或实际操作中应考虑哪几点?

在制订铸铁热处理工艺或实际操作中应考虑以下几点：

1）热处理只能改变铸铁的基体组织，不能改变石墨的形状和分布状态。

2）铸铁的奥氏体化温度较高。硅是提高临界点的元素，由于球墨铸铁中硅的含量很高，所以共析转变温度上移，奥氏体化温度提高，热处理加热温度也高。同时，加热温度提高，有利于铸铁中磷共晶组织的溶解，以降低铸铁的脆性。

3）铸铁与钢的最大区别是含有大量石墨，石墨是热的不良导体。大量石墨的存在，大大降低了铸铁的传热速度。因此，加热时应降低加热速度，缓慢升温；保温时要适当延长保温时间，使基体获得比较均匀的奥氏体组织；淬火冷却时不宜采用冷却速度太快的淬火冷却介质，以减少变形和防止开裂。

4）铸铁的耐回火性好。硅具有阻止碳扩散的作用，铸铁中存在大量的硅，提高了其耐回火性。在获得同样硬度时，铸铁可采用比钢回火温度高的温度，回火时间也可适当延长，有利于消除应力。

5）可以通过改变加热温度和保温时间的方法，来调整奥氏体的碳含量，以调整冷却后铁素体和珠光体的比例，从而达到能在较大范围内调整球墨铸铁力学性能的目的。

6.3 如何进行灰铸铁的去应力退火?

铸件浇注后，在凝固和冷却过程中，由于各部分的厚度不均匀，各个部位冷却速度不同，因而产生热应力；由于组织转变而产生组织应力。由于内应力的作用，铸件在机械加工过程中或在机械加工后，会因内应力的重新分布而发生变形，不能保证铸件的加工精度，或在使用过程中失去精度。为了保证铸件的尺寸稳定，减少变形，防止开裂，须对铸件进行去应力退火。

去应力退火也称人工时效，就是将工件通过在低温下加热、保温的方法消除内应力。

去应力退火是一种无组织转变的热处理方法。一般情况下，退火温度越高，消除应力越彻底；但对于灰铸铁来说，过高的退火温度可能引起珠光体的球化和渗碳体的石墨化，会影响铸件的使用性能。退火温度的确定，必须考虑铸铁的化学成分。退火加热温度一般在 550℃ 左右。当含有合金元素时，加热温度可适当提高，低合金灰铸铁为 600℃，高合金灰铸铁可提高到 650℃ 左右。铸件可在室温或低温下装炉，以 60~120℃/h 的加热速度升温到退火温度。保温时间与加热温度、装炉量、对应力消除程度的要求、铸件大小及结构复杂程度有关，一般为 4~8h。保温后必须缓冷，以免产生二次残余应力，冷却速度一般为 20~40℃/h，冷却到 150~200℃ 出炉空冷。灰铸铁去应力退火工艺曲线如图 6-4 所示。

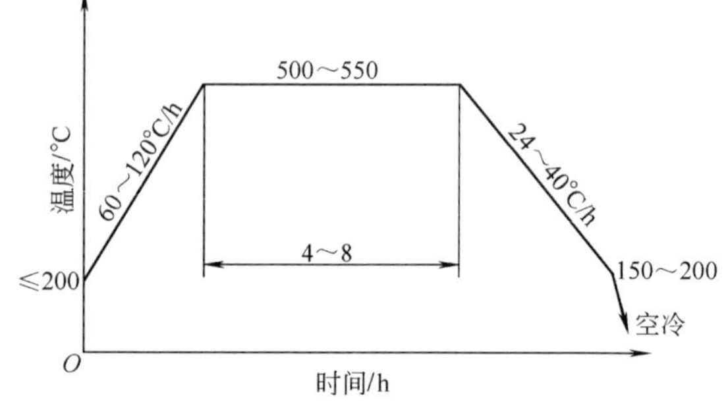

图 6-4 灰铸铁去应力退火工艺曲线

常用灰铸铁件去应力退火工艺见表 6-1。

表 6-1 常用灰铸铁件去应力退火工艺

铸件种类	铸件质量/kg	铸件厚度/mm	装炉温度/℃	升温速度/(℃/h)	加热温度/℃		保温时间/h	冷却速度/(℃/h)	出炉温度/℃
					普通铸铁	低合金铸铁			
一般铸件	<200		≤200	≤100	500~550	550~570	4~6	30	≤200
	200~2500		≤200	≤80	500~550	550~570	6~8	30	≤200
	>2500		≤200	≤60	500~550	550~570	8	30	≤200

（续）

铸件种类	铸件质量/kg	铸件厚度/mm	装炉温度/℃	升温速度/(℃/h)	加热温度/℃		保温时间/h	冷却速度/(℃/h)	出炉温度/℃
					普通铸铁	低合金铸铁			
精密铸件	<200		≤200	≤100	500~550	550~570	4~6	20	≤200
	200~2500		≤200	≤80	500~550	550~570	6~8	20	≤200
简单或圆筒状铸件	≤300	10~40	100~300	100~150	500~600		2~3	40~50	≤200
一般精度铸件	100~1000	15~60	100~200	≤75	500		8~10	40	≤200
结构复杂、较高精度铸件	1500	<40	≤150	<60	420~450		5~6	30~40	≤200
		40~70	≤200	<70	450~550		8~9	20~30	≤200
		>70	≤200	<75	500~550		9~10	20~30	≤200
纺织机械小铸件	≤50	≤15	≤150	50~70	500~550		1.5	30~40	150
机床小铸件	≤1000	≤60	≤200	≤100	500~550		3~5	20~30	150~200
机床大铸件	≥2000	20~80	≤150	30~60	500~550		8~10	30~40	150~200

6.4 如何进行灰铸铁的石墨化退火?

灰铸铁石墨化退火是使铸铁中的渗碳体分解为石墨的热处理方法。石墨化退火的目的是为了消除白口，降低硬度，提高塑性和韧性，改善铸件的可加工性。灰铸铁石墨化退火分为低温石墨化退火和高温石墨化退火两种。

（1）低温石墨化退火　当铸件中不存在共晶渗碳体或共晶渗碳体数量不多时，可进行低温石墨化退火。低温退火时共析渗碳体球化并分解为石墨，使铸铁硬度降低，塑性和韧性提高。

低温石墨化退火的加热温度稍低于 Ac_1 下限温度，一般为 650~700℃，保温时间为 1~4h，保温后炉冷，冷却速度不大于 100℃/h。其工艺曲线如图 6-5 所示。

铸铁经低温石墨化退火后的组织为珠光体、铁素体加石墨，或铁素体加石墨。

（2）高温石墨化退火　当铸件中共晶渗碳体数量较多时，应进行高温石墨化退火。铸铁中的共晶渗碳体是不稳定相，在高温下加热时会发生分解，其产物是奥

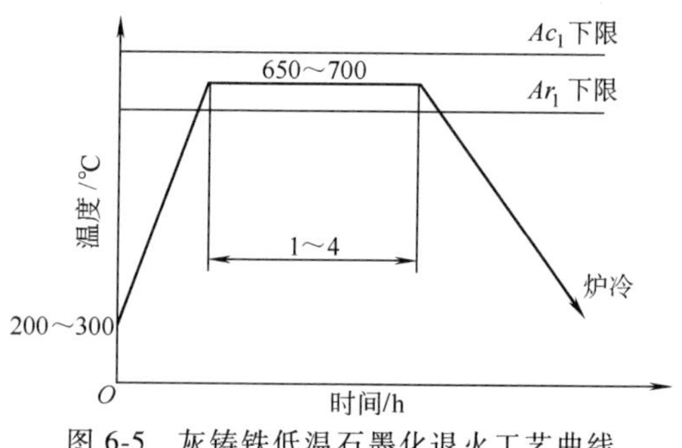

图 6-5 灰铸铁低温石墨化退火工艺曲线

氏体加石墨。经过高温石墨化退火，铸铁的硬度降低，有利于改善可加工性，同时可提高塑性和韧性。高温石墨化退火的加热温度高于 Ac_1 上限温度，为 900～960℃。对于形状简单的一般铸件，可选取较高的加热温度；而对于形状复杂或壁薄的铸件，则应选取较低的加热温度，以减少变形。加热速度为 70～100℃/h。保温时间一般为 1～4h，视铸件的大小、厚度与加热温度的高低来确定。当铸件较厚或所选的加热温度较低时，可适当延长保温时间，以利于石墨化的充分进行。保温结束后可炉冷至 300℃以下出炉空冷，或冷至 720～760℃保温一段时间，炉冷至 300℃以下出炉空冷，其工艺曲线如图 6-6 所示。退火后得到塑性和韧性好的铁素体灰铸铁，其组织为铁素体加石墨。若采用图 6-7 所示工艺曲线冷却，得到强度高、耐磨性好的珠光体灰铸铁。

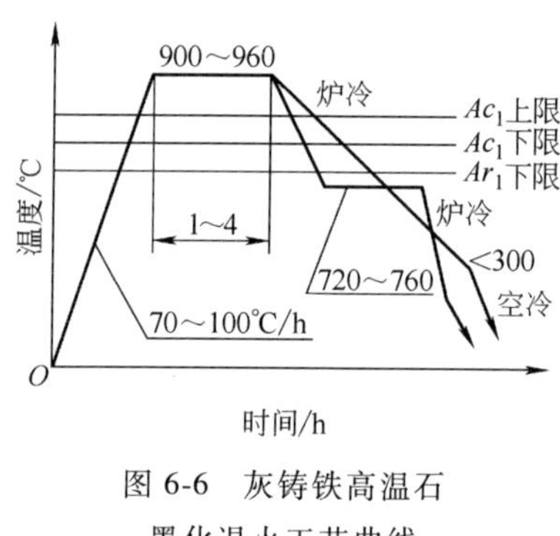

图 6-6 灰铸铁高温石墨化退火工艺曲线

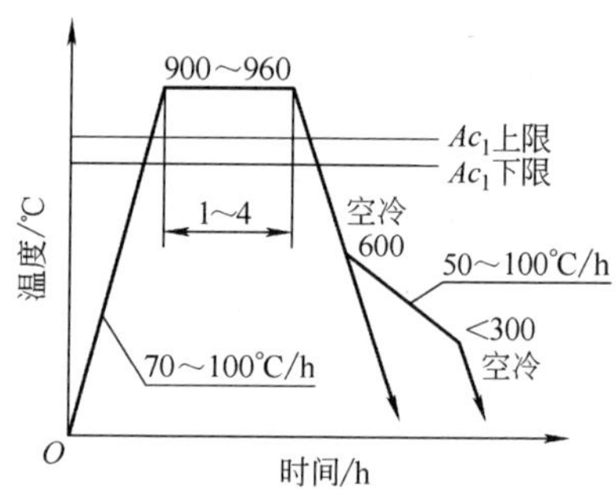

图 6-7 获得珠光体灰铸铁的高温石墨化退火工艺曲线

6.5 灰铸铁正火的目的是什么？如何进行？

灰铸铁正火的主要目的是增加基体组织中的珠光体量，以获得珠光体灰铸铁，提高铸件的硬度、强度和耐磨性，改善铸件的力学性能和可加工性，或改善基体组织，作为表面淬火的预备热处理。正火还可以消除铸件白口。正火后的组织为珠光体加石墨。

灰铸铁正火的加热温度为 850～960℃。一般情况下，当铸件中的自由渗碳体较少时，可选用较低的加热温度 850～900℃，保温时间为 1～3h，出炉空冷，如图 6-8a 所示。当铸铁原始组织中自由渗碳体较多时，加热温度为 900～960℃，先进行高温石墨化以消除自由渗碳体，然后在 850～900℃保温，出炉空冷，如图 6-8b 所示。

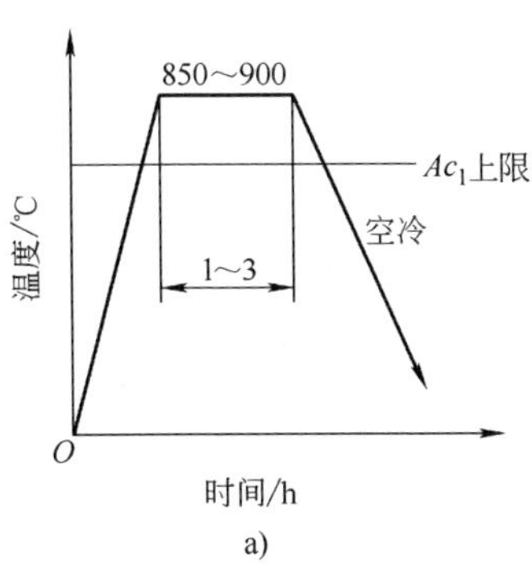

a)

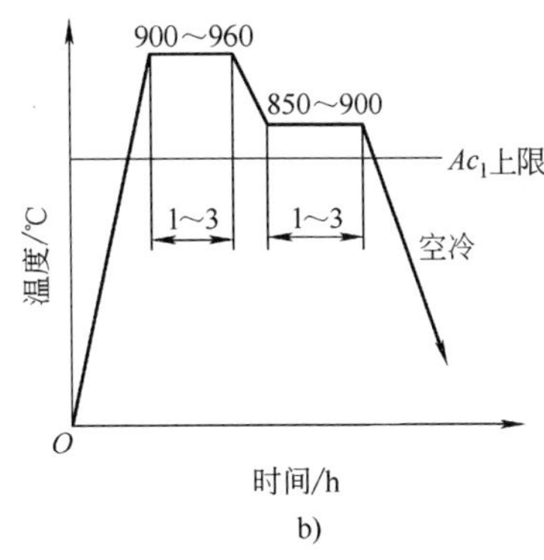

b)

图 6-8　灰铸铁正火工艺曲线

加热温度对铸铁正火后的硬度有一定影响。在正火温度范围内，加热温度越高，正火后的硬度也越高。对于要求正火后具有较高硬度和耐磨性的铸件，可选择加热温度的上限。

由于正火的冷却速度比退火快，共析渗碳体来不及分解被保留下来，最终获得珠光体灰铸铁。这样既可以改善可加工性，又能使铸件保持一定的强度、硬度和耐磨性。正火的冷却速度对正火后的硬度有一定影响，冷却速度越快，硬度越高。因此，可采用不同的冷却速度，如空冷、风冷、雾冷，来调整铸铁的硬度。

对于大型或形状复杂的铸件，为消除正火时产生的应力，往往再进行一次去应力退火。

6.6　灰铸铁淬火方法有哪几种?

灰铸铁淬火方法主要有以下几种：

（1）普通淬火　灰铸铁淬火的目的是改变基体组织，获得马氏体组织，提高铸件的硬度和耐磨性。淬火温度为 Ac_1 上限+(30~50)℃，一般取 850~900℃。淬火温度越高，淬火后的硬度越高。但过高的淬火温度，增加了铸件变形和开裂的倾向，同时会产生较多的残留奥氏体，使硬度下降。对于形状复杂或大型铸件应缓慢加热，以免造成开裂，必要时可在 550℃ 进行预热。淬火加热保温时间为 1~4h，或按 20min/25mm 计算。淬火冷却方法为油冷至 150℃，并立即回火。

（2）等温淬火　采用等温淬火的目的是改变基体组织，获得下贝氏体和少量残留奥氏体及马氏体组织，提高铸件的综合力学性能，同时减少淬火变形。等温淬火的加热温度和保温时间与普通淬火工艺相同。等温温度为 280~320℃，冷却介质为硝盐或热油，保持时间为 0.5~1h。等温淬火适用于凸轮、齿轮、缸套等零件。

（3）马氏体分级淬火　加热温度为 850~900℃，保温时间为 1~4h，或按 20min/25mm 计算。热浴温度为 205~260℃。回火工艺为 200℃×2h。

（4）表面淬火　机床导轨等铸件要求表面具有较高的硬度和耐磨性，大多数都进行表面淬火。通常采用的方法有：火焰淬火、高频或中频感应淬火和电接触加热淬火（可参考第4章内容）。表面淬火的淬硬层组织为马氏体+石墨，表面硬度可达55HRC左右。为保证淬火的正常进行和淬火的质量，需要表面淬火的铸件，其原始组织中的珠光体应在65%（体积分数）以上，且石墨细小、分布均匀，才能取得良好的效果。因此，工件在表面淬火前，应进行正火处理，以保证基体组织中有足够的珠光体量，收到良好的表面淬火效果。

6.7　可锻铸铁是怎样生产的？有哪几种？

可锻铸铁并不是直接铸造出来的，而是由白口铸铁经高温石墨化退火而成的。白口铸铁经过长时间的高温处理，使渗碳体分解为石墨+铁素体。由于铁、碳原子在固态下的扩散不如液态下自由，石墨长大的方向受到阻碍，在晶界处或晶体缺陷较多的区域石墨长大速度稍快，所以石墨为团絮状。由于团絮状石墨对基体的割裂作用比片状石墨小得多，应力集中作用也大为减弱，因此可锻铸铁比灰铸铁具有较高的强度、塑性和韧性，故称可锻铸铁。其实，可锻铸铁并不可锻。

可锻铸铁分为黑心可锻铸铁、白心可锻铸铁和珠光体可锻铸铁三类，分别用KTH、KTB和KTZ表示，后面接两组数字，第一组表示最低抗拉强度，第二组表示最低断后伸长率。如KTH350-10、KTB450-07、KTZ600-03等。

6.8　黑心可锻铸铁是如何生产的？

黑心可锻铸铁也称铁素体可锻铸铁，是由白口铸铁经过长时间的高温石墨化退火，使自由渗碳体和共析渗碳体完全石墨化而形成的。经过石墨化退火的白口铸铁，由于其断口表面层因脱碳呈白色，而心部为黑色，故称黑心可锻铸铁。黑心可锻铸铁的组织为白色铁素体基体上分布着团絮状石墨，从而使塑性和韧性得到显著提高。其显微组织如图6-9所示。

生产黑心可锻铸铁的可锻化退火可分为五个阶段。其典型工艺曲线如图6-10所示。

（1）升温阶段（Oa段）　将白口铸件由室温缓慢加热（40~90℃/h）到910~960℃，铸件的原始组织已转变为奥氏体和渗碳体。

（2）自由渗碳体石墨化阶段（ab段）　该阶段为第一阶段石墨化，在高温下经过长时间的保温后，共晶渗碳体和二次渗碳体分解为奥氏体和团絮状石墨。在此温度范围内，加热温度越高，则石墨化过程进行得越迅速；但温度太高，如超过1000℃，则易出现片状石墨。

（3）中间冷却阶段（bc段）　从高温炉冷至720~750℃的过程中，奥氏体中碳的溶解度降低，从中析出过饱和的碳，附着在石墨团上，使石墨团长大。因温度低于共析临界点Ar_1，奥氏体转变为珠光体，冷却结束后的组织为珠光体加团絮状石墨。

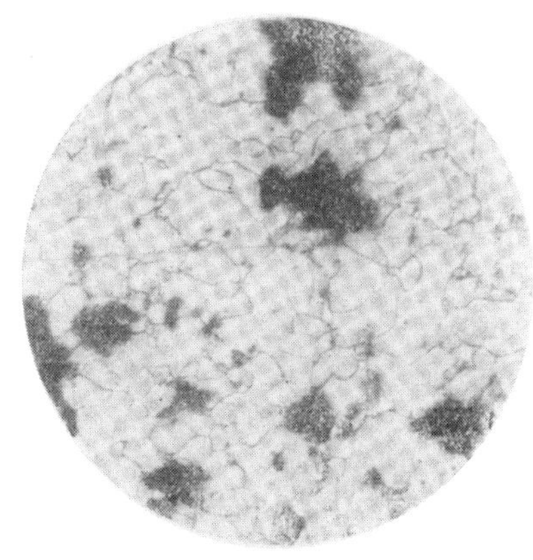

图 6-9 黑心可锻铸铁的显微组织

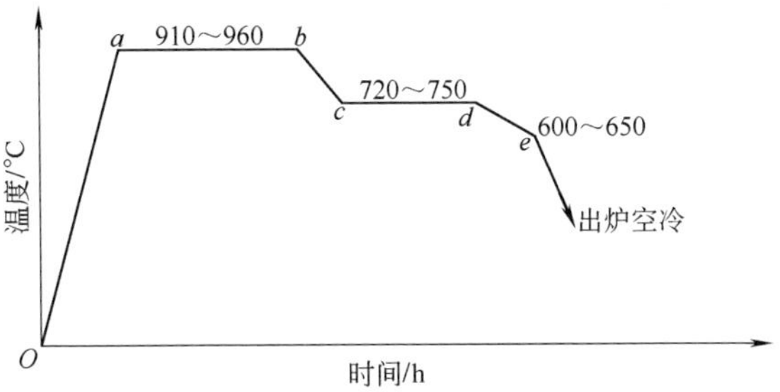

a 910～960 b
c 720～750 d
e 600～650
出炉空冷
温度/℃
O
时间/h

图 6-10 生产黑心可锻铸铁的可锻化退火工艺曲线

（4）共析渗碳体石墨化阶段（*cd* 段） 该阶段为第二阶段石墨化，在共析临界点 Ar_1 以下长时间保温，使珠光体中的渗碳体完全分解为石墨和铁素体，石墨仍附着在石墨团上，使之进一步长大。保温结束后的组织为铁素体加团絮状石墨。至此，铸件已由白口铸铁转变为黑心可锻铸铁。

（5）最终冷却阶段（*d* 点以下段） 这一阶段不发生组织转变，但冷却速度对铸件的冲击韧性仍有很大影响。一般情况下，缓冷到 600～650℃ 即出炉空冷，铸件的韧性好。若炉冷到 400℃ 以下出炉，则铸件的韧性反而会降低。

6.9 珠光体可锻铸铁是如何生产的?

白口铸铁在第一阶段和中间阶段石墨化后，如果冷却较快，使共析渗碳体的分解受到抑制，则退火后的组织为珠光体+团絮状石墨。由于其基体组织为珠光体，故称为珠光体可锻铸铁。其显微组织如图 6-11 所示。珠光体可锻铸铁具有高的强度和硬度，耐磨性好且可加工性良好，但塑性和韧性较低。

获得珠光体可锻铸铁可采用以下热处理工艺：

1）白口铸铁石墨化后正火+回火。在图 6-10 所示石墨化退火工艺第一阶段结束后，不进行第二阶段石墨化，而是用较快的速度冷却（如风冷），如图 6-12a 所示；为防止二次网状渗碳体的出现，也可从高温降至 840～860℃ 均温后风冷，

图 6-11 珠光体可锻铸铁的显微组织

如图 6-12b 所示。最终获得珠光体基体+团絮状石墨的珠光体可锻铸铁。为使正火后可能出现的淬火组织转变为珠光体，并消除内应力，应在 720~680℃进行回火。此法应用时，要求原铁液中的锰含量稍高些，以便冷却时抑制珠光体的分解，有利于珠光体可锻铸铁的形成。

由于石墨化后正火处理时要在高温下拆箱空冷，会给操作带来很大困难。

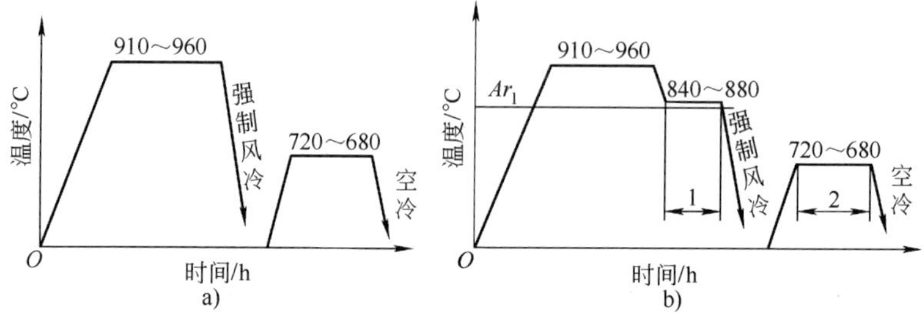

图 6-12　白口铸铁石墨化后正火+回火工艺曲线

2）白口铸铁石墨化后淬火+回火。在图 6-10 所示石墨化退火工艺第一阶段结束后，降温至 840~880℃，保温 1h 后淬火，如图 6-13 所示。回火温度根据力学性能要求确定，一般为 600~650℃。回火后的组织为珠光体+索氏体+少量铁素体+团絮状石墨。

3）白口铸铁石墨化后珠光体球化退火。其工艺曲线如图 6-14 所示。退火后获得粒状珠光体基体。

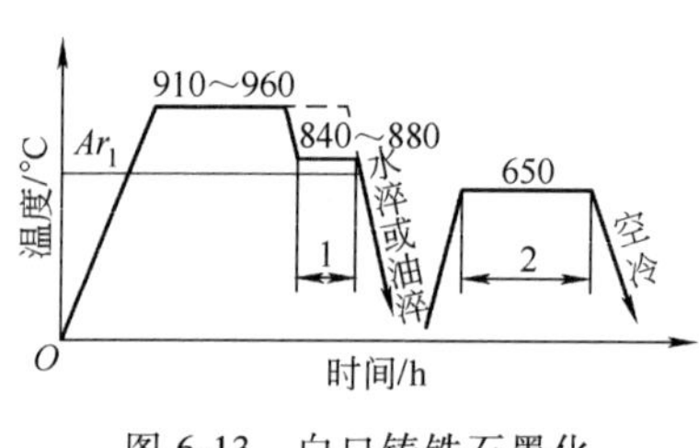

图 6-13　白口铸铁石墨化后淬火+回火工艺曲线

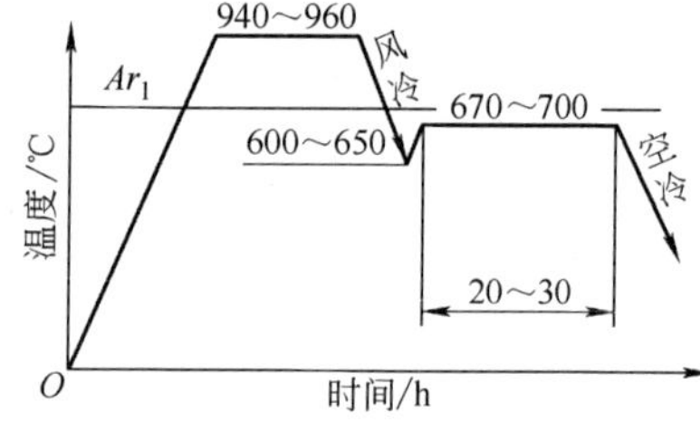

图 6-14　白口铸铁石墨化后珠光体球化退火工艺曲线

4）由铁素体可锻铸铁经正火而成。把铁素体可锻铸铁重新加热到共析转变温度以上，保温后空冷，基体的铁素体就转变成珠光体了，而团絮状的石墨则保持不变，铁素体可锻铸铁即转变为珠光体可锻铸铁。

6.10　如何加速可锻化退火？

在退火前，对白口铸铁进行预备热处理。先将白口铸铁加热到 900~950℃，保温 0.5~1h，然后快速冷却。根据铸件的形状、大小，可选择在水、油、空气或 250~300℃的盐浴中冷却，以避免产生裂纹。最后再按一般可锻铸铁退火工艺进行退火。与一般可锻化退火工艺相比较，在保证质量的前提下，快速可锻化退火可大大节约时间，缩短生产周期。预备热处理时的冷却速度越快，可锻化退火所需的时间越短。

从显微组织上显示，快速可锻化退火后的石墨颗粒比一般可锻化退火的更细小、更分散。

6.11　球墨铸铁的退火有哪几种？其目的是什么？工艺方法如何？

球墨铸铁的热处理可以像钢一样，凡能改变金属基体的各种热处理方法，对球墨铸铁均有效，其加热冷却过程中的相变原理也与钢相似。球墨铸铁一般可以进行退火、正火、淬火、回火、调质等处理。其退火主要包括去应力退火、低温石墨化退火和高温石墨化退火。

（1）去应力退火　由于球墨铸铁的弹性模量比灰铸铁高，所以铸造后产生的内应力要比灰铸铁高 1~2 倍。如果用球墨铸铁制造形状复杂的零件，产生的内应力会更大。在加工和使用过程中，随着应力逐渐释放，零件会产生变形，影响零件的精度和使用性能。因此，对于不再进行其他热处理的铸件，都应进行去应力退火。

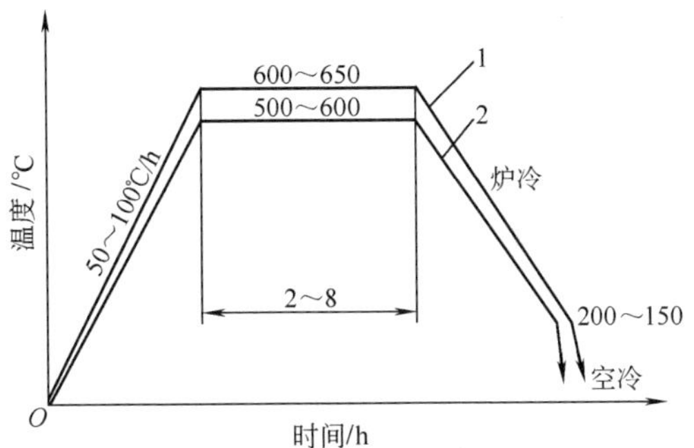

图 6-15　球墨铸铁消除内应力退火工艺曲线
1—铁素体球墨铸铁　2—珠光体球墨铸铁

铁素体球墨铸铁的去应力退火温度为 600~650℃，珠光体球墨铸铁的去应力退火温度为 500~600℃，保温时间为 2~8h。保温后随炉缓冷（25~30℃/h）到 150~200℃出炉空冷。其工艺曲线如图 6-15 所示。去应力退火后铸件的内应力可除去 90%~95%，去应力退火还可用于正火后的球墨铸铁件。

（2）低温石墨化退火　当铁素体球墨铸铁的铸态组织中没有自由渗碳体而出现珠光体时，为了获得完全的铁素体球墨铸铁，得到单一的铁素体基体组织，就需要使珠光体中的共析渗碳体分解为铁素体和石墨，以提高铸件的韧性。对于这种情况，可以采用低温石墨化退火的方式。

低温石墨化退火的加热温度为 720~760℃，保温 2~8h，炉冷至 600℃出炉空冷。有的采用在 720~780℃保温 1~3h，炉冷至 680~700℃等温一定时间（根据具体情况定），炉冷至 600℃出炉空冷，其工艺曲线如图 6-16 所示。

（3）高温石墨化退火　高温石墨退火的目的是消除球墨铸铁的白口，改善可加工性，提高塑性和韧性。

在球墨铸铁的生产过程中，由于化学成分控制不当，或铸铁薄厚不均，冷却速度不均，其铸态组织中往往出现一定数量的自由渗碳体，因而产生白口。由于白口

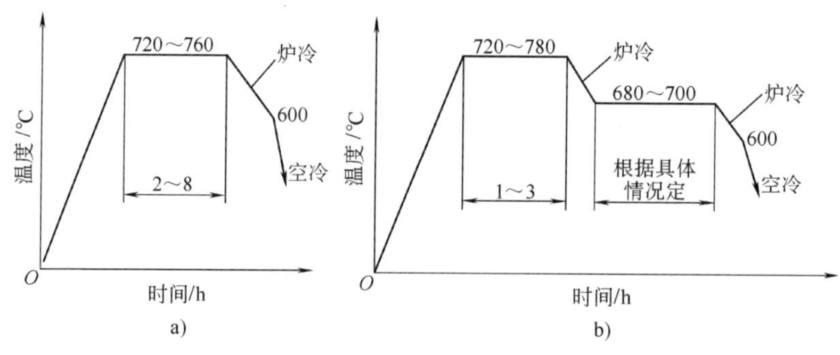

图 6-16　低温石墨化退火工艺曲线

a）普通退火工艺　b）等温退火工艺

硬度高、脆性大，不但使铸件的力学性能受到破坏，还给切削加工带来了很大困难。进行高温石墨化退火可以消除白口，根据所得基体组织的不同，冷却方法不同，高温石墨化退火方法有以下两种：

1）获得珠光体球墨铸铁。将铸件加热到 900～960℃，保温时间为 1～4h（完成第一阶段石墨化），保温后出炉空冷即可，如图 6-17a 所示。

2）获得高韧性的铁素体球墨铸铁。将铸件加热到 900～960℃，保温时间为 1～4h（完成第一阶段石墨化），在高温保温后炉冷到 600℃ 出炉空冷（见图 6-17b 曲线 Ⅰ）；也可以在高温保温后炉冷至 720～760℃ 等温 2～6h（完成第二阶段石墨化），然后炉冷至 600℃ 出炉空冷（见图 6-17b 曲线 Ⅱ）。

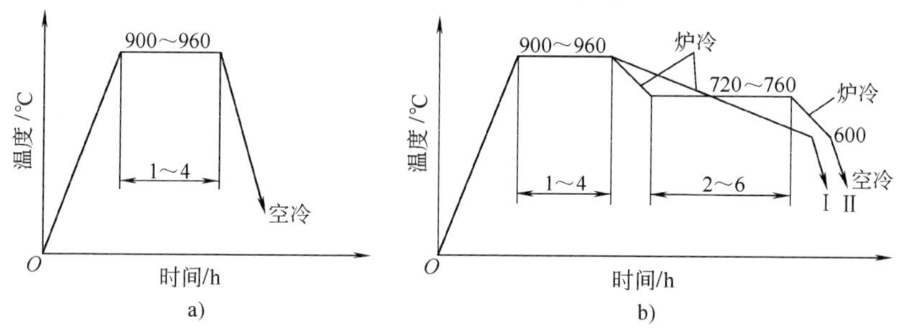

图 6-17　球墨铸铁高温石墨化退火工艺曲线

a）珠光体球墨铸铁退火工艺　b）铁素体球墨铸铁退火工艺

6.12　球墨铸铁正火方法有哪两种？如何制订正火工艺？

球墨铸铁正火的目的是使基体组织中的铁素体全部或部分地转变为珠光体，即增加基体组织珠光体的数量，提高其弥散度，从而提高铸件的强度、硬度和耐磨性。根据正火加热温度的不同，球墨铸铁正火可分为高温正火和低温正火两种。

（1）高温正火——完全奥氏体化正火　高温正火处理的对象是基体组织为铁

素体或铁素体+珠光体的铸件。正火温度为 Ac_1 上限+(30~50)℃，可使基体全部转变为奥氏体，并使奥氏体均匀化。正火温度一般为 880~920℃，保温 1~3h，然后出炉空冷。提高正火温度会增加奥氏体的碳含量，正火后可以增加基体组织中的珠光体量。但过高的正火温度会引起奥氏体晶粒显著长大，正火后会形成网状二次渗碳体，使铸件的力学性能变坏。延长保温时间对增加珠光体量的影响不显著。

提高正火的冷却速度，可以显著增加基体中的珠光体量。因此，正火冷却时，除空冷外，还可采用风冷、喷雾冷却等方式。小件在静止空气中冷却，大件可采用风冷，甚至喷雾强制冷却。强制冷却只在相变区间内应用，随后的冷却就无须风冷或雾冷了，否则会增加铸件的内应力。不同冷却方式对正火后珠光体量的影响见表 6-2。

由于铸铁的导热性差，正火后会产生较大的内应力，特别是风冷和喷雾冷却时，内应力更大。一般情况下，对于形状简单或不重要的铸件，空冷后可不再进行去应力退火；而对风冷或喷雾冷却的铸件，正火后应进行去应力退火。正火及去应力退火工艺曲线如图 6-18 所示。

表 6-2 不同冷却方式对正火后珠光体量的影响

正火工艺			珠光体量（体积分数,%）	备注
加热温度/℃	保温时间/h	冷却方式		
920	1.0	空冷	70~75	正火后进行去应力退火
		风冷	85	
		喷雾	90~95	
900	1.5	空冷	70~75	
		风冷	85	
		喷雾	90~95	

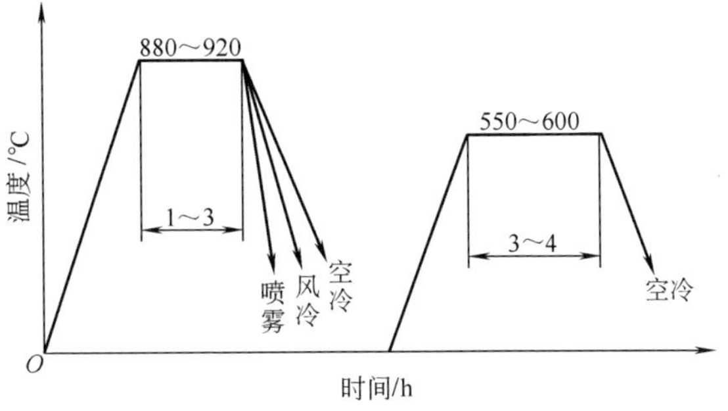

图 6-18 球墨铸铁正火及去应力退火工艺曲线

如果球墨铸铁的铸态组织中有 3%（体积分数）以上自由渗碳体存在，为了消除这些自由渗碳体，可以把正火温度提高到 920~980℃。但在正火冷却时会产生网状二次渗碳体，使铸件塑性和韧性降低。为防止二次渗碳体的析出，采用在 860~880℃保温 1~2h 的高温阶段正火工艺，其工艺曲线如图 6-19 所示。

球墨铸铁高温正火后的金相组织为珠光体基体+少量牛眼状铁素体，具有较高的强度、硬度及较好的耐磨性，抗拉强度可达 700~800MPa，硬度为 250~

300HBW，但塑性和韧性较低。

(2) 中温正火——部分奥氏体化正火　球墨铸铁中温正火的目的是使铸件获得较高的塑性和韧性，并且有一定的强度。

中温正火的加热温度为 Ac_1 下限+(30～50)℃，一般为 800～860℃，保温 1～2h，保温后空冷、风冷或雾冷。加热时，原始组织转变为部分奥氏体+破碎状铁素体+石墨。加热温度越接近 Ac_1 上限，形成的奥氏体量越多，则正火后获得的珠光体量越多。与高温正火相比，其强度相近，硬度和耐磨性则较低，但塑性和韧性较高。中温正火工艺曲线如图 6-20 所示。中温正火后也应进行去应力退火。

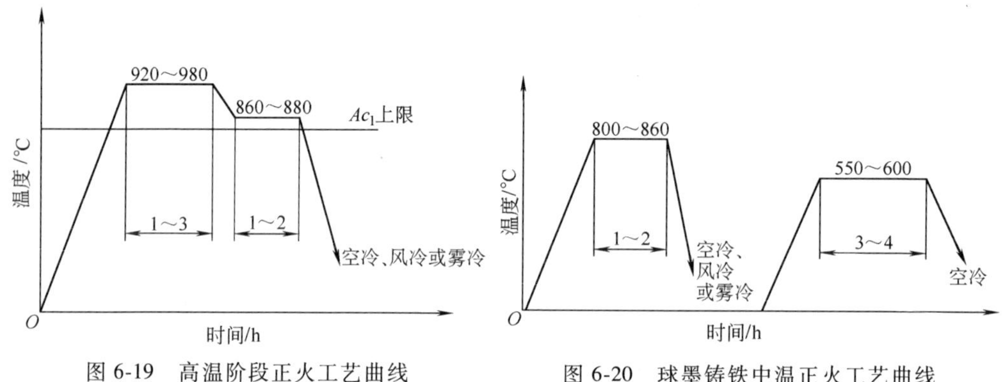

图 6-19　高温阶段正火工艺曲线

图 6-20　球墨铸铁中温正火工艺曲线

6.13　如何制订球墨铸铁淬火与回火工艺?

球墨铸铁淬火的目的是为了获得马氏体基体组织，以提高工件的耐磨性，并获得良好的综合力学性能。

(1) 淬火

1) 淬火温度。球墨铸铁淬火温度的选取原则是，在保证能完全奥氏体化的条件下，尽量采用较低的淬火温度，以便获得碳含量较低的细小针状马氏体，通常选择 Ac_1 上限+(30～50)℃，即 860～900℃之间。过高的淬火温度会使奥氏体晶粒粗化，并提高奥氏体的稳定性，使淬火后残留奥氏体量增加，影响铸件的力学性能。

2) 保温时间。保温时间的选取原则是应能保证奥氏体被饱和，由于铸铁的导热性比钢差，所以保温时间应比钢延长 0.5～1 倍。当铸件的组织不均匀或铁素体量较多时，保温时间取上限；反之取下限。在盐浴炉中加热时，加热系数取 45～60s/mm；在箱式炉中加热时，加热系数取 1.5～2.0min/mm。

3) 冷却。由于石墨阻碍冷却时热量散出，所以铸铁的冷却比钢慢，但铸铁对淬火冷却介质的冷却性能不如钢敏感，油冷和水冷后的硬度差不多。通常，为了减少淬火变形和防止开裂，大多数采用油冷；只有形状简单、要求硬度较高的铸件才用水冷，但应严格掌握水中停留的时间，应在 200℃左右出水空冷，并及时回火。

球墨铸铁淬火工艺曲线如图 6-21 所示。

(2) 回火 球墨铸铁淬火后虽然硬度很高，可达 58～60HRC，但内应力和脆性较大，应及时回火，以防变形和开裂。

1) 回火温度。球墨铸铁的回火也分为高温回火（500～600℃）、中温回火（350～500℃）和低温回火（140～250℃）三种。应当注意球墨铸铁的回火温度不可超过600℃；否则，回火过程中析出的渗碳体便开始分解为石墨，使铸件性能下降。

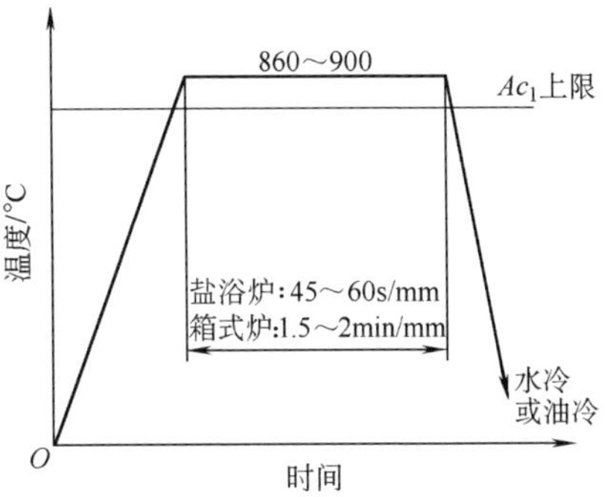

图 6-21 球墨铸铁淬火工艺曲线

2) 保温时间。一般保温时间为 2～4h，应根据铸件大小及装炉量确定。回火后的冷却一般为空冷，不能炉冷，以免冲击韧性下降。

球墨铸铁回火过程中，基体组织的转变与钢相同。球墨铸铁淬火件回火温度与硬度的关系见表 6-3。

球墨铸铁淬火后，经 350～500℃回火后，组织为回火屈氏体+少量残留奥氏体+球状石墨，经 140～250℃回火后，组织为回火马氏体+少量残留奥氏体+球状石墨。

表 6-3 球墨铸铁淬火件回火温度与硬度的关系

要求硬度 HRC	回火温度/℃	回火保温时间
35～40	400～450	按铸件淬火加热时间的 2 倍计算
>40～45	250～300	
>45～50	<250	
>50	<180	

6.14 如何制订球墨铸铁调质处理工艺?

球墨铸铁件要求高强度、高冲击韧性时，可采用调质处理。其工艺曲线如图 6-22 所示。调质后的组织为回火索氏体+少量铁素体+球状石墨。回火后一般为空冷，为避免产生第二类回火脆性，可采用风冷、油冷或水冷，但应进行去应力处理。

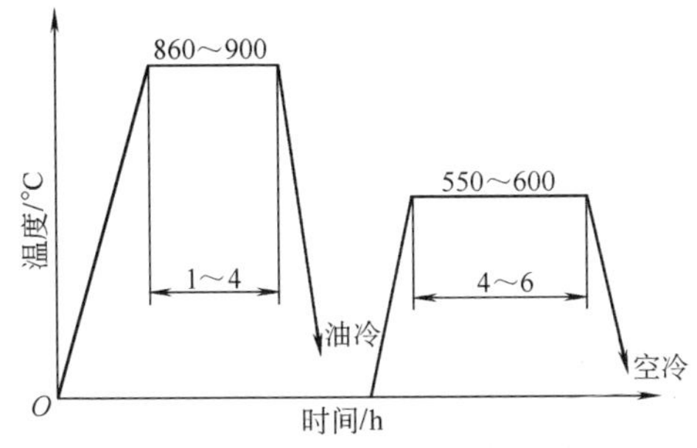

图 6-22 球墨铸铁调质处理工艺曲线

6.15 如何制订球墨铸铁等温淬火工艺?

球墨铸铁等温淬火是获得高强度球墨铸铁的重要热处理方法，在生产中的应用日益广泛。

（1）淬火加热 球墨铸铁的等温淬火与钢相似，淬火温度在奥氏体转变终了温度以上30~80℃，一般为860~900℃。球墨铸铁中硅含量高者取上限，原始组织中铁素体多时取上限，反之取下限。当要求获得上贝氏体组织时，可将淬火温度提高到900~950℃，由于奥氏体中的碳含量较高，降低了形成上贝氏体的下限温度，有利于上贝氏体的形成。

加热保温时间的确定，应以铸件均匀热透和奥氏体均匀化为原则。在盐浴炉中加热时，加热系数为40~45s/mm，在箱式炉中加热时，加热时间应增加到2~3倍。一般基体中铁素体多时取上限，以珠光体为基体的球墨铸铁及返修品取下限。

（2）等温温度 等温温度应根据对铸件要求的力学性能来确定。在250℃以下等温淬火时，组织为大量针状马氏体+残留奥氏体。这种组织硬度虽高，但综合性能不好。在250~350℃等温淬火时，可以得到下贝氏体+残留奥氏体+少量马氏体组织。在此温度区间，随着等温温度的升高，强度、硬度降低，而塑性和韧性提高；在350℃塑性和韧性达到最高值；再继续提高等温温度则得到上贝氏体+残留奥氏体+极少量马氏体的组织，强度、硬度及塑性、韧性都降低。所以，等温淬火的等温温度应在250~350℃之间选择，一般为260~300℃。铸件等温淬火后得到以下贝氏体为主的组织，既保持了高硬度，又有一定的塑性和韧性，具有良好的综合力学性能。当工件要求以强度、硬度和耐磨性为主时，等温温度可取下限；以塑性、韧性为主时，则取上限。

（3）等温时间 随着等温时间的延长，硬度逐渐下降，冲击韧性上升。等温时间的选择，既要保证工件组织完全转变，又要兼顾对力学性能的影响。等温时间一般为60~90min。

等温淬火工艺曲线如图6-23所示。等温淬火后应及时回火，回火温度应根据要求的硬度而定。

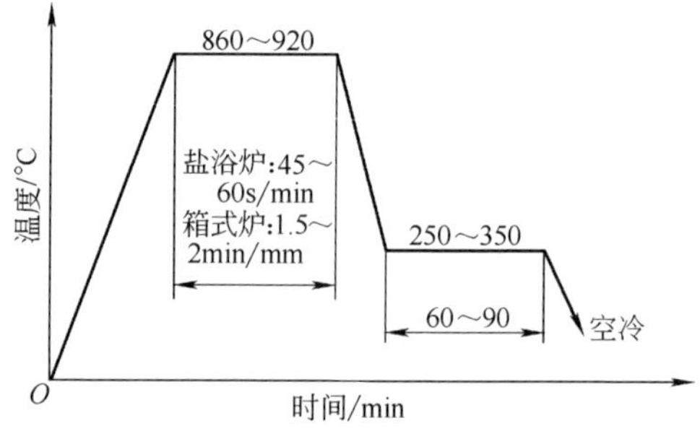

图6-23 球墨铸铁等温淬火工艺曲线

等温淬火比普通淬火内应力小，畸变和开裂倾向也小，所以等温淬火适用于形状复杂和截面尺寸不大（有效厚度≤30mm）的铸件。

6.16 球墨铸铁感应淬火前为什么要进行预备热处理？如何进行淬火？

球墨铸铁有时需要进行表面淬火，应用较多的是感应淬火。球墨铸铁感应淬火前必须进行预备热处理，为淬火做好组织准备。预备热处理通常为正火，以保证基体组织中珠光体的体积分数在75%以上，感应淬火后才能达到要求的硬度。

球墨铸铁感应淬火温度较球墨铸铁普通淬火温度稍高，一般为900~950℃；加热速度应比钢感应淬火的加热速度稍低些，一般为75~150℃/s。淬火冷却介质为水或油，水冷时注意不要冷透。球墨铸铁感应淬火后表面层组织为细针状马氏体+球状石墨，过渡层为小岛状马氏体+细小的铁素体。淬火后及时回火，回火温度根据要求的硬度而定。

6.17　白口铸铁如何进行热处理?

白口铸铁的热处理主要是去应力退火和淬火+回火。

（1）去应力退火　高合金白口铸铁的去应力退火温度一般为800~900℃，保温时间为1~4h，然后随炉冷却（30~50℃/h）至100~150℃出炉空冷。

（2）淬火+回火　淬火+回火工艺主要应用于低碳、低硅、低硫、低磷的合金白口铸铁。淬火温度为850~900℃，在油或180~240℃硝盐中冷却。回火温度为180~200℃，90~120min。等温淬火加热温度为（900±10）℃，保温时间为1h，等温温度为（290±10）℃，等温时间为1.5h。

6.18　如何制订抗磨白口铸铁的热处理工艺?

抗磨白口铸铁件的热处理工艺，除与铸件的化学成分有关外，还与其结构、壁厚、装炉量和使用条件等因素有关。在实际生产中，可根据具体情况参照表6-4制订抗磨白口铸铁的热处理工艺。

表6-4　抗磨白口铸铁的热处理工艺

牌　号	软化退火处理	硬化处理	回火处理
BTMNi4Cr2-DT	—	430~470℃保温4~6h,出炉空冷或炉冷	在250~300℃保温8~16h,出炉空冷或炉冷
BTMNi4Cr2-GT			
BTMCr9Ni5	—	800~850℃保温6~16h,出炉空冷或炉冷	
BTMCr8	920~960℃保温,缓冷至700~750℃保温,缓冷至600℃以下出炉空冷或炉冷	940~980℃保温,出炉后以合适的方式快速冷却	在200~550℃保温,出炉空冷或炉冷
BTMCr12-DT		900~980℃保温,出炉后以合适的方式快速冷却	
BTMCr12-GT		900~980℃保温,出炉后以合适的方式快速冷却	
BTMCr15		920~1000℃保温,出炉后以合适的方式快速冷却	
BTMCr20	960~1060℃保温,缓冷至700~750℃保温,缓冷至600℃以下出炉空冷或炉冷	950~1050℃保温,出炉后以合适的方式快速冷却	
BTMCr26		960~1060℃保温,出炉后以合适的方式快速冷却	

6.19　蠕墨铸铁如何进行热处理?

蠕墨铸铁的热处理包括石墨化退火、正火和淬火。

(1) 石墨化退火　退火温度为920℃，保温时间为3h，以40℃/h冷却至700℃后炉冷。基体组织以铁素体为主。

(2) 正火　正火温度为880~1000℃，保温时间为3~4h，冷却方式为风冷。形状复杂或要求严格的工件正火后可在550~600℃回火。

(3) 淬火　蠕墨铸铁可进行整体淬火、等温淬火和表面淬火。

1) 整体淬火。淬火温度为880~1000℃，保温时间按铸件壁厚1~1.5min/mm计算。冷却方式为油冷或水冷。回火温度应低于550℃，一般为200~500℃。400~500℃回火后抗拉强度最高。

2) 等温淬火。淬火温度为880~1000℃，保温时间按铸件壁厚1~1.5min/mm计算。等温温度为250~270℃，等温时间为2h。

3) 表面淬火。工件经石墨化退火后，可进行高频感应淬火。

6.20　铸铁退火和正火时应注意哪些事项?

铸铁的去应力退火、石墨化退火、正火等一般在箱式炉、台车炉或燃料炉进行。

(1) 准备

1) 铸件准备。将铸件冒口、型砂等清除干净。

2) 设备准备。检查所用的加热炉，清理炉膛，燃料炉要清理燃烧室、烟道、检查烧嘴等。

3) 检查测温仪表是否正常。

(2) 装炉

1) 同炉处理的铸件有效厚度力求接近。

2) 铸件放置要平稳，大件、长件要有支撑。

3) 多层装炉时，铸件与炉底、铸件与铸件之间保持一定间距，各层的支撑位置应在一条垂线上，以防弯曲变形。

4) 铸件不要放在热源或火口处，以防过热或过烧。

5) 石墨化退火的铸件应装入退火箱或罐中，在铸件周围填充砂子等中性材料，加盖后再用水玻璃耐火水泥密封，晾干后再入炉。

6) 装炉温度一般在300℃以下，复杂铸件应在200℃以下。

(3) 操作要点

1) 升温。由于铸件应力大，热传导慢，升温速度应慢些，一般为80~100℃/h。

2) 保温。按工艺加热到规定温度，并保温足够的时间。

3) 等温。需要等温处理的铸件，一般为炉冷至等温温度，按规定时间保温。

4) 冷却。退火处理一般为随炉冷却，冷却速度为50℃/h，精密铸件冷却速度为 20℃/h。

正火处理根据工艺规定或铸件形状、厚度，可采用不同的冷却方法，一般铸件采用空冷，大件可采用风冷或雾冷。风冷或雾冷只在相变区内应用，在相变点以下即停止吹风或喷雾，空冷即可。不可放在有水的地方。

去应力退火时，炉冷至 150~200℃出炉，将铸件置于干燥处自然空冷。灰铸铁高温退火时，炉冷至 400~500℃，出炉空冷。可锻铸铁退火时，炉冷至 600~650℃出炉空冷。球墨铸铁石墨化退火时，炉冷至 600℃出炉空冷。

6.21 铸铁淬火及回火时应注意什么?

1）灰铸铁的淬火主要是机床导轨的表面淬火，一般采用火焰淬火，高、中频感应淬火和接触电阻加热淬火，其中接触电阻加热淬火的应用越来越广。

2）球墨铸铁淬火时多用油冷，用水冷时不可冷透，在冷至 200℃左右时必须出水空冷。应及时回火，回火温度不得超过 600℃。

3）球墨铸铁用盐浴炉加热时，由于铸铁较疏松，盐浴容易渗入，以致清洗困难，易产生腐蚀现象，应予注意。

4）等温淬火的热浴应有足够的冷却能力，在工件淬入后仍能保持恒温。

6.22 铸铁热处理常见缺陷有哪些？如何防止？

铸铁热处理常见缺陷及防止方法见表 6-5。

表 6-5 铸铁热处理常见缺陷及防止方法

缺陷名称	产生原因	防止方法
灰铸铁件退火硬度太低	退火温度过高	先正火一次，再按正常工艺退火
消除白口组织退火后，硬度仍很高	退火温度太低，保温时间不足	按正常工艺重新退火，严格控制工艺参数
	冷却速度过快	控制冷却速度
过热、过烧	加热温度过高，高温阶段保温时间过长	过热件按正常加热温度重新处理
	炉温不均，局部温度过高	注意铸件与电热元件或烧嘴的距离
变形	装炉不合理，工件相互挤压，未垫实或支点少	合理装炉，增加支点，避免挤压
	加热速度过快，加热温度不均匀，冷却过快	严格控制加热温度、加热速度和冷却速度
	淬火时冷却速度过快	采用油淬或等温淬火

（续）

缺陷名称	产生原因	防止方法
裂纹	冷铸件入炉时，炉温过高或低温时升温太快，热应力太大	控制装炉温度及升温速度
	铁液质量不好，冒口补缩不好	气割冒口时增大留量
	调质淬火时应力大，高温回火入炉温度高，升温速度过快	控制淬火冷却时间、回火入炉温度及升温速度
可锻铸铁中有游离渗碳体存在	第一阶段石墨化温度过低或保温时间不足	按工艺重新退火，再正常操作
铁素体可锻铸铁中条状珠光体数量太多	第二阶段石墨化保温时间短或冷却方法不当	在710~730℃重新退火，并控制好保温时间及冷却速度

第7章　有色金属及其合金的热处理

7.1　铜及铜合金的热处理工艺有哪些?

铜及铜合金热处理工艺主要有以下几种:

(1) 均匀化退火　其目的在于消除铸锭成分偏析或晶粒内部偏析，改善组织的均匀性，提高合金的延展性和韧性。该工艺适用于白铜、锡青铜、硅青铜、铍铜、铜镍合金铸件和铸坯。

(2) 去应力退火　其目的是消除冷变形加工、铸造和焊接过程中产生的内应力，稳定冷变形或焊接件的尺寸和性能，防止工件在切削过程中产生变形。该工艺适用于经冷变形加工的所有铜合金。

(3) 再结晶退火　其目的是消除加工硬化，恢复塑性，细化晶粒。该工艺适用于经冷变形加工的黄铜、铝青铜、锡青铜。

(4) 光亮退火　其目的是防止工件加热时氧化，提高工件表面质量。该工艺适用于表面质量要求高的零件。

(5) 固溶处理和时效　其目的是提高合金的强度和硬度。该工艺适用于铝青铜、铍铜。

7.2　加工铜再结晶退火的目的是什么? 如何制订再结晶退火工艺?

加工铜一般只进行再结晶退火。其目的是改善晶粒度，消除内应力，使金属软化。

加工铜再结晶退火温度可在380~680℃之间选择，材料的有效厚度大者选上限，小者选下限。保温时间根据有效厚度选择，一般为30~90min。保温后在清水或空气中冷却，水冷可使工件表面光洁。加工铜的再结晶退火工艺见表7-1。

表 7-1　加工铜的再结晶退火工艺

产品类型	牌号	规格尺寸/mm	退火温度/℃	保温时间/min	冷却方式
管材	T1、T2、T3、TP1、TU1、TU2	≤ϕ1.0	470~520	40~50	水或空气
		ϕ1.05~ϕ1.75	500~550	50~60	
		ϕ1.8~ϕ2.5	530~580	50~60	
		ϕ2.6~ϕ4.0	550~600	50~60	
		>ϕ4.0	580~630	60~70	
棒材	T2、TU1、TU2、TP1	软制品	550~620	60~70	
带材	T2	δ≤0.09	290~340	—	
		δ=0.1~0.25	340~380		
		δ=0.3~0.55	350~410		
		δ=0.6~1.2	380~440		
线材	T2、T3	ϕ0.3~ϕ0.8	410~430	—	

注：δ为带材厚度。

7.3　加工高铜的热处理有哪几种？如何制订热处理工艺？

加工高铜的热处理有去应力退火、中间退火、固溶处理和时效。

（1）加工高铜的去应力退火　加工高铜的去应力退火温度见表 7-2。

表 7-2　加工高铜的去应力退火温度

牌号	退火温度/℃	牌号	退火温度/℃
TBe2	150~200	TMg0.8	200~250
TBe1.9	150~200		

（2）加工高铜的中间退火　加工高铜的中间退火温度见表 7-3。

表 7-3　加工高铜的中间退火温度

牌号	有效厚度/mm			
	≤0.5	>0.5~1	>1~5	>5
	退火温度/℃			
TCd1	540~560	560~580	570~590	680~750
TBe1.7	640~680	670~720	670~720	680~750
TBe1.9	640~680	670~720	670~720	680~750
TBe2	640~680	650~700	670~720	—
TMg0.8	540~560	560~580	570~590	600~660
TCr0.5	500~550	530~580	570~600	580~620

（3）固溶处理和时效　铍铜是一种典型的沉淀硬化型合金，经固溶时效处理后，晶粒细化，硬度和强度提高，接近中强度钢的水平。铍铜的固溶处理及时效工艺见表7-4。铍铜薄板、带材及厚度很小的工件固溶处理时的保温时间见表7-5。铬铜和锆铜的固溶处理和时效工艺见表7-6。

表7-4　铍铜的固溶处理及时效工艺

牌　号	固溶处理温度/℃	时　效	
		温度/℃	时间/h
TBe2	780~790	320~350	1~3
		350~380	0.25~1.5
TBe1.9	780~800	315~340	1~3
		350~380	0.25~1.5
TBe1.7	780~800	300~320	1~3
		350~380	0.25~1.5
TBe0.6-2.5	920~930	450~480	
TBe0.3-1.5	925~930	450~480	
TBe0.4-1.8	950~960	450~500	

表7-5　铍铜薄板、带材及厚度很小的工件固溶处理时的保温时间

有效厚度/mm	<0.13	0.11~0.25	0.25~0.76	0.74~2.30
保温时间/min	2~6	3~9	6~10	10~30

表7-6　铬铜和锆铜的固溶处理和时效工艺

牌号	固溶处理		时效		硬度HBW
	温度/℃	时间/min	温度/℃	时间/h	
TCr0.5	1000~1020	20~40	440~470	2~3	110~130
	950~980	30	400~450	6	
TZr0.2	900~920	15~30	420~450	2~3	
TZr0.4	920~950	15~35	500	1	

7.4　加工黄铜的热处理有哪几种？如何制订热处理工艺？

加工黄铜的热处理主要是退火，包括去应力退火和再结晶退火。

（1）去应力退火　加工黄铜的去应力退火温度见表7-7。采用较高的去应力退火温度，可适当缩短保温时间。根据有效厚度的不同，保温时间一般为30~60min，保温后空冷。

（2）再结晶退火　黄铜常用的再结晶退火温度为450~650℃。黄铜冷加工中间退火温度见表7-8。

表 7-7 加工黄铜的去应力退火温度

牌号	退火温度/℃	牌号	退火温度/℃
H95	150~170	HSn90-1	200~350
H90	200	HSn70-1	300~350
H85	160~200	HSn62-1	350~370
H80	200~210	HSn60-1	350~370
H70	250~260	HMn58-2	250~350
H68	250~260	HMn57-3-1	200~350
H65	260	HAl77-2	300~350
H62	260~270	HAl59-3-2	350~400
HPb59-1	280	HAl60-1-1	300~350
HPb63-3	200~350	HNi65-5	300~400
HFe59-1-1	200~350	HNi56-3	300~400

表 7-8 黄铜冷加工中间退火温度

牌号	有效厚度/mm			
	≤0.5	>0.5~1	>1~5	>5
	退火温度/℃			
H95	450~550	500~540	540~580	560~600
H90	450~560	560~620	620~680	650~720
H80	500~560	540~600	580~650	650~700
H70	520~550	540~580	580~620	600~650
H68	440~500	500~560	540~600	580~650
H62	460~530	520~600	600~660	650~700
H59	460~530	520~600	600~660	650~700
HPb63-3	480~540	520~600	540~620	600~650
HPb59-1	480~550	550~600	580~630	600~650
HSn90-1	450~560	560~620	620~680	650~720
HSn70-1	450~500	470~560	560~620	600~650
HSn62-1	500~550	520~580	550~630	600~650
HSn60-1	500~550	520~580	550~630	600~650
HMn58-2	500~550	550~600	580~640	600~660
HFe59-1-1	420~480	450~550	520~620	600~650
HAl59-3-2	450~500	540~580	550~620	600~650
HNi65-5	570~610	590~630	610~660	620~680

（3）固溶处理和时效　一般黄铜合金不能进行固溶处理和时效强化处理，只有铝的质量分数大于 3%的铝黄铜才可以。铝黄铜 HAl59-3-2 固溶处理温度为 800℃，时效温度为 350~450℃。

7.5 加工青铜的热处理有哪几种？如何制订热处理工艺？

加工青铜的热处理主要有均匀化退火、去应力退火、中间退火、最终退火、固溶处理和时效。

（1）均匀化退火 锡青铜的均匀化退火温度为625～725℃，保温时间为4～6h，保温后随炉冷却。

（2）去应力退火 青铜的去应力退火温度见表7-9。保温时间一般为30～60min，保温后空冷。

表7-9 青铜的去应力退火温度

牌号	退火温度/℃	牌号	退火温度/℃
QSn4-3	250～300	QAl5	300～360
QSn4-0.3	200	QAl7	300～360
QSn4-4-4	200～250	QAl9-2	275～300
QSn6.5-0.4	250～270	QAl9-4	275～300
QSn6.5-0.1	250～300	QSi3-1	280
QSn7-0.2	250～300	QSi1-3	290

（3）中间退火 青铜在压力加工过程中须进行中间退火。青铜的中间退火温度见表7-10。

表7-10 青铜的中间退火温度

牌号	有效厚度/mm			
	≤0.5	>0.5～1	>1～5	>5
	退火温度/℃			
QSn4-3	460～500	500～600	580～630	600～650
QSn4-4-2.5	450～520	520～600	550～620	580～650
QSn4-4-4	440～490	510～560	540～580	590～610
QSn6.5-0.1	470～530	520～580	580～620	600～660
QSn6.5-0.4	470～530	520～580	580～620	600～660
QSn7-0.2	500～580	530～620	600～650	620～680
QSn4-0.3	450～500	500～560	570～610	600～650
QAl5	550～620	620～680	650～720	700～750
QAl7	550～620	620～680	650～720	700～750
QAl9-2	550～620	600～650	650～700	680～740
QAl9-4	550～620	600～650	650～700	680～740
QAl10-3-1.5	550～620	600～680	630～700	650～750
QAl10-4-4	550～610	600～650	620～700	650～750
QAl11-6-6	550～620	620～670	650～720	700～750
QSi1-3	480～520	500～600	600～650	650～700
QSi3-1	480～520	500～600	600～650	650～700
QMn1.5	480～520	500～600	600～650	650～700
QMn5	480～520	500～600	600～650	650～700

（4）最终退火 铝青铜的退火温度见表7-11。锡青铜的退火温度见表7-12。

青铜合金预冷变形 60%后最佳退火工艺见表 7-13。

表 7-11　铝青铜的退火温度

牌号	退火温度/℃	牌号	退火温度/℃
QAl9-2	650~750	QAl10-3-1.5	650~750
QAl9-4	700~750	QAl10-4-4	700~750

表 7-12　锡青铜的退火温度

牌　　号	规格	退火温度/℃
QSn6.5-0.1	棒材(硬)	250~300
QSn6.5-0.4	ϕ0.3~ϕ0.6mm 线材(软)	420~440
QSn7-0.2		

表 7-13　青铜预冷变形 60%后最佳退火工艺

牌号	退火工艺		弹性极限/MPa			硬度　HV
	退火温度/℃	时间/min	$\sigma_{0.002}$	$\sigma_{0.005}$	$\sigma_{0.01}$	
QSn4-3	150	30	463	532	593	218
QSn6.5-0.1	150	30	489	550	596	—
QSi3-1	275	60	494	565	632	210
QAl7	275	30	630	725	790	270

（5）固溶处理和时效　w(Al)>9%的铝青铜经固溶处理和时效后，其强度显著提高；如果在时效前增加一次预先冷变形，强化效果更佳。铝青铜与硅青铜的固溶处理和时效工艺见表 7-14。

表 7-14　铝青铜与硅青铜的固溶处理和时效工艺

牌号	固溶处理			时效		硬度
	温度/℃	时间/h	冷却介质	温度/℃	时间/h	HBW
QAl9-2	800	1~2	水	350		150~187
QAl9-4	950	1~2	水	250~350	2~3	170~180
QAl10-3-1.5	830~860	1~2	水	300~350		207~285
QAl10-4-4	920	1~2	水	650		200~240
QAl11-6-6	925	1.5	水	400	24	365HV
QSi1-3	850	2	水	450	1~3	130~180
QSi3-1	790~810	1~2	水	410~470	1.5~2	130~180

7.6　加工白铜的热处理有哪几种？如何制订热处理工艺？

加工白铜的热处理主要是均匀化退火、去应力退火、中间退火及成品的最终退火。

（1）均匀化退火　白铜铸造后，铸锭晶内偏析严重，必须进行均匀化退火，以消除这种组织缺陷。白铜的均匀化退火工艺见表 7-15。

（2）去应力退火　白铜的去应力退火工艺见表 7-16。

（3）中间退火　白铜制品的中间退火温度见表 7-17。

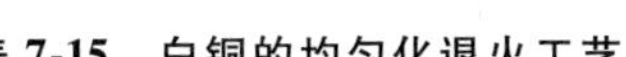

表 7-15 白铜的均匀化退火工艺

牌号	退火温度/℃	保温时间/h	冷却方式
B19、B30	1000~1050	3~4	炉冷
BMn3-12	830~870	2~3	
BMn40-1.5	1050~1150	3~4	
BZn15-20	940~970	2~3	

表 7-16 白铜的去应力退火工艺

牌号	退火温度/℃	保温时间/min	冷却方式
B19、B30	250~300	30~60	空冷
BMn3-12	300~400		
BZn15-20	325~370		

表 7-17 白铜制品的中间退火温度

牌号	有效厚度/mm			
	≤0.5	>0.5~1	>1~5	>5
	退火温度/℃			
B19、B25	530~620	620~700	700~750	750~780
BMn3-12	520~600	600~700	680~730	700~750
BMn40-1.5	550~600	600~750	750~800	800~850
BAl6-1.5	550~600	580~700	700~730	700~750
BAl13-3	550~600	580~700	700~730	700~750
BZn15-20	520~600	600~700	680~730	700~750

(4) 最终退火 白铜棒材、线材成品的最终退火温度见表 7-18。

表 7-18 白铜棒材、线材成品的最终退火温度

牌号	直径/mm		退火温度/℃	
			半硬	软
BZn15-20	棒材		400~420	650~700
	线材 $\phi0.3 \sim \phi6.0$			600~620
BMn3-12	线材 $\phi0.3 \sim \phi6.0$			500~540
BMn40-1.5	线材	$\phi0.3 \sim \phi0.8$		670~680
		$\phi0.85 \sim \phi2.0$		690~700
		$\phi2.1 \sim \phi6.0$		710~730

7.7 铜及铜合金热处理时，如何选择加热炉炉气类型？

铜及铜合金热处理时，加热应在真空炉或保护气氛炉中进行，以避免氧化，保持光亮的表面，实现光亮退火。

常用的保护气氛有水蒸气、分解氨、完全燃烧的碳氢化合物、氮气、干燥的氢气以及其他可燃气体等。热处理加热时，应根据合金种类的不同，选取合适的保护气氛。

铜及铜合金加热时常用的炉气类型见表 7-19。

表 7-19　铜及铜合金加热时常用的炉气类型

炉气类型	性　质	组分(体积分数,%)						适宜铜合金类型
		N_2	H_2	CO	CO_2	O_2	CH_n	
完全燃烧的碳氢化合物	低放热性,不纯,不可燃,轻微还原性	83~89	0.2~0.5	0.5~1.0	10~14	—	0~1	纯铜、白铜
完全燃烧的碳氢化合物(去除 CO_2 及 H_2O)	低放热性,不纯,不可燃,中性	95~99	0.5~3	0.5~3	微	—	0~1	黄铜、硅青铜、铝青铜
	高放热性,纯,可燃,有毒,还原性	71	12	15	0.1	—	2	黄铜、白铜
完全反应的碳氢化合物	高吸热性,干,还原性	28~40	40~46.5	19~25	微	—	0.4~1	黄铜、硅青铜、铝青铜、白铜
分解氨	未燃烧,可燃,还原性	25	75	—	—	—	—	铍铜、铬铜、黄铜、硅青铜、铝青铜、白铜
氮气	纯,中性	96~99	1	—	—	—	—	黄铜
二氧化碳	不纯,惰性	—	—	—	99.8	0.2	—	纯铜
水蒸气	不纯,中性	—	—	—	—	—	—	w(Zn)<15%的黄铜、铝青铜
氨燃烧气氛	必须除去氧,以防爆炸		2					w(Zn)<15%的黄铜、铝青铜
纯氢	干燥		≥99.99					铍铜、铬铜、铝青铜、硅青铜
真空或低真空	有脱锌现象	低真空时,真空度为1.33Pa						铜合金(含锌较高的合金除外)

7.8　铜及铜合金热处理的操作要点有哪些？应注意哪些事项？

(1) 操作要点

1) 退火的工件或原材料表面应清洁，无油污及其他腐蚀性物质。

2) 薄壁工件及细长杆类工件应装夹具或吊装退火。

3) 纯铜再结晶退火时要水冷，以保表面光洁。

4) 固溶处理温度应严格控制在±5℃以内。

5) 黄铜在含氧含硫气体中加热时，容易氧化变色，但所形成的ZnO和ZnS在600℃下非常致密，对内部金属有保护作用，可防止其进一步氧化。

6) 由于铍铜在冷却时相变进行得很快，因此操作时要尽量缩短淬火转移时间，操作要特别迅速，在空气中停留的时间不得大于5s。淬火冷却介质为清洁的水，水温应在10℃以下，为保持水的温度，可放入冰块降温。对于形状复杂的工件，为减少淬火变形，也可采用油淬。

7）在不具备保护气氛的条件下，铍铜的固溶处理在空气电炉或煤气炉中进行时，淬火后应进行酸洗，以去除氧化皮。

8）为保证铍铜工件时效后的尺寸精度，可用夹具将工件夹持加压后进行时效；也可采用两段时效法，第一段时效时不装夹具，第二段时效为装夹具时效。

9）在大批量生产中，可采用真空（含锌较高的合金除外）或低真空与通入氮或氩相配合的方法。

（2）注意事项

1）当加热温度高于700℃时，水蒸气在铁触媒的作用下会分解成H_2和O_2，使铜氧化和变脆。

2）气氛中含有硫时，会加重铜的氧化。

3）纯铜在含有CO_2的气氛中加热会发生轻微氧化，在CO气氛中加热，表面会发生还原反应，使表面氧化物还原。

4）黄铜在保护气氛和真空中加热时，有脱锌现象，而在纯氮气氛中加热时的保护效果较好。

5）铍铜不能在盐浴炉中进行固溶处理，因为大多数熔盐都会使合金表面发生晶间腐蚀和脱铍。

6）使用分解氨气时，通过燃烧来减少氢含量，使其中的水蒸气完全排除。

7）使用水蒸气时，管道中的积水必须排出方可通气；为防止冷却时合金表面产生水迹，冷却时用不完全燃烧的炉气保护。

8）使用氨气时必须除去氧，以防爆炸。

7.9 变形铝合金退火方法有哪几种？退火的目的是什么？如何处理？

变形铝合金的退火可分为去应力退火和再结晶退火两种。退火的目的是清除变形铝合金中的残余应力，使组织均匀，以改善其使用性能和工艺性能。

（1）去应力退火 去应力退火是一个回复过程。通过消除应力，可以减小合金的应力腐蚀倾向，使组织和性能稳定。表7-20中列出了几种铝合金的去应力退火工艺。

表7-20 几种铝合金的去应力退火工艺

牌号	退火温度/℃	保温时间/h
5A02	150～180	1～2
5A03	270～300	1～2
3A21	250～280	1～2.5

(2) 再结晶退火　两次冷轧间的中间退火的目的是细化晶粒，降低硬度，提高塑性，充分消除残余应力，使下一步变形加工易于进行。再结晶退火温度高于合金的再结晶温度，保温后缓慢冷却或空冷。

退火温度的选择原则为：经热处理强化后的铝合金，为消除冷作硬化效应，以利于继续进行变形加工，应选择上限退火温度。对形状复杂、要求塑性较高的铝合金加工件，也采用较高的再结晶退火温度。对于要求具有一定强度和硬度的铝合金工件，则可选取下限退火温度。对于变形程度大的工件，也应选择较低的退火温度。变形铝合金的再结晶退火工艺见表7-21。变形铝合金热处理强化后的再结晶退火工艺见表7-22。

表7-21　变形铝合金的再结晶退火工艺

牌号	退火温度/℃	保温时间/min		冷却方法	备　注
		厚度≤6mm	厚度>6mm		
工业纯铝	350~400	热透为止	30	空冷或炉冷	1)表中所列是在空气循环炉中的加热制度。盐浴加热时，保温时间可按表中数据缩短1/3，在静止空气炉中应增加1/2 2)工件厚度>10mm的工件在硝盐槽内加热时，厚度每增加1mm应增加2min，在空气循环炉中则应增加3min 3)3A21在硝盐槽中加热时，加热温度为450~500℃
3A21	350~420				
5A02	350~400				
5A03	350~400				
5A05	310~335				
5A06	310~335				
2A11	350~370	40~60	60~90	炉冷	
2A12	350~370				
2A16	350~370				
6A02	350~370				
2A50	350~400				
2B50	350~400				
2A14	350~370				
7A04	370~390				

表7-22　变形铝合金经热处理强化后的再结晶退火工艺

牌号	退火温度/℃	保温时间/h	冷却方式
2A06	390~420	1~2	以30℃/h的速度冷至260℃，然后空冷
2A11	390~420		
2A12	390~420		
2A16	390~420		
2A02	390~420		
7A04	390~430		

7.10 变形铝合金固溶处理的目的是什么？如何制订固溶处理工艺？

固溶处理和时效是变形铝合金（除防锈铝外）的主要热处理工艺。变形铝合金固溶处理的目的是为了获得最大饱和度的固溶体，并经过时效后，具有较高的力学性能。

铝合金中的合金元素都能溶于铝，形成以铝为基的固溶体。将铝合金加热至一定温度，保温后迅速冷却，可获得过饱和固溶体。这种操作属于淬火，但对铝合金而言称为固溶处理。

（1）固溶处理温度　为使铝合金具有较高的力学性能，固溶处理温度的选择原则是：①使强化相最大限度地溶入固溶体；②必须防止过烧。铝合金的固溶处理温度越高，强化相溶入固溶体中就越多，保温后迅速冷却，强化效果就越显著。但是如果加热温度太高，合金中的低熔点共晶体易熔化，会产生过烧现象，使合金的力学性能显著降低；同时，耐蚀性也变坏。这是铝合金固溶处理时不允许的。加热温度过低时，固溶处理后的固溶体饱和度不足，不能发挥最大的效果。所以，固溶处理加热温度应适当低于过烧温度。变形铝合金的固溶处理温度见表7-23。

表7-23　变形铝合金的固溶处理温度

牌号	加热温度/℃	熔化开始温度/℃	牌号	加热温度/℃	熔化开始温度/℃
2A01	495~505	535	2A50	510~520	>525
2A02	495~505	510~515	2A70	525~535	
2A04	502~508		2A80	525~535	
2A06	495~505	518	2A90	512~522	
2A10	510~520	540	6A01	515~521	
2A11	495~505	514~517	6A02	515~530	595
2A12	490~500	506~507	7A03	465~475	>500
2B12	490~500		7A04	465~475	>500
2A14	495~505	509	7A09	465~475	
2A16	530~540	545	7A19	455~465	
2A17	520~530	540	7A52	465~482	

（2）保温时间　保温时间的长短主要取决于强化相完全溶解和固溶体均匀化所需的时间，也与工件的有效厚度、塑性变形程度、原始组织、制品的状态等有关。有效厚度大的工件比小的保温时间要长一些，大型锻件、模锻件和棒材的保温时间比薄件长好几倍；软状态的工件比加工硬化的保温时间适当延长一些；重复固溶处理时，保温时间可减少一半；完全退火的合金强化相粗大，保温时间要延长。几种变形铝合金在盐浴炉和空气炉中固溶加热保温时间见表7-24和表7-25。

表 7-24　几种变形铝合金在盐浴炉中固溶加热保温时间

合金牌号	板材厚度、棒材直径/mm	保温时间/min
2A06、2A11、2A12包铝板材	0.3~0.8	9
	1.0~1.5	10
	1.6~2.5	17
	2.6~3.5	20
	3.6~4.0	27
	4.1~6.0	32
	6.1~8.0	35
	8.1~12.0	40
	12.1~25.0	50
	25.1~32.0	60
	32.1~38.0	70

合金牌号	板材厚度、棒材直径/mm	保温时间/min
2A11、2A12不包铝板材	0.3~0.8	12
	0.9~1.2	18
	1.3~2.0	20
	2.1~2.5	25
	2.6~3.5	30
	3.6~5.0	35
	5.1~6.0	50
	>6.0	60

合金牌号	板材厚度、棒材直径/mm	保温时间/min
6A02、7A04不包铝板材	0.3~0.8	9
	1.0~1.5	12
	1.6~2.0	17
	2.1~2.5	20
	2.6~3.0	22
	3.1~3.5	27
	3.6~4.0	32
	4.1~5.0	35
	5.1~6.0	40
	>6.0	60

表 7-25　几种变形铝合金在空气炉中固溶加热保温时间

制品种类	棒材、线材直径，型材、锻件厚度/mm	保温时间/min	
		长度<13m	长度>13m
棒材、型材	<3.0	30	45
	3.1~5.0	45	60
	5.1~10.0	60	75
	10.1~12.0	75	90
	12.1~30.0	90	100
	30.1~40.0	105	135
	40.1~60.0	150	150
	60.1~100	180	180
	>100	210	210
线材 2B11	所有尺寸	60	
锻件	<30	75	
	31~50	100	
	51~100	120~150	
	101~150	180~210	

（3）淬火冷却　铝合金的淬火冷却必须有足够快的速度，以免析出粗大的过剩相。同时，由于铝合金强度较低，还要防止产生畸变和开裂。因此，既要控制淬火转移时间，又要根据工件的形状、大小选择最合适的淬火方法和淬火冷却介质，

使工件能均匀冷却。

1）淬火转移时间。淬火转移时间是指工件从加热炉转移至淬火槽所经过的时间。转移时间过长，过饱和固溶体在淬火前将发生分解，使合金时效后的强度显著下降，耐蚀性变坏。因此，淬火操作要快，转移时间一般不超过30s，最好控制在15s以内。

2）淬火冷却介质。常用的淬火冷却介质有水、油、熔盐及聚合物水溶液等，最常用的是水。水的冷却速度与水温有关，水温越高，冷却速度越低。室温下水的冷却速度快，获得的过饱和固溶体浓度高，合金时效后的力学性能好。但淬火后的内应力大，产生畸变和开裂的倾向大。为防止和减少畸变及开裂倾向，可采用调节水温的方法来获得所需要的冷却速度。形状简单及小型工件一般在40℃以下水中淬火，形状复杂的工件可在40~50℃水中淬火，大型复杂工件可采用50~80℃的水冷却，但水温不可超过80℃。

聚合物水溶液也是铝合金淬火常用的冷却介质，如聚乙烯醇水溶液、聚醚、聚氧化乙烯水溶液等。聚合物水溶液具有逆溶性，这一特性使工件在高温和低温时都具有比较均匀的冷却速度，其冷却速度介于室温水与沸水之间，从而减少了工件的淬火畸变和开裂倾向。

（4）淬火方法

1）液-气雾化介质淬火。雾化介质为水或聚合物水溶液。对于厚度不同、要求冷却速度不同的铝合金工件，可采用液-气雾化介质淬火。高压液体和高压气体混合后形成液-气雾，联合喷射在灼热的工件上。由于压力大，气雾以高速喷射时，在工件表面上不会形成明显的气膜沸腾、泡状沸腾和对流冷却三个阶段，在整个温度范围能均匀冷却，因而可以避免畸变和开裂。这种淬火方法的冷却速度可在较大范围内调节，工艺参数有：喷水压力与流量、气体压力及流量、喷射均匀度。一般情况下，当水的压力与流量大而气体压力及流量小时，雾粒大，冷却速度快。此外，喷嘴距工件的距离及分布情况对喷射均匀度和冷却速度也有影响。不同工件的各种工艺参数应在工艺试验后确定。

2）分级淬火。对于形状复杂的工件，为减小畸变倾向，可进行分级淬火。工件在固溶加热后，先在温度较高的介质中保温一段时间，然后放入室温下的水中冷却。为保证分级淬火时盐浴温度不致升高得太多，浴槽容积应比淬火工件的体积大20倍以上。

3）等温淬火。将工件淬入150~200℃的热油或硝盐中，保温数小时。这样处理的工件不但变形小，而且不必进行时效处理。

7.11　变形铝合金为什么要进行时效处理？如何进行？

铝合金在刚淬火后，强度和硬度并不高，塑性很好；但放置几天后，强度和硬度会显著提高，而塑性则明显下降。铝合金的这种淬火后力学性能随时间延长而显著提高的现象，称为时效硬化现象，这一过程称为时效。时效有自然时效和人工时效两种方式。

时效温度对时效速度有很大影响，时效温度高，时效速度快，但温度越高，时效所获得的最高强度却越低。而且，当时效温度超过 150℃时，强化达到最大值后，继续时效则效果下降，合金开始软化。温度越高，开始软化的时间越早，软化速度也越快。当时效温度降至室温以下时，时效的速度十分缓慢。在-50℃时，淬火后的固溶体即使经过长时间的时效，其性能也不会发生明显变化。根据这一现象，可以通过降低温度来抑制时效。

在各种可时效硬化的铝合金中，硬铝合金一般进行自然时效，时间一般在不少于 4 天；锻铝合金一般进行人工时效，时效温度为 150~180℃，时间为 6~10h；超硬铝通常采用人工时效，时效温度为 120~140℃，时间为 16~24h。淬火后须进行人工时效的工件应及时进行时效，间隔不超过 4h。

常用变形铝合金时效规范见表 7-26。

表 7-26　常用变形铝合金时效规范

牌　　号	制品种类	时效温度/℃	时效时间/h
2A02	管、棒、型、锻件	165~170	16
2A06	板材	室温	≥96
2A11	板材	125~135	10
2A12	板材	室温	≥96
2A16	板材	160~170	14
2A17	板材	室温	≥96
7A04	板材	125~135	16
	管、棒、型材	138~143	16
	锻件	135~140	16
7A09	板材	125~135	16
7A10	板材	125~135	16
	线材	150~160	8
2A50	板材	室温	≥96
	管、棒、型材	150~155	3
	锻件	153~160	6~12
2B50	管、棒、型材	150~155	3
	锻件	153~160	6~12
2A70	管、棒、型材	185~190	8
	锻件	185~190	10~11
2A80	管、棒、型材	170~175	8
	锻件	160~180	8~12
2A90	管、棒、型材	165~170	8
2A14	板材	室温	≥96
	板材	155~165	12
	管、棒、型材	150~155	8
6A02	管、棒、型材	155~160	8
	锻件	150~165	8~15
	板材	室温	240~360

经过时效的铝合金，在切削过程中还会产生应力，对于精度要求高的工件，还须进行去应力退火。人工时效后的铝合金去应力退火温度，应比淬火后的时效温度低20~40℃，时间为2~4h。对于自然时效后的硬铝，去应力温度应为80~100℃，时间为2h。

7.12　什么是回归？什么是再时效？

时效态的铝合金，在较低温度下经过短时间的加热，再快速冷至室温，合金会重新变软，恢复到接近淬火状态，这种现象称为回归。将经过回归处理的铝合金，像新淬火的合金一样进行正常的时效，获得具有人工时效态的强度，这种工艺称为再时效。时效后的铝合金，可反复进行回归处理和再时效处理，这在实际生产中具有重要的意义。时效后的铝合金经过回归处理后，强度和硬度都降低，在软化状态下可进行各种冷变形操作。

表7-27列出了几种铝合金的回归处理工艺规范。

表7-27　几种铝合金的回归处理工艺规范

牌　　号	回归处理温度/℃	回归处理时间/s
2A11	240~250	20~45
2A12	265~275	15~30
2A06	270~280	10~15

7.13　变形铝合金热处理操作要点是什么？

（1）准备

1）清洁铝合金工件表面，做到无油、无杂质或其他腐蚀性物质。

2）工件应装入干净的铁箱或筐中，装箱时应考虑尽可能减少工件在高温下的变形，必要时可将工件装入夹具中。

3）铝合金的退火、淬火，可在井式炉、箱式炉或专用的硝盐炉中进行，人工时效应在恒温箱中进行。

4）淬火温度的偏差应控制在±5℃之内，对于形状复杂的铸件应控制在±3℃之内。时效温度和退火温度的偏差可控制在±10℃以内。

（2）操作要点

1）退火时可在退火温度或低于退火温度下装炉。

2）固溶处理时，装炉温度一般在300℃以下，升温（升至固溶温度）速度以100℃/h为宜。固溶处理中如需阶段保温，在两个阶段间不允许停留冷却，应直接升至第二阶段温度。

3）按工艺要求加热并保温。砂型铸件的固溶保温时间要比金属型铸件延长20%~25%，第二次固溶处理的保温时间可缩短25%~40%。

4）淬火加热时，工件与电热元件间应保持一定的距离，且不得让电热元件直接辐射工件，以免局部过热。

5）铝合金进行水温调节淬火时，应根据工件的复杂程度控制好水温。小型或形状简单的工件在40℃以下水中冷却；对于形状复杂的工件，水温可控制在40~50℃；对于大型复杂工件，水温可提高到50~80℃。

6）铝合金淬火时操作必须迅速，有效厚度越小的工件，淬火转移时间应越短。成批工件同时淬火时，转移时间一般不超过20~30s，一般工件不超过15s，小件、薄件的不应超过10s。铸件在水中冷却时间不少于5min。

7）对于形状复杂的铸件一般在空气炉中加热，加热速度要缓慢，一般为3~5℃/min。

8）为防止铸件氧化，可用氧化铝粉、耐火黏土或石墨粉进行保护。

9）在硝盐浴中加热的铸件，淬火后应在30~50℃的热水中清洗，但在热水中停留的时间不可过长，以免影响时效效果。

10）变形铝合金淬火后需要进行人工时效的工件，应及时进行时效，间隔不超过4h；铝合金铸件淬火后应立即进行时效。时效一般在空气循环加热炉中进行。

11）对于在淬火后需要进行冷变形加工、矫正、整形的工件，应在孕育期内进行。2A11、6A02、2A50、2A70、2A14和7A04的孕育期为2h。

12）镁含量高的Al-Mg系合金不允许在硝盐炉中加热，以防爆炸。

13）固溶处理时因故中断加热，在短时间内不能恢复工作时，已达到固溶处理温度的铸件应进行固溶冷却，未达到固溶处理温度的铸件可以进行空冷。再次装炉热处理保温时间一般与第一次保温时间累计计算，其总保温时间可延长。

14）时效处理时因故中断保温，在短时间内不能恢复工作时，应出炉空冷。再次进炉热处理的保温时间可与中断前的保温时间累计计算，其有效保温时间应等于或稍长于原来规定的保温时间。

7.14　怎样制订铸造铝合金的固溶处理及时效工艺?

铸造铝合金的固溶处理与变形铝合金基本相同。在不发生过烧的前提下，铸造铝合金的固溶处理温度应尽量提高，以促进合金元素的溶解。由于铝合金中常存在低熔点共晶体，为防止过烧的发生，固溶处理温度应低于共晶温度5~10℃。固溶加热、保温时间应比变形铝合金长。保温时间的长短也与铸件的铸造方法、铸件壁厚、化学成分波动等因素有关。砂型铸件的保温时间应比金属型铸件延长20%~25%。

形状简单或薄壁铸件可以在盐浴中加热，形状复杂或大型铸件在空气炉中加热。形状复杂的工件应缓慢加热，加热速度为3~5℃/min，加热至固溶处理温度的时间应不小于2h。

冷却介质一般为水，为减少内应力，防止畸变和开裂，水温应升高到60~100℃，或在热油中冷却。转移时间不超过15~30s，水中冷却时间不少于5min。冷却后应立即进行时效，时效后空冷；也可采用等温淬火，将加热后的铸件淬入

200～250℃热浴中，保温一段时间，然后取出空冷。等温淬火后的铸件可以不再进行时效处理。

7.15 什么是冷热循环处理？怎样进行？

这是一种将时效和冷（深冷）处理结合起来反复进行的工艺。其优点是既可降低材料的残余应力，稳定显微组织结构，又能保证力学性能。该工艺适用于尺寸精度和尺寸稳定性有较高要求的铸件。

冷热循环处理工艺见表7-28。

表7-28 冷热循环处理工艺

工艺号	工艺名称	温度/℃	时间/h	冷却方式
1	正温处理	135～145	4～6	空冷
	负温处理	≤-50	2～3	在空气中回复到室温
	正温处理	135～145	4～6	随炉冷至≤60℃取出空冷
2	正温处理	115～125	6～8	空冷
	负温处理	≤-50	6～8	在空气中回复到室温
	正温处理	115～125	6～8	随炉冷至室温

1）对有较高精度要求的铸件，在固溶处理或时效处理后进行粗加工，按照工艺1进行冷热循环处理后再精加工。

2）对于尺寸稳定性有更高要求的铸件，可将其于固溶处理或时效处理后进行粗加工，按照工艺1进行冷热循环处理后进行半精加工，半精加工后再按照工艺2进行冷热循环处理后进行精加工。

目前广泛采用的高、低温循环处理工艺，其中高温即该合金的时效温度，低温采用-70℃、-196℃（干冰乙醇溶液、液氮）。例如，2A12合金的高、低温循环处理工艺为：(190℃×4h)+(-190℃×2h) 二次循环，第三次为190℃×4h。

7.16 重复热处理时有何规定？

当铸件热处理后力学性能不合格时，可进行重复热处理。

1）重复热处理的保温时间可酌情减少。

2）固溶处理重复次数一般不超过2次。

3）时效处理重复次数不受限制。

4）固溶处理为分段加热的铸件，在重复热处理时，固溶处理加热可以不采用分段加热工艺。

7.17 铸造铝合金热处理操作应注意哪些事项？

（1）准备

1）铸件不得带有芯砂、油污及杂物等。

2）铸件应装入料盘或料筐中，再装入炉中。铸件间应保持25～30mm的间隔，薄壁及空腔铸件应放在上层。

3）设备应选择低温井式炉或推杆式炉，控温仪表为电子电位差计，淬火温度偏差为±5℃，时效温度偏差为±10℃。

（2）操作要点

1）在淬火或时效温度下装炉。

2）按工艺要求加热、保温。

3）对于形状复杂的铸件一般在空气炉中加热，加热速度要缓慢，一般为3～5℃/min。

4）镁含量高的Al-Mg系合金不允许在硝盐炉中加热，以防爆炸。

5）固溶处理的炉温应控制在±3℃以内。

6）为防止铸件氧化，可用氧化铝粉，耐火黏土或石墨粉进行保护。

7）砂型铸件的固溶保温时间要比金属型铸件延长20%～25%，第二次固溶处理的保温时间可缩短25%～40%。

8）淬火操作应迅速，以缩短淬火转移时间。

9）在硝盐浴中加热的铸件，淬火后应在30～50℃的热水中清洗，但在热水中停留的时间不可过长，以免影响时效效果。

10）铝合金铸件淬火后应立即进行时效。时效一般在空气循环加热炉中进行。

7.18　镁合金的退火主要有哪两种？怎样进行？

镁合金的退火可分为去应力退火和再结晶退火两种。

（1）去应力退火　目的是为了消除或减少铸造、压力加工或焊接后产生的内应力。对于尺寸要求较严格的镁合金铸件，必须进行去应力退火。退火温度一般低于合金的再结晶温度，保温时间也较短。铸造镁合金的去应力退火温度一般为150～280℃，保温时间为0.25～1h。

（2）再结晶退火　主要用于合金消除因压力加工而产生的冷作硬化，从而恢复和提高工件的塑性，以便继续进行变形加工，多为工序间退火。变形镁合金的再结晶退火温度为280～400℃，退火保温时间为2～8h。

变形镁合金的退火工艺见表7-29。

表7-29　变形镁合金的退火工艺

合金牌号	去应力退火				再结晶退火	
	板材		挤压件和锻件		温度/℃	时间[①]/h
	温度/℃	时间/h	温度/℃	时间/h		
M2M	205	1	260	0.25	340～400	3～5
AZ40M	150	1	260	0.25	350～400	3～5
AZ41M	250～280	0.5	—	—	—	—
ME20M[②]	—	—	—	—	280～320	2～3
ZK61M	—	—	260	0.25	380～400	6～8

① 完全退火保温时间应以工件发生完全再结晶为限，时间可适当缩短。

② 当要求较高的强度时，可以在260～290℃进行退火；当要求较高的塑性时，则可在320～350℃进行退火。

7.19　如何制订镁合金的热处理工艺？

镁合金的热处理方法有以下几种：

（1）直接人工时效　有些镁合金在铸造成形或变形加工后，不进行固溶处理，而直接进行人工时效。目的是消除应力，稳定尺寸，也可获得高的时效强化效果。直接人工时效主要适用于 Mg-Zn 系列合金，如 ZK61M。

镁合金的时效温度和时效时间对其力学性能影响很大。时效温度为 170～190℃，保温时间为 6～16h 时，强度达到最大值。因此，镁合金时效时，在允许稍微降低强度的情况下，可以选用高一些的时效温度，以缩短时效时间。

（2）固溶处理　镁合金工件在压力加工或铸造成形后，为提高抗拉强度和断后伸长率，只进行固溶处理即可。在固溶处理时，由于合金元素扩散较慢，为保证强化相的充分固溶，需要较长的保温时间。

（3）固溶处理+人工时效　这种处理方法的目的是提高强度和硬度，但韧性和塑性略有降低。该方法主要用于 Mg-Al-Zn 系、Mg-RE-Zr 系合金，对于锌含量较高的 Mg-Zn-Zr 系合金也可采用这种方法进行强化。

（4）固溶处理（热水淬火）+人工时效　镁合金固溶处理时一般在空气中冷却，或用压缩空气冷却。为提高强化效果，可将合金淬入热水中冷却，然后进行人工时效处理。由于冷却速度对 Mg-RE-Zr 系合金的固溶强化影响较大，因此这种方法可显著提高合金的力学性能。

变形镁合金的热处理规范见表 7-30。

表 7-30　变形镁合金的热处理规范

合金牌号	热处理类型	固溶处理			时效（或退火）		
		温度/℃	时间/h	冷却介质	温度/℃	时间/h	冷却介质
M2M	T2	—	—	—	340～400	3～5	空气
ME20M	T2	—	—	—	280～320	2～3	空气
AZ40M	T2	—	—	—	280～350	3～5	空气
AZ41M	T2	—	—	—	250～280	0.5	
AZ61M	T2	—	—	—	320～380	4～8	
AZ62M	T2	—	—	—	320～350	4～6	
	T4	380±5			—	—	—
AZ80M	T2	—	—	—	200±10	1	空气
	T6	415±5			175±10	10	—
AK61M	T1	—	—	—	150	2	空气
	T6	515	2	水	150	2	空气

7.20　镁合金热处理的操作要点是什么？如何进行安全操作？

（1）准备

1）认真清洗镁合金上的油污杂物，擦干水迹，除掉镁屑、毛刺等。

2）装炉时工件之间应保持适当间隙，以利用空气循环，保持炉温均匀。

3）认真检查设备，准确校正仪表，精确到±5℃。

4）炉膛气密性好。

5）电热元件不直接辐射工件，应有防护隔板。

（2）操作要点

1）镁合金固溶处理的加热应在保护气氛中进行，以防镁合金氧化和燃烧。保护气体可采用二氧化碳、二氧化硫或氩气等。

2）当装炉量较大或工件尺寸较大且有效厚度>25mm 时，应适当延长保温时间。

3）有效厚度较大的工件淬火时，应采用风冷或水冷。

（3）安全技术

1）严禁在硝盐炉中进行镁合金的加热，以免发生爆炸。

2）镁合金易燃，火星可使镁屑燃烧，潮湿的镁屑会发生爆炸。车间内必须配备灭火工具，严防火灾发生。

3）每次开炉前必须校验控温仪表，一旦因控温仪表失灵或误操作引起炉内工件燃烧时，炉温会急剧上升，并从炉内冒出白烟。此时应立即切断电源，关闭风扇，停止供应保护气氛。

4）镁合金发生燃烧时绝对禁止用水灭火。燃烧初期可用石棉布或石棉绳堵塞加热炉上的所有进入空气的孔洞，使其与空气隔断，即可灭火。若工件继续燃烧，火焰不大时，可将燃烧的工件移至铁桶中用灭火器扑灭，也可用干砂、干粉状石墨等灭火。

5）灭火人员应配备安全装备，并戴有色防护眼镜，以防强烈白光刺伤眼睛。

7.21　镁及镁合金热处理缺陷的产生原因有哪些？如何防止？

镁及镁合金热处理缺陷的产生原因及防止方法见表 7-31。

表 7-31　镁及镁合金热处理缺陷的产生原因及防止方法

缺陷名称	产生原因	防止方法
过烧	加热速度太快	采用分段加热或从 260℃ 升温到固溶处理温度的时间要适当放缓
	炉温控制仪表失灵，炉温过高，超过了合金的固溶处理温度	每次开炉前检查、校正控温仪表，炉温控制在±5℃范围以内
	合金中存在有较多的低熔点物质	将合金中的锌含量降至规定的下限
	加热不均，工件局部温度过高，产生局部过烧	保持炉内热循环良好，使炉温均匀

（续）

缺陷名称	产生原因	防止方法
畸变与开裂	热处理过程中未使用夹具和支架	采用夹具、支架和底盘等工装
	加热温度不均匀	控制加热速度，不要太快；工件壁厚相差较大时，薄壁部分用石棉包扎起来
	内应力大	采用去应力退火
晶粒长大	铸件结晶时局部冷却太快，产生应力，在热处理前未消除内应力	在铸造结晶时注意选择适当的冷却速度；固溶处理前进行去内应力处理，或采用间断加热方法
性能不均匀	炉温不均匀，炉内热循环不良	校对炉温，保持炉气热循环应良好
	工件冷却速度不均	重新处理
性能不足（不完全热处理）	固溶处理温度低	经常检查炉子工作情况
	加热保温时间不足	严格按热处理规范进行加热
	冷却速度过低	进行第二次热处理

7.22 钛合金的退火方法主要有哪几种？各种退火是怎样进行的？

钛合金的退火包括去应力退火、普通退火、等温退火、双重退火及β退火。

（1）去应力退火　钛合金去应力退火的目的是消除在机械加工、冲压和焊接等工艺过程中形成的内应力。去应力退火温度低于合金的再结晶温度。

1）去应力退火温度一般为450~650℃。对于固溶时效处理工件，去应力退火温度应比时效温度低30℃。

2）保温时间：机械加工件一般为0.5~2h，焊接件为2~12h。

3）冷却方式为保温后空冷或炉冷。

表7-32列出了钛及钛合金去应力退火工艺。

表7-32　钛及钛合金去应力退火工艺

合金牌号	加热温度/℃	保温时间/min
TA2、TA3、TA4	480~600	15~240
TA7	540~650	15~360
TA11	595~760	10~75
TA15	600~650	30~480
TA18	370~595	15~240
TA19	480~650	60~240
TC1①	520~580	30~240
TC2①	545~600	30~360
TC4②	480~650	60~240
TC6	530~620	30~360
TC10	540~600	30~360

（续）

合金牌号	加热温度/℃	保温时间/min
TC11	500~600	30~360
TC16	550~650	30~240
TC17	480~650	60~240
TC18	600~680	60~240
TC21	530~620	30~360
ZTC3	620~800	60~240
ZTC4	600~800	60~240
ZTC5	550~800	60~240
TB2	650~700	30~60
TB3	680~730	30~60
TB5	680~710	30~60
TB6	675~705	30~60

① 与镀镍或镀铬零件接触的 TC1 和 TC2 焊接部件和零件的退火，只允许在 520℃的真空炉中进行。

② 去应力退火可以在 760~790℃与热成形同时进行。

（2）普通退火、等温退火及双重退火

1）普通退火的目的是使合金组织均匀，性能稳定，提高塑性和韧性；对于耐热合金，可提高其在高温下的尺寸稳定性和组织稳定性。α 型和 α-β 型合金的退火温度为 T_β−120~200℃，β 型合金为 T_β 以上。部分钛及钛合金的 β 转变温度见表 7-33。

表 7-33　部分钛合金的 β 转变温度 T_β

牌号	T_β/℃	牌号	T_β/℃
TA5	980~1020	TC2	955~995
TA7	1000~1040	TC4	970~1010
TA11	1020~1050	TC4ELI	940~980
TA15	980~1010	TC6	960~990
TA16	930~970	TC9、TC11	980~1020
TA17	960~990	TC16	840~880
TA18	920~950	TC18	840~880
TA19	980~1020	TC21	950~990
TA21	870~910	TB2	730~770
TA22	930~970	TB3	730~770
TA24	940~980	TB6	780~820
TC1	890~930	TB8	790~830

2）等温退火适用于 β 相稳定化元素含量较高的 α-β 钛合金。由于 β 相稳定性高，采用等温退火可使 β 相充分分解。将工件加热 T_β 点以下 30~80℃保温，然后在比相变点低 300~400℃的较低温度保温后空冷。等温退火可提高工件的塑性和热稳定性。

3）双重退火的目的是改善两相合金的塑性和断裂韧度，并稳定组织。该工艺为两次退火。第一次退火加热温度高于或接近再结晶终了温度，在不使晶粒明显长大的前提下，使再结晶过程充分进行，然后空冷。由于退火后的组织不够稳定，为此需要进行第二次退火，再加热到稍低的温度，保温较长的时间，使 β 相充分分解、聚集，以改善α-β钛合金的塑性、断裂韧度和组织稳定性。对于TC4钛合金也可采用多次退火。

钛及钛合金的退火工艺见表7-34。钛及钛合金退火保温时间与工件截面厚度的关系见表7-35。

表7-34 钛及钛合金的退火工艺

牌号	板材、带材及厚板制件			棒材制件及锻件		
	加热温度/℃	保温时间/min	冷却方式	加热温度/℃	保温时间/min	冷却方式
TA2、TA3	650~720	15~120	空冷或更慢冷	650~815	60~120	空冷
TA7	705~845	10~120	空冷	705~845	60~240	
TA11	760~815	60~480	炉冷①	900~1000	60~120	空冷②
TA15	700~850	15~120	空冷	700~850	60~240	空冷
TA18	650~790	30~120	空冷或更慢冷	650~790	60~180	空冷或更慢冷
TA19	870~925	10~120	空冷	T_g-(15~30)	60~120	空冷②
TC1	640~750	15~120	空冷或更慢冷	700~800	60~120	空冷或更慢冷
TC2	660~820	15~120	空冷或更慢冷	700~820	60~120	空冷或更慢冷
TC4③	705~870	15~60	空冷或更慢冷④	705~790	60~120	空冷或更慢冷
TC6				800~850	60~120	空冷
TC10	710~850	15~120	空冷或更慢冷	710~850	60~120	空冷或更慢冷
TC11				950~980	60~120	空冷⑤
TC16	680~790	15~120	空冷⑤	770~790	60~120	炉冷后空冷⑥
TC18	740~760	15~120	空冷	820~850	60~180	炉冷后空冷⑦
TC19	—	—	—	815~915	60~120	空冷
2TC3	—	—	—	910~930	120~210	炉冷
ZTC4	—	—	—	910~930	120~180	炉冷
2TC5	—	—	—	910~930	120~180	炉冷

① 炉冷到480℃以下。若双重退火，第二阶段应在790℃保温15min，空冷。

② 随后在595℃保温8h，空冷。

③ 当TC4合金制件的再结晶退火用于提高断裂韧度时，通常采用以下制度：在β转变温度以下30~45℃，保温1~4h，空冷或更慢冷；再在700~760℃保温1~2h，空冷。

④ 若TC4合金制件采用双重退火（或固溶处理和退火）时，退火处理制度为：在β转变温度以下30~45℃，保温1~2h，空冷或更快冷；再在700~760℃保温1~2h，空冷。

⑤ 空冷后在530~580℃保温2~12h，空冷。

⑥ 以2~4℃/min的速度炉冷至550℃（在真空炉中不高于500℃），然后空冷。

⑦ 复杂退火，炉冷至740~760℃保温1~3h，空冷，再在500~650℃保温2~6h，空冷。

表7-35 钛及钛合金退火保温时间与工件截面厚度的关系

截面厚度/mm	≤3	>3~6	>6~13	>13~20	>20~25	>25
保温时间/min	>15~25	>25~35	>35~45	>45~55	>55~65	在厚度为25mm保温60min的基础上，每增加5mm最少增加12min

（3）β退火 β退火是将钛合金加热到β转变温度以上进行的退火处理。对于TC4、TC4 ELI、Ti-6Al-6V-2Sn和其他α-β合金，β退火的加热温度为$T_{\beta}+(25\pm5)$℃，保温时间≥30min。工件在空气或惰性气体中冷至环境温度，不应随炉冷却。除另有规定外，不应水冷。若采用水冷，还应在730~760℃保温1~3h，进行第二次退火。

7.23 如何制订钛合金固溶处理和时效工艺?

钛合金固溶处理和时效的目的是为了获得良好的综合力学性能。

（1）固溶处理

1）固溶加热温度。固溶加热温度应根据合金的化学成分及所要求的性能来确定。α-β合金固溶加热温度一般选择在T_{β}以下，即α-β两相区的温度范围内。对于亚稳定β型钛合金（TB1、TB2），应在稍高于T_{β}点的温度加热；若温度太高，晶粒会过分长大。

2）保温时间。为防止工件氧化，在热透的前提下应尽量缩短保温时间。钛合金淬火加热的保温时间按下列经验公式计算：

$$T=AD+5\sim8\text{min}$$

式中 T——保温时间（min）；

A——保温时间系数（min/mm），一般为3min/mm；

D——工件有效厚度（mm）。

板材的保温时间一般为0.25~0.5h，棒材、型材及锻件的保温时间为0.5~1.5h。

钛及钛合金的固溶处理工艺见表7-36。

表7-36 钛及钛合金的固溶处理工艺

合金牌号	板材、带材及厚板制件		棒材制件、锻件及铸件		冷却方式
	加热温度/℃	保温时间/min	加热温度/℃	保温时间/min	
TA11			900~1010	20~90	空冷或更快冷
TA19	815~915	2~90	900~980	20~120	空冷或更快冷
TC4	890~970	2~90	890~970	20~120	水淬
TC6			840~900	20~120	水淬
TC10	850~900	2~90	850~900	20~120	水淬
TC16			780~830	90~150	水淬
TC17			790~815	20~120	水淬
TC18			720~780①	60~180	水淬
TC19	815~915	2~90	815~915	20~120	空冷或水淬
Ti-6Al-2Sn-2Zr-2Mo-2Cr-0.25Si	870~925	2~90	870~925	20~120	水淬
TB2	750~800	2~30	750~800	10~30	空冷或更快冷
TB5	760~815	2~30	760~815	20~90	空冷或更快冷
TB6			705~775	60~120	水淬②

① 对于复杂形状的TC18半成品或零件，推荐可先810~830℃，保温1~3h，炉冷，再执行表中工艺，时效工艺为480~600℃，保温4~10h。

② 直径或截面厚度不大于25mm时，允许空冷。

3）淬火转移时间。由于 β→α 转变迅速，α 相极易析出，使力学性能下降，因此淬火转移要非常迅速。最大淬火转移时间见表 7-37。TC4 合金半成品的最大淬火转移时间见表 7-38。

表 7-37　最大淬火转移时间

最小截面厚度/mm	最大淬火转移时间/s	最小截面厚度/mm	最大淬火转移时间/s
≤0.6	6	>2.5~25	15
>0.6~2.5	10	>25	30

注：1. 淬火转移时间是指从炉门打开直到整个装料完全浸入淬火冷却介质所用的时间。
2. 表中的淬火转移时间不包括 TC4 合金。

表 7-38　TC4 合金半成品的最大淬火转移时间

最小截面厚度/mm	最大淬火转移时间/s
≤6	6
>6~25	8
>25	10

注：若能够确定炉门开启过程中，所有装料的温度下降仍在工艺温度允许的温度偏差内，则可以不将炉门开启的时间计算到转移时间内。

4）淬火冷却介质。一般为水，也可用低黏度的油。

（2）时效　时效规范的选择取决于对合金力学性能的要求。时效温度高时，韧性好；时效温度低时，强度高。为防止时效后脆性增加，时效温度一般在 500℃以上。为提高组织的热稳定性，多采用较长的时效时间。

有些工件淬火和时效后需进行切削加工，切削加工会造成新的应力。为了消除这些应力，可对工件进行补充时效。补充时效的温度应低于原时效温度，时间一般为 1~3h。

钛及钛合金的时效工艺见表 7-39。

表 7-39　钛及钛合金的时效工艺

合金牌号	加热温度/℃	保温时间/h
TA11	540~620	8~24
TA19	565~620	2~8
TC4	480~690	2~8
TC6	500~620	1~4
TC10	510~600	4~8
TC16	500~580	4~10
TC17	480~675	4~8
TC18	480~600	4~10
TC19	585~675	4~8
Ti-6Al-2Sn-2Zr-2Mo-2Cr-0.25Si	480~675	2~10
TB2	450~550	8~24
TB5	480~675	2~24
TB6	480~620	8~10

7.24 如何制订钛及钛合金除氢处理工艺?

（1）加热温度 除氢处理的加热温度一般比工件和试样最后一道工艺温度低30℃或更多，但不低于550℃；若最后一道工艺温度不能满足温度要求，则应当在前一道热处理工序完成后进行除氢处理。

（2）真空度 除氢处理的极限工作真空度应不大于6.7×10^{-2}Pa。

（3）保温时间 除氢处理的保温时间见表7-40。保温足够时间后炉冷至200℃以下出炉。

表7-40 除氢处理的保温时间

最大截面厚度(直径)/mm	保温时间/h	最大截面厚度(直径)/mm	保温时间/h
≤20	1~2	>50	>3
>20~50	2~3		

7.25 钛及钛合金的热处理如何操作?

（1）准备

1）钛及钛合金工件的热处理在空气炉、惰性气体保护炉和真空炉中进行，加热介质不应使用吸热式或放热式气氛、氢气气氛及氨裂解气氛。禁止使用盐浴炉和流态炉加热。

2）待热处理工件及工装表面应保持洁净和干燥，彻底清除表面的油渍、污物、涂层痕迹、卤化物及其他有害的外来物。工件不应使用卤化溶剂或甲醇除油。允许采用预留加工余量的方法，保证热处理后能够通过机加工去除表面污染层。

3）装炉前，应对含有热处理禁用气氛的热处理炉进行清洗。清洗用气体为空气或惰性气体，用量至少应为炉膛容积的两倍。

4）对工件有力学性能要求时，每炉批应跟随力学性能试样，每种力学性能试样一般不少于3个。

（2）操作要点

1）工件和试样应以合理的方式摆放或吊挂，工件之间应留有合适的间隙，以保证加热介质的自由循环和所有炉料的均匀加热，最大限度地减少加热和淬火带来的变形。

2）禁止使用带有镀锌层和镀镉层的铁丝绑扎、固定工件和试样。

3）工件及试样一般是到温入炉，有入炉温度要求时应按要求温度入炉。

4）保持炉内温度均匀性，不超过设定温度允许的最大偏差上限。

5）保温时间的计算以炉内最后一支工艺温度传感器的温度数据达到工艺设定温度所要求的温度下限时开始。保温时间可以用实验方法确定。

6）工件出炉淬火时应平稳操作，防止因碰撞或强烈晃动产生变形。

7）淬火转移时间按工艺规定执行。对于薄壁件、片状件和细小制件，淬火转移时间应尽量缩短。对于空气炉、惰性气体炉和真空炉（除单室炉）淬火转移时间的计算，一般应以加热室炉门开启时刻为起始，直至工件完全没入冷却介质中为止。

7.26　钛合金热处理缺陷的产生原因有哪些？如何防止？

钛合金的热处理缺陷的产生原因及防止方法见表7-41。

表7-41　钛合金热处理缺陷的产生原因及防止方法

缺陷名称	产生原因	防止方法
过热、过烧	加热温度过高	1)检查控温仪表,准确控温 2)严重过烧者,无法通过热处理挽救
渗氢	炉气为还原性气氛	1)制炉气为微氧化性气氛,使炉温尽量低 2)进行真空除氢处理
氧化色	炉气呈氧化性气氛	1)控制炉内为微氧化性气氛,使炉温尽量低 2)热处理后,按有关规定去除氧化皮及一定深度的基体金属

第8章　特殊合金的热处理

8.1　常用的高温合金强化方法有哪些？

高温合金常用的强化方法有固溶强化、沉淀强化（时效强化）、晶界强化和形变强化。

（1）固溶强化　固溶强化使合金元素在金属中改变了基体点阵常数，这是固溶强化效果的显著标志。固溶强化型高温合金采用时效不能强化，或时效强化倾向不明显，如 GH3030、GH3039、GH3044 等。

（2）沉淀强化　沉淀强化即时效强化，利用碳化物相或金属间化合物相时效析出，引起沉淀强化。靠碳化物相强化的合金有 GH2036 等，靠金属间化合物相强化的有 GH2132、GH2135 等。

（3）晶界强化　晶界强化方法有两种：

1）加入微量元素。加入微量的硼、锆、稀土等元素，与有害杂质形成高熔点的化合物，使合金元素在晶界上的扩散速度降低，从而提高合金的热强性。

2）适当的热处理。晶界碳化物类型和分布状态与热处理状态有关，因而热处理影响合金的性能。

（4）形变强化　通过变形来影响合金内部的组织结构。根据变形温度的高低，形变强化可以分为三种：室温形变热处理（冷加工强化）、中温形变热处理（半热硬化或温加工强化）、高温形变热处理（热加工强化）。

8.2　高温合金热处理分为哪几种？如何制订热处理工艺？

高温合金的热处理有去应力退火、中间退火、固溶处理、固溶+时效处理。

1）去应力退火温度为 700～900℃。

2）固溶处理和中间退火温度一般在 1000℃以上。对于尺寸较大、形状复杂的工件，应采用预热或分段加热的方式。预热温度一般为 800～850℃。

3）常用冷却介质有空气、氩气、油、水、有机聚合物水溶液等。淬火油使用温度一般为 20～100℃。淬火用水使用温度为 10～40℃。对需焊接或冷成形的材料，应快速冷却。淬火槽应有足够的容积和循环搅拌系统，必要时应配备冷却或加热装置。不用压缩空气搅拌。

4）时效温度为650~950℃。

5）在真空炉中加热时，工作压强一般不大于0.13Pa。当采用回充气体方式时，分压压强控制在1.33~13.3Pa。冷却方式为油冷、聚合物水溶液冷却、水冷、风冷或气冷。

8.3　高温合金的热处理操作如何进行?

（1）准备

1）高温合金热处理的加热应在空气炉、保护气氛炉、真空炉中进行。有效加热区的炉温均匀性应为±10℃。温度仪表的精度等级应高于0.5级。真空炉的真空度在高于0.13Pa的状态下，压升率应小于0.67Pa/h。

2）热处理保护气氛主要用氢气。加热温度不超过1000℃时，也可以用放热式气氛或氮基气氛，还可以采用涂料保护。禁止使用还原性气氛。

3）工件入炉前应除油、除污。对于加工余量小于0.3mm或无加工余量的工件，表面应保持干燥洁净，入炉前应无指印、标志液、水及其他污染。

4）工件应定位或放在专用夹具上，避免或减少工件在热处理过程中变形。盛放工件的料盘、料筐或夹具在炉内的位置要合适，使全部工件都处于炉子有效加热区内。装炉量要适当。

5）真空热处理时，应避免工件与工装接触部分在高温下发生黏结。

6）当通过载荷热电偶来计算保温时间时，应将热电偶插入工件或等效试块事先加工好的孔内，并且热电偶顶端应与孔底部接触，孔与热电偶的间隙用陶瓷纤维等进行密封。孔底部应位于工件或等效试块最大截面处的中心。如果采用等效试块，其长度应至少为最大厚度的3倍。

（2）操作要点

1）对于尺寸较大、形状复杂的工件，固溶处理加热时应采用预热或分段加热。预热加热温度一般为800~850℃。固溶处理温度在1000℃以上时，一般采用两段或两段以上的分段加热。

2）对于有预热或分段加热的热处理，工件应在预热温度以下入炉；无预热或分段加热时，工件应在炉子到达工艺温度后入炉。

3）当通过载荷热电偶来计算保温时间时，保温时间应从所有的热电偶均到达工艺设定温度时开始计算保温时间。

4）采用叠装或使用料架进行多层装炉时，应通过负载热电偶来确定均热时间，且装炉的工件数量应为生产中实际的最大装炉量。

5）对于真空热处理，应通过载荷热电偶确定工件的均热时间。若不能通过加装载荷热电偶确定工件的均热时间，取空气电阻炉加热时均热时间的2倍作为真空加热时的均热时间。

6）热处理后，工件可用碱洗、酸洗、喷砂、喷丸或机械加工等方法除去氧化皮。在进行多次加热时，可在最后一次加热后清除氧化皮。

8.4　如何制订钢结硬质合金的热处理工艺?

钢结硬质合金分为合金工具钢钢结硬质合金、高速钢钢结硬质合金、高锰钢钢结硬质合金和不锈钢钢结硬质合金等。一般钢铁材料的热处理技术均适用于相应基体的钢结硬质合金的热处理。

（1）退火　钢结硬质合金的退火可在箱式炉、井式炉、连续式炉或真空炉内进行。在普通空气炉内退火时，为防止表面氧化脱碳，可用木炭、铸铁屑或还原性气氛加以保护。

钢结硬质合金一般采用等温退火工艺。几种典型钢结硬质合金的等温退火工艺见表8-1。

表8-1　几种典型钢结硬质合金的等温退火工艺

合金牌号	加热		冷却方式	等温		冷却方式
	温度/℃	时间/h		温度/℃	时间/h	
GT35	860~880	3~4	以20℃/h冷却至720℃	720	3~4	以20℃/h冷至640℃炉冷
R5、T1	820~840	3~4	以20℃/h冷却至720~740℃	720~740	3~4	以20℃/h冷至650℃炉冷
TLMW50	860~880	3~4	以20℃/h冷却至720~740℃	720~740	3~4	以20℃/h冷至500℃空冷
GW50	860	4~6	炉冷至740℃，再以20℃/h冷却至700℃	700	4~6	炉冷
GJW50	840~850	3	打开炉门冷至720~730℃	720~730	4	炉冷至500℃空冷

（2）淬火与回火　钢结硬质合金淬火可采用普通淬火、分级淬火和等温淬火。

1）预热。钢结硬质合金的导热性较低，在加热过程中应进行一次预热（800~850℃）或两次预热（500~500℃、800~850℃）。

2）防止工件加热时氧化脱碳的措施。采用盐浴炉加热时，盐浴应充分脱氧和除渣；当采用箱式炉加热时，应采用木炭或铸铁屑作保护填料。

3）保温时间。盐浴炉加热时以0.7min/mm计算；在保护气氛的箱式炉加热时，以2.5min/mm计算。

几种典型钢结合金的淬火与回火工艺见表8-2。

（3）化学热处理　钢结硬质合金的化学热处理方法有渗氮、氮碳共渗和渗硼处理三种，见表8-3。

表 8-2　几种典型钢结合金的淬火与回火工艺

合金牌号	淬火							回火
	加热设备	预热		加热		冷却方式	硬度HRC	常用温度/℃
		温度/℃	时间/min	温度/℃	单位有效厚度加热时间/(min/mm)			
GT35	盐浴炉	800~850	30	960~980	0.5	油冷	69~72	200~250 450~500
R5	盐浴炉	800	30	1000~1050	0.6	油冷或空冷	70~73	450~500
R8	盐浴炉	800	30	1150~1200	0.5	油冷或空冷	62~66	500~550
TLMW50	盐浴炉	820~850	30	1050	0.5~0.7	油冷	68	200
GW50	箱式炉	800~850	30	1050~1100	2~3	油冷	68~72	200
GJW50	盐浴炉	800~820	30	1020	0.5~1.0	油冷	70	200
D1	盐浴炉	800	30	1220~1240	0.6~0.7	560℃盐浴-油冷	72~74	560,3次
T1	盐浴炉	800	30	1240	0.3~0.4	600℃盐浴-空冷	73	560,3次

表 8-3　钢结硬质合金的化学热处理

热处理类型	渗剂	温度/℃	时间/h	渗层深度/mm	硬度 HRC
渗氮	氨气	500±10	1~2	0.1~0.15	68~72
气体氮碳共渗	乙醇通氨或三乙醇胺	570±10	1~4		
盐浴氮碳共渗	商品盐:LT(中国)、QPQ(中美合资)、TF1+ ABI(德国)、Sur-Sulf(法国)				
盐浴渗硼和固体渗硼	渗硼剂和工艺与钢铁渗硼相同。渗硼温度须低于 1149℃($Fe-Fe_2B$ 共晶温度);渗硼后可进行常规热处理				

8.5　如何制订电磁纯铁的热处理工艺?

电磁纯铁的热处理包括高温净化退火、退火和人工时效。

(1) 高温净化退火　目的是清除溶解在金属内部的碳、氮、氧、硫等杂质，提高电磁纯铁的纯度，从而提高软磁性能。加热温度为 1200~1500℃。

(2) 退火　作磁性能检验的试样在真空或惰性气体保护炉中的退火工艺见表 8-4。

(3) 人工时效　为了避免发生磁时效，使组织和性能稳定，电磁纯铁在退火后可进行人工时效。时效工艺：130℃下保温 50h，然后出炉空冷。

表 8-4　退火工艺

炉气气氛	升　温	加热温度/℃	保温时间/h	冷却方式
真空或惰性气体	随炉升温到 900℃	900±10	1	以<50℃/h 的速度冷却到 500℃以下或室温
脱碳气氛	随炉升温到 800℃，然后经不小于 2h 的时间加热到 900℃	900±10	4	以<50℃/h 的速度冷却到 500℃以下或室温

8.6　如何制订铝镍钴永磁合金的热处理工艺？

铝镍钴铸造永磁合金的热处理主要有固溶处理、磁场处理和回火。

(1) 固溶处理　加热温度应高于 $\alpha \to \alpha+\gamma$ 转变温度，但不高于 α 单相区的上限。

(2) 磁场处理　磁场处理在固溶处理的冷却过程中进行，或进行等温磁场处理。处理温度在居里温度以上 50~100℃。无钛及少钛合金的磁场强度为 120~160kA/m。对于 $w(\mathrm{Ti})>3\%$的合金，等温磁场强度应大于 200kA/m。

(3) 回火　铝镍钴永磁合金经固溶处理和磁场处理后，为了提高磁性能必须进行回火，可以是一次回火，也可以是二次回火或多次回火，根据钴含量的不同来确定。一次回火温度为 500~600℃。多次回火的第一次回火温度为 600~650℃，保温 2~10h；第二次回火温度比第一次低 30~50℃，保温 15~20h。

第9章　典型零件的热处理

9.1　齿轮感应淬火硬化层分布形式有几种？其强化效果如何？

齿轮感应淬火后齿部硬化层的分布形式对齿轮的力学性能影响很大，特别是过渡区在齿部位置的分布，对齿轮的力学性能影响更大。由于过渡区处于拉应力状态，极易使轮齿从该处断裂。硬化层分布最好的是硬化层深度能达到齿根圆以下1~2mm处（与齿轮模数有关），这种情况可以提高齿部的整体强度，效果最好。当过渡区处于节圆以上时，效果最差。当过渡区处于齿根部时，容易发生断齿现象，这种情况也应避免。一般情况下，过渡区在节圆和齿根圆之间。但是，齿部硬化层分布的最好形式不能一概而论，应根据齿轮的承载能力、工作情况确定。齿轮表面淬火硬化层分布形式及硬化效果见表9-1。

表9-1　齿轮感应淬火硬化层分布形式及硬化效果

工艺名称	硬化层分布图	硬化效果	力学性能
全齿加热淬火		齿根未淬硬	齿面耐磨性提高,弯曲疲劳强度未提高
		齿根淬硬	齿面耐磨性和弯曲疲劳强度都提高
单齿加热淬火		齿根未淬硬	齿面耐磨性提高,弯曲疲劳强度未提高
单齿沿齿沟连续淬火		齿根淬硬	齿面耐磨性和弯曲疲劳强度都提高

9.2　全齿同时感应加热时，不同模数齿轮如何选择最佳加热频率？

全齿同时感应加热时，要根据齿轮的模数和尺寸选择感应加热的频率和功率。当电流频率过高时，电流集中于齿顶部，只有节圆以上部分淬硬；电流频率过低时，电流集中于齿根部，或使整个齿全部淬透，这两种情况都是不符合要求的。齿轮的感应淬火要求淬硬层沿齿廓分布，在沿齿廓分布的基础上，允许将齿顶以下1/4齿高处淬透。因此，选择加热频率时要考虑齿轮模数 m 的大小。频率选择的经验公式如下：

$$f=6\times10^5/m^2$$

上式适用于加热速度较快，功率密度较高（1.5～2kW/cm^2）的情况。当功率密度较小，加热速度较慢时，则用下列公式计算：

$$f=2\times10^6/m^2$$

由上可见，模数越大，电流频率越低。不同模数齿轮全齿同时感应加热时的最佳频率见表9-2。

表9-2　不同模数齿轮全齿同时感应加热时的最佳频率

齿轮模数/mm	1	2	3	4	5	6	7	8	9	10
频率/kHz	250	62.5	28	16	10	7	5	4	3	2.5

在实际生产中，感应设备的频率大部分是不可调的，不同频率设备适合加热的齿轮模数列于表9-3。

表9-3　不同频率设备适合加热的齿轮模数

频段	设备频率/kHz	适合齿轮模数 m/mm	最佳齿轮模数 m/mm
高频	250～300	1.5～5	2～3
超音频	30～80	3～7	3～4
中频	8	5～8	5～6
	2.5	8～12	9～11

9.3　全齿同时感应加热时，如何确定设备的输出功率?

感应加热时，设备输出功率取决于功率密度 ΔP(kW/cm^2）和加热面积的大小。设备的输出功率应满足一定的加热速度，才能达到表面淬火的目的。感应加热速度取决于功率密度的大小。功率密度的选择与齿轮模数和加热面积有关。

在一定范围内，用较高的频率和较低的功率密度对一般工件（如圆柱形工件外表面、内孔等）加热，其效果与采用较低的频率和较高的功率密度加热基本相同。但齿轮则不然，功率密度的大小不但影响加热时间的长短，更重要的是影响淬硬层形式的分布。因此，齿轮的淬火应按照需要的频率和要求的硬化层深度选择合理的功率密度。

功率密度越大，加热速度越快。通常，功率密度与淬硬层深度、加热面积的大小及原始组织等有关。淬硬层深度较深、加热面积较大、原始组织较细时，功率密度可小些；反之，应选择较大的功率密度。用高频设备对齿轮进行全齿同时感应加热时，齿轮模数越小，齿轮表面加热的功率密度越大，齿轮模数与功率密度的关系可根据表9-4选取。在齿顶不过热的前提下，要获得一定的淬硬层，加热面积较大、原始组织较细时，功率密度可小些。

表 9-4　齿轮模数与功率密度、单位能量的关系

模数 m/mm	3	4~4.5	5
功率密度 $\Delta P/(kW/cm^2)$	1.2~1.8	1.0~1.6	0.9~1.4
单位能量 $\Delta Q/(kW\cdot s/cm^2)$	7~8	9~12	11~15

加热时，设备输出功率与加热面积有关。齿轮加热所需的功率 $P_{齿}$（kW）为功率密度与加热面积的乘积，即

$$P_{齿}=\Delta PA$$

式中　ΔP——功率密度（kW/cm^2）；

A——齿轮加热面积（cm^2）。

计算齿轮的加热面积 A（cm^2）：

$$A=1.2\pi D_pB$$

式中　D_p——齿轮节圆直径（cm）；

B——齿轮宽度（cm）。

确定加热齿轮时设备需要输出的功率 $P_{设}$（kW）：

$$P_{设}=P_{齿}/\eta$$

式中　η——设备总效率。

真空管高频设备的总效率 $\eta=0.4\sim0.5$（包括高频振荡管、振荡回路、淬火变压器和感应器的效率），中频发电机的总效率 $\eta=0.64$（包括淬火变压器的效率），新的固态电源的总效率 $\eta\geqslant0.90$。

当设备输出功率不能满足齿轮加热所需的功率时，应采用降低功率密度、适当延长加热时间的办法。

感应加热的频率和功率确定后，就可以选择所需要的感应加热设备。表 9-5 为 100kW 高频设备上齿轮表面积和功率密度、单位能量的关系。

表 9-5　100kW 高频设备上齿轮表面积和功率密度、单位能量的关系

表面积/cm^2	20~40	45~65	70~95	100~130	140~180	190~240	250~300	310~450
功率密度 $\Delta P/(kW/cm^2)$	1.5~1.8	1.4~1.5	1.3~1.4	0.9~1.2	0.7~0.9	0.55~0.65	0.4~0.5	0.3~0.4
单位能量 $\Delta Q/(kW\cdot s/cm^2)$	6~10	10~12	12~14	13~16	16~18	16~18	16~18	16~18

在实际生产中，由于设备的输出功率、总效率（特别是感应器的效率）、齿轮形状等因素是不稳定的，所以上述计算所得的结果只是近似值，还应在生产中验证之后，再定为正式工艺。

9.4　齿轮全齿加热感应器有哪些？如何设计？

齿轮有外齿、内齿和锥齿，单联、双联和多联等多种，全齿加热感应器均为圈式结构，见表 9-6。

表 9-6 齿轮全齿加热感应器

名称	结构	主要参数

圆柱外齿轮感应器

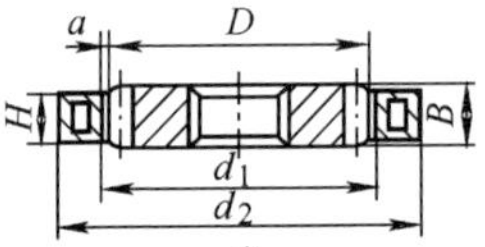

1) d_1 与 d_2 见下表

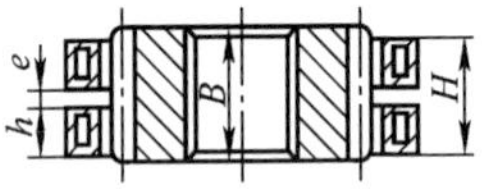

D/mm	d_1/mm	d_2/mm
≤150	$D+2a$	d_1+16
>150	$D+2a$	d_1+20

2) a 的大小与模数 m 有关，见下表，$D\leqslant250$mm 时选下限，$D>250$mm 时选上限

m/mm	1~2.5	3	3.5	4	4.5	5	6
a/mm	2~2.5	2.5~3	3~3.5	3~4	3.5~4	3.5~4.5	4.5~5.5

3) 感应器高度 H 见下表

D/mm	H	
	滑移齿轮	常啮合齿轮
≤150	B	$B-(1\sim2)a$
>150	$B+(1\sim2)a$	

4) 齿宽 B 与感应器匝数见下表

齿宽 B/mm	<25	25~35	≥70
匝数	单匝	双匝，$h=10\sim15$mm，$e=a$	
加热方式	同时	同时	连续加热淬火

双联齿轮感应器

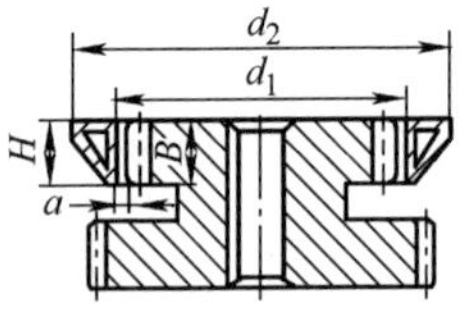

1) 为减小加热小齿轮时的邻近效应，采用三角形截面感应器。a 参照圆柱外齿轮感应器选择，$d_2=d_1+2\times(10\sim15\text{mm})$，$H\approx B$

2) 加热小齿轮若仍用圆柱外齿轮感应器，应用 1mm 厚的铜板或低碳钢板对大齿轮进行屏蔽保护

3) 若大小齿轮直径相差不大，在功率足够大的情况下，可采用串联双匝感应器，一次完成淬火

圆柱内齿轮感应器

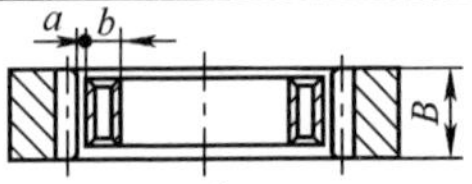

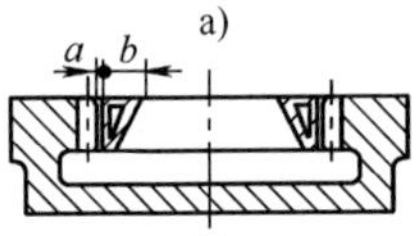

1) 在感应圈充分冷却的条件下（出口处水温<60℃），b 可选 6~8mm，以提高热效率

2) $B<25$mm 时，$a=1\sim1.5$mm；$B=15\sim35$mm 时，采用双匝感应器；$B\geqslant40$mm 时，采用连续加热淬火

3) 模数<3mm 的齿轮，应安装导磁体

4) 有退刀槽的内齿轮应采用三角形截面感应器，b 为 10~15mm 时，a 为 1.5~2mm

锥齿轮感应器

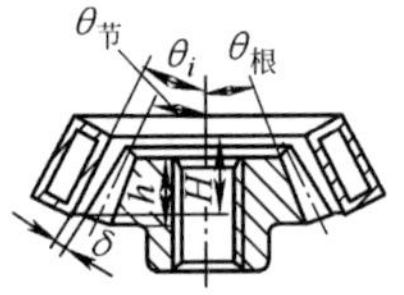

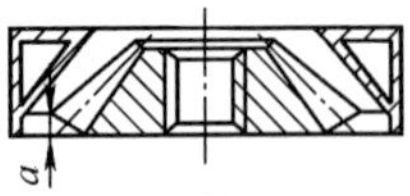

锥齿轮感应器形状及参数

$2\theta_{节}$/(°)	≤20	20~90	90~130	≥130
感应器形状	可用圆柱外齿轮感应器	锥形	锥形	如图 b 所示，$a=2\sim4$mm
θ_i	—	$\approx\theta_{节}$	$\approx\theta_{根}$	
δ/mm	2~2.5			
H/mm	$h+(1\sim1.5)\delta$			

9.5　什么是单齿同时加热淬火与单齿连续加热淬火？如何制作感应器？

尺寸较大或模数较大的齿轮在感应淬火时，由于设备功率不足、齿根或齿顶加热不均匀，不适合或不能采用全齿感应淬火法时，应采用单齿感应淬火，可以用较小的设备来处理直径较大或模数较大的齿轮。单齿感应淬火分为单齿同时加热淬火、单齿连续加热淬火两种。

（1）单齿同时加热淬火　单齿同时加热淬火时，感应器将某一轮齿包住，加热到淬火温度后停止加热，立即喷水冷却，随后逐齿淬火。图 9-1a、b、c 所示感应器，是在砸扁的铜管上焊以与轮齿仿形的纯铜板制成的，铜板厚约 1mm。为防止齿端过热，铜板长度应比齿宽短 2～3mm。节圆处间隙为 1～2mm。加热后用附加喷头冷却。为防止已淬硬的相邻齿面回火，通常采用 0.5～1mm 厚的纯铜板做成屏蔽罩加以保护，也可用压缩空气或水雾喷射加以冷却。

图 9-1d 所示感应器用纯铜管围着轮齿绕成，将埋入齿宽部分的铜管砸扁而成。该感应器适于大模数（$m>15$mm）齿轮淬火加热。感应器内壁与齿面间隙为：节圆部位 1.5～2.5mm，节圆以上部位 2.5～4mm，齿端面间隙大于 10mm。为避免邻齿被加热，应合理选择管料，管径不宜过大，否则应对邻齿进行屏蔽。淬火时用附加喷头冷却。

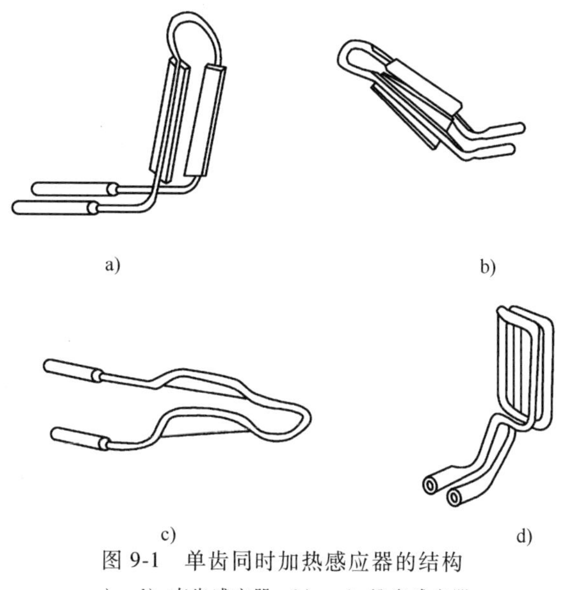

图 9-1　单齿同时加热感应器的结构

a)、d) 直齿感应器　b)、c) 锥齿感应器

以上方法淬火后，齿根均不能得到淬硬。

（2）单齿连续加热淬火　当齿轮的模数较大、齿宽较宽时，应采用单齿连续加热淬火法。淬火冷却有自喷式和附加冷却喷嘴两种，其感应器结构如图 9-2 所

示。单齿连续淬火感应器与齿的间隙尺寸见表 9-7。

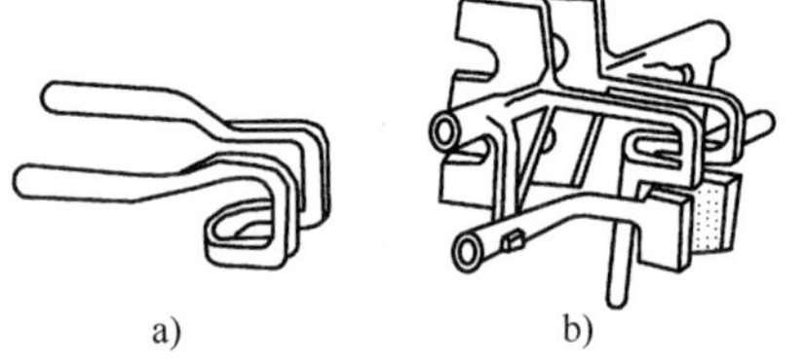

图 9-2 单齿连续淬火感应器的结构
a）自喷式 b）附加冷却喷嘴

为防止齿顶过热，感应器齿顶部应做得高些。感应圈两竖直导线主要加热齿根部分，长度一般为 30~45mm。自喷式感应器上正对齿顶部分处，不要开喷水孔，以免齿顶冷却过激而产生裂纹。齿顶过热、冷却过激或返工齿轮未经正火处理时，均可能使齿顶产生裂纹。

表 9-7 单齿连续淬火感应器与齿的间隙尺寸

<table>
<tr><th>示意图</th><th>感应器与齿的间隙尺寸</th><th>喷液孔与齿顶间隙尺寸</th></tr>
<tr><td>10~12
δ_3
δ_1
δ_2</td><td><table>
<tr><th>模数 m/mm</th><th>δ_1/mm</th><th>δ_2/mm</th><th>δ_3/mm</th></tr>
<tr><td>5~6</td><td><1</td><td>1</td><td>3~4</td></tr>
<tr><td>8~12</td><td>1</td><td>1~1.5</td><td>4~4.5</td></tr>
</table></td><td>1）m=5~10mm 时，喷液孔应低于齿顶 1.5~2mm，以防齿顶因冷却过激而开裂
2）m>10mm 时，喷液孔应高于齿顶 1.5~2mm，以保证齿顶能够淬硬</td></tr>
</table>

单齿同时加热淬火和单齿连续加热淬火时，应注意淬硬区与未淬硬区在表面上的过渡区要避开齿根处，应在齿根处以上 2~3mm。否则，由于过渡区处于拉应力状态，会降低齿根处的弯曲疲劳强度。

9.6 单齿沿齿沟感应淬火用感应器有哪两种？其结构如何？

单齿沿齿沟感应淬火用感应器有两种：一种是 V 形感应器，另一种是 U 形感应器。

（1）V 形感应器 高频感应加热 V 形感应器适用于模数 m=6~14mm 的齿轮，其结构如图 9-3 所示。感应器用 1mm 厚纯铜板弯成仿齿沟形，与齿面的间隙为 1mm，与齿沟的间隙可小于 1mm，铜板宽度（即感应器的高度）为 6~8mm。汇流管采用 ϕ10mm 纯铜管弯制，与感应器连接端焊有一段方截面纯铜管，用螺钉将感应器顶紧固定。冷却水管用 ϕ14mm 铜管弯制后，焊在一根汇流管上。导磁体高度为 10~12mm。

加热时，冷却水喷冷导磁体，汇流方管出水口喷冷齿间及相邻两齿侧；在加热淬火过程中，感应器与工件间始终被流水所充满。采用这种感应器淬火，也可将工件埋入水中，在水面下加热，但仍需喷水。

（2）U 形感应器 几种 U 形感应器的结构如图 9-4 所示。

图 9-4a 所示感应器下面的两管加热齿面，竖管加热齿沟，适用于模数 m<6mm 齿轮的超音频感应加热沿齿沟淬火。

图 9-4b 所示为双层沿齿沟淬火感应器，感应器分上下两层，都具有齿沟形状，上层与齿侧间隙较大，起预热作用，下层与齿侧间隙较小，用于淬火加热。齿沟则靠连接上下两层的竖管加热，竖管的长度决定齿沟的加热温度。竖管长，沟底温度

高；反之，则温度低。这种感应器适用于模数 $m=6\sim12$mm 齿轮，采用超音频和中频（8kHz）电源进行沿齿沟加热淬火。感应器与齿面的间隙为 2~3mm，与齿根的间隙为 0.5~1mm，用于加热齿沟的竖直导线长度为 8~20mm（包括三角形部分），截面为圆形或半圆形。

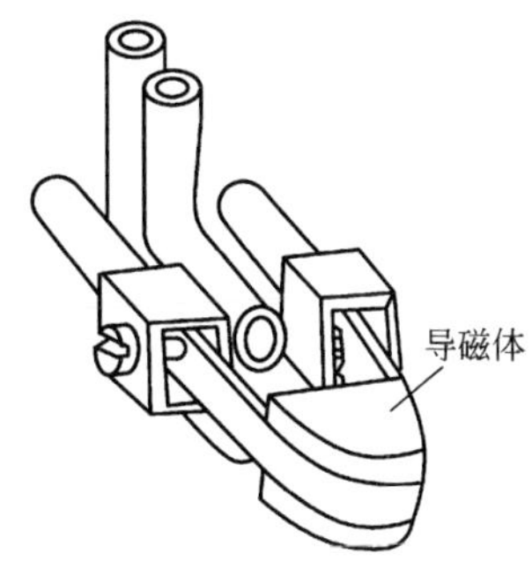

图 9-3　V 形感应器的结构

图 9-4c 所示感应器适用于模数 $m>10$mm 齿轮中频（8kHz 和 2.5kHz）感应加热沿齿沟淬火。

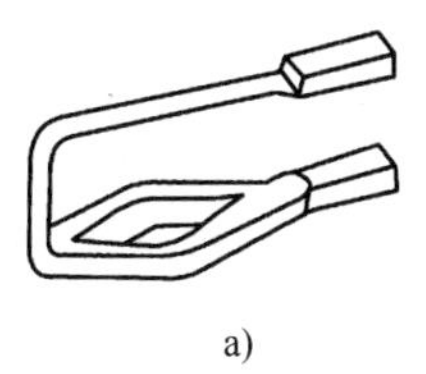

a)

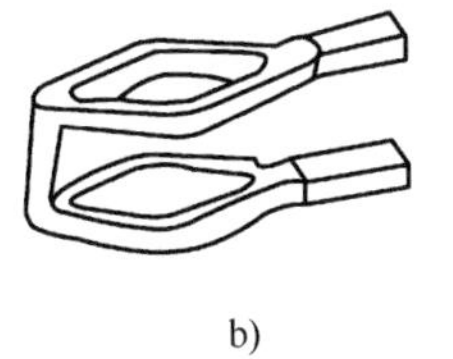

b)

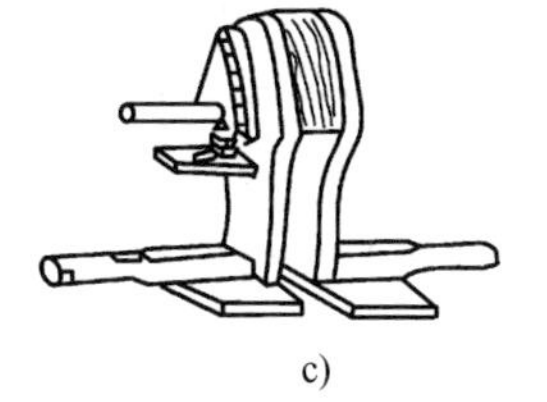

c)

图 9-4　几种 U 形感应器的结构

9.7　全齿感应淬火时如何减小与控制齿轮的畸变？

齿轮全齿感应淬火时，由于只是齿轮的表层被加热淬火，因温度和显微组织发生改变，会产生热应力和组织应力，于是在工件中形成很大的区域应力，从而引起工件的不均匀塑性畸变。齿轮全齿感应淬火后导致齿轮内孔、齿形、齿向及螺旋角等均会产生一定的畸变。

为减小与控制齿轮感应淬火畸变，应合理设计齿轮结构，正确制订感应淬火工艺并及时回火等。

（1）合理设计齿轮结构　尽量使齿轮结构对称，轮辐及工艺孔均匀分布，以免形成不均匀应力分布而增加热处理畸变。

（2）正确制订感应淬火工艺　正确制订感应淬火工艺是减小与控制齿轮感应淬火畸变的关键，主要措施见表 9-8。

表 9-8　减小与控制齿轮感应淬火畸变的主要措施

序号	措　施	工 艺 方 法
1	进行预备热处理，消除毛坯内应力，细化组织	毛坯正火，尤其等温正火效果更佳；齿坯进行调质处理
2	消除机械加工应力	感应淬火前进行一次去应力退火处理
3	选择适当的感应加热频率	感应加热频率适当，即可控制淬硬层深度，以控制畸变
4	降低淬火温度	采用下限淬火温度
5	均匀加热	感应器形状应符合要求，感应器与齿轮的间隙要适当且均匀；加热时齿轮要旋转，淬火机床心轴偏摆要小
6	采用较短的加热时间	加大功率密度
7	适当冷却	采用合适浓度的淬火冷却介质，如各种聚合物水溶液或油等

（3）及时回火　齿轮感应淬火后应及时回火，并保证足够的回火时间。

9.8　齿轮感应淬火操作要点是什么?

1）齿轮全齿加热淬火时，应在淬火机床上进行。齿轮与定位心轴的间隙应≤0.20mm，定位心轴台肩为5~10mm即可，太大时会对齿轮加热有影响。

2）双联齿轮淬火时，当大小齿轮的间距≤15mm时，先淬大齿轮，后淬小齿轮。加热小齿轮时为防止将已淬硬的齿面加热，可采用三角形截面感应器，或用铜板屏蔽的方法。对于大小齿轮直径相差较小，且直径不大的双联齿轮，为提高效率，也可采用双圈感应器串联的方法一次完成淬火。

3）具有内外齿的齿轮淬火时，应先淬内齿轮，后淬外齿轮。必要时可用水冷却内齿轮。

4）端面有离合卡爪的齿轮淬火时，应先淬卡爪，后淬齿轮。必要时可用水冷却卡爪。

5）在单件或零星生产中，为操作方便和省去制作感应器的过程，可采取一些简便的淬火方法。举例如下：

用普通外圆感应器加热锥齿轮。将感应器倾斜一定角度，使感应器低端靠近锥齿轮大端，感应器高端靠近锥齿轮小端。调整好感应器倾斜角度及其与锥齿轮的间隙，使锥齿轮在感应器中旋转，即可获得均匀加热。

当用低高度感应器加热高度较高的圆柱齿轮时，可先加热齿轮的中间部位，然后上下移动齿轮，使齿轮沿齿宽方向温度均匀后即可冷却淬火。

6）大模数齿轮采用单齿连续加热淬火时，为保证感应器与齿部间隙的一致性，一般采用靠模对齿沟定位，如图9-5和图9-6所示。

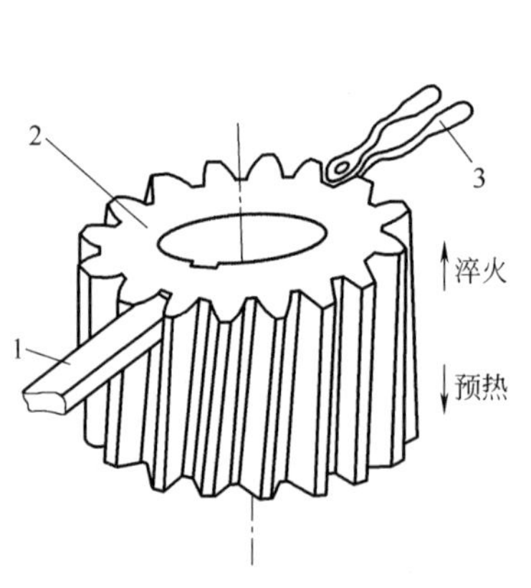

图9-5　大模数齿轮单齿连续淬火用的靠模

1—靠模　2—齿轮　3—感应器

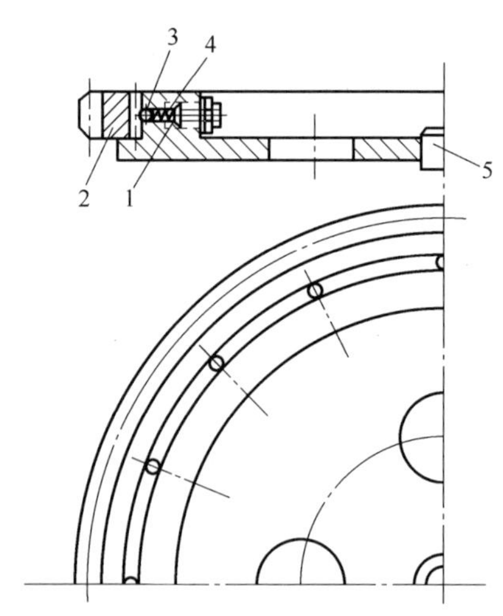

图9-6　飞轮齿圈淬火的定位装置

1—定位套　2—齿圈　3—钢球　4—弹簧　5—转轴

9.9　齿轮如何进行火焰淬火？

齿轮火焰淬火分为全齿回转加热淬火和单齿连续加热淬火等。

（1）全齿回转加热淬火　将齿轮置于淬火机床上，以一定速度旋转，在齿轮周围固定一定数量的火焰喷嘴，加热一定时间后喷液冷却或浸液冷却，完成淬火，如图9-7所示。该工艺主要用于中、小模数齿轮，硬化层深度主要取决于加热温度和加热时间。根据要求，硬化层可以在齿根以上或齿根以下。

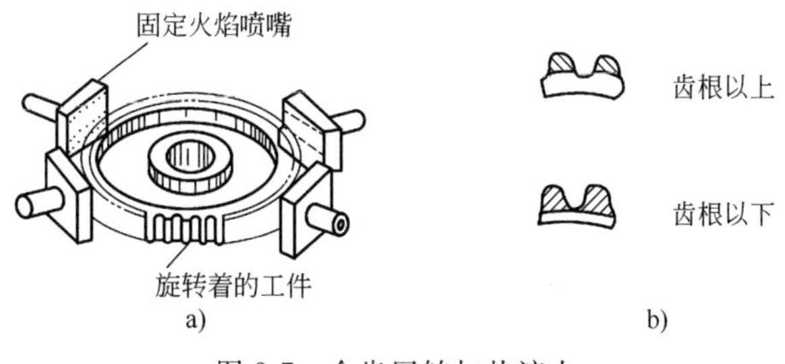

图 9-7　全齿回转加热淬火

a）全齿回转加热　b）淬硬层分布

（2）单齿连续加热淬火　单齿连续加热淬火主要用于大模数齿轮淬火，分为沿齿面连续加热淬火和沿齿沟连续加热淬火，如图9-8所示。单齿连续加热淬火的硬化层深度与氧气压力、喷嘴与工件的相对移动速度、水孔与火孔的距离、预热温度及工件的材料等因素有关。

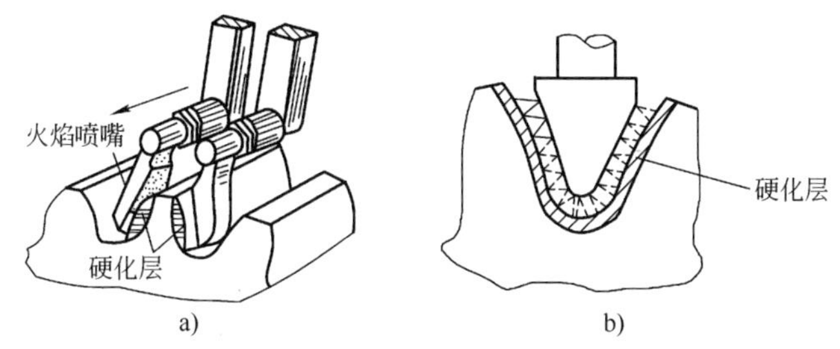

图 9-8　单齿连续加热淬火

a）沿齿面连续加热淬火　b）沿齿沟连续加热淬火

图9-8a所示为沿齿面连续加热淬火，适用于$m=4\sim8$mm的齿轮连续加热淬火，其硬化层仅分布于齿面，齿根部无硬化层。该工艺主要用于提高齿部的耐磨性和接触疲劳强度，不能改善弯曲疲劳性能。

图9-8b所示为沿齿沟连续加热淬火，适用于$m>8$mm齿轮沿齿沟仿形淬火，可获得沿齿廓分布的硬化层。沿齿沟淬火时，由于齿沟处热量的散失比齿面要多，所以喷嘴上加热齿沟用的火孔数，应适当增加一些，以保持温度均匀一致。此外，沿齿沟连续加热淬火时，同一个齿上已淬火的另一齿面应喷水冷却，以避免受热而回火。

9.10　如何制订齿轮火焰淬火工艺？

齿轮火焰淬火一般以氧乙炔作为燃料气，乙炔压力为$(0.5\sim1.5)\times10^5$Pa，氧气压力为$(3\sim6)\times10^5$Pa，氧气量与乙炔量体积比为1.1～1.5，常用1.15～1.25。

这种火焰呈蓝色中性火焰，强度大，稳定性好，加热温度高。

淬火温度根据所用材料确定，一般为 Ac_3+(30~50)℃。全齿回转加热淬火时，火焰与工件的距离为 8~15mm；单齿沿齿面连续加热淬火时焰心与齿面的距离为 5~10mm，沿齿沟连续加热淬火时的距离为 2~3mm。

单齿连续加热淬火时，工件与喷嘴的相对移动速度随齿轮模数不同而有所变化，见表 9-9。在火焰一定的情况下，喷嘴移动速度减小，则加热温度升高，淬硬层深度增加。

表 9-9 齿轮模数与喷嘴移动速度的关系

模数/mm	5~10	11~20	>20
移动速度/(mm/min)	120~150	90~120	<90

单齿连续加热淬火时，为防止齿部始端温度低，而终端温度过高，在操作时，始端移动速度可稍慢，终端移动速度稍快些。

冷却介质：碳钢一般采用 0.1~0.15MPa 的自来水，合金钢采用乳化液、聚乙烯醇水溶液及压缩空气等。

为防止淬火开裂，可在淬火前对齿轮进行 220~240℃×1~3h 的去应力退火。

9.11 齿轮表面淬火常见缺陷有哪些？如何防止？

齿轮表面淬火常见缺陷及防止方法见表 9-10。

表 9-10 齿轮表面淬火常见缺陷及防止方法

缺陷名称	产生原因	防止方法
表面硬度过高	钢材碳含量偏高	检查钢材碳含量
	淬火温度太高	按正常温度淬火
	冷却速度太快	调整淬火冷却速度
	回火温度低	合理选择回火温度
表面硬度过低	钢材碳含量偏低，预备热处理组织不良	检查钢材化学成分及原始组织，按正确工艺进行预备热处理
	淬火温度过低	合理选择淬火温度
	冷却不足	调整淬火冷却介质压力和温度
	回火温度高，保温时间长	调整回火规范
表面硬度不均匀	钢材有带状组织，局部脱碳	检验钢材组织，按正常工艺进行预备热处理；淬火前清理工件表面油迹及锈斑
	感应器或烧嘴不合理	检查感应器和烧嘴喷水孔有无堵塞
	加热温度不均	保持加热温度均匀
	冷却不均匀	检查水孔有无堵塞，淬火冷却介质是否清洁
硬化层深度不够	感应加热频率太高	选择适当频率的设备加热，不具备条件时，可采用小功率加热或间断加热
表面硬度不均匀	加热时间短	延长加热时间
	火焰过于强烈	调整火焰强度
	冷却不当	合理调整冷却规范
	钢材淬透性低	更换钢材

（续）

缺陷名称	产生原因	防止方法
畸变	原始组织不均匀	改善原始组织，进行规范预备热处理
	加热不规范	调整加热规范，保证加热均匀
	冷却不规范	选择合适的淬火冷却介质，保证冷却均匀
开裂	钢材碳含量偏高或有偏析等缺陷	检验钢材化学成分及金相组织，并进行预备热处理
	淬火温度过高	通过调整电参数、加热时间或气体的压力及流量，严格控制淬火温度
	冷却太快	合理选择淬火冷却介质，通过压力、流量严格控制冷却规范，降低齿顶及齿端的冷却速度，感应淬火时采用埋油淬火，火焰加热沿齿沟淬火时采用隔齿淬火法
	回火不及时，不充分	及时回火，并保证足够的回火时间

9.12　渗碳和碳氮共渗齿轮为什么要进行预备热处理？

一般渗碳和碳氮共渗齿轮的加工工艺路线如下：

毛坯成形→预备热处理→切削加工→渗碳（或碳氮共渗）、淬火及回火→喷丸→精加工。

齿轮预备热处理是正火或正火+回火。其主要目的是：提高可加工性，降低齿面表面粗糙度值，细化晶粒，消除应力。

1）在设备允许的条件下，尽可能选用比渗碳温度高30~50℃的温度正火。

2）为改善可加工性，降低表面粗糙度值，可采用以下方法：

① 可选择所给温度范围的上限，加热后加强冷却，采用风冷、喷雾冷却，甚至水冷片刻后空冷的方法，但应保证冷却均匀。

② 采用等温退火工艺。对于12Cr2Ni4钢，采用920℃加热，然后移入600℃盐浴中等温80min，最后再水冷的工艺，可以改善可加工性。

9.13　怎样制订齿轮渗碳工艺？

齿轮渗碳主要采用气体渗碳方式，一般在井式渗碳炉或多用炉中进行。

（1）齿轮渗碳温度　一般为920~930℃，对于畸变要求严格的齿轮可采用较低的渗碳温度。但降低渗碳温度，必然要延长渗碳时间，所以降低渗碳温度的方法只适用于渗层较浅的齿轮。表9-11列出了渗碳温度与渗碳层深度之间的关系。

表9-11　渗碳温度与渗碳层深度

渗碳层深度/mm	0.35~0.65	>0.65~0.85	>0.85~1.0	>1.0
渗碳温度/℃	880±10	900±10	920±10	920±10

（2）渗碳时间　主要取决于渗碳层深度，但也与渗碳温度、炉气成分等因素有

关。在通常渗碳气氛条件下，渗碳层深度与渗碳温度和保温时间的关系见表 9-12。

表 9-12 渗碳层深度与渗碳温度和保温时间的关系

渗碳时间/h	渗碳温度/℃		
	875	900	925
	渗碳层深度/mm		
2	0.64	0.77	0.89
4	0.84	1.06	1.27
8	1.27	1.52	1.80
12	1.56	1.85	2.21
16	1.80	2.13	2.54
20	2.0	2.39	2.84
24	2.18	2.62	3.10
30	2.46	2.95	3.48
36	2.74	3.20	3.81

（3）渗碳剂　可选用甲醇-煤油、甲醇-丙酮、甲醇-乙酸乙酯等。炉气成分对渗碳速度及渗碳层质量影响很大，在制订工艺及操作中应严格控制。渗碳阶段炉气组分见表 9-13。

表 9-13 渗碳阶段炉气组分

炉气组分	CO_2	O_2	CO	H_2	C_nH_{2n}	C_nH_{2n+2}	N_2
体积分数(%)	≤0.5	≤0.5	15~25	40~60	≤0.5	5~15	余量

（4）渗碳方式　可选用滴注式渗碳、吸热式气氛渗碳或氮基气氛渗碳等。中小型企业热处理车间的渗碳多在井式气体渗碳炉中进行，可采用 CO_2 红外碳势控制仪、氧探头或露点仪等对碳势控制。大型热处理车间采用周期式多用炉或连续式渗碳炉，并用计算机来控制碳势，使渗碳操作更简单、更准确，因而渗碳质量更有保证。

（5）渗碳后的热处理　一般情况下，齿轮经渗碳后直接淬火。在 920~940℃渗碳后，随炉冷至 830~850℃并均热后，出炉直接淬火。淬火冷却介质一般为油，也可采用热油马氏体分级淬火。最后进行低温回火，回火温度一般为 180~200℃，保温时间约为 2h。

对于直接淬火后畸变较大、需要在压床上淬火的齿轮，需要感应淬火并推孔，以及渗碳后需要进行切削加工的齿轮，在渗碳结束后应在炉中降温至 850~860℃出炉空冷。冷却方式如下：

1）在冷却井中冷却。冷却井为双层水冷井壁，并带有盖，齿轮放入后，可通入保护气氛或倒入适量甲醇、滴入煤油，以防齿轮脱碳。

2）空冷。渗碳后适当降温，出炉后将齿轮单独摆放在干燥的地上，以提高冷却速度，尽量减少脱碳。此法简单，但在高温下不易操作，表面容易形成微贫碳层，对齿轮性能有一定影响，并且容易将齿部碰伤。空冷后的齿轮再重新加热至 850~870℃，采用油冷或热油马氏体分级淬火。最后进行 180~200℃×2h 的低温回火。

对于精度要求较高的齿轮（7级以上），齿部在渗碳前进行粗加工成形，渗碳后再进行半精加工，之后通过高频、超音频或中频感应加热装置透热齿部及齿根进行淬火，经回火后再对齿形进行精加工，并用推刀精整花键孔。

对于12CrNi3、20CrNi3等铬镍渗碳钢齿轮，经渗碳冷却、重新加热淬火后，还应进行冷处理，以减少残留奥氏体量，然后再进行回火。

（6）齿轮渗碳实例　图9-9所示为20CrMnTi汽车变速器齿轮，在RQ_3-75-9T井式气体渗碳炉中的渗碳工艺曲线，要求渗碳层深度为0.8~1.2mm。

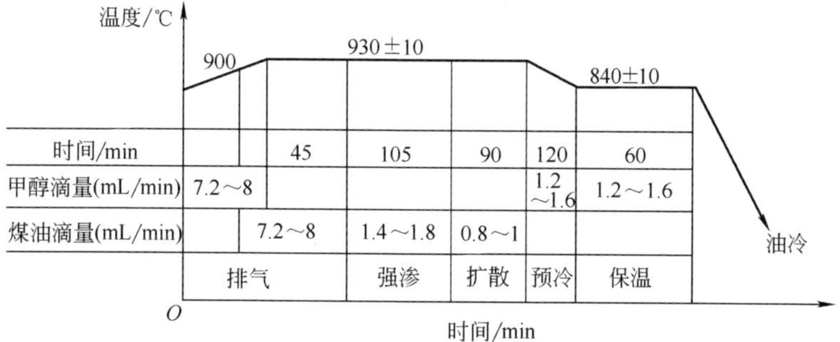

图9-9　20CrMnTi汽车变速器齿轮在井式渗碳炉中的渗碳工艺曲线

9.14　怎样制订齿轮碳氮共渗工艺？

碳氮共渗齿轮用钢常为渗碳钢或中碳钢，如20CrMnTi、30CrMnTi、40Cr、45Cr、40Mn2等。

齿轮碳氮共渗主要采用气体碳氮共渗方式，共渗剂有三类：气体渗碳剂加氨、含碳的有机化合物加氨和含碳与氮的有机化合物（如三乙醇胺、甲酰胺）。

碳氮共渗温度一般为840~860℃。

碳氮共渗时间主要与渗层深度有关，表9-14为840~850℃共渗时渗层深度与共渗时间的关系。

表9-14　渗层深度与共渗时间的关系

渗层深度/mm	0.3~0.5	0.5~0.7	0.7~0.9	0.9~1.1	1.1~1.3
共渗时间/h	3	6	8	10	13

齿轮经碳氮共渗后，可直接淬火，不用降温；也可随炉冷至830~850℃并均热后，出炉直接淬火。淬火冷却介质一般为油，也可采用热油马氏体分级淬火。最后进行低温回火，回火温度一般为180~200℃，保温时间为2h左右。

图9-10所示为齿轮碳氮共渗工艺曲线。工件为拖拉机滑动齿轮，材质25MnTiBRE，在RJJ-75-9T井式气体共渗炉碳氮共渗，要求渗层深度为0.8~1.2mm，表面硬度为58~62HRC。

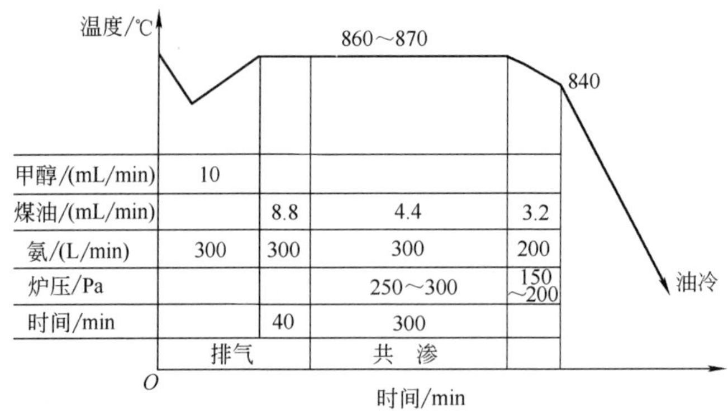

图 9-10 齿轮碳氮共渗工艺曲线

9.15 怎样制订齿轮渗氮工艺?

渗氮齿轮的典型用钢是 38CrMoAl，其他钢种有 30CrMoAl、40Cr、35CrMoV、40CrMo、20CrMnTi 等。

齿轮渗氮层深度与齿轮模数有关，模数大，渗氮层深度增加。表 9-15 为齿轮渗氮层深度与齿轮模数的关系。

表 9-15 齿轮渗氮层深度与齿轮模数的关系

齿轮模数 m/mm	≤1.25	1.5~2.5	3~4	4.5~6	>6
公称深度/mm	0.15	0.30	0.40	0.50	0.60
深度范围/mm	0.1~0.25	0.25~0.4	0.35~0.5	0.45~0.55	>0.50

齿轮渗氮通常采用气体渗氮或离子渗氮工艺。

9.16 渗氮齿轮如何进行预备热处理?

渗氮齿轮的加工工艺过程一般为：锻造→调质或正火→机械加工、制齿→剃齿→渗氮。对于精度要求较高和容易变形的齿轮，其工艺过程为：锻造—退火或正火→粗加工→调质→半精制齿→去应力→精滚齿→剃齿→渗氮→珩磨齿。

渗氮齿轮的预备热处理主要有正火和调质，对于仅要求表面耐磨及重要的齿轮，其预备热处理以调质为宜，调质齿轮心部比正火齿轮具有更好的综合力学性能。一般情况下，调质的高温回火温度应高于渗氮温度 20~30℃或更高。需要去应力退火的齿轮，去应力退火温度应低于调质的回火温度，但高于渗氮温度 20~30℃。

不同钢材经不同预备热处理后的渗氮层表面硬度见表 9-16。

表 9-16 不同钢材经不同预备热处理后的渗氮层表面硬度

牌号	预备热处理		渗氮层表面硬度 HV5
	工序名称	硬度 HBW	
20CrMnTi	正火	180~200	650~800
	调质	200~220	600~800

（续）

牌号	预备热处理		渗氮层表面硬度 HV5
	工序名称	硬度 HBW	
25Cr2MoV	调质	270~290	700~850
35CrMoV	调质	250~320	550~700
37SiMn2MoV	调质	250~290	48~52HRC(超声测定)
40Cr	调质	200~220	500~700
		210~240	500~650
40CrMo	调质	29~32HRC	550~700
40CrNiMo	调质	26~27HRC	450~650
40CrMnMo	正火、调质	220~250	550~700
18Cr2Ni4W	调质	27HRC	600~800
20Cr2Ni4	调质	25~32HRC	550~650
38CrMoAl	调质	260	950~1200

注：高速重载齿轮心部的调质硬度最好大于300HBW。

9.17 热成形弹簧如何进行热处理？

热成形弹簧的热处理一般采用淬火+中温回火处理，得到的组织为回火马氏体。这种组织具有高的弹性极限、屈服强度和疲劳强度，其塑性、韧性较高，冷脆性也较好，硬度一般在40~50HRC之间，能满足弹簧的主要性能要求。

（1）淬火

1）淬火温度。弹簧热处理时首先要根据钢的临界点正确选择淬火温度。大多数弹簧钢属于亚共析钢，其淬火温度应为Ac_3+(30~70)℃；对于过共析钢，如85钢，其淬火温度应为Ac_{cm}+(30~70)℃。由于热成形弹簧的加热成形、淬火、回火是连续进行的，其加热速度快，淬火温度可适当提高到850~950℃。弹簧钢的淬火温度可参考表9-17。

表9-17 常用弹簧钢的淬火、回火工艺规范

牌号	淬火			回火			用途
	温度/℃	冷却介质	硬度HRC	温度/℃	冷却介质	硬度HRC	
65	800	水	62~63	320~420	水	35~48	材料直径≤ϕ15mm的螺旋弹簧，弹簧垫圈
70	800	水	62~63	380~400	水	45~50	
85	780~820	油	62~63	375~400	水	40~49	小负荷螺旋弹簧及板簧
65Mn	780~840	油	>60	350~530	水	36~50	材料直径为ϕ7~ϕ15mm的螺旋弹簧、厚度为3~5mm的板簧
55Si2Mn	850~880	油	60~63	400~520	—	45~50	材料直径为ϕ10~ϕ25mm的螺旋弹簧
55CrMn	840~860	油	62~66	400~500	水	42~50	较大截面和较重要的板簧及螺旋弹簧
55SiMnVB	840~880	油	>60	400~500	水	45~50	用于汽车前后簧、副簧
60Si2Mn	860~880	油	>61	430~480	水	45~50	材料直径为ϕ10~ϕ25mm的螺旋弹簧

（续）

牌号	淬火			回火			用途
	温度/℃	冷却介质	硬度HRC	温度/℃	冷却介质	硬度HRC	
60Si2Cr 60Si2CrV	850~870	油	>62	450~480	水	45~50	大截面的重载弹簧
50CrV	850~870	油	56~62	370~400	水	45~50	重要的大截面弹簧
				400~450	水	388~415HBW	用作300℃以下工作的高温弹簧
30W4Cr2V	1050~1100	油	52~58	520~540	水	43~47	用作500℃以下工作的高温弹簧

由于对弹簧表面质量的要求较高，因此加热时不允许有表面氧化、脱碳和过热现象。因为脱碳使弹簧表面产生拉应力，降低疲劳强度，过热使弹簧的脆性显著增加。弹簧的淬火加热必须在有保护措施的条件下进行；在空气炉中加热时，应采取防氧化、防脱碳措施。为了减少和防止弹簧在加热时因自重而产生的变形，螺旋弹簧在炉中应单层或单个横放，或使用夹具，不应竖直放置，也不要堆放。

2）淬火冷却。由于绝大多数热成形弹簧是用合金钢制造的，因此淬火时一般多采用油冷却。为防止变形，可采用50~80℃热油淬火。对于截面较大的弹簧，为使整个截面都能淬透，可采用水淬油冷双介质淬火。为防止出现裂纹，应适当降低淬火温度，严格控制水中停留时间，淬火后应及时回火。

淬火冷却方式对弹簧的变形影响很大。弹簧淬火时，如果垂直浸入，螺距变形较大，中心线变形较小；若水平淬入，则变形情况相反。将弹簧插在与弹簧内径相同、布满小孔的薄钢管上，水平淬入可以减少变形。

（2）回火　弹簧淬火后应及时回火，以防产生淬火裂纹。弹簧在低温回火时，强度虽高，但冲击韧性太低；高温回火时则相反；只有中温回火时既具有一定的冲击韧性，又具有高的强度和弹性极限。回火温度一般为400~500℃。空气炉中的保温时间按1.5min/mm计算，但不得少于30min。为使温度均匀，应尽量在带有风扇的空气炉或硝盐炉中回火。对已经变形的工件，回火时可采用专用夹具进行矫正。弹簧回火后一般在水或油中冷却，一方面可以防止回火脆性，另一方面可在弹簧表面形成压应力，有利于提高疲劳强度。

9.18　硬态冷成形弹簧如何进行热处理？

冷成形弹簧用冷拔钢丝、冷轧钢板或钢带制成。冷拔钢丝分为碳素弹簧钢丝、低合金弹簧钢丝和不锈钢弹簧钢丝等；按供货状态不同，还可分为硬态和软态两类。

硬态弹簧钢丝有冷拔强化弹簧钢丝、油淬火-回火弹簧钢丝、形变热处理弹簧钢丝等，这类弹簧钢丝已经过强化，达到了弹簧所要求的性能。

（1）冷拔强化弹簧钢丝　冷拔强化弹簧钢丝是在通过铅浴淬火后，经过多次拉拔后达到所需力学性能的。如图9-11所示，钢丝连续通过加热炉，在炉中运行过程中被加热到900~950℃后，连续地浸入450~600℃的铅浴槽中冷却，随后出炉空冷或淋水冷却。处理后的组织为索氏体，它的断面收缩率可达80%~90%，因而具有优异的冷拔性能。钢丝经拉拔后，由于形变强化即达到弹簧所要求的力学性能。铅浴淬火的加热也可以采用电接触加热法，其优点是加热速度快，加热时间短，热效率高。

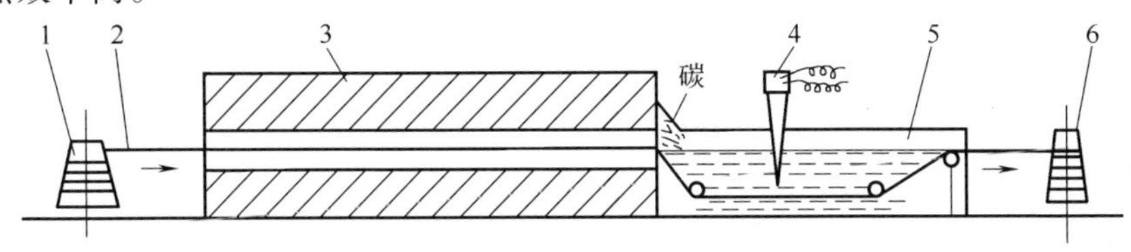

图 9-11　弹簧钢丝的铅浴淬火

1—放线架　2—钢丝或盘条　3—加热炉　4—热电偶　5—铅浴槽　6—收线架

（2）油淬火-回火钢丝　油淬火-回火钢丝是通过马氏体相变强化来达到所需力学性能的。弹簧钢丝拉拔到所需规格后，连续经过马弗管或电接触加热后，进入40~70℃的循环油中冷却，获得细而均匀的马氏体。然后在铅浴中进行回火，即达到弹簧所要求的力学性能。回火温度和时间根据钢种、丝径大小及运行速度来决定。

用硬态弹簧钢丝冷成形的弹簧不需要进行淬火，只进行去应力退火即可。其目的是：消除冷拔钢丝在冷拔时和弹簧冷绕时产生的内应力，提高钢丝的弹性极限、抗拉强度和屈服强度。

9.19　轴承钢在淬火前为什么要进行退火处理？如何进行？

轴承的内外套和滚动体大多是锻造而成的。GCr15钢经锻造后的组织为片状索氏体、片状珠光体和少量细小碳化物，硬度较高，为255~340HBW，给切削加工带来困难。若直接以锻造后的组织进行淬火，则达不到轴承所要求的力学性能，且容易造成过热和开裂。因此，必须对锻造后的组织进行处理，使其转变为球状珠光体，以降低硬度，获得最佳的可加工性，并为淬火提供良好的组织准备，从而使淬火、回火后得到最佳的力学性能。

根据标准规定，轴承钢球化退火的组织应为均匀分布的细粒状珠光体。轴承钢的球化退火温度一般为Ac_1+(30~50)℃，GCr15钢的Ac_1为730~765℃，退火温度为770~810℃，保温时间为3~6h，退火后硬度为170~207HBW。

轴承钢的球化退火可分为：普通球化退火、等温球化退火和快速球化退火。

（1）普通球化退火　普通球化退火工艺曲线如图9-12a所示。工件在780~810℃保温3~6h后，以10~30℃/h炉冷至650℃出炉空冷。此工艺可在箱式炉、台车炉、井式炉或煤气炉中进行。

（2）等温球化退火　其工艺曲线如图9-12b所示。工件在780~800℃保温后，快冷到680~720℃并等温，然后炉冷至650℃以下出炉空冷。为实现“快冷”，提高生产率，可用两台炉分别进行加热和等温，也称双炉等温球化退火。

（3）快速球化退火　该工艺实质上是正火后再进行退火的工艺，工艺曲线如图 9-12c 所示。工件在 900~920℃正火后，获得索氏体组织，再于 770~790℃进行退火。

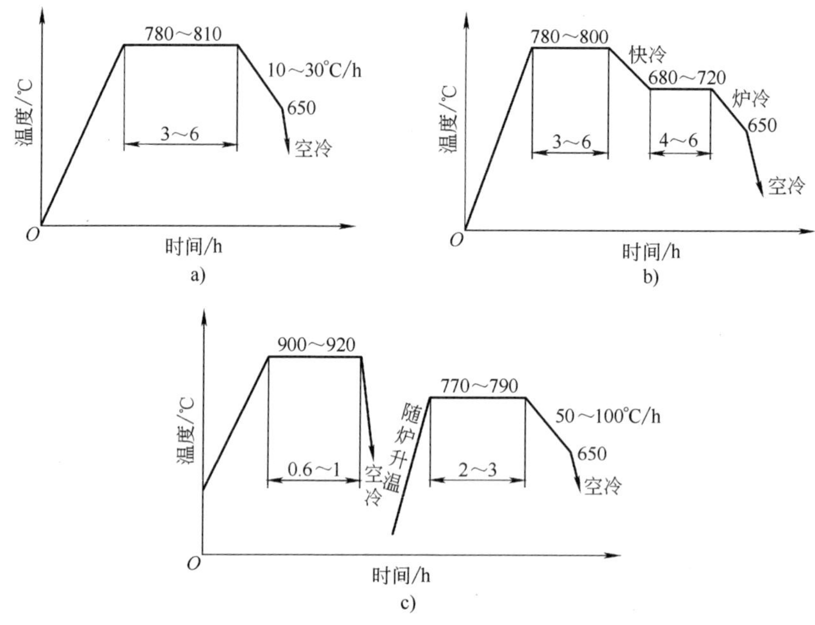

图 9-12　轴承钢的球化退火工艺曲线

a）普通球化退火　b）等温球化退火　c）快速球化退火

9.20　轴承钢正火的目的是什么？如何制订轴承钢正火工艺？

轴承钢正火的目的是消除和减少组织中粗大的网状碳化物，细化组织，改善退火组织中的粗大碳化物颗粒或消除片状珠光体。正火工艺根据锻件的原始组织和有效厚度来制订。根据实际情况，选择不同的正火温度和不同的冷却方法，以免再次析出网状碳化物或增大碳化物颗粒。铬轴承钢锻件常用的正火工艺见表 9-18。

表 9-18　铬轴承钢锻件常用的正火工艺

目　　的	牌号	正火工艺		
		温度/℃	保温时间/min	冷却方式
消除和减少粗大网状碳化物	GCr15	930~950	40~60	1)分散空冷 2)强制吹风 3)喷雾冷却 4)在 70~100℃乳化液或油中冷到 300~400℃后空冷 5)在 50~70℃水中冷到 300~400℃后空冷
	GCr15SiMn	890~920		
消除较粗网状碳化物,改善晶粒度,消除片状珠光体	GCr15	900~920		
	GCr15SiMn	870~890		
细化组织,均匀化	GCr15	860~900		
	GCr15SiMn	840~860		
改善退火组织中粗大碳化物颗粒	GCr15	950~980		
	GCr15SiMn	940~960		

9.21 什么是轴承钢双细化处理工艺?

双细化处理工艺是一种使碳化物和晶粒均得到细化处理的预备热处理工艺。锻件经双细化处理后，碳化物颗粒变细，粒度<0.6μm，且分布的均匀性得到改善；原始晶粒得到细化，晶粒度提高1.5~2.0级。在淬火和回火后，可获得均匀细小的马氏体组织，提高硬度及其均匀性，从而提高钢的耐磨性、冲击韧性、抗弯强度和接触疲劳寿命。双细化处理包括以下几种：

(1) 锻造余热淬火+高温回火　锻件在800~900℃停锻，于沸水中淬火（冷却速度为25~30℃/s），冷至400~500℃出水，空冷或直接进行球化处理。高温回火温度为730~740℃，保温3~4h后出炉空冷。最终获得均匀分布的点状珠光体+细粒状珠光体组织，硬度为207~229HBW。其工艺曲线如图9-13所示。

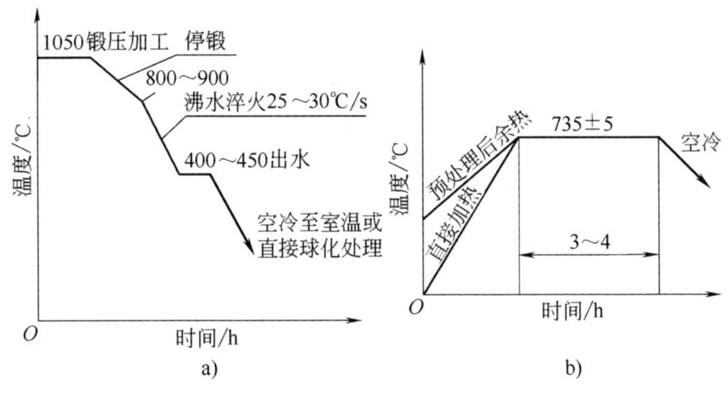

图9-13　轴承钢锻造余热淬火+高温回火的工艺曲线
a）锻造余热沸水淬火　b）高温回火

(2) 锻造余热淬火+快速等温退火　将在800~900℃停锻并于沸水中淬火的锻件，冷至400~500℃出水空冷后，再加热至略高于Ac_1温度进行等温退火，720~730℃等温1h，然后炉冷至650℃出炉空冷，获得均匀的细小粒状+点状珠光体组织，硬度为187~207HBW。其工艺曲线如图9-14所示。

(3) 亚温锻后热处理细化工艺　工件在800~840℃进行锻压加工（热模锻或热滚压）后，再在680~720℃等温2~3h，炉冷至600℃出炉空冷。其工艺曲线如图9-15所示。应用此工艺的前提是，材料的碳化物网必须符合相关标准规定。

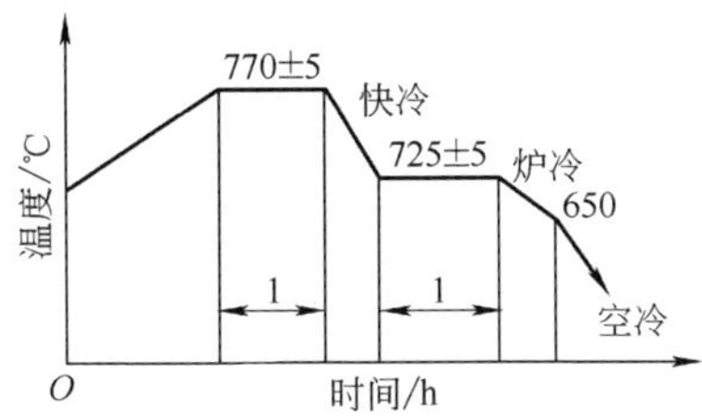

图9-14　锻造余热淬火+快速等温退火

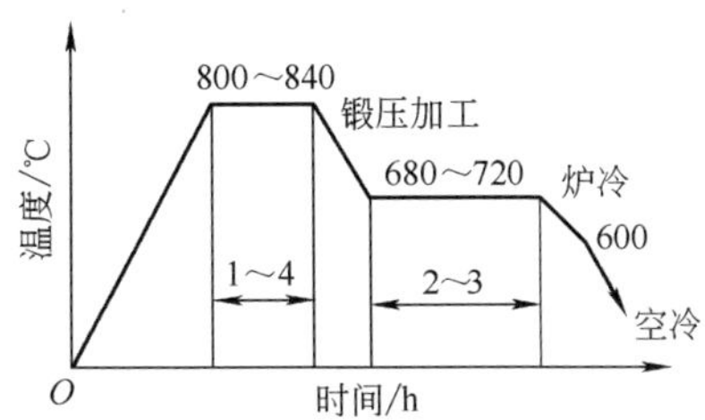

图9-15　亚温锻后热处理细化工艺

9.22 如何制订轴承钢淬火和回火工艺?

轴承钢淬火和回火的目的是使轴承工件获得高的硬度和耐磨性、高的接触疲劳性能和高的尺寸稳定性。

(1) 淬火

1) 淬火温度。淬火温度对轴承钢的淬火组织和性能的影响很大，GCr15 钢的淬火温度为 840~850℃。淬火温度过低，奥氏体中碳和合金元素的浓度过低，淬火后达不到要求的硬度；若温度过高，碳化物溶于奥氏体过多，易引起奥氏体晶粒粗化，将使淬火马氏体针粗大，且残留奥氏体量增大，使钢的强度和冲击韧性下降，淬火畸变和开裂倾向增大。因此，对淬火温度必须严格控制。

一般说来，在箱式炉中加热时应比盐浴炉加热温度高 5℃左右，淬油的应比淬水的高 5~10℃。尺寸较大的工件应采用稍高（高出 5~10℃）的淬火温度，壁厚>12mm 的工件应采用淬透性较好的 GCr15SiMn 钢。

2) 淬火冷却。轴承钢淬火常用 L-AN15 或 L-AN22 全损耗系统用油来冷却，油温控制在 30~60℃之间；或选用不同冷却特性的淬火油，如普通淬火油、快速淬火油、分级淬火油等；也可选择质量分数为 10%~22%碳酸钠水溶液或其他有机水溶液。

(2) 回火 轴承钢淬火后获得的组织是马氏体+残留奥氏体，其中残留奥氏体约占 15%（体积分数）。它们都是亚稳定组织，在长时间存放和使用过程中，有自发转化为稳定组织的趋向，使工件尺寸发生变化，失去精度。同时，工件淬火后处于高应力状态，极易引起畸变或开裂。轴承钢回火的目的是稳定组织和消除应力。铬轴承钢回火工艺应根据轴承的服役条件和技术要求来确定，通常分为三种：常规回火、稳定化回火和高温回火。

1) 常规回火。对于一般轴承件，为了获得高硬度和高耐磨性，轴承钢淬火后一般进行低温回火，回火温度比轴承的工作温度（一般在 120℃以下）高 30~50℃。因此，轴承的常规回火温度为 150~180℃。

2) 稳定化回火。对于载荷较轻、尺寸精度要求较高的精密轴承，可采用 200~250℃回火。

3) 高温回火。对于在高温下工作的轴承，根据使用温度，回火温度可选用 200℃、250℃、300℃或 400℃。

轴承件的回火在油炉、硝盐炉或具有热风循环的空气电阻炉中进行。通常按工件的大小和精度等级选择回火时间，一般工件在油炉和硝盐炉中的回火时间为 2~3h。空气电阻炉中的回火时间可比油炉和硝盐炉稍延长。大型轴承件的回火时间可延长到 6~12h。精密轴承件在油浴炉中回火时可增加 1h。

轴承件经淬火、回火后硬度应为 62~66HRC，其显微组织为极细回火马氏体、细小碳化物和少量残留奥氏体。为保证工件的尺寸稳定性，工件回火前必须冷却至室温才可进行回火。

（3）工艺规范 常用轴承钢的淬火和回火工艺规范见表 9-19。

表 9-19 常用轴承钢的淬火和回火工艺规范

牌号	淬火		回火	
	温度/℃	冷却介质	温度/℃	硬度 HRC
GCr9	800~850	油	150~170	62~66
GCr9SiMn	820~840	油	150~180	≥62
GCr15	830~860	油	150~170	62~66
GCr15SiMn	820~845	油	150~180	≥62

9.23 怎样提高精密轴承的尺寸稳定性？

对于精密或超精密轴承件，以及用轴承钢制造的其他精密件，为减少淬火组织中的残留奥氏体，并使剩余的少量残留奥氏体趋于稳定，从而增加尺寸稳定性和提高硬度，淬火后还应进行一次冷处理。一般精密件的冷处理温度为-20℃，超精密件的冷处理温度为-78℃，时间为 1~1.5h。工件淬火后应冷至室温，与冷处理之间的间隔不超过 2h，冷处理后回火。

为了消除轴承工件在磨削时产生的应力，进一步稳定组织，提高尺寸稳定性，精密轴承或重要轴承在磨削后需要进行稳定化处理（补充回火）。稳定化处理的温度比回火温度低 20~30℃，一般为 120~160℃。保温时间按轴承精度选择，一般为 3~5h，多则 12h，最多可达 24h。稳定化处理也可在粗磨和精磨后各进行一次。

9.24 工模具钢的预备热处理方法有哪几种？

工模具钢在淬火前必须进行预备热处理，以消除应力，细化晶粒，为淬火做好组织准备。预备热处理包括正火、球化退火、去应力退火、调质等。

（1）正火 对于因过热而产生粗大晶粒和存在网状碳化物的过共析钢，为细化晶粒，消除网状碳化物，应进行正火处理。钢经正火后再进行球化退火。

（2）球化退火 工模具钢球化退火的目的是为了改善钢材的可加工性，并为淬火做组织准备。退火后组织为球状珠光体。退火方法有普通退火和等温退火。部分工模具钢的球化退火工艺规范见表 9-20。

（3）调质 工模具钢调质的目的主要是细化组织，获得中等大小的球状碳化物，使淬火硬度控制在较小范围内，减少淬火畸变，降低切削加工时的表面粗糙度值。部分工模具钢的调质工艺规范见表 9-21。

（4）去应力退火 工模具钢去应力退火的目的是为了消除冷变形产生的加工硬化和切削加工产生的内应力，以减少淬火时产生的畸变和开裂倾向。刃具模具用非合金钢的去应力退火温度为 600~700℃，合金工具钢为 650~700℃，保温时间为 0.5~3h。

表 9-20　部分工模具钢的球化退火工艺规范

牌号	加热		冷却			硬度 HBW
	温度/℃	保温时间/h	普通退火	等温退火		
				等温温度/℃	等温时间/h	
T7	740~750	2~4	以小于30℃/h的速度炉冷至500~600℃出炉	650~680	4~6，等温后炉冷至500~600℃出炉	≤187
T8	740~750			650~680		≤187
T9	740~750			650~680		≤192
T10	750~760			680~700		≤197
T11	750~760			680~700		≤207
T12	760~770			680~700		≤207
T13	760~770			680~700		≤217
9SiCr	790~810			700~720		179~241
CrWMn	770~790			680~700		207~255
CrMn	780~800			700~720		197~241
Cr2	770~790			680~700		179~229
9Mn2V	750~770			670~690		≤229
GCr15	780~800			700~720		179~207
CrW5	800~820			680~700		229~285
Cr6WV	830~850			720~740		≤235
Cr12	850~870			730~750		217~269
Cr12MoV	850~870			730~750		207~255

表 9-21　部分工模具钢的调质工艺规范

牌号	淬　火		回　火		硬度　HBW
	温度/℃	冷却介质	温度/℃	保温时间/h	
T8	770~780	水	640~680	2~3	183~207
T10	780~810	水	640~680	2~3	183~207
T12	800~830	水	640~680	2~3	183~207
9SiCr	860~890	油	700~720	2~3	197~241
CrMn	850~880	油	700~720	2~3	197~241
CrWMn	830~860	油	700~720	2~3	207~245
GCr15	840~870	油	700~720	2~3	197~241

9.25　怎样制订工具钢的淬火和回火工艺？

（1）淬火　工具钢淬火加热时，须注意防止过热、氧化和脱碳，以避免由此而引起硬度不足或疲劳性能降低。淬火加热应在经过脱氧的盐浴炉或保护气氛炉中进行。在空气炉中加热时，应采取保护措施，如使用防氧化剂、在工件表面涂硼砂乙醇溶液等。

1）预热。合金工具钢的导热性较差，对于形状复杂或尺寸较大的工件，应预热后再进行淬火，以减小热应力，从而减少畸变和防止开裂的倾向，并可缩短加热时间。低合金工具钢可采用一次预热，预热温度为500~650℃；高碳高铬工具钢采用二次预热，第一次为500~650℃，第二次为800~850℃。

2）淬火温度。刃具模具用非合金钢淬火温度可按 Ac_1+(30~70)℃选取。淬火温度应根据材料的化学成分、原始组织、加热介质、工具形状、冷却方法及冷却介质等因素进行调整。

合金工具钢淬火温度的选择，主要应保证有足够数量的碳化物溶入奥氏体，且不使晶粒过分长大，并应与工具的性能要求、形状和大小、冷却方法及冷却介质等因素综合考虑。其淬火温度一般为 Ac_1+(70~100)℃。形状复杂、截面尺寸变化较大的工具应采用下限淬火温度，以减少变形和开裂倾向。具有片状珠光体或细粒状珠光体组织的钢过热倾向大，宜采用下限淬火温度。等温淬火和分级淬火的工具可采用上限淬火温度。空气炉中的淬火温度要比盐浴炉提高10~20℃。采用油或熔盐等冷却速度较缓慢的冷却介质淬火时，可采用比水溶液淬火高10~20℃的淬火温度。

3）加热时间。工具淬火加热时间与工具的尺寸、钢种及加热介质有关，通常以经验公式计算，即以有效厚度乘以加热系数来确定。

为保证合金元素的充分溶解和奥氏体均匀化，合金工具钢的加热时间比刃具模具用非合金钢长些。不同加热介质的加热系数不同，在空气炉中的加热时间比盐浴炉长；选择加热系数时，尺寸较小的工具宜选择上限加热系数；选择上限加热温度时应选择下限加热系数。此外，还应考虑设备的装炉量、预热方式及装夹方式等因素。工具的淬火加热系数见表9-22。

4）冷却。工具钢淬火方法及冷却介质应根据工具的材料、硬度要求、工件大小及变形要求综合考虑，既要保证淬火硬度，又要减少淬火变形。刃具模具用非合金钢不含合金元素，淬透性较差，淬火时容易产生开裂现象，所以应合理选择淬火方法和淬火冷却介质，如采用双介质淬火，采用水溶液介质淬火等。

表9-22　工具的淬火加热系数

工具类型	加热系数/(s/mm)			
	刃具模具用非合金钢		合金工具钢	
	盐浴炉	空气炉	盐浴炉	空气炉
圆棒形工具(如钻头、铰刀、圆拉刀等)	20~25	50~80	25~30	70~90
扁平形工具(如锯片、圆板牙、扁拉刀、搓丝板等)				
空心圆柱形工具				
不规则形状工具				

由于合金工具钢的淬透性好，所以淬火时可采用冷却速度较为缓和的淬火冷却介质，如采用油冷或硝盐冷却，这对减少畸变和防止开裂十分有利。当采用分级淬火或等温淬火时，会进一步减少淬火畸变。

对于容易畸变的工具，常用80~120℃热油淬火，也可在150~200℃硝盐或碱浴中进行马氏体分级淬火或贝氏体等温淬火。刃具模具用非合金钢和合金工具钢淬火冷却方法可参考表9-23。

表 9-23　刃具模具用非合金钢和合金工具钢淬火冷却方法

淬火方式	淬火冷却介质（质量分数，%）	介质温度/℃	停留时间	适用范围
单液淬火	NaOH40～50 水溶液 NaOH(或 NaCl)5～10 水溶液	≤40	1s/(3～5)mm	>12mm 形状简单的刃具模具用非合金钢
	L-AN15，L-AN32 淬火油	20～120	冷至 150℃以下	合金工具钢，<5mm 的刃具模具用非合金钢
双介质淬火	水溶液-油		1s/(4～7)mm	>12mm 形状复杂的刃具模具用非合金钢
	水溶液-硝盐（或碱浴）		1s/(3～6)mm	
马氏体分级淬火	$KNO_3$50，$NaNO_2$50	150～200	2～10min	合金工具钢，<12mm 的刃具模具用非合金钢
	KOH85，$NaNO_2$15 以及总质量 3%的水	150～180	2～10min	合金工具钢，≤25mm 的刃具模具用非合金钢
贝氏体等温淬火	硝盐浴	150～200	20～60min	合金工具钢，<12mm 的刃具模具用非合金钢
	碱浴	150～180	20～60min	合金工具钢，≤25mm 的刃具模具用非合金钢

（2）回火　工具钢回火的目的是在硬度不明显降低的前提下，提高其塑性、韧性及抗弯强度。

刃具模具用非合金钢回火温度一般为 140～200℃。对于硬度要求不太高或韧性要求较高的工具，可以适当提高回火温度。

由于合金元素的加入，合金工具的回火稳定性比刃具模具用非合金钢高。因此，在得到相同硬度的条件下，合金工具钢的回火温度要比刃具模具用非合金钢高些。此外，由于合金工具钢具有回火脆性，在选择回火温度时，应注意避开回火脆性区（如 CrWMn 的第一类回火脆性区为 250～300℃，9SiCr 为 200～250℃）。

回火保温时间应根据工件的有效厚度及装炉量确定，回火时间一般为 1～2h。在油或硝盐中回火时间一般为 1h 左右，在井式回火炉中回火时间一般为 1.5～2h，当工件较大或装炉量较多时，回火时间可适当延长。一些五金工具也可采用自回火、局部回火或快速回火的方法。

刃具模具用非合金钢在盐水、碱水或水中冷却时，产生的应力很大，淬火后应及时回火，以防开裂。

刃具模具用非合金钢与合金工具钢淬火回火工艺规范见表 9-24。

表 9-24　刃具模具用非合金钢与合金工具钢淬火回火工艺规范

钢号	淬火			回火	
	温度/℃	冷却介质	硬度 HRC	温度/℃	硬度 HRC
T7	780～800	盐或碱水溶液	62～64	140～160	62～64
				160～180	58～61
	800～820	油或熔盐	59～61	180～200	56～60

（续）

钢号	淬火			回火	
	温度/℃	冷却介质	硬度 HRC	温度/℃	硬度 HRC
T8	760～770	盐或碱水溶液	63～65	140～160	60～62
				160～180	58～61
	780～790	油或熔盐	60～62	180～200	56～60
T10	770～790	盐或碱水溶液	63～65	140～160	62～64
				160～180	60～62
	790～810	油或熔盐	61～62	180～200	59～61
T12	770～790	盐或碱水溶液	63～65	140～160	62～64
				160～180	61～63
	790～810	油或熔盐	61～62	180～200	60～62
T13	770～790	盐或碱水溶液	63～65	140～160	62～64
				160～180	61～63
	790～810	油或熔盐	62～64	180～200	60～62
9SiCr	850～870	油，硝盐	62～65	140～160	62～65
				160～180	61～63
9Mn2V	780～800	油，硝盐	≥62	150～200	60～62
Cr2	830～850	油	62～65	130～150	62～65
	840～860	硝盐	61～63	150～170	60～62
CrWMn	820～840	油	62～65	140～160	62～65
	830～850	硝盐	62～64	170～200	60～62
CrMn	840～860	水，油	63～66	130～140	62～65
				160～180	60～62
CrW5	820～860	水，油	64～66	150～170	61～65
				200～250	60～64

9.26　高速钢为什么要进行预备热处理？如何进行？

高速钢的碳含量虽然不太高，但由于钢中含有大量合金元素，使铁碳相图中的 E 点左移，使其成为莱氏体型钢。其铸态组织中有粗大的鱼骨状莱氏体组织。因此，组织极不均匀，且脆性很大。这种钢必须经过锻造来破坏莱氏体组织，促使其碳化物均匀分布，所以高速钢的锻造，不仅仅是为了成形，更重要的是为了提高钢材的内在质量；而且锻造后高速钢中碳化物的不均匀性，必须达到该工具用钢的允许级别。为了改善高速钢的可加工性，消除锻造中产生的内应力，并为淬火提供良好的组织准备，高速钢经锻造后都要进行预备热处理，即退火。

（1）普通退火　退火温度一般在 840～880℃之间，保温时间为 3～4h，然后以 10～20℃/h 的冷却速度冷至 600℃以下出炉空冷。普通退火工艺曲线如图 9-16a 所示。

（2）等温退火　等温退火是在 840～880℃保温时间结束后，冷至 740～760℃，停留 4～6h，再冷至 600℃以下出炉。等温退火可以比普通退火缩短时间。退火后得到的组织为索氏体+粒状碳化物，硬度为 207～265HBW。等温退火工艺曲线如图 9-16b 所示。

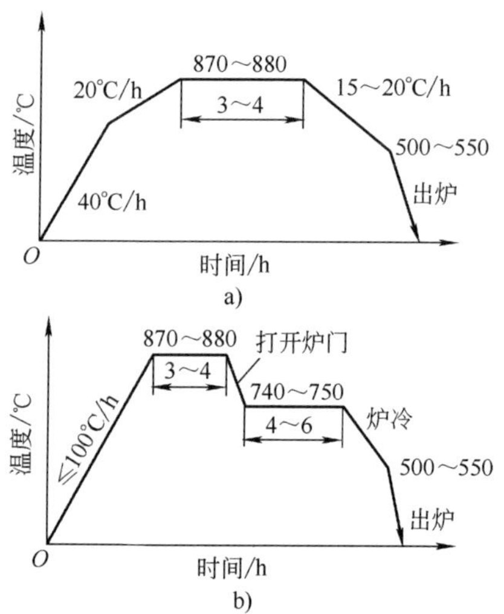

图 9-16　W18Cr4V 钢退火工艺曲线

a）普通退火　b）等温退火

（3）高温退火　这是一种新的退火方法，其加热温度提高到 880～920℃，由于温度较高，有利于相变的瞬间完成和充分进行，实现了完全的再结晶，从而能使钢材充分软化。高温退火不但可以提高退火质量，而且还能大大缩短退火周期。

9.27　如何制订高速钢淬火工艺？

（1）预热　高速钢的淬火温度为 1280℃左右。在淬火加热时，为了减少加热过程中产生的热应力，减少和防止刀具的畸变和开裂，必须进行一次或二次预热。工件经预热后，缩短了在高温加热的时间，有利于减少氧化和脱碳倾向。此外，还可提高生产率。高速钢预热工艺参数见表 9-25。二次预热法第二次预热的时间不要过长，否则会引起工件的脱碳和腐蚀，甚至还会发生碳化物转化，降低热硬性。

表 9-25　高速钢预热工艺参数

预热方法		炉型	加热温度/℃	加热时间/(s/mm)	适用范围
一次预热法		盐浴炉	800～850	20～30	适于形状简单，截面较小的工件
二次预热法	第一次预热	空气炉	500～550	90～120	适用于形状复杂或截面较大的工件
		盐浴炉	600～650	40	
	第二次预热	盐浴炉	800～850	20～30	

（2）淬火加热　高速钢的淬火加热在氯化钡盐浴中进行，加热前应对盐浴进行脱氧，以防工件氧化和脱碳。

1）淬火温度。高速钢工具在淬火前为退火状态，其组织为索氏体+合金碳化物。在加热过程中，随加热温度的升高，碳化物逐步向奥氏体中溶解，从而使奥氏体中的碳含量及合金元素含量增加。如果加热时碳化物溶解良好，则淬火后马氏体中的合金度就高，能使刀具具有高的硬度和热硬性。欲使碳化物溶解良好，而又不出现过热现象，就应采用正确的淬火温度和合理的加热时间。若淬火温度过低，碳化物溶解不充分，奥氏体中的碳含量及合金元素含量低，淬火后就得不到高的硬度和热硬性。相反，淬火温度过高或加热时间太长，则容易过热，晶粒会显著长大，碳化物会连成网状。同时，随着淬火温度的升高，奥氏体中碳含量及合金元素的增加，使马氏体的转变温度降低，淬火后组织中的残留奥氏体量增加。W18Cr4V 的淬火温度为 1270～1280℃，淬火后组织中的残留奥氏体量达 20%～25%（体积分数）。这些残留奥氏体必须在回火过程中使其发生转变，予以消除，否则，会降低刀具的硬度和切削性能，并使刀具在使用过程中发生尺寸变化，影响精度。

由于高速钢的淬火温度很高，远高于 Ac_1，有的甚至接近熔化温度，因此在确定淬火温度时，应考虑以下几个因素：

① 刀具的使用性能。对以硬度及热硬性为主的刀具（如车刀等）应选取较高的淬火温度，而对要求韧性较高的刀具（如中心钻等）应采用较低的淬火温度，若二者同时兼顾时，则选用适中的淬火温度。

② 原材料的碳化物级别对淬火温度的影响。碳化物偏析大，奥氏体晶粒易长大，易产生过热，淬火时易畸变开裂。因此，宜选用较低的淬火温度，加热时间可适当延长。

③ 刀具形状对确定淬火温度的影响。薄片细长形及薄厚不均的刀具，应选择较低的淬火温度。

在淬火加热时，必须严格控制温度，最好控制在淬火温度±5℃以内，以防过热或过烧。

2）淬火加热时间。高速钢加热时碳化物的溶解主要取决于淬火温度，但是在一定的加热温度下，有一个最合适的加热时间。超过这个时间，不但对提高钢的硬度和热硬性不起作用，反而会使钢的晶粒长大，力学性能下降。

影响加热时间的因素有：淬火温度的高低、装炉量的大小、刀具的形状和尺寸大小、预热温度的高低等。淬火温度高、装炉量小或刀具的形状简单时，可略微缩短加热时间；淬火温度低、装炉量大或刀具的形状复杂时，可适当延长加热时间。

在盐浴炉中加热时，各种高速钢刀具的加热系数一般为 6～15s/mm。选取加热系数时，应考虑刀具的不同、装炉量、夹具等因素。一般大型刀具选用小的加热系数，小型刀具选用大的加热系数；小型刀具装炉量大时，由于碳化物的溶解需要一定的时间，因此，加热时间不得小于 45s。

（3）淬火冷却　由于高速钢的合金含量高，因此具有很好的淬透性。高速钢淬火冷却方法主要有以下几种：

1）油冷。将加热后的工件在油中冷至 300～400℃后，取出空冷，其工艺曲线如图 9-17a 所示。这种方法简单易行，工件表面油迹烧尽后，可趁热矫直。但冷却

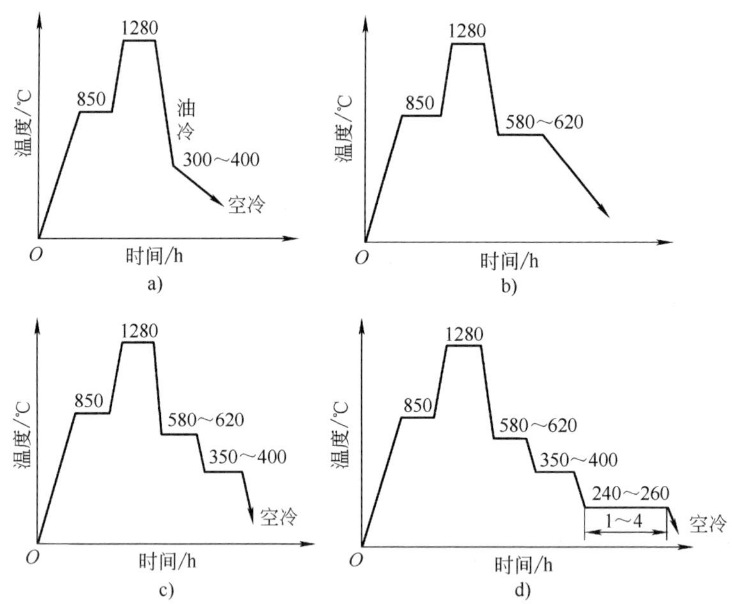

图 9-17 W18Cr4V 高速钢的几种冷却方法

a）油冷淬火 b、c）分级淬火 d）等温淬火

速度快，淬火应力大，容易引起畸变和开裂。同时，油燃烧时产生烟雾，污染工作环境。此法只适用于形状简单、尺寸较大的刀具淬火或单件的淬火。

2）分级淬火。从 W18Cr4V 钢的奥氏体等温转变图可以看出，由于高速钢中含有大量碳化物形成元素，使得奥氏体等温转变曲线成为互相分离的两部分，在珠光体转变区和贝氏体转变区之间出现了过冷奥氏体极为稳定的区域，这一区域的温度范围为 350～625℃。所以，分级淬火的分级温度选在这一温度范围内，分级温度一般为 580～620℃。分级淬火可以大大减少畸变和开裂倾向。加热后的工件经分级停留后，工件表里温度都降到分级温度，内外温差减小。随后，从分级温度在空气中冷却时，冷却速度比较缓慢，沿工件截面产生马氏体转变的不同时性减小，因而可显著减小组织应力和热应力，从而减小畸变和开裂倾向。

分级淬火可分为一次、二次或多次分级淬火。

一次分级淬火工艺曲线如图 9-17b 所示。将加热后的工件放入 580～620℃的中性盐浴中，保持一段时间（相当于淬火加热时间），然后空冷至室温。一次分级淬火用于一般刀具，操作简单，能保证质量。

二次分级淬火工艺曲线如图 9-17c 所示。加热后的刀具先在 580～620℃分级，停留一定时间，然后在 350～400℃硝盐炉中保持一段时间（相当于淬火加热时间），最后在空气中冷却至 150℃左右，并及时回火（回火前不清洗）。

多次分级淬火的分级温度一般为 580～620℃、350～400℃及 240～280℃。

二次分级淬火与多次分级淬火适用于形状复杂、尺寸较大且对畸变要求较严格的刀具。

3）等温淬火。等温淬火即贝氏体淬火。工件经一次或二次分级冷却后，再于240~260℃硝盐中等温1~4h，然后空冷至100℃左右，并及时回火。其工艺曲线如图9-17d所示。等温转变产物的40%~50%（体积分数）为贝氏体，5%（体积分数）为碳化物，其余为马氏体及残留奥氏体。等温淬火后的硬度为58HRC左右。

等温淬火不但可以提高刀具的韧性和减小畸变及开裂倾向，而且在回火后同样能获得高的硬度和热硬性。等温淬火适于截面较大、形状复杂，以及要求有一定韧性的刀具。

对于形状十分复杂的特大型刀具，经等温淬火后，进行一次560℃回火。回火冷却时，在240~280℃等温2~4h，使部分残留奥氏体转变为贝氏体，再冷至室温，然后再进行回火。这种方法称为二次贝氏体淬火。

9.28　高速钢的淬火工艺中哪一种淬火方法应用最广？它具有哪些优点？

高速钢的淬火以分级淬火应用最广，它具有以下优点：

1）操作简单，能保证质量，安全环保。

2）580~620℃的盐浴对高速钢已有足够的冷却速度，能防止高温区析出二次碳化物。

3）使用580~620℃中性盐浴与使用500~550℃硝盐浴相比，前者有不易氧化、成本低的优点。

4）中性盐浴的盐易溶于水，便于刀具淬火后的清洗。

9.29　高速钢的回火温度为什么确定为550~570℃？回火次数为什么不少于三次？

（1）回火温度　图9-18所示为W18Cr4V高速钢经淬火、回火后，硬度与回火温度的关系。由该图可见，在200~500℃回火时，淬火钢的硬度下降很多；当回火温度在550~570℃时，钢的硬度不但不降，反而上升，达到最大值，并超过淬火后的硬度；当继续升高回火温度时，钢的硬度又下降。为得到最高硬度，高速钢的回火温度确定为550~570℃，生产中常用560℃。

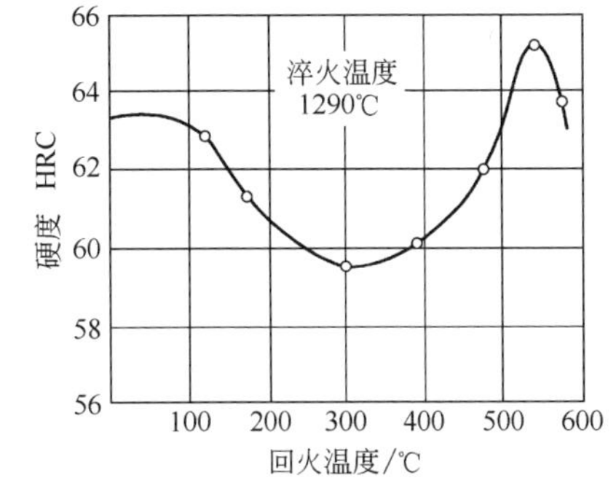

图9-18　W18Cr4V回火后的硬度与回火温度的关系

高速钢在550~570℃回火，使硬度达到最高值的原因在于：

1）在这一温度区间回火时，各类合金碳化物从马氏体中呈细小弥散状析出，而且不易聚集，产生弥散硬化现象，从而提高了钢的硬度，保证钢具有很好的热硬性和耐磨性。这就是“二次硬化”现象。

2）在此温度区间回火时，部分碳和合金元素从残留奥氏体中析出，降低了残留奥氏体中碳及合金元素的含量，提高了马氏体转变开始点，在随后的冷却过程中，部分残留奥氏体转变为马氏体，使钢的硬度在回火后出现回升现象。这就是“二次淬火”现象。“二次淬火”对钢的硬度回升的作用不如“二次硬化”的作用大。

（2）三次回火　高速钢之所以进行三次回火，其原因在于高速钢淬火后通常有20%~25%（体积分数）的残留奥氏体，仅回火一次很难充分将其消除。经第一次560℃回火后，可使部分残留奥氏体转变为马氏体，使钢的硬度略有提高，使残留奥氏体量减少到10%（体积分数）左右。在第二次回火后，又有一部分残留奥氏体转变为马氏体，并使第一次回火时产生的“二次淬火”马氏体转变为回火马氏体，还可消除第一次回火时产生的内应力。这样再经过第三次回火后，残留奥氏体量可降至2%~3%（体积分数），最后使高速钢的硬度达到63~66HRC。高速钢回火后的最终组织为回火马氏体+碳化物+少量残留奥氏体。等温淬火后的刀具，由于残留奥氏体数量增加且更稳定，因此，回火次数应增加到四次。

9.30　高速钢回火时要注意什么?

淬火高速钢回火时要注意以下几点：

1）每次回火必须冷至室温。由于残留奥氏体的转变是在冷却过程中进行的，因此，每次回火加热后都要在空气中冷至室温，然后再进行下一次回火。否则，冷却不彻底，“二次淬火”就不能充分进行，仍会保留较多的残留奥氏体，容易出现回火不足的现象，必然导致硬度偏低或刀具在使用中发生尺寸变化。

2）不能用一次较长时间的回火来代替多次较短时间的回火。

3）刀具淬火后要及时回火，油冷和分级淬火的刀具要当日回火。

9.31　高速钢热处理操作时应注意什么?

（1）准备

1）选择设备并按设备操作规程起动高温盐浴炉、中温盐浴炉、硝盐槽。加入足够的盐，并对高、中温盐浴炉进行认真的脱氧，校验控温仪表。

2）根据工艺卡片或工件选择工装夹具，或对工件进行绑扎，注意应保证铁丝在高温下不被拉断。

3）细长杆或易弯曲变形的刀具要吊挂。

4）工装、夹具应能使刀具均匀加热，在操作中能保持平稳。

5）对工装、工件、工具烘干。

（2）操作要点

1）在中温盐浴炉中预热，预热温度为800~850℃。

2）预热时间为高温加热时间的2~3倍。

3）在高温盐浴炉中加热，加热温度根据工艺卡片确定，或根据材料确定，W18Cr4V选取1270~1300℃（常用1280℃），W6Mo5Cr4V2选取1210~1230℃（常用1220℃）。

4）加热时间，按6~15s/mm计算。大型刀具选下限，小型刀具选上限。一般加热时间不小于45s。

5）局部加热时，焊接的焊缝要离开盐浴液面10mm左右。

6）随时注意高温盐浴炉炉温的变化，并经常用光学高温计核对。

7）油冷的工件冷至300~400℃出油空冷，待油烧尽后，可趁热矫正。出油温度以先冒烟后着火为合适。

8）分级淬火的刀具在580~620℃停留的时间相当于淬火加热时间，然后空冷。

9）等温淬火的刀具从分级盐浴取出后，放入280℃硝盐炉中等温2~4h。

10）刀具淬火后要及时回火，油冷和分级淬火的刀具要当日回火。

11）在560℃硝盐炉中回火三次，等温淬火的刀具应回火四次。每次回火后必须冷至室温。

9.32　怎样制订Cr12型冷作模具钢的热处理工艺？

（1）退火　Cr12型钢属于莱氏体钢。铸态下有共晶组织存在，必须通过反复锻造将网状共晶碳化物打碎，以消除碳化物的不均匀性。但经过锻造的钢件仍存在碳化物偏析，在以后的淬火过程中，容易引起畸变和开裂或降低模具的使用寿命。因此，必须进行预备热处理，以消除碳化物偏析，为淬火做好组织准备。

Cr12型钢一般采用等温退火。将钢加热到850~870℃，保温2~4h，然后在740~760℃等温4~6h，随后炉冷至500℃出炉空冷。退火后的组织为索氏体+颗粒状碳化物，硬度≤241HBW。

（2）淬火+回火　由于Cr12型钢的碳含量及铬含量高，淬火后可形成大量合金碳化物和高合金度的马氏体，从而使钢具有高的硬度和耐磨性。

Cr12型钢的淬火、回火方法有两种：一次硬化法和二次硬化法。

1）一次硬化法。在较低的温度下淬火，Cr12的最佳淬火温度为980℃左右，Cr12MoV为1030℃，淬火后进行低温回火。Cr12MoV钢淬火后的硬度可达63~64HRC。回火温度应根据模具要求的性能来确定，随着回火温度的升高，硬度逐渐下降，而韧性则提高。所以，当模具要求具有高的硬度及强度时，可在150~170℃低温下进行回火，回火后的硬度在60HRC以上。当模具不但要求硬度高、强度高，还要求具有一定的韧性时，应提高回火温度，回火温度在200~270℃之间选取。回火后的硬度为58~60HRC。对于个别承受冲击载荷特别大的模具，则采用450℃左右回火，硬度为 50~55HRC。Cr12 型钢回火时应避开回火脆性区，Cr12 钢的回火脆性温度范围为 290~330℃，Cr12MoV 的回火脆性温度范围为 325~375℃。

一次硬化法处理的工件具有较高的硬度和耐磨性，以及较小的畸变，适用于重载荷的模具，Cr12 型冷作模具大多采用此工艺。

2）二次硬化法。将钢在较高的温度下淬火，在较高的温度下进行多次回火。Cr12 钢的淬火温度为 1090℃左右，Cr12MoV 钢的淬火温度为 1120℃左右，淬火后在 510~520℃回火 3~4 次。

由于二次硬化法采用的淬火温度高，淬火后钢中存在大量残留奥氏体（如 1125℃淬火后，残留奥氏体体积分数达 85%），所以淬火后的硬度很低，只有 40~50HRC，为使硬度回升到 60~63HRC，即产生二次硬化现象，须经多次 510~520℃回火。二次硬化的主要原因是残留奥氏体转变为马氏体的结果，其次是由于碳化物的弥散析出造成的。

二次硬化法的优点是可以获得高的热硬性，其缺点是由于淬火温度高，晶粒较大，致使模具韧性较低，畸变较大。这种方法适用于在 400~450℃条件下工作的模具或需要进行渗氮处理的模具。

Cr12 型钢冷作模具的淬火在经过脱氧的高温盐浴炉中进行，由于钢的合金度高，导热性差，加之淬火温度高，所以淬火加热前必须进行一次或两次预热。第一次预热温度为 500~650℃，在箱式炉中的预热时间按 1.0~1.5min/mm 计算。第二次预热在盐浴炉中进行，预热温度为 800~850℃，时间按 0.4~0.6min/mm 计算。通常中小型模具可预热一次，大型模具预热两次。

在盐浴中的淬火加热时间按 0.3~0.4min/mm 计算。

Cr12 型钢具有很高的淬透性，在空气中即可淬硬。生产中一般采用油淬冷却。为减少变形，在空气中预冷后淬入油中，油冷至 180~200℃后出油空冷；也可以采用 220~240℃分级淬火。

Cr12 型钢经淬火和回火后的组织为：回火马氏体+碳化物+残留奥氏体。

Cr12 型冷作模具钢热处理规范见表 9-26。

表 9-26　Cr12 型冷作模具钢热处理规范

钢号	退火			淬火			回火	
	加热温度/℃	等温温度/℃	硬度 HBW	温度/℃	冷却介质	硬度 HRC	温度/℃	硬度 HRC
Cr12	850~870	730~750	207~255	930~980	油、硝盐	62~64	150~170	>60
							200~450	55~60
				1050~1100	油、硝盐	40~50	500~520	60~63
Cr12MoV	850~870	740~760	207~255	1020~1040	油、硝盐	62~63	150~170	>60
							200~450	55~60
				1115~1130	油、硝盐	40~50	500~520	60~63

9.33　如何制订 5CrNiMo 与 5CrMnMo 钢制锻模热处理工艺？

锻模是通过压力或冲击使热态金属成形的模具。由于锻模是在巨大的压力或冲击作用和高温的条件下工作的，因此锻模应具有高的强度、高的韧性和一定的耐磨性，具有高的回火稳定性和好的耐热疲劳性，尺寸较大的模具要求模具钢具有高的淬透性。锤锻模钢以 5CrNiMo、5CrMnMo 应用最广。

（1）退火　5CrNiMo 与 5CrMnMo 钢都须经过锻造，为了消除锻造应力、细化晶粒、降低硬度以改善可加工性，应进行退火处理。退火后的组织为铁素体+珠光体。退火工艺分为普通退火和等温退火，见表 9-27。

表 9-27　5CrNiMo 与 5CrMnMo 钢的退火工艺

牌号	加热		等温		冷却方式	硬度　HBW
	温度/℃	时间/h	温度/℃	时间/h		
5CrNiMo	760~780	4~6	—	—	炉冷(≤50℃/h)至 500℃出炉空冷	197~241
	760~780	4~6	680	2~4	炉冷至 500℃出炉空冷	
5CrMnMo	760~780	4~6	—	—	炉冷(≤50℃/h)至 500℃出炉空冷	197~241
	850~870	4~6	680	2~4	炉冷至 500℃出炉空冷	

对于翻新的锻模也应进行退火处理，以降低硬度，消除内应力，减少再次淬火时形成裂纹的倾向。

（2）淬火

1）淬火加热。淬火加热应在保护气氛炉或真空炉中进行。在不具备上述条件的情况下可在箱式炉中进行。为防止模具表面氧化脱碳，应采取保护措施，可喷洒防氧化剂，或将模具装盘，埋入铁屑、木炭中加以密封等。装盘保护方法如下：料盘用 6~8mm 厚钢板焊成，焊接时应连续焊接。保护剂为 90%~95%（质量分数）铸铁屑加 5%~10%（质量分数）木炭。装盘前，先在盘中铺一层 20~40mm 厚的保护剂，将锻模模面朝下放在盘中，再用保护剂将锻模四周填满。燕尾部分可缠绕石棉绳，以降低其冷却速度，再填以保护剂。最后用耐火泥或黄泥将四周和燕尾部分密封，如图 9-19 所示。

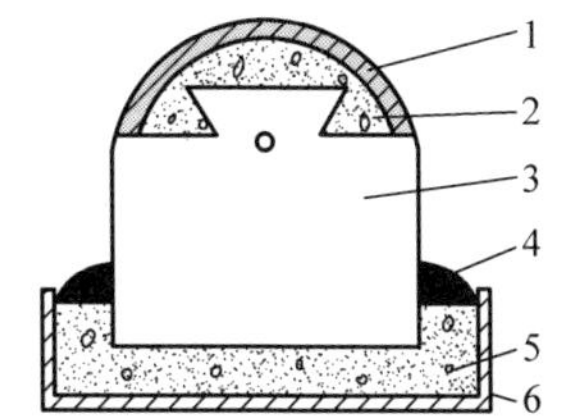

图 9-19　热锻模装盘

1、4—黄泥或耐火泥　2、5—保护剂　3—热锻模　6—铁盘

尺寸较大模具的淬火加热，一般都在箱式炉中进行。5CrNiMo 钢的淬火温度为 840~860℃，5CrMnMo 钢的淬火温度为 830~850℃，箱式炉中的加热系数为 1.2~1.8min/mm。其淬火工艺见表 9-28。

为减少热应力，在淬火加热前要先进行一次预热，预热温度为 600~650℃。

2）淬火冷却。5CrNiMo 与 5CrMnMo 钢的淬透性好，一般采用油冷淬火或等温

表 9-28 5CrNiMo 与 5CrMnMo 钢的淬火工艺

钢号	预热温度/℃	淬火温度/℃	冷却介质	淬火后硬度 HRC	加热系数/(min/mm)
5CrNiMo	600~650	830~860	油	58~60	1.2~1.8(箱式炉)
5CrMnMo	600~650	820~850	油	52~58	

淬火。油冷淬火时，先将加热后的工件在空气中预冷至750~780℃，其目的在于减少淬火应力以减小变形；然后淬入40~80℃油中，但不要冷透，冷至150~200℃时即从油中取出，并及时回火，在空气中不许冷至室温。控制油冷至200℃的方法是：工件出油后光冒烟，不着火即可。

3）等温淬火。将加热好的工件先在160~180℃的硝盐浴中分级停留，使其发生部分马氏体转变，再转入270~300℃硝盐浴中做等温停留，使其发生贝氏体转变，然后取出空冷。先在160~180℃的硝盐浴中分级是因为锻模尺寸一般较大，直接淬入270~300℃硝盐浴中可能影响淬硬层的深度。经此法处理后的金相组织为马氏体+下贝氏体+残留奥氏体，模具具有很好的韧性。

（3）回火 锻模在淬火后具有很大的内应力，不待冷至室温就必须回火。回火温度根据模具的工作条件和使用中不发生脆断来确定。

生产中不同大小的锻模有不同的硬度要求，小型锻模（模具高度≤275mm）的硬度要求为42~47HRC，中型锻模（模具高度>275~325mm）的硬度要求为38~42HRC，大型锻模（模具高度>325~375mm）的硬度要求为34~38HRC，根据不同的硬度要求选取不同的回火温度。其回火工艺见表9-29。

表 9-29 5CrNiMo 与 5CrMnMo 钢回火工艺

锻模种类	回火温度/℃	回火时间/h	回火后硬度 HRC	回火次数	冷却方式
小型	460~490	3~5	42~47	≥1	空冷
中型	490~520	5~7	38~42		
大型	520~550	7~9	34~38		

由于锻模的回火温度较高，淬火后的内应力很大，如直接装入已升至回火温度的炉中加热，容易引起开裂，可在350~400℃炉中均温一段时间，按0.5~0.6min/mm计算，然后升至回火温度。在箱式炉中回火时间按1.5~2min/mm计算，一般不少于3h。

为防止第二类回火脆性的产生，锻模回火后应在油中冷至100℃左右后空冷。

为消除回火后由于油冷形成的内应力，可在180~200℃补充回火一次。

回火后的组织为回火索氏体+屈氏体。

9.34 锤锻模淬火与回火时，其燕尾部分如何处理？

锤锻模燕尾部分要求的硬度低于模面，要求该处具有较高的韧性，以防止燕尾部分在使用中出现裂纹。

锤锻模整体淬火后，回火时专门对燕尾进行较高温度的回火，回火温度一般为600~650℃。对燕尾的回火可在专用的燕尾回火炉上进行，也可将燕尾浸入600~650℃盐浴炉中加热回火，如图9-20所示。模面的表面温度可用表面温度测试仪测量，控制在230~270℃即可。在不具备表面温度测试仪的情况下，可在回火前先用砂布将模面打光，保温时观察模面颜色的变化，通过回火色来控制保温时间。当模面颜色呈深蓝色时即可停止加热，然后出炉油冷至100℃左右转为空冷。

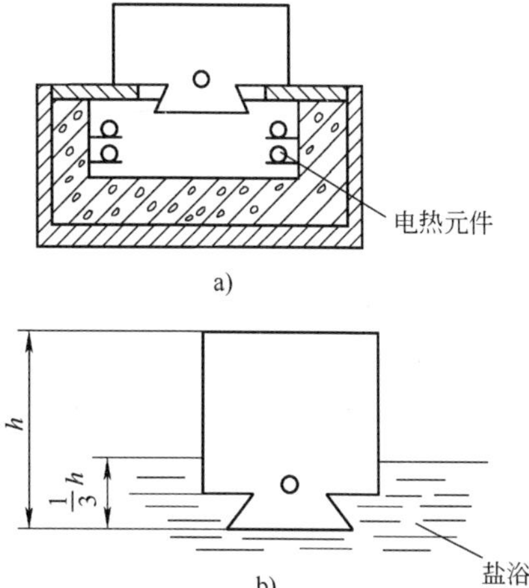

图9-20　锤锻模燕尾回火处理

a）专用的燕尾回火炉回火　b）盐浴炉回火

此外，可在淬火时采取一些措施，以降低燕尾硬度。

1）降低燕尾冷却速度。如锤锻模出炉后，在淬火前，在燕尾部分盖上一个用2mm厚的钢板焊成的盒盖，盒盖与燕尾的间隙为40mm左右，然后一起淬入油中。由于盒盖里面有空气和油的蒸气，淬火油不易进入盒盖内部，从而降低了燕尾的冷却速度，达到技术要求的硬度，并可省去燕尾的专门回火。

2）采用燕尾部分自行回火法。在淬火过程中将燕尾部分反复提出油面，利用模体部分传到燕尾部分的热量，使燕尾达到回火温度而得以回火。此法简单，不需要专用回火设备，但温度控制较困难，油烟污染严重。

9.35　怎样制订3Cr2W8V钢铝合金压铸模的热处理工艺?

压铸模是在高压下使液态金属压铸成形的模具。由于它与熔融的金属接触，表面受热温度很高，并受到高温金属液体的冲击和腐蚀，还要经受反复的加热和冷却，要求模具具有高的冲击韧性和断裂韧度、高温强度和硬度，以及良好的耐蚀性和导热性。

铝合金压铸模的工作温度在600℃左右，适合压铸模用钢的钢种以3Cr2W8V钢应用最广泛。

（1）退火　3Cr2W8V钢在锻后须经良好的球化退火，以消除内应力，降低硬度，改善组织，为最终热处理做好组织准备。

退火后的组织为珠光体+碳化物。其退火工艺见表9-30。

（2）淬火　3Cr2W8V钢淬火加热应在保护气氛炉或真空炉中进行。在不具备上述条件的情况下也可在箱式炉中进行，一般可不进行预热。为防止模具表面氧化脱碳，应采取保护措施，可喷洒防氧化剂，或像热锻模一样，将模具装入有保护剂

表 9-30　3Cr2W8V 钢退火工艺

<table>
<tr><th rowspan="2">工艺</th><th colspan="2">加热</th><th colspan="2">等温</th><th rowspan="2">冷却方式</th><th rowspan="2">硬度 HBW</th></tr>
<tr><th>温度/℃</th><th>时间/h</th><th>温度/℃</th><th>时间/h</th></tr>
<tr><td>普通退火</td><td>840~860</td><td>2~3</td><td>—</td><td>—</td><td>炉冷（≤40℃/h）至500℃以下出炉空冷</td><td rowspan="2">207~255</td></tr>
<tr><td>等温退火</td><td>840~880</td><td>2~3</td><td>720~740</td><td>3~4</td><td>炉冷至 500℃ 出炉空冷</td></tr>
</table>

的箱内加热。若在盐浴炉中加热，应采用一次或两次预热以减小热应力，防止畸变和开裂。第一次预热温度为 500~550℃，第二次预热温度为 800~850℃。

淬火温度与压铸模要求的性能有关。对于强度和韧性要求较高的压铸模，应选用较低的淬火温度，一般为 1050~1100℃；对于要求硬度和热硬性高的压铸模，应选用较高的淬火温度，一般为 1100~1150℃。低于 1000℃（或 1050℃）的淬火温度一般不采用，因溶于奥氏体中碳及合金碳化物很少，淬火后硬度偏低，回火稳定性差，回火时也不会出现“二次硬化”现象。

3Cr2W8V 钢具有很好的淬透性，一般用油冷即可，为减少畸变，可先在空气中预冷至 850℃后再淬入油中冷却。对于形状复杂的模具，为减少畸变，也可采用分级淬火或 350℃等温淬火。

（3）回火　模具淬火后应及时回火。淬火冷至 100~150℃时出油，待油迹烧干后即放入回火炉中，不要冷至室温，以防产止裂纹。回火温度应根据模具的硬度要求来确定，见表 9-31。为使残留奥氏体充分转变为马氏体，再转变为回火马氏体，以提高模具的寿命，可进行 2~3 次回火。

表 9-31　3Cr2W8V 钢的淬火与回火工艺

<table>
<tr><th colspan="2">预热温度/℃</th><th colspan="2">淬火</th><th colspan="3">回火</th></tr>
<tr><th>第一次</th><th>第二次</th><th>温度/℃</th><th>冷却方法</th><th>温度/℃</th><th>硬度　HRC</th><th>冷却方法</th></tr>
<tr><td rowspan="4">500~550</td><td rowspan="4">800~850</td><td rowspan="2">1050~1100</td><td rowspan="2">预冷至 850℃，油冷至 100~150℃</td><td>560~580</td><td>44~48</td><td rowspan="2">油冷或空冷</td></tr>
<tr><td>620~660</td><td>40~44</td></tr>
<tr><td rowspan="2">1100~1150</td><td rowspan="2">预冷至 850℃，油冷至 110~150℃</td><td>600~620</td><td>44~48</td><td rowspan="2">油冷或空冷</td></tr>
<tr><td>620~660</td><td>40~44</td></tr>
</table>

3Cr2W8V 钢经正常淬火、回火处理后的组织为回火马氏体+粒状碳化物。

对于铝合金压铸模，为防止粘模，在淬火、回火后还应进行防粘模处理，如渗氮、氮碳共渗等处理；防粘模处理也可与回火结合在一起进行。

第10章　热处理质量检验技术

10.1　退火与正火件的质量检验项目及要求有哪些?

（1）外观　工件表面应无裂纹及伤痕等缺陷。采用无氧化加热时，表面应无氧化皮。

（2）表面硬度

1）一般用布氏硬度计检验，也允许用洛氏硬度计（HRB）检验，尺寸较大的工件可用锤击式布氏硬度计检验。

2）表面硬度应达到技术文件规定的要求。按工件的品质等级，退火及正火件的表面硬度偏差允许值见表 10-1。

表 10-1　退火及正火件的表面硬度偏差允许值

工件品质等级	单件				同批			
	HBW	HV	HRB	HS	HBW	HV	HRB	HS
1	20	20	5	3	25	25	6	4
2	25	25	6	4	35	35	7	5
3	30	30	7	5	45	45	9	6
4	40	40	8	6	55	55	11	7

注：1. HBW、HV、HRB 及 HS 等数值是使用不同硬度试验机的实测值，表中各种硬度值之间没有直接换算关系。

2. “同批”系指采用同炉号材料，用周期式炉同一炉次处理的一批工件，用连续炉在同一工艺条件下同作业班次处理的一批工件。

3. 硬度测量部位应在工件上处理条件大致相同的范围内选取。

（3）畸变　工件变形量应小于其加工余量的 1/3~1/2。

1）轴类及管类工件用 V 形块支撑两端或用顶尖顶住两端，用百分表测量其径向圆跳动。

2）板类工件及细小的轴类工件在专用平台上用塞尺检验工件的平面度或直线度。

3）套筒及环类工件用游标卡尺、内径百分表、塞规等测量其圆柱度。

（4）金相组织　除重要件外，一般不做金相检验，必要时应在工艺文件中注明。

1）结构钢正火后的组织为均匀分布的铁素体+片状珠光体，晶粒度为 5~8 级，大型铸锻件为 4~8 级。

2）刃具模具用非合金钢退火后的组织应为球状珠光体，球化级别共分 10 级，一般要求 4~6 级为合格。

3）低合金工具钢退火后的组织应为球状珠光体，球化级别共分 6 级，要求球化级别 2~5 级为合格。

4）轴承钢退火后珠光体组织应为 2~5 级，网状碳化物≤3 级。

5）表面脱碳层深度不应超过单面加工余量的 1/3~2/3。

10.2　淬火与回火件的质量检验项目及要求有哪些？

工件淬火与回火后的质量检验可分为：外观、表面硬度、畸变及金相组织等方面。生产中一般只检验其中 2~3 项，成批生产时只做抽检。

（1）外观　工件表面应无裂纹和划痕，无氧化和脱碳，无残盐和锈蚀等。

（2）表面硬度

1）应根据图样要求和工艺规定的百分率进行抽检。

2）应用洛氏硬度计（HRC）检验，如无法用洛氏硬度计检验时，允许用维氏硬度计或其他便携式硬度计检验。

3）工件应根据图样要求和工艺规定的硬度范围进行硬度检验。按工件类别和硬度范围，淬火与回火件的表面硬度偏差允许值见表 10-2。

表 10-2　淬火与回火件表面硬度偏差允许值

工件类别①	硬度范围　HRC					
	单件			同批		
	<35	35~50	>50	<35	35~50	>50
	表面硬度偏差允许值　HRC					
1	2	2	2	3	3	3
2	3	3	3	5	5	5
3	4	4	4	7	7	7
4	6	6	6	9	9	9
5	7	7	—	10	10	—

① 工件类别如下：

工件类别	淬透性								
	高			中			低		
	小件	中件	大件	小件	中件	大件	小件	中件	大件
1	√	√	—	√	—	—	—	—	—
2	√	√	√	√	√	—	√	—	—
3	—	√	√	√	√	√	√	√	—
4	—	—	√	—	√	√	√	√	√
5	—	—	—	—	—	√	√	√	—

4）工件淬火后、回火前的硬度值应大于或等于技术要求中的下限值（回火时有二次硬化现象的钢除外）。

5）硬度检验位置应为 1~3 处，各处不少于 3 点，取其平均值。对局部淬火件，应避免在淬火区与未淬火区的交界处测定硬度。

6）同一部位低硬度值的点数超过 60%时定为软点。重要件和小件不允许有软点；大件（有效厚度≥80mm）允许有少量软点，其硬度值不低于技术要求下限 5HRC，每个软点面积不超过 $16mm^2$。

7）整体加热后局部淬火或局部加热淬火的工件直径小于等于 50mm 者，淬硬区的允许偏差为±10mm；直径大于 50mm 者，淬硬区的允许偏差为±20mm，表面硬度必须满足相关工艺技术文件的要求。

（3）畸变　工件的畸变应不影响其后的机械加工及使用。

1）轴类工件弯曲变形后，全长实际磨量不小于 0.1mm。

2）平板类工件的平面度误差应小于单面留磨量的 2/3，渗碳件的平面度误差应小于单面留磨量的 1/2。

3）套类及环类工件应保持每边实际磨量不小于 0.1mm。

（4）金相组织　工件淬火与回火后应达到技术文件所要求的组织。一般淬火件不做金相检验。

1）中碳钢和中碳合金结构钢淬火后的组织为马氏体，1~5 级为合格。

2）弹簧钢工件淬火后组织为马氏体，1~4 级为合格。

3）非合金工具钢、高碳低合金工具钢的组织是隐晶马氏体+均匀分布的碳化物，马氏体的级别应为 1~3.5 级。如果马氏体粗大，残留奥氏体过多，未溶碳化物减少，则为过热组织。

4）轴承钢工件淬火与回火后，重要件的马氏体组织 1~3 级为合格，一般件 1~4 级为合格；残留粗大碳化物应小于 2.5 级；贝氏体淬火组织 1 级为合格。

5）高速钢（钨系）淬火后的晶粒度：一般刀具应为 9~10 级，要求热硬性高的简单刀具为 8~9 级，微型刀具为 11 级。出现晶粒粗大及网状碳化物时为过热组织。

6）工件淬火、回火后的表面脱碳层深度应小于单面加工余量的 1/3。

10.3 感应淬火件的质量检验项目及要求有哪些?

（1）外观　工件表面不得有淬火裂纹、锈蚀、烧伤及影响使用性能的划痕、磕碰等缺陷。一般件 100%目测检验，重要件应 100%无损检测，成批生产时按规定要求进行检验。

（2）表面硬度

1）批量生产时按 5%~10%抽检硬度，单件、小批量生产时应 100%检验硬度。

2）淬火区域的范围根据硬度确定，或根据淬火区的颜色用卡尺或金属直尺测量。

3）形状复杂或无法用硬度计检测的工件，可用硬度笔或锉刀进行检验。

4）硬度应满足图样技术要求。按工件类别和硬度范围，感应淬火件的表面硬度偏差范围见表10-3。

表10-3　感应淬火件的表面硬度偏差范围

工件类别	硬度范围　HRC					
	单件			同批		
	≤50	50~60	>60	≤50	50~60	>60
	表面硬度偏差范围　HRC					
重要件	≤5	≤4.5	≤4	≤6	≤5.5	≤5
一般件	≤6	≤5.5	≤5	≤7	≤6.5	≤6

（3）有效硬化层深度　有效硬化层深度用硬度法测量，其方法可参看GB/T 5617—2005《钢的感应淬火或火焰淬火后有效硬化层深度的测定》。

1）有效硬化层深度应符合图样技术要求的规定值。

2）形状简单的工件有效硬化层深度的波动范围应符合表10-4中规定值，大型或形状复杂工件的有效硬化层深度的波动范围可适当放宽。

表10-4　有效硬化层深度及波动范围

有效硬化层深度/mm	有效硬化层深度波动范围/mm	
	单件	同批
≤1.5	≤0.2	≤0.4
>1.5~2.5	≤0.4	≤0.6
>2.5~3.5	≤0.6	≤0.8
>3.5~5.0	≤0.8	≤1.0
>5.0	≤1.0	≤1.5

（4）畸变　按图样技术要求检验。工件的尺寸变化必须确保不影响随后的机械加工与使用。

（5）金相组织　中碳结构钢和中碳合金结构钢感应淬火后的金相组织按马氏体大小分为10级。其中，4~6级为细小马氏体，是正常组织；1~3级为粗大或中等大小的马氏体，其产生原因是淬火温度偏高；7~10级组织中有未溶铁素体或网状托氏体，其原因分别为淬火温度偏低或淬火冷却不足。金相组织中不允许存在因感应加热引起的过热和过烧等缺陷。

10.4　火焰淬火件的质量检验项目及要求有哪些？

（1）外观　工件表面不得有过烧、熔化及裂纹等缺陷。

（2）表面硬度　工件的表面硬度应符合图样技术要求或工艺要求。按工件类别和硬度范围，火焰淬火件的表面硬度偏差范围见表10-5。

表 10-5　火焰淬火件的表面硬度偏差范围

<table>
<tr><td rowspan="4">工件类别</td><td colspan="4">硬度范围　HRC</td></tr>
<tr><td colspan="2">单件</td><td colspan="2">同批</td></tr>
<tr><td>≤50</td><td>>50</td><td>≤50</td><td>>50</td></tr>
<tr><td colspan="4">表面硬度偏差范围　HRC</td></tr>
<tr><td>重要件</td><td>≤5</td><td>≤4</td><td>≤6</td><td>≤5</td></tr>
<tr><td>一般件</td><td>≤6</td><td>≤5</td><td>≤7</td><td>≤6</td></tr>
</table>

（3）有效硬化层深度　有效硬化层深度的波动范围不允许超过表 10-6 的规定。

表 10-6　有效硬化层深度及波动范围

有效硬化层深度/mm	有效硬化层深度的波动范围/mm	
	单件	同一批
≤1.5	≤0.2	≤0.4
>1.5~2.5	≤0.4	≤0.6
>2.5~3.5	≤0.6	≤0.8
>3.5~5.0	≤0.8	≤1.0
>5.0	≤1.0	≤1.5

（4）硬化区范围　硬化区范围按图样或有关技术文件规定的表面硬化区而定，必须规定合理的允许偏差。

表面淬火时板件的非淬硬边缘及轴件的非淬硬端部均不大于 10mm。

大型工件允许留软带，其宽度不大于 10mm，软带间距应大于 100mm。

（5）畸变　淬火后的畸变量应在图样或工艺要求范围之内，超过允许范围者可以矫正，矫正后应进行去应力退火。

（6）金相组织　一般情况下，火焰淬火工件不做金相检验。

10.5　渗碳和碳氮共渗件的质量检验项目及要求有哪些？

（1）外观　工件表面不能出现因热处理引起的微裂纹、熔融、烧伤及影响使用的划痕等缺陷。

（2）表面硬度　工件经淬火和低温回火后，通常只做渗层表面硬度检验。表面硬度应符合图样技术要求的硬度范围，一般在 56~64HRC 范围内。按工件类别和硬度范围，渗碳和碳氮共渗件的表面硬度偏差范围见表 10-7。

表 10-7　渗碳和碳氮共渗件的表面硬度偏差范围

<table>
<tr><td rowspan="3">工件类别</td><td colspan="4">表面硬度偏差范围　HRA</td><td colspan="2">表面硬度偏差范围　HRC</td></tr>
<tr><td colspan="2">单件</td><td colspan="2">同批</td><td rowspan="2">单件</td><td rowspan="2">同批</td></tr>
<tr><td>≤75</td><td>>75</td><td>≤75</td><td>>75</td></tr>
<tr><td>重要件</td><td>≤1.5</td><td>≤2.0</td><td>≤2.5</td><td>≤3.0</td><td>≤3</td><td>≤5</td></tr>
<tr><td>一般件</td><td>≤2.0</td><td>≤2.5</td><td>≤3.5</td><td>≤4.0</td><td>≤4</td><td>≤7</td></tr>
</table>

（3）硬化层深度　硬化层深度指从零件表面到维氏硬度值为550HV1处的垂直距离。用金相法或断口法测得的渗层深度仅能作为产品中间检验指标，而渗碳或碳氮共渗后淬火、回火的最终质量指标只能采用硬度法所测得的硬化层深度来判断。

硬化层深度应达到图样技术要求的深度。若渗后仍须进行磨削加工，则渗层深度应为图样技术要求的渗层深度加磨削余量。硬化层深度波动范围不得超过表10-8的规定。

表10-8　硬化层深度及波动范围

硬化层深度/mm	硬化层深度波动范围/mm	
	单件	同批
<0.50	≤0.10	≤0.20
0.50~1.50	≤0.20	≤0.30
>1.50~2.50	≤0.30	≤0.40
>2.50	≤0.50	≤0.60

（4）畸变　按图样技术要求或工艺规定进行检验。工件的畸变应不影响其后续机械加工及使用。

（5）金相组织　热处理后应达到工件材料相对应的组织要求，按GB/T 25744—2010《钢件渗碳淬火回火金相检验》进行检验。

1）渗碳和碳氮共渗缓冷后金相组织中的过共析层+共析层应为总层深的50%～70%（渗碳）或40%～70%（碳氮共渗），以保证缓和的碳氮浓度梯度。

2）渗碳和碳氮共渗淬火及回火后，表面金相组织应为细小的回火马氏体+适量残留奥氏体+细小颗粒状的碳（氮）化合物。对于以疲劳破坏为主要失效形式的工件，不允许出现下列异常组织：①粗大马氏体和多量残留奥氏体；②块状或网状碳化物；③心部有较多的块状或条状铁素体；④表面存在严重的黑色组织。

3）深层渗碳后的工件经过淬火及回火后，金相组织应符合表10-9中的要求。

表10-9　深层渗碳后的工件经过淬火及回火后的金相组织

工件类别	金相组织级别				晶界内氧化层深要求/μm	非马氏体组织层深要求/μm
	马氏体	残留奥氏体	碳化物	心部组织		
重要件	≤3	≤4	≤2	≤3	≤30	≤30
一般件	≤4	≤4	≤3	≤4	≤80	≤60

10.6　渗氮件的质量检验项目及要求有哪些？

（1）外观　正常的渗氮表面呈银灰色、无光泽。表面不应出现裂纹及剥落现象。离子渗氮件表面应无明显电弧烧伤及肉眼可见的疏松等表面缺陷。在硬度、渗氮层深度和脆性等各项要求均合格的前提下，渗氮件表面允许存在氧化色。

（2）硬度 渗氮层表面硬度通常用维氏硬度计或轻型洛氏硬度计测量，试验力的大小应根据渗氮层深度来选择，见表 10-10。当渗氮层极薄时（如不锈钢渗层），也可用显微硬度计。心部硬度可用洛氏硬度计或布氏硬度计来检验。

表 10-10 硬度计试验力的选择与渗氮层深度的关系

渗氮层厚度/mm	<0.2	0.2~0.35	0.35~0.50	>0.50
维氏硬度计试验力/N	<49.03	≤98.07	≤98.07	≤294.21
洛氏硬度计试验力/N	—	147.11	147.11 或 294.21	588.42

渗氮件表面硬度应达到工艺要求的表面硬度，其偏差范围应符合表 10-11 规定的数值。

表 10-11 渗氮件的表面硬度偏差范围

项目	单件		同批	
硬度范围 HV	≤600	>600	≤600	>600
表面硬度偏差范围 HV	≤45	≤60	≤70	≤100

注：1. 同批是指用相同钢材、经相同预备热处理并在同一炉次渗氮处理后的一组工件。
2. 局部渗氮件的测定位置不应在渗氮边界附近，其位置距渗氮边界应不小于 1 个渗氮层深度的距离。

（3）渗氮层深度 渗氮件应达到工艺要求的渗氮层深度，其深度偏差应符合表 10-12 的规定。抗蚀渗氮件的 ε 相致密层深度应不小于 0.01mm。

表 10-12 渗氮层深度及渗氮层深度偏差范围

渗氮层深度/mm	渗氮层深度偏差范围/mm	
	单件	同批
<0.3	≤0.05	≤0.1
0.3~0.6	≤0.10	≤0.15
>0.6	≤0.15	≤0.20

渗氮层深度的测定方法：通常采用硬度法或金相法进行测量，有争议时，以硬度法作为仲裁方法。

（4）畸变 畸变包括由于渗氮时氮原子的大量渗入而引起的比体积的增大及工件本身变形。渗氮后工件的胀大量约为渗氮层深度的 3%~4%。变形量应在精磨留量内，一般为 0.05mm 以内，最大不超过 0.10mm。

对于弯曲畸变超过磨量的工件，在不影响工件质量的前提下，可以进行冷压矫正或热点矫正。

（5）金相组织 主要包括渗氮层组织检验及心部组织检验。

1）渗氮层中的白层厚度不大于 0.03mm（渗氮后精磨的工件除外）。

2）渗氮层中不允许有较严重脉状和连续网状分布的氮化物存在。渗氮层中氮化物级别按扩散层中氮化物的形态、数量和分布情况分级。扩散层中氮化物在显微镜下放大500倍进行检验，取其组织最差的部位，参照渗氮层氮化物级别图进行评定。渗氮层氮化物级别分为5级，见表10-13。一般零件1~3级为合格，重要零件1级、2级为合格。经气体渗氮或离子渗氮处理的零件必须进行氮化物检验。

表10-13 氮化物级别说明

级别	级别说明
1	扩散层中有极少量呈脉状分布的氮化物
2	扩散层中有少量呈脉状分布的氮化物
3	扩散层中有较多呈脉状分布的氮化物
4	扩散层中有较严重脉状和少量断续网状分布的氮化物
5	扩散层中有连续网状分布的氮化物

3）心部组织应为均匀细小的回火索氏体，不允许有多量大块自由铁素体的存在。

（6）脆性 通常采用压痕法评定渗氮层的脆性。以98.07N的试验力对试样进行维氏硬度测试，将测得的压痕形状与等级标准进行对比，根据压痕的完整程度确定其脆性等级。

渗氮层脆性级别共分5级，见表10-14。一般零件以1~3级为合格，重要零件1级、2级为合格。

表10-14 渗氮层脆性级别说明

级别	级别说明	评定
1	压痕边角完整无缺	不脆
2	压痕一边或一角有碎裂	略脆
3	压痕二边二角碎裂	脆
4	压痕三边三角碎裂	很脆
5	压痕四边四角严重碎裂	极脆

对于渗氮后留有磨量的零件，也可在磨去加工余量后的表面上测定。

经气体渗氮的零件，必须进行脆性检验。通常，离子渗氮表面脆性比气体渗氮轻。

评定渗氮层脆性的最新方法是采用声发射技术，测出渗氮试样在弯曲和扭转过程中出现第一根裂纹的挠度（或扭转角），来定量评定渗氮层脆性。

（7）疏松 渗氮层疏松在显微镜下放大500倍检验，取其疏松最严重的部位，参照疏松级别图进行评定。

渗氮层疏松级别按表面化合物层内微孔的形状、数量、密集程度分为5级，见表10-15。一般零件1~3级为合格，重要零件1级、2级为合格。

经氮碳共渗处理的零件，必须进行疏松检验。

表 10-15 渗氮层疏松级别说明

级别	级别说明
1	化合物层致密，表面无微孔
2	化合物层较致密，表面有少量细点状微孔
3	化合物层微孔密集成点状孔隙，由表及里逐渐减少
4	微孔占化合物层 2/3 以上厚度，部分微孔聚集分布
5	微孔占化合物层 3/4 以上厚度，部分呈孔洞密集分布

10.7 硫氮碳共渗件的质量检验项目及要求有哪些?

(1) 外观

1) 共渗后工件呈均匀黑色或黑灰色，高速钢刀具呈灰褐色；经氧化后的工件呈均匀的黑色或棕黑色。

2) 工件的不通孔、狭缝及螺纹等处不得滞留残盐。

(2) 硬度

1) 表面硬度检测可用 HV10、HV5 或 HV1，显微硬度检测用 HV0.1 或 HV0.05。

2) 重要零件要逐件检测表面硬度或每炉随机抽检 10%~20%，一般零件每炉或每班至少抽检 1 件。

(3) 共渗层深度

1) 测定共渗层总深度时，采用显微硬度法（HV0.1 或 HV0.05)。

2) 一般钢铁工件的硫氮碳共渗，通常只需测定化合物层与弥散相析出层的深度。这两层深度之和与从试样表面垂直测至比基体显微硬度值高 30~50HV 处的距离大体相同。不锈钢、耐热钢通常只测化合物层深度，高速钢刀具一般只测弥散相析出层深度。

(4) 畸变　畸变超差工件可加压热矫正，加热温度应低于共渗温度。矫正后垂直悬吊在炉中于 (400±10)℃保温 2~4h。

(5) 金相组织　硫氮碳化合物层疏松区深度（δ_{cp})、致密区深度（δ_{cd}）和化合物层总深度（δ_c）的控制指标，因工件服役条件对性能的要求不同而异。

硫氮碳化合物层的特点和有代表性的显微组织：

1) 以提高耐磨性并改善耐蚀性为主，提高抗疲劳及减摩性为辅时，$\delta_{cd} \geqslant 2\delta_c/3$，且 $\delta_{cd} \geqslant 5\mu m$。

2) 要求提高耐磨、减摩、抗疲劳性能时，$\delta_{cd} \geqslant \delta_c/2$。

3) 以提高减摩、抗擦伤、抗咬死性能为主，改善其他性能为辅时，$\delta_{cp} \geqslant \delta_c/2$。

10.8 渗硼件的质量检验项目及要求有哪些？

(1) 外观 工件表面应为灰色或深灰色，且色泽均匀，渗层无剥落及裂纹。

(2) 渗硼层类型 渗硼层一般由 FeB、Fe_2B 双相组成，也可以由 Fe_2B 单相组成，呈指状或齿状垂直于渗层而楔入基体，指间或齿间相为 $(Fe、M)_xC_y$ 相。渗硼层共分六类，见表 10-16。

大多数零件采用Ⅰ类，非重要零件采用Ⅱ类。

表 10-16 渗硼层类型

类型	说明
Ⅰ	单相:Fe_2B
Ⅱ	双相:FeB、Fe_2B,FeB 约占 1/3
Ⅲ	双相:FeB、Fe_2B,FeB 约占 1/2
Ⅳ	双相:FeB、Fe_2B,FeB 约占 2/3
Ⅴ	齿状渗层
Ⅵ	不完整渗层

(3) 渗硼层硬度 渗硼层硬度采用显微硬度计检测，试验力为 1.0N。在金相试样横截面上无疏松处进行测定，FeB 的硬度一般为 1800～2300HV，Fe_2B 为 1300～1500HV。

在渗硼件表面测定硬度时，表面粗糙度值应保证 $Ra \leqslant 0.32\mu m$，显微硬度范围为 1200～2000HV。

(4) 渗硼层深度 渗硼层深度应符合图样技术要求。

10.9 渗金属件质量检验项目及要求有哪些？

钢铁工件经渗铬、渗铝、渗锌、渗钒、渗钛、渗铌处理后的检验项目，主要有渗层组织、渗层深度（不适用于渗层与基体没有明显分界的钢种）及显微硬度。

(1) 外观 工件表面光洁，无裂纹、锈斑等缺陷，色泽均匀。几种渗金属层的外观颜色见表 10-17。

表 10-17 几种渗金属层的外观颜色

渗层名称	外观颜色
渗铬层	银白色
渗铝层	银白色或银灰色,不得出现氧化黑色
渗锌层	银灰色
渗钒层	浅黄色或铁灰色
渗铌层	金黄色

(2) 渗层硬度　一般在横截面上测定显微硬度。当渗层深度小于10μm时，允许在渗金属工件表面测定，试样的表面粗糙度 *Ra* 的最大值为0.63μm。每一试样取3~5个压痕计算平均值。根据不同渗层选用的试验力见表10-18。

表10-18　不同渗层选用的试验力

渗层	试验力/N	
	横截面	表面
铬、铝、钒、钛、铌	0.981	0.245
锌	0.496	—

(3) 渗层深度　用光学显微镜对金相试样进行渗层深度测量，放大倍数的选择见表10-19。

表10-19　放大倍数的选择

渗层深度/μm	放大倍数
≤5	600~800
>5~20	200~600
>20	200

(4) 金相组织　试样在光学显微镜下放大200~800倍，检验渗层组织。不同钢种及工艺的渗层经侵蚀显示的各相见JB/T 5609—2007。

10.10　热浸镀铝层的检验项目及要求有哪些?

(1) 热浸镀铝层的宏观检查

1) 目视检查。①基体金属表面形成的热浸镀铝层应连续、完整。②浸渍型热浸镀铝工件表面不允许存在明显影响外观质量的熔渣，不允许存在色泽暗淡及漏镀等缺陷。③扩散型热浸镀铝工件表面不允许存在漏渗、裂纹及剥落等缺陷。

2) 附着力试验。①对于浸渍型热浸镀铝层，使用坚硬的刀尖并施加适当的压力，在平面部位刻划至穿透表面铝覆盖层。在刻划线两侧2.0mm以外的铝覆盖层不应起皮或脱落。②对于扩散型热浸镀铝层，使用坚硬的刀尖并施加适当的压力，在平面部位刻划（或手工锯割）至穿透化合物层，在刻划线（或锯割线）两侧2.0mm以外的化合物层不应起皮或脱落。

3) 变形检验。用直尺、游标卡尺、千分尺等测量热浸镀铝工件的挠曲、伸长、增厚等变形量。

(2) 热浸镀铝层的涂敷量　热浸镀铝层的涂敷量应符合表10-20的规定。热浸镀铝层的涂敷量采用称重法测定。

表 10-20　热浸镀铝层的涂敷量

类型	覆层材料	涂敷量/(g/m^2)
浸渍型	铝	≥160
	铝-硅	≥80
扩散型	铝	≥240

(3) 热浸镀铝层的厚度　热浸镀铝层的厚度应符合表 10-21 的规定。厚度的测量采用显微镜测量法或测厚仪检验法。对测厚仪检测法测量结果有争议时，应以显微镜测量法测定结果为准。

表 10-21　热浸镀铝层的厚度

类型	覆层材料	厚度/mm
浸渍型	铝	≥0.080
	铝-硅	≥0.040
扩散型	铝	≥0.100

(4) 扩散型热浸镀铝层的孔隙级别评定

1) 扩散型热浸镀铝层的孔隙级别分为 6 级，见表 10-22。一般规定孔隙 1~3 级合格，4~6 级不合格。

表 10-22　孔隙级别

级别	最大孔径/mm	补充说明	评定
1	≤0.015		合格
2	>0.015~0.030		
3	>0.030~0.060		
4	>0.060~0.120		不合格
5	>0.120	未构成网络	
6	>0.120	已构成网络	

注：椭圆形孔径以其长短轴的算术平均值确定。

2) 有孔隙层厚度不得大于热浸镀铝层厚度的 3/4。

(5) 扩散型热浸镀铝层的裂纹级别评定

1) 碳素钢及低合金钢扩散型热浸镀铝层的裂纹级别（甲系列）分为 7 级，一般规定裂纹 0~3 级合格，4~6 级不合格。中高合金钢扩散型热浸镀铝层的裂纹级别（乙系列）分为 7 级，一般规定 1~4 级合格，5~7 级不合格。裂纹级别与特征见表 10-23。

表 10-23 裂纹级别与特征

甲系列		乙系列	
级别	0.35mm×0.35mm 面积内裂纹总长度/mm	级别	0.35mm×0.35mm 面积内裂纹总长度/mm
0	0	1	≤0.20
1	0~0.10	2	>0.20~0.30
2	>0.10~0.20	3	>0.30~0.40
3	>0.20~0.40	4	>0.40~0.50
4	>0.40,构成半网络	5	>0.50,最大裂口宽度≤0.02
5	>0.40,构成网络	6	>0.50,最大裂口宽度>0.02~0.04
6	>0.40,构成多个网络	7	>0.50,最大裂口宽度>0.04

2）裂纹深度不得大于热浸镀铝层厚度的 3/4。

10.11 布氏硬度试验原理是什么?

布氏硬度是在一定试验力 F 的作用下，将直径为 D 的硬质合金压头球压入被测金属表面，并保持一定时间后卸除试验力，根据压痕直径求得单位压痕面积上所受试验力的大小，来确定被测金属的硬度，如图 10-1 所示。布氏硬度以 HBW 表示。布氏硬度试验范围上限为 650HBW。

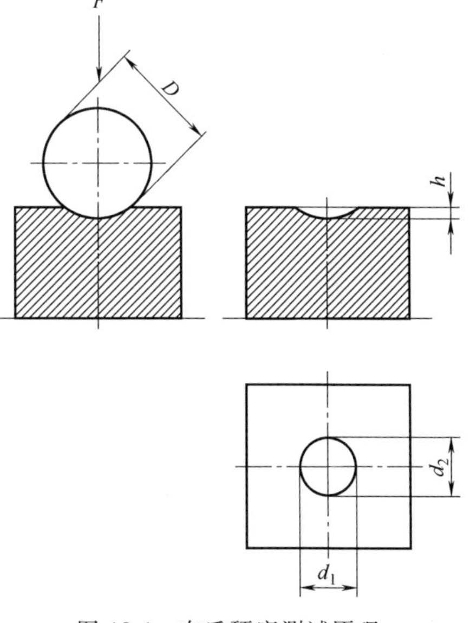

图 10-1 布氏硬度测试原理

布氏硬度值计算公式如下：

$$HBW = 0.102\frac{2F}{\pi D(D-\sqrt{D^2-d^2})}$$

式中 HBW——布氏硬度值（MPa）；

F——试验力（N）；

D——压头直径（mm）；

d——平均压痕直径（mm）。

布氏硬度计的压头直径有 10mm、5mm、2.5mm 和 1mm 四种。在实际测量中，根据被测材料、硬度范围，选择压头直径和试验力等；然后，根据试验测得的压痕直径，即可从金属布氏硬度数值表中查出硬度值。

10.12 如何选择布氏硬度的试验条件?

布氏硬度测试时，采用的 $0.102F/D^2$ 值规定为 30、15、10、5、2.5、1。应根

据表 10-24 和表 10-25 所列被测材料、硬度范围，选择压头直径和试验力。

表 10-24　不同材料的试验力-球直径平方的比率

材料	布氏硬度 HBW	试验力-球直径平方的比率 $0.102F/D^2$
钢、镍合金、钛合金		30
铸铁	<140	10
	≥140	30
铜及铜合金	<35	5
	35～200	10
	>200	30

材料	布氏硬度 HBW	试验力-球直径平方的比率 $0.102F/D^2$
轻金属及其合金	<35	2.5
	35～80	5、10、15
	>80	10、15
铅、锡		1

注：对于铸铁试验，压头的名义直径应为 2.5mm、5mm 或 10mm。

表 10-25　不同布氏硬度试验条件下的试验力

硬度符号	硬质合金球直径 D/mm	试验力-球直径平方的比率 $(0.102F/D^2)$/MPa	试验力的标称值 F/N
HBW10/3000	10	30	29420
HBW10/1500	10	15	14710
HBW10/1000	10	10	9807
HBW10/500	10	5	4903
HBW10/250	10	2.5	2452
HBW10/100	10	1	980.7
HBW5/750	5	30	7355
HBW5/250	5	10	2452
HBW5/125	5	5	1226
HBW5/62.5	5	2.5	612.9
HBW5/25	5	1	245.2
HBW2.5/187.5	2.5	30	1839
HBW2.5/62.5	2.5	10	612.9
HBW2.5/31.25	2.5	5	306.5
HBW2.5/15.625	2.5	2.5	153.2
HBW2.5/6.25	2.5	1	61.29
HBW1/30	1	30	294.2
HBW1/10	1	10	98.07
HBW1/5	1	5	49.03
HBW1/2.5	1	2.5	24.52
HBW1/1	1	1	9.807

10.13　如何用锤击式布氏硬度计检测硬度?

锤击式布氏硬度计是一种便携式布氏硬度计，如图 10-2 所示。便携式布氏硬度计适于大型工件的布氏硬度检测。试验时，先估计试件大致的硬度值，选择与其硬度相近的标准杆，并将其插入硬度计内，对准试件测试部位，然后用手锤以适当力量敲击锤击杆顶端一次，在试件表面和标准杆表面同时产生压痕，用读数放大镜分别测量标准杆压痕直径 d' 和试件压痕直径 d，标准杆硬度值为已知，查锤击式布氏硬度换算表即可得出试件布氏硬度值。锤击式布氏硬度换算表是以标准杆硬度值为 202HBW 时的换算值。当所用标准杆硬度值不为 202HBW 时，应将表中查出的硬度值乘以系数 K，K 值可由表查得。

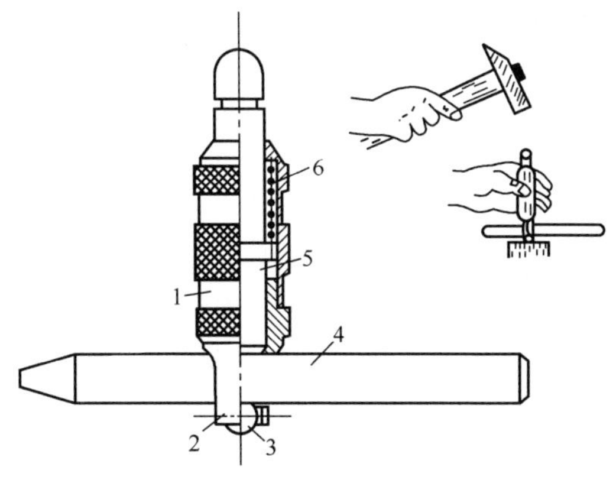

图 10-2　锤击式布氏硬度计

1—握持器　2—球帽　3—压头球

4—标准杆　5—锤击杆　6—弹簧

锤击式布氏硬度计操作简单，携带方便，但精度较低，误差范围为 7%～10%，消耗的标准杆较多。

10.14　布氏硬度试验操作时应注意什么?

1）布氏硬度试验不能用于硬度>650HBW 材料的硬度试验。

2）试件厚度应大于规定的最小厚度。

3）检测面应是光滑平面，表面粗糙度一般为 $Ra\leqslant0.8\mu m$。

4）试压面应与压头中心线保持垂直，不应出现影响加载的弧面或斜面等。

5）相邻压痕中心距离应≥$3d$。

6）压痕中心距试样边缘的距离≥$2.5d$。

7）加力过程中应无冲击、无振动和无过载；加力时间为 7^{+1}_{-5}s。试验力保持时间应为 14^{+1}_{-4}s。对于要求试验力保持时间较长的材料，试验力保持时间允许偏差为±2s。

8）安装压头后所测的第一点应不予计算，每件必须至少测试 3 点，取其平均值。

9）定期用标准硬度块校验硬度计。

10.15　洛氏硬度试验原理是什么? 常用洛氏硬度试验有几种?

洛氏硬度试验是应用最广泛的硬度检测方法。洛氏硬度是以锥角为 120°的金刚石圆锥或规定的钢球为压头，先后两次施加试验力，将压头压入试件表面来测试硬度的。

(1) 洛氏硬度试验原理　洛氏硬度试验原理如图 10-3 所示。首先对压头预加初始试验力 F_0，形成压入深度 h_0；再施以一定的主试验力 F_1，产生压入深度 h_1；然后卸除主试验力 F_1，试件因弹性变形产生弹性回复深度 h_2，于是由主试验力引起残余压入深度 h，以此深度来衡量金属的硬度。金属越硬，压痕深度 h 越小；反之，则 h 越大。

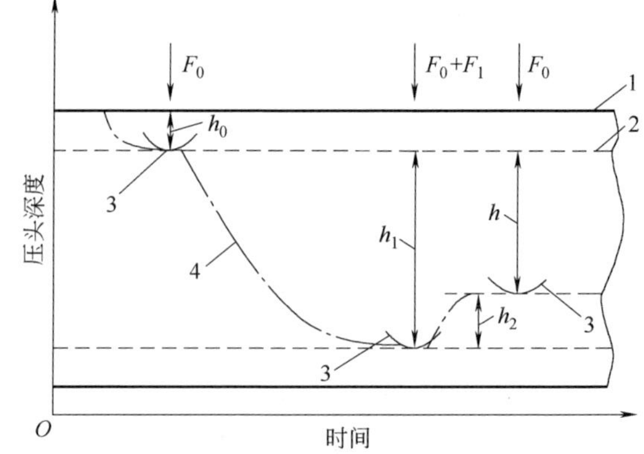

图 10-3　洛氏硬度试验原理

1—试样表面　2—测量基准面　3—压头位置　4—压头深度相对时间的曲线

但压痕深度 h 并不能直接表示金属的硬度，因而设定 S（如 0.002mm）为一个洛氏硬度单位的标尺常数，h/S 即金属的硬度。为顺应人们对硬度越高数值越大的习惯，设定标尺的全量程常数为 N，以 $N-h/S$ 作为硬度值的指标，即

$$洛氏硬度=N-\frac{h}{S}$$

不同标尺的洛氏硬度计算公式见表 10-26。

表 10-26　不同标尺的洛氏硬度计算公式

标尺	给定标尺的全量程常数 N	给定标尺的标尺常数 S/mm	洛氏硬度计算公式
HRA　HRC　HRD	100	0.002	$洛氏硬度=100-\frac{h}{0.002}$
HRBW　HREW　HRFW　HRGW　HRHW　HRKW	130	0.002	$洛氏硬度=130-\frac{h}{0.002}$
HRN　HRTW	100	0.001	$表面洛氏硬度=100-\frac{h}{0.001}$

(2) 洛氏硬度标尺　为了能用同一台硬度计测得从极软到极硬材料的硬度，将不同压头和不同试验力进行组合，共组成 9 种洛氏硬度标尺，6 种表面洛氏硬度标尺，见表 10-27 和表 10-28。

表 10-27　洛氏硬度标尺

洛氏硬度标尺	硬度符号单位	压头类型	初试验力 F_0/N	总试验力 F/N	标尺常数 S/mm	全量程常数 N	适用范围
A	HRA	金刚石圆锥	98.07	588.4	0.002	100	20～95HRA
B	HRBW	直径 1.5875mm 球	98.07	980.7	0.002	130	10～100HRBW

（续）

洛氏硬度标尺	硬度符号单位	压头类型	初试验力 F_0/N	总试验力 F/N	标尺常数 S/mm	全量程常数 N	适用范围
C	HRC	金刚石圆锥	98.07	1471	0.002	100	20～70HRC
D	HRD	金刚石圆锥	98.07	980.7	0.002	100	40～77HRD
E	HREW	直径 3.175mm 球	98.07	980.7	0.002	130	70～100HREW
F	HRFW	直径 1.5875mm 球	98.07	588.4	0.002	130	60～100HRFW
G	HRGW	直径 1.5875mm 球	98.07	1471	0.002	130	30～94HRGW
H	HRHW	直径 3.175mm 球	98.07	588.4	0.002	130	80～100HRHW
K	HRKW	直径 3.175mm 球	98.07	1471	0.002	130	40～100HRKW

表 10-28 表面洛氏硬度标尺

表面洛氏硬度标尺	硬度符号单位	压头类型	初试验力 F_0/N	总试验力 F/N	标尺常数 S/mm	全量程常数 N	适用范围（表面洛氏硬度标尺）
15N	HR15N	金刚石圆锥	29.42	147.1	0.001	100	70～94HR15N
30N	HR30N	金刚石圆锥	29.42	294.2	0.001	100	42～86HR30N
45N	HR45N	金刚石圆锥	29.42	441.3	0.001	100	20～77HR45N
15T	HR15TW	直径 1.5875mm 球	29.42	147.1	0.001	100	67～93HR15TW
30T	HR30TW	直径 1.5875mm 球	29.42	294.2	0.001	100	29～82HR30TW
45T	HR45TW	直径 1.5875mm 球	29.42	441.3	0.001	100	10～72HR45TW

10.16 洛氏硬度试验操作时应注意什么？

1）按洛氏硬度计操作规程操作。

2）试验一般在 10～35℃的室温下进行。

3）试样表面应平坦光滑，不应有氧化皮、污物及油脂，表面粗糙度值 $Ra \leqslant 1.6\mu m$。

4）检测面和支持面必须平整清洁，不得带有油污、氧化皮、脱碳层和裂纹等。

5）试件在工作台上应稳定放置，试验过程中不应滑动、摇晃及明显变形，应当避免在压头和试样之间产生附加弯矩。

6）应根据不同的工件选择检测的位置和方法，如图 10-4 和图 10-5 所示。

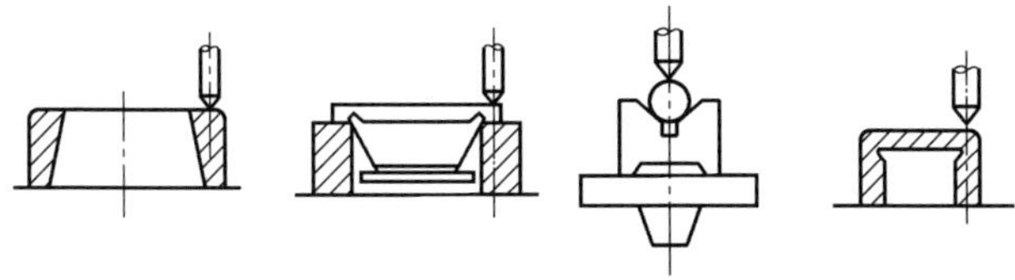

图 10-4 检测工件硬度的位置

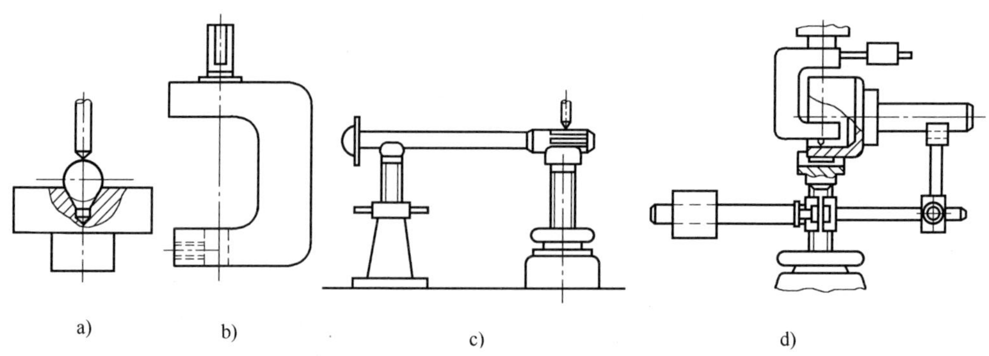

图 10-5　检测工件硬度的方法

a）钢球硬度试验胎膜　b）鹅颈式转接器　c）轴类工件硬度试验顶架
d）长工件内表面硬度试验装置　e）齿面硬度试验装置

7）两相邻压痕中心之间的距离至少应为压痕直径的 3 倍，任一压痕中心距试样边缘的距离至少应为压痕直径的 2.5 倍。

8）必须保证检测平面与压头中心线垂直，使压头、试样、V 形槽与硬度计支座中心对中。

9）试验时，压头与试样表面应无冲击、无振动、无摆动和无过载地接触并施加初试验力；初试验力保持时间不应超过 2s，保持时间应为 3_{-2}^{+1}s。

10）无冲击、无振动、无摆动和无过载地从初试验力施加至总试验力，洛氏硬度主试验力的加载时间为 1～8s。所有 HRN 和 HRTW 表面洛氏硬度主试验力的加载时间不超过 4s。

11）总试验力的保持时间为 5_{-3}^{+1}s，卸除主试验力，初试验力保持 4_{-3}^{+1}s 后，进行最终读数。

12）在更换工作台或压头后，至少进行两次测试并将结果舍弃，再进行正常测试。

13）每件应至少测 3 点，取其平均值。

14）对于在凸圆柱面和凸球面上测得的洛氏硬度值，应按规定进行修正，修正值应在报告中注明。

15）定期用标准硬度块校核硬度计。

10.17　维氏硬度试验原理是什么？

将锥面夹角为 136°的正四棱锥体金刚石压头用一定的试验力 F 压入试样表面，保持规定时间后卸除试验力，测量试样表面四棱锥形压痕的对角线长度，根据单位凹痕表面积上所受的试验力计算硬度值，如图 10-6 所示。

$$HV = 0.102F/A_{凹} = 0.102\ F/$$

$[d^2/(2\sin 68°)] = 0.1891\ F/d^2$

式中 F——试验力（N）；

$A_{凹}$——压痕凹陷面积（mm^2）；

d——压痕对角线长度（mm），$d=(d_1+d_2)/2$。

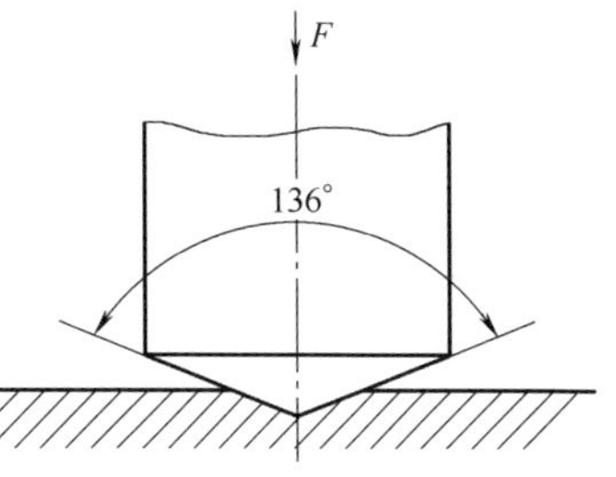

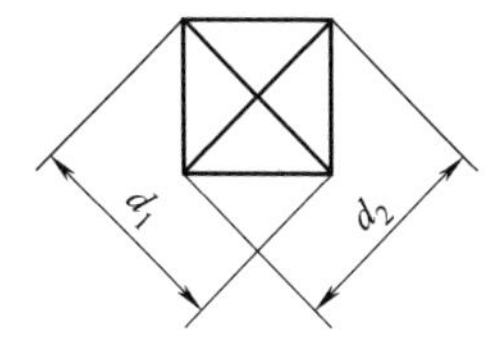

图 10-6　维氏硬度试验原理

根据压痕对角线长度即可查表得出 HV 值。

维氏硬度施加的试验力范围为 49.03～980.7N，根据试验力的不同，维氏硬度分为六种。由于压痕对角线长度与维氏硬度值（HV10）对照表是按试验力 98.07N 计算得到的，若选用其他试验力时，则查得的硬度值应乘以表中对应的系数。维氏硬度试验力及系数见表 10-29。

表 10-29　维氏硬度试验力及系数

硬度符号	HV5	HV10	HV20	HV30	HV50	HV100
试验力/N	49.03	98.07	196.1	294.2	490.3	980.7
系数	0.5	1	2	3	5	10

10.18　什么是小力值维氏硬度试验？

维氏硬度试验时，施加的试验力为 1.961～29.42N 时，为小力值维氏硬度试验。

小力值维氏硬度试验主要用于测定表面淬火层的硬化深度、化学热处理工件表面硬度，以及小件和薄件的硬度。小力值维氏硬度试验力见表 10-30。

表 10-30　小力值维氏硬度试验力

硬度符号	HV0.2	HV0.3	HV0.5	HV1	HV2	HV3
试验力/N	1.961	2.942	4.903	9.807	19.61	29.42

10.19　什么是显微硬度试验？

显微硬度试验原理与维氏硬度试验原理一样，是用于测试显微组织中某一相的硬度、表面硬化层或化学热处理渗层的硬度。由于测试的是金属显微组织的硬度，所以施加的试验力很小，通常小于 0.9807N（100gf）。显微硬度试验力见表 10-31。

显微硬度试验在显微镜下进行，压痕对角线长度以 μm 计量。

表 10-31　显微硬度试验力

硬度符号	HV0.01	HV0.015	HV0.02	HV0.025	HV0.05	HV0.1
试验力/N	0.0981	0.1471	0.1961	0.2452	0.4903	0.9807

10.20　怎样进行维氏硬度试验?

（1）试样

1）制备试样时，应使过热或冷加工等因素对试样表面硬度的影响降至最低。

2）试样表面粗糙度值 $Ra \leqslant 0.20\mu m$，试验面上应无污物及油脂。上下两平面应平行。为保证压痕对角线长度的测量精度，建议试样表面进行抛光处理。

3）试样或试验层厚度应不小于压痕对角线长度的 1.5 倍。

4）对于小截面或外形不规则的试样，可将试样镶嵌或使用专用试验台进行试验。

5）显微硬度试样应按金相试样的要求制备。图 10-7 所示为显微硬度检测时夹持试样的典型夹具。

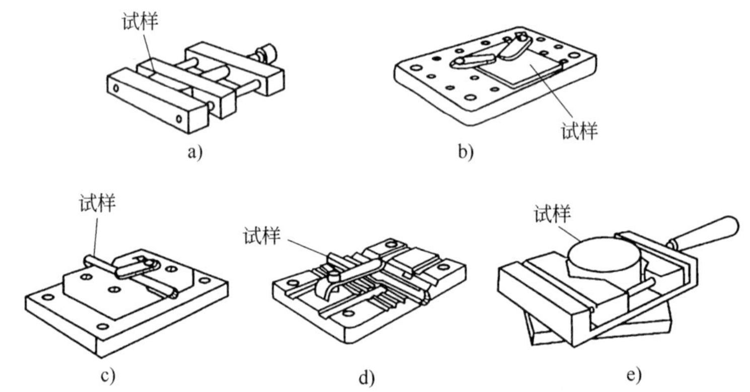

图 10-7　显微硬度检测时夹持试样的典型夹具

a）夹持和抛光钳　b）薄金属夹具　c）V 形试验支架

d）特殊 V 形试验支架　e）转动钳

（2）操作要点

1）试验台应清洁且无其他污物。试样应稳固地放置于试验台上，试验过程中试样不应产生位移。

2）保证压头与试样表面垂直。

3）两相邻压痕中心之间的距离：对于钢、铜及铜合金，至少应为压痕对角线长度的 3 倍；对于轻金属、铅、锡及其合金，至少应为压痕对角线长度的 6 倍。

4）任一压痕中心到试样边缘距离：对于钢、铜及铜合金，至少应为压痕对角线长度的 2.5 倍；对于轻金属、铅、锡及其合金，至少应为压痕对角线长度的 3 倍。

5）加力过程中不应有冲击和振动。加力时间应在 2~8s 之间。对于小力值维氏硬度试验和显微维氏硬度试验，加力过程不能超过 10s，且压头下降速度应不大于 0.2mm/s。对于显微维氏硬度试验，压头下降速度应在 15~70μm/s 之间。

6）试验力保持时间为 10~15s。对于特殊材料试样，试验力保持时间可以延长，但应在硬度试验结果中注明，且误差应在 2s 以内。

7）对于在曲面试样上试验的结果，应按规定进行修正。

10.21　什么是肖氏硬度试验?

肖氏硬度试验是一种回跳式硬度试验法。用规定形状的金刚石冲头从规定高度自由落下冲击试样表面，以冲头第一次回跳高度与冲头落下高度的比值计算肖氏硬度值。

$$HS = K\frac{h}{h_0}$$

式中　HS——肖氏硬度；

K——肖氏硬度系数（C 型仪器 $K=10^4/65$，D 型仪器 $K=140$）；

h——冲头第一次回跳高度（mm）；

h_0——冲头落下高度（mm）。

肖氏硬度计有 C 型（目测型）及 D 型（指示型）两类，HSC、HSD 分别表示用 C 型、D 型肖氏硬度计测定的肖氏硬度值。

10.22　怎样进行肖氏硬度试验?

（1）试样

1）试样的表面应无氧化皮、污物及油脂。

2）试样的试验面一般为平面，对于曲面试样，其试验面的曲率半径不应小于 32mm。

3）试样的质量应在 0.1kg 以上，试样的厚度一般应在 10mm 以上。

4）对于肖氏硬度小于 50HS 的试样，表面粗糙度值 Ra 应不大于 1.6μm；肖氏硬度大于 50HS 时，Ra 应不大于 0.8μm。

5）试样不应带有磁性。

（2）操作要点

1）试验前，应使用与试样硬度值接近的肖氏硬度标准块对硬度计进行检定。

2）试验时，试样应稳固地放置在机架的试台上。由于试样的形状、尺寸、质量等关系，需将测量筒从机架上取下，以手持或安放在特殊形状的支架上使用。

3）硬度计应安置在稳固的基础上，试验时测量筒应保持垂直状态。试验面应与冲头作用方向垂直。手持测量筒时，要特别注意保持垂直状态。

4）测量硬度时，试样在试台上受到的压紧力约为 200N（20kgf）。试样质量在 20kg 以上，手持测量筒或在特殊形状的支架上进行试验时，对测量筒的压力应以测量筒在试样上保持稳定为宜。

5）对于 D 型肖氏硬度计，操作鼓轮的回转时间约为 1s，复位时的操作以手动缓慢进行。对于 C 型肖氏硬度计，要求操作者熟练读取冲头反弹最高位置时的瞬间读数。

6）试样两相邻压痕中心距离不应小于1mm，压痕中心距试样边缘的距离不应小于4mm。

7）不应将硬度计的冲头对试验台冲击。

8）肖氏硬度计的读数应精确至0.5HS，以连续5次有效读数的算术平均值作为一个肖氏硬度测量值，其平均值按GB/T 8170—2008修约至整数。

10.23　什么是里氏硬度试验?

里氏硬度试验是一种动态硬度试验法。用规定质量的冲击体在弹簧力作用下以一定速度垂直冲击试样表面，以冲击体在距试样表面1mm处的回弹速度与冲击速度的比值来表示材料的里氏硬度，如图10-8所示。

里氏硬度HL按下式计算：

$$HL = 1000\frac{v_R}{v_A}$$

式中　v_R——回弹速度（m/s）；

v_A——冲击速度（m/s）。

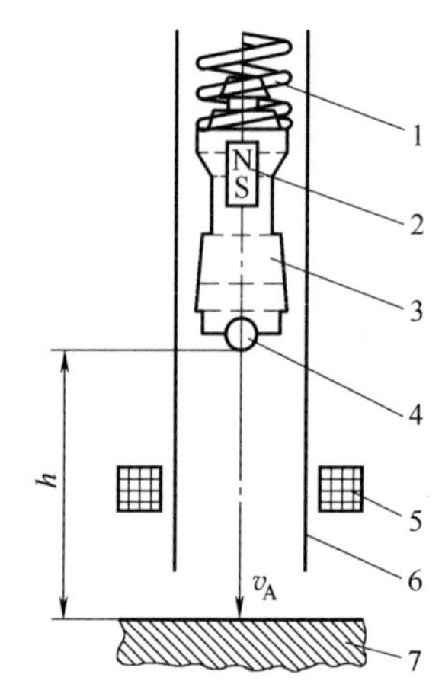

图10-8　里氏硬度试验原理

1—冲击弹簧　2—永磁体　3—冲击体　4—球面冲头　5—感应线圈　6—导管　7—试件

装有永久磁铁的冲击体冲击和回弹时都通过线圈，在线圈内产生感应电压，且电压值与冲击体的速度成正比。冲击体反弹速度与材料硬度有关，材料越硬，其反弹速度越快。将两个电压值经计算机处理后，即为里氏硬度值，并可自动转换成布氏、洛氏、维氏等硬度值，以数字方式在屏幕上显示出来。

里氏硬度计的冲击装置分为D、DC、S、E、D+15、DL、C和G型。里氏硬度符号由“HL”和表示冲击体类型的字符组成，如HLD、HLDC等。

里氏硬度计是一种新型的便携式硬度测试仪器，具有体积小、携带方便、操作简单、测量范围宽的特点，主要适用于测试金属材料的硬度和快速硬度测试，特别适宜对大型零部件及不可拆卸零部件的现场硬度测试。

10.24　怎样进行里氏硬度试验?

1）试验时的环境温度宜为10~35℃范围内，试件和硬度计二者的温度相差不可太大。

2）应避免试验位置出现磁场或电磁场。

3）试验前应对硬度计进行正确设置。

4）试件的试验面和支承表面应清洁，无污物（氧化皮、润滑剂、涂层、尘土等）。

5）支承环应与测试位置的表面轮廓相匹配。冲击速度矢量应垂直于要测试的局部表面。硬度计中心线与重力方向的偏差不超过5°。

6）试验过程中试件和冲击装置之间不能产生相对运动。

7）可以在曲面试样的表面上（凹面或凸面）进行测试，但须使用与曲面相匹配的支承环。

8）宜根据试件的刚度（通常由局部厚度决定）及试件的质量选择冲击装置形式与其相适应的硬度计。试件的质量小于试验允许的最小质量，或者试件的质量足够大但局部厚度小于试验允许的最小厚度时，需要根据仪器使用说明书对试件进行刚性支承和（或）耦合到牢固的支承物上进行试验。

9）两压痕中心之间、压痕中心和试件边缘之间的距离应允许在试件上安放整个支承环。对于G型冲击装置的硬度计，任何情况下，冲头冲击点与试件边缘的距离都不应小于10mm；对于D、DC、DL、D+15、C、S和E型冲击装置的硬度计，该距离不应小于5mm。

10）两个相邻压痕中心之间的距离至少应为压痕直径的3倍。

11）试验时，先向下推动加载套锁住冲击体，一只手握住线圈部件将冲击装置支承环紧压在试件表面上，用另一只手的食指按动冲击装置上部的释放按钮进行硬度测量，并通过指示装置读取所设定的相应硬度值。

12）试验应至少进行3次，并计算其算术平均值。如果硬度值相互之差超过20HL，应增加试验次数，并计算算术平均值。

10.25 如何用锉刀检验硬度？

硬度的锉刀检测法是使用检测硬度的标准锉刀及标准试块，对被检工件进行对比检测的方法。该方法适用于生产现场检验钢铁硬度范围为39~67HRC的常规硬度检验。

（1）标准锉刀　标准锉刀为双纹扁锉，长度为150mm和200mm，圆锉为ϕ4.3mm×175mm。标准锉刀的硬度级别见表10-32。

表10-32　标准锉刀的硬度级别

标准锉刀柄部颜色	标准锉刀硬度级别	相应洛氏硬度范围　HRC
黑色	锉刀硬-65	65~67
蓝色	锉刀硬-62	61~63
绿色	锉刀硬-58	57~59
草绿色	锉刀硬-55	54~56
黄色	锉刀硬-50	49~51
红色	锉刀硬-45	44~46
白色	锉刀硬-40①	39~41

①不推荐使用。

（2）检测硬度的方法

1）检测硬度时，被检工件和锉刀承受的压力一般应为45~53N。

2）用标准锉刀检测硬度时，使锉刀少数几个锉齿与工件相接触，再慢慢地推动锉刀，锉刀移动距离不宜太长，仔细体验锉削阻力。

3）当无法估计工件硬度范围时，先用硬度最高的锉刀检测，并逐级对其试锉，直到锉刀不能锉削（打滑）为止。再用比该级锉刀高一级的锉刀及相应的标准试块与被检工件进行对比判断，根据手感确定被检工件的硬度。

4）当被检工件的硬度范围已知时，可用比被检工件硬度范围高一级硬度的锉刀及相应的标准试块与被检工件进行对比检测和判断。根据手感确定被检工件的硬度。

5）当标准锉刀不能锉削相应级别的标准试块时，该锉刀不能继续作为检测硬度的工具。

6）标准锉刀只能作为检验被检件表面硬度的工具，不允许作其他用途。

10.26　什么是金相检验？如何取样？

金相检验是通过显微镜检查钢材或零件内部的组织相及组织组成物的类型、形态、大小、相对量及分布等特征，如晶粒度、渗层深度、脱碳层、球化组织、碳化物偏析、非金属夹杂物及石墨形态等，是否符合金相标准的要求。

当进行工艺试验、生产中出现废品或分析零件失效时，为了验证工艺的正确性或分析出现废品的原因，往往需要通过金相检验来鉴定材料的组织是否符合要求，以便采取必要的措施。

金相检验的工艺过程主要包括：取样、制样（包括粗磨、磨光、抛光、清洗、腐蚀、吹干）、金相观察和填写检验报告。

对于工艺人员来说，主要是取样，然后送金相试验室检验即可，后面的工序由试验室工作人员进行。

（1）取样部位及尺寸　材料不同部位、不同方向上的显微组织往往不同，应根据检验目的有针对性地在被检材料或零件上选取合适的试样。在分析零件失效原因时，应从零件失效部位取样。在测定表面处理层深时，截面应垂直于表面，当层深很浅时，可选取斜截面试样，使组织的变化更为清晰，层深的测量更为准确。在研究带状组织或冷加工变形组织时，应沿纵向截面取样。

（2）试样尺寸　试样大小应以磨制方便为宜。试样过大，制样时间太长；过小则不易掌握，且磨面不易保持平面。试样横截面尺寸一般为10~25mm，高度约15mm。

（3）试样切取方法　试样切取的方法有：砂轮切割、机械加工切割、电火花切割、线切割或手锯等，其中以砂轮切割居多。但是，无论哪种方法，都必须保证试样表面的显微组织不因切割发热而产生变化。必要时应采取冷却措施，冷却液可采用乳化液或质量分数为0.8%的碳酸钠加质量分数为0.20%的亚硝酸钠水溶液。

10.27 什么是拉伸试验？如何制作拉伸试样？

拉伸试验是工业上力学性能试验中使用最广泛的试验方法之一。

试验时，试样两端被夹在拉伸试验机的两个夹头上，缓慢地施加轴向拉力，引起试样沿轴向伸长，直至拉断为止。通过拉伸试验，可以测定材料的弹性变形、塑性变形和断裂过程中最基本的力学性能指标，如屈服强度、抗拉强度、断后伸长率、断面收缩率、弹性模量等。

拉伸试样分为比例试样和非比例试样两种。试样原始标距 L_o 与原始横截面积 S_o 有 $L_o=k\sqrt{S_o}$ 关系者称为比例试样。非比例试样的原始标距 L_o 与横截面积 S_o 无关。

比例试样截面有圆形、长方形、正方形、多边形和环形等。常用比例试样如图 10-9 所示。

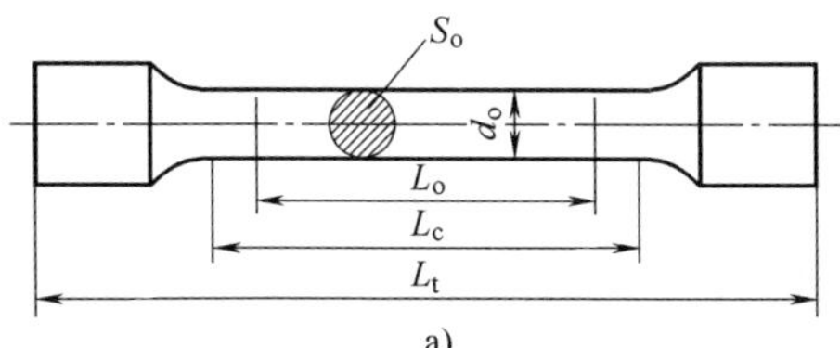

a)

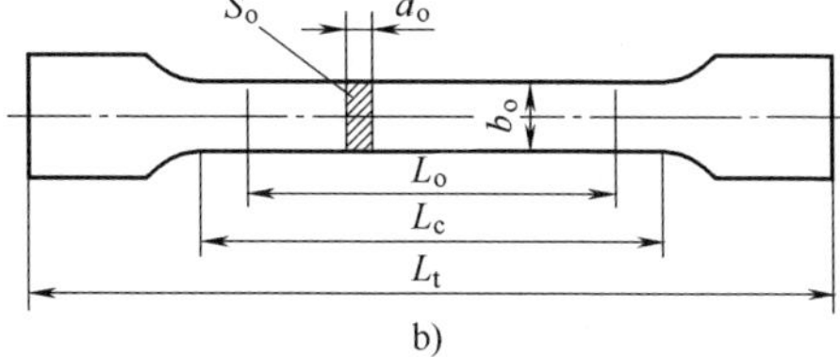

b)

图 10-9 常用比例拉伸试样

a）圆形横截面拉伸试样 b）矩形横截面拉伸试样

设定 $k=5.65$ 时为短试样，$L_o=5d_o$（d_o 为圆试样直径）；$k=11.3$ 时为长试样，$L_o=10d_o$。

一般情况下，$d_o=3\sim25$mm。对于钢、铜材，通常采用 $d_o=10$mm 的长试样或短试样。

圆形横截面比例拉伸试样和矩形横截面比例拉伸试样尺寸见表 10-33 和表 10-34。

表 10-33 圆形横截面比例拉伸试样尺寸 （单位：mm）

d_o	r	$k=5.65$		$k=11.3$	
		L_o	L_c	L_o	L_c
25、20、15、10、8、6、5、3	$\geqslant0.75d_o$	$5d_o$	$\geqslant L_o+d_o/2$ 仲裁试验：L_o+2d_o	$10d_o$	$\geqslant L_o+d_o/2$ 仲裁试验：L_o+2d_o

表 10-34 矩形横截面比例拉伸试样尺寸 （单位：mm）

b_o	r	$k=5.65$		$k=11.3$	
		L_o	L_c	L_o	L_c
12.5、15、20、25、30	$\geqslant12$	$5.65\sqrt{S_o}$	$\geqslant L_o+1.5\sqrt{S_o}$ 仲裁试验：$L_o+2\sqrt{S_o}$	$11.3\sqrt{S_o}$	$\geqslant L_o+1.5\sqrt{S_o}$ 仲裁试验：$L_o+2\sqrt{S_o}$

10.28　什么是力-延伸曲线?

力-延伸曲线是拉伸试验中记录力与延伸关系的曲线。图 10-10 所示为退火后低碳钢试样的力-延伸曲线。

试样在拉伸试验机上拉断以后，将力和试样延伸的变化标在坐标图上，以纵坐标表示力 F，横坐标表示绝对延伸 ΔL，就得到力-延伸曲线。

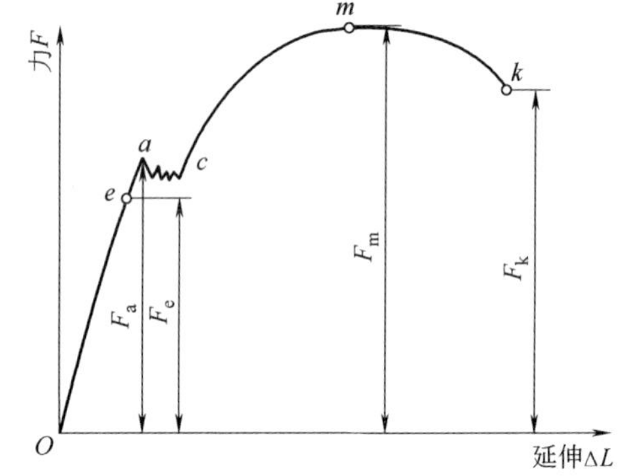

图 10-10　退火后低碳钢的力-延伸关系曲线

由 10-10 图可见，试样的延伸随着力的增加而增加。当力小于 F_e 时，绝对延伸随力的增加呈正比地增大，保持直线关系，卸除力后试样恢复原状，此阶段称为弹性变形阶段。当力超过 F_a 后，在力不再增加或减小的情况下，试样开始发生塑性变形，这种现象称为屈服，曲线上出现平台或锯齿，直至 c 点结束，卸荷后会产生残余变形，此阶段称为塑性变形阶段。然后，拉力重新增加，试样继续变形，进入均匀塑性变形阶段。当达到最大力 F_m 时，试样的某一部位截面开始缩小，出现缩颈，产生不均匀塑性变形。由于试样截面的减小，因而拉力逐渐下降，最后当拉力达到 F_k时，试样断裂。

由图 10-10 可见，退火后低碳钢在拉力作用下的变形过程可分为弹性变形、不均匀屈服塑性变形、均匀塑性变形、不均匀集中塑性变形和断裂五个阶段。

正火或退火后的碳素结构钢和一般低合金结构钢均具有类似的力-延伸曲线，只是力的大小和延伸量不同而已。但是，并非所有的金属材料或同一材料在不同条件下都具有相同类型的力-延伸曲线。工业上使用的金属材料大多数没有屈服现象。不同种类金属材料、经不同变形加工或热处理的金属材料，其力-延伸曲线也有很大差别。例如，硬化程度较高的冷拔钢只有弹性变形和不均匀集中塑性变形阶段，如图 10-11a 所示；退火低碳钢在低温下拉伸或淬火高碳钢在室温下拉伸时，它们的力-延伸曲线上只有弹性变形阶段，不仅没有屈服现象，而且也不产生缩颈，弹性变形后立即断裂，最大拉力就是断裂拉力，如图 10-11b 所示。

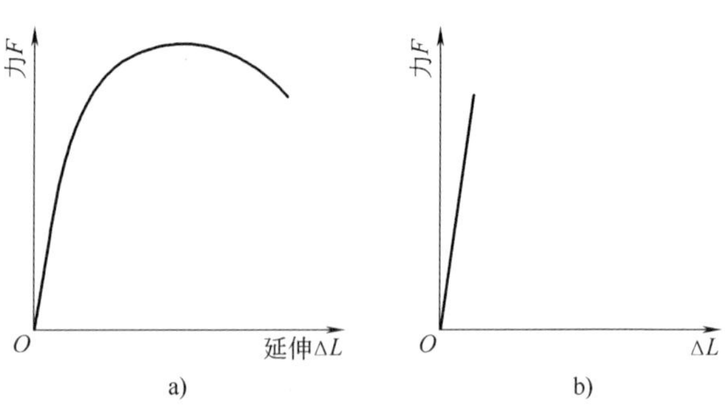

图 10-11　塑性材料与低塑性材料的力-延伸曲线

10.29　什么是应力-应变曲线？

若将图 10-10 所示力-延伸曲线的纵坐标力 F、横坐标延伸 ΔL_o 分别用拉伸试样的原始截面积 S_o 和原始标距长度 L_o 去除，则得到应力-伸长率曲线，即 R-ε 曲线。若将图 10-10 中横坐标延伸 ΔL_o 除以引伸计标距 L_e，则得到相同形状的应力-延伸率曲线，即 R-e 曲线。伸长率和延伸率都表示拉伸试验时的应变，因此应力-伸长率曲线和应力-延伸率曲线都是应力-应变曲线，如图 10-12 所示。由于纵、横坐标均以一相应常数相除，故应力-应变曲线与力-延伸曲线形状相似，只是坐标不同、单位不同而已。

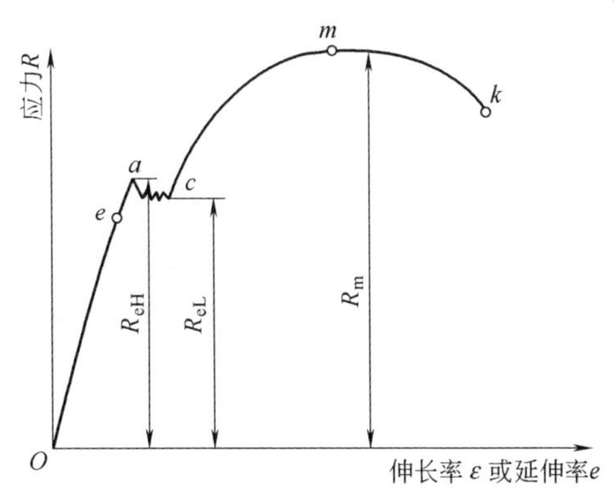

图 10-12　低碳钢的应力-应变曲线

应力-应变曲线不受试样尺寸的影响，根据 R-ε 曲线或 R-e 曲线，可以直接得到各种力学性能指标。

10.30　拉伸试验的性能指标有哪些？

拉伸试验的性能指标主要有屈服强度、抗拉强度、断后伸长率和断面收缩率。

（1）屈服强度　屈服强度是当金属材料在试验期间产生塑性变形而力不增加时的应力。屈服强度分为上屈服强度及下屈服强度。

上屈服强度 R_{eH} 是指试样发生屈服而力首次下降前的最大应力，如图 10-12 所示。

下屈服强度 R_{eL} 是指在屈服期间，不计初始瞬时效应时的最小应力，如图 10-12 所示。

（2）抗拉强度 R_m　拉伸试验时最大力对应的应力，如图 10-12 所示。

（3）断后伸长率　断后伸长率 A 是试样断后标距的残余伸长（L_u-L_o）与原始标距 L_o 之比，以百分数表示，即

$$A=\frac{L_u-L_o}{L_o}\times 100\%$$

式中　L_u——试样断后最大标距。

（4）断面收缩率　断面收缩率 Z 是试样断裂后横截面积的最大缩减量（S_o-S_u）与原始横截面积 S_o 之比，以百分数表示，即

$$Z=\frac{S_o-S_u}{S_o}\times100\%$$

式中　S_u——试样断口处的最小横截面积。

断后伸长率和断面收缩率都表示材料断裂前的塑性变形能力。断后伸长率反映材料的均匀变形能力，断面收缩率反映材料的局部集中变形能力。

10.31　什么是火花鉴别法？火花的组成及形状如何？

火花试验的原理是根据钢件在砂轮机上磨削时产生的火花特征，来推断或鉴别其具体钢种。火花试验可对钢种不明的待测件进行试验，推定其钢种；对可能混入的异种钢材（待测件）进行试验，鉴别异种钢材或确认有无异种钢材混入。

钢铁材料被高速旋转的砂轮磨削时产生的火花束，可分为根部火花、中部火花和尾部火花三部分。火花束由流线和爆花等组成，如图10-13所示。

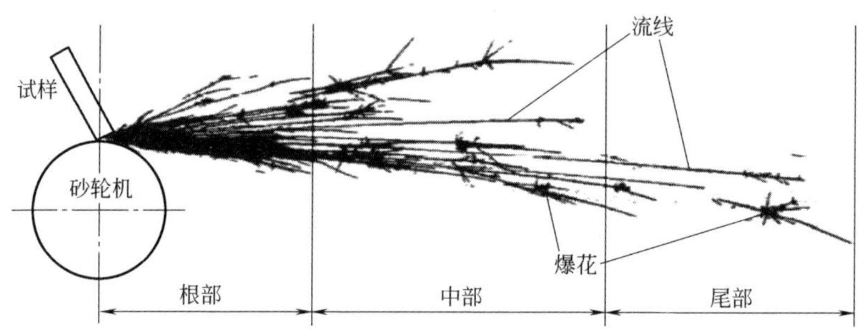

图10-13　火花的形状及名称

（1）流线　流线是高温磨削颗粒的运动轨迹。根据流线的形式，可分为直线流线、断续流线、波状流线和断续波状流线等。

（2）爆花　爆花是钢件磨削时，熔融态钢屑在飞射中被强烈氧化爆裂而成的。爆花十分明亮的点，称为节点。组成爆花的每一根细小流线称为芒线。流线尾端的爆花也称为尾花，一般均为合金元素的特种爆花，如狐尾状、枪箭状、菊花状等。

10.32　碳素钢的火花有何特征？

碳素钢火花有很多直的流线。随钢中碳含量增加，火花的花粉也随之增加，且亮度也增加，同时手感硬度也增加。碳素钢火花的特征如图10-14所示。碳含量对火花特征的影响见表10-35。

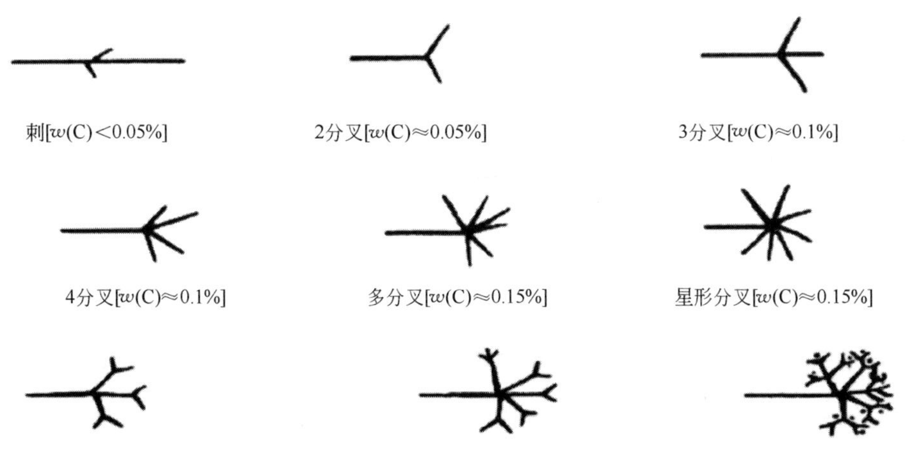

多分叉3次花附有花粉[w(C)≈0.5%]

羽毛状花(沸腾钢)

图 10-14　碳素钢火花的特征

表 10-35　碳素钢的火花特征

w(C)(%)	流线					火花分叉				手感度
	颜色	亮度	长度	粗细	数量	形状	大小	数量	花粉	
<0.05	橙色	暗	长	粗	少	无火花分叉但有刺				软
0.05						2 分叉	小	少	无	
0.10						3 分叉			无	
0.15						多分叉			无	
0.20						3 分叉 2 次花			无	
0.30						多分叉 2 次花			开始 产生	
0.40						多分叉 3 次花			少	
0.50										
0.60		明	长	粗			大			
0.70										
0.80										
>0.80	红色	暗	短	细	多	复杂	小	多	多	硬

10.33　合金元素对钢的火花有何影响？

合金元素对火花的影响可分为抑制火花爆裂的元素（如 W、Mo、Ni、Si 等）和助长火花爆裂的元素（如 Mn、V 等）两类。合金元素的火花特征如图 10-15 所示。合金元素对火花特征的影响见表 10-36。

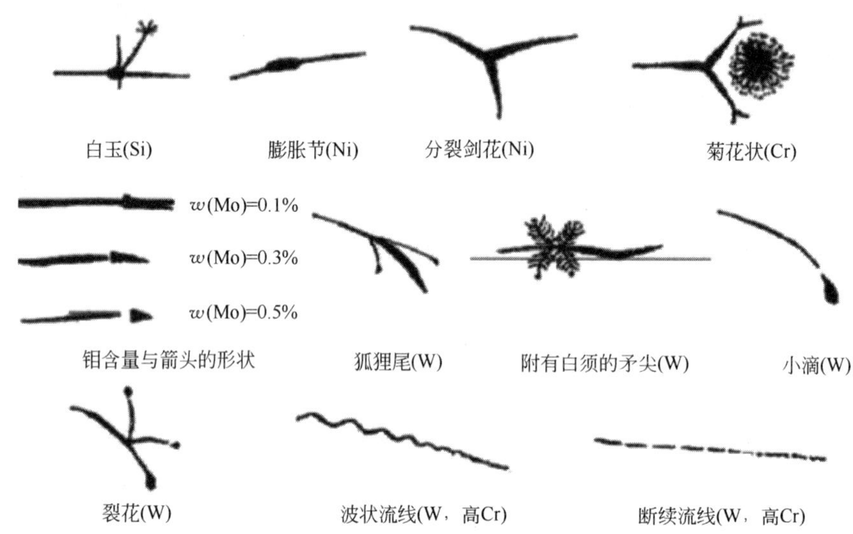

图 10-15　合金元素的火花特征

表 10-36　合金元素对火花特征的影响

影响区别	合金元素	流线				爆花				手感度	特征	
		颜色	亮度	长度	粗细	颜色	形状	数量	花粉		形状	位置
助长碳火花分叉	Mn	黄白色	明	短	粗	白色	复杂，细树枝状	多	有	软	花粉	中央
	低 Cr	黄白色（低 C）	不变	长	不变	橙黄色（高 C）	菊花状（高 C）	不变	有（高 C）	硬	菊花状（高 C）	尾部
		橙黄色（高 C）	暗	短	细							
	V	变化少				变化少	细	多	—	—	—	—
阻止碳火花分叉	W	暗红色	暗	短	细波状断续	红色	小滴狐狸尾	少	无	硬	狐狸尾	尾部
	Si	黄色	暗	短	粗	白色	白玉	少	无	—	白玉	中央
	Ni	红黄色	暗	短	细	红黄色	膨胀闪光	少	无	硬	膨胀闪光	中央
	Mo	橙黄带红	暗	短	细	橙黄带红	箭头	少	无	硬	箭头	尾部
	高 Cr	黄色	暗	短	细	—	—	少	无	硬	—	—

10.34 如何进行火花鉴别？其操作要点是什么？

火花鉴别法所用的主要设备是砂轮机，有台式和手提式两种。砂轮应使用陶瓷结合剂砂轮。砂轮的粒度为 F36 或 F46。移动式砂轮直径为 100~150mm，固定式砂轮直径为 200~250mm。试验时，一般线速度应大于 20m/s。砂轮因磨损而直径过小时，应及时更换新的砂轮。

火花鉴别的操作要点如下：

1）原则上，试验应在适当的暗室内进行。若在明亮处或室外进行时，应使用暗幕、屏障物或移动暗箱等辅助器具来调节背景亮度，防止光线直射火花，以免影响对火花颜色和亮度的观察。

2）试验时，应避免风的影响，尤其不可在逆风时产生火花。

3）火花试验前，首先了解钢材的状态，避免表面增碳或脱碳的现象，一般应磨去表层后再仔细观察。

4）操作者应戴上无色平光眼镜。为观察火花的全貌，目光应与火花束垂直。

5）施加压力要适中，一般应能使 $w(\mathrm{C})$ 约为 0.2%的碳素钢产生 500mm 长的火花束的压力，以此为依据，并保持稳定。一般经验是：看合金元素时压力要轻，看碳含量时压力可重些。注意手感度的硬或软。

6）磨出的火花应有一定的长度，一般为 300~500mm，合金工具钢和高速工具钢应在 200~300mm 之间。

7）要使火花束向略高于水平方向发射，以便能清楚地观察火花束的长度及各部位的特征。

8）仔细观察火花束的长短、粗细及色泽，注意观察流线的颜色、亮度、长度、粗细及条数，并观察爆花的形状、大小、数量及花粉等。

9）为使判断结果更准确，最好备有已知化学成分的所需牌号的系列标准试样，以便进行对比和判断。如有疑问，可反复进行对比和观察。

10.35 如何根据火花推定钢种？

根据火花流线特征（颜色、亮度、长度及数量等）、爆花特征（形状、大小、数量及花粉等）、合金元素对火花特性的影响（流线、爆花等）及手感度等方法可以推定钢种。由钢火花推断钢种（类别）的基本思路是：先按有无碳元素爆花分大类，再按爆花的特征进一步分类，概略推断。

（1）区分碳素钢、低合金钢或高合金钢　根据有无碳元素爆花，大致可区分为碳素钢或合金钢两大类，再进一步推定钢种。有碳元素爆花试样的钢种推定顺序见表 10-37，无碳元素爆花试样的钢种推定顺序见表 10-38。

表 10-37　有碳元素爆花试样的钢种推定顺序表

第1分类			第2分类			钢种推定	
观察	特征	分类 $w(\mathrm{C})$ (%)	观察	特征	分类	特征	推测钢种举例
爆花分叉	数根分叉	<0.25	特殊爆花	无特殊爆花 单碳元素爆花	碳素钢	—	碳素钢(08钢、20钢、Q235B)
						羽毛状	沸腾钢
				有特殊爆花	低合金钢	膨胀节,分裂剑花　Ni 菊花状、手感硬 根部附近破裂明显 } Cr 枪尖尾花　Mo	铬镍钢(12CrNi3) 铬钢(20Cr) 铬钼钢(20CrMo)
	数根分叉、多次花	0.25~0.50	特殊爆花	无特殊爆花 单碳元素爆花	碳素钢	—	碳素钢(30钢、45钢)
				有特殊爆花	低合金钢	膨胀节,分裂剑花　Ni 菊花状、手感硬 根部附近破裂明显 } Cr 枪尖尾花　Mo	铬镍钢(30CrNi3) 铬钢(40Cr) 铬钼钢(42CrMo) 铬镍钼钢(5CrNiMo)
	分叉多、树枝状	≥0.50	特殊爆花	无特殊爆花 单碳元素爆花	碳素钢	—	碳素工具钢(T10、T8) 弹簧钢(85)
				有特殊爆花	低合金钢	菊花状、手感硬 根部附近破裂明显 } Cr	轴承钢(GCr9、GCr15、GCr9Mn)
						苍耳果实状爆花　Si	合金弹簧钢(60Si2Mn)

表 10-38　无碳元素爆花试样的钢种推定顺序表

第1分类			第2分类			钢种推定	
观察	特征	分类	观察	特征	分类	特征	推测钢种举例
流线颜色	橙色	橙色系	特殊爆花	无破裂	纯铁	—	纯铁
	略微发红的橙色	橙色系	特殊爆花	顶端膨胀节	不锈钢	有磁性	20Cr13
						无或弱磁性	06Cr19Ni10
	暗红色流线细	暗红色系	特殊爆花	无破裂, 顶端附膨胀花	耐热钢	—	40Cr10Si2Mo
			特殊爆花	无破裂, 断续波状流线	高速工具钢	菊花,小滴	W18Cr4V
						裂花,小滴	W18Cr4VCo5
						带顶附膨胀花	W6Mo5Cr4V2
			特殊爆花	带白须的枪状	合金工具钢	—	9CrWMn
				细的菊花状繁多	合金工具钢	—	Cr12、Cr12MoV

(2) 碳素钢及低合金钢的进一步推定

1) 根据碳元素爆花分叉数量及形态推定碳含量，见表10-37中的第1分类。

2) 若$w(\mathrm{C})<0.50\%$，可能含Ni、Cr、Si、Mo、Mn等合金元素时，以及若

$w(C)>0.50\%$，除含以上的合金元素外，还会含有 W、V 等合金元素时，根据表 10-37 中的第 2 分类检查是否含有这些特殊元素，来推定是碳素钢还是低合金钢。

3）若为低合金钢时，应观察合金元素的火花特征，根据其种类及含量来推定钢种。

（3）高合金钢的推定　主要根据其流线的颜色来区分不锈钢、耐热钢、高速工具钢及合金工具钢，见表 10-38 的第 1、2 分类。这些高合金钢因含有 Ni、Cr、Mo、W、V 及 Co 等合金元素，可根据其火花的特征，观察合金元素的种类及含量来推定钢种。

第11章　热处理设备及其操作技术

11.1　箱式电阻炉的结构如何？

根据工作温度的不同，箱式电阻炉分为高温、中温和低温三种。其中以中温箱式电阻炉的使用最为广泛。

中温箱式电阻炉的炉体一般为长方体形，炉体由炉壳及炉架、炉衬、炉门及提升机构、电热元件等组成。炉壳内为炉衬，炉衬由耐火层、保温层等组成，由内至外依次为耐火砖、耐火纤维、蛭石粉、石棉板等。在内层的耐火砖墙上嵌有搁砖以放置电热元件。炉门的中心处有观察孔，用以观察炉内情况等。炉门的开启通过手动或机构完成。电热元件为螺旋形电阻丝，电阻丝一般由镍铬合金丝或铁铬铝合金丝绕制而成，分三组分布于炉墙两侧和底部，接线端从后墙引出。炉底板由耐热合金钢铸造而成，用于放置工件，也可防止氧化皮落入炉底的电阻丝上。热电偶一般由炉顶中心处的孔中插入炉膛内。

新型箱式电阻炉和改装箱式电阻炉采用了全纤维整体式拱顶结构，还有的采用了耐火混凝土预制炉墙。这些措施不但提高了炉子的保温性能，提高了炉子的升温速度，还提高了生产率，节约了能源。

11.2　如何正确地操作箱式电阻炉？

1）检查设备是否完好，控温仪表是否正常，限位开关动作是否灵敏。

2）检查炉内是否有未出炉或遗漏的工件。

3）装炉不可用力抛掷，以免砸坏搁砖、炉墙、热电偶和电热元件。

4）禁止将带有油和水的工件直接装入炉内。

5）工件入炉后不得与加热元件触碰。

6）装炉量不得超过允许的最大装炉量。

7）工件在炉内应均匀分布在有效加热区内。

8）装炉和出炉时，将加热开关置于“关断”位置，断开电源。

9）使用温度不得超过设备的最高工作温度。

10）工作结束后，断开电源控制柜总开关。

11.3 井式电阻炉的结构如何?

井式电阻炉按工作温度的不同，分为中温井式电阻炉、低温井式电阻炉和高温井式电阻炉。该炉适用于长轴类工件的加热，工件在炉内可垂直悬挂，以减少因自重而引起的弯曲变形。工件的装炉、出炉可用起重机操作，以减少劳动强度。

中温井式电阻炉的炉衬结构及层次与箱式电阻炉相似，炉盖由手动液压系统或重力机构开启，加热元件的材料及形状与箱式电阻炉的相同，电阻丝分层环绕分布在四周炉壁上。为保证炉膛温度均匀，根据炉子的深度可分段控温。热电偶从炉墙插入。

低温井式电阻炉最高工作温度为650℃，主要用于淬火工件的回火及有色金属的热处理。其结构与中温井式电阻炉大同小异，不同之处在于炉盖上增加了电动机和风扇。这是由于工作温度较低，为使炉内各处及所有零件温度均匀，而增加了强制气流循环措施。

高温井式电阻炉的最高工作温度为1300℃，主要用于高速钢、高铬钢和高合金钢的淬火加热。电热元件可用金属电热元件和非金属电热元件。

11.4 如何正确地操作井式电阻炉?

1）打开炉盖，检查炉内是否有工件或遗漏的工件。

2）合闸后接通仪表开关，检查控温仪表工作是否正常。

3）接通加热开关，检查接触器工作是否正常，电源三相电流是否平衡。

4）工件应保持干净，并用夹具固定或装筐。

5）工件或工装不得触碰电热元件和热电偶。

6）装炉时，工件、工装或料筐的高度不得超过炉膛的有效高度，以免触碰炉盖或风扇。

7）使用温度不超过最高工作温度。

8）冷炉升温至规定温度后，中温井式炉应保温2h后再装炉；低温井式炉用于回火时，可冷炉装炉，连续生产。

9）装炉、出炉前，应将加热开关置于“断开”位置，关断风扇。用起重机装炉、出炉时，注意吊钩应在炉膛的中心线上，以免碰坏炉膛内搁砖、热电偶或电阻丝。

10）检查热电偶的插入深度，分区控温时注意保持各区温度的均匀性。

11）风扇停止转动或出现异常声音时不得继续加热，必须停炉修理。

12）不允许在400℃以上时打开炉盖降温。

11.5 井式气体渗碳炉的构造如何?

井式气体渗碳炉的结构实际上是在中温井式炉中加入一个密封炉罐，再增加渗剂的输入装置，用于钢的气体渗碳或碳氮共渗等。井式气体渗碳炉的最高工作温度为950℃。

井式气体渗碳炉的外形及其结构与低温井式炉相似，炉盖上有电动机和风扇；但渗碳时需要一定的渗碳气氛、一定的炉气压力，炉内必须与外部隔绝，所以炉内有耐热钢铸成的炉罐。炉盖的内壁也是耐热钢铸成的，并配有耐热钢的风扇。炉罐与炉盖两者之间用石棉盘根密封，并用螺栓压紧，以保持密封状态。罐内还有用耐热钢铸成的专门用于渗碳的料筐。此外，还增加了渗剂的输入装置滴量器、废气排出口及试棒的出入口。由于温度高，风扇的轴承处设有水冷套，通以循环水冷却。炉盖的开启方式有手动液压式和电动液压式等。

11.6　如何正确地操作井式气体渗碳炉？

1）接通电源，检查仪表工作是否正常，接触器工作是否正常。

2）检查滴量器是否完好，滴入管有无堵塞。

3）检查气体流量计及输入管路是否完好。

4）渗剂滴入管必须保持垂直，以确保渗剂能直接滴入炉膛内。

5）检查水冷系统循环是否正常，有无漏水或堵塞。

6）检查渗剂用量是否充足，试棒、试样是否够用。

7）工件需除油、清洗、晾干，并装入专用料框内。工件之间的间隙大于5mm，对不需要渗碳的部位采取防渗措施。

8）接通冷却水，炉温升至850℃以上时滴入渗剂，起动电风扇。

9）使用温度不得超过允许的最高加热温度。

10）装入工件不得超过允许的最大高度。

11）装炉或出炉时，禁止碰撞炉罐。

12）开闭炉盖时，不得划伤石棉盘根密封。

13）不得对炉体、炉罐急热急冷。升温时，60kW以上渗碳炉应分段升温。严禁在高温下将炉罐吊出炉外。

11.7　密封箱式淬火炉的结构如何？有何特点？

密封箱式淬火炉也称多用炉，其加热气氛为控制气氛，加热温度为750～1100℃，主要用于钢制工件的保护加热、光亮淬火、气体淬火、渗碳、碳氮共渗及复碳等热处理工艺。

密封箱式淬火炉主要由炉体、进出料台、气氛供给装置、淬火油槽及控制装置等组成。

炉体主要由加热室和冷却室组成。加热室采用圆形炉膛，由炉壳、炉衬、加热元件、循环风机和炉底轨道等组成。冷却室包括淬火油槽和升降机，还可以有气冷区。加热室与冷却室之间设有一个由电力、气压或液压驱动的并有耐火绝热功能的中间门。

密封箱式淬火炉按结构形式分为非贯通式和贯通式两种。

非贯通式箱式淬火炉的炉门前有一个料台。冷却室直接与加热室的前部相连。淬火油槽位于冷却室下部。油槽上部设有可使炉料进出与淬火的升降台。气冷区一般位于冷却室上部。

贯通式箱式淬火炉的前方有一个装料台，后方有一个出料台。冷却室位于加热室的后部，结构与非贯通式炉相同。有的箱式淬火炉配备带有自装料机构的前装料室，以减少排气时间。

密封箱式淬火炉炉温均匀性及气氛流动性均好；高性能的气氛控制系统能够准确建立炉内碳势；自动化程度高，生产成本低；采用高精度温度控制仪及晶闸管调功器，能准确地控制温度，控制精度为±1℃；采用高精度氧探头及气氛控制仪，碳势控制精度可达到±0.05%。

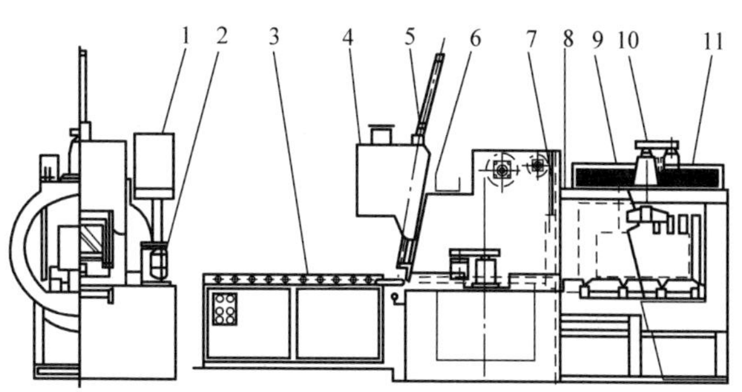

图 11-1　非贯通式密封箱式淬火炉的结构

1—变压器　2—油槽搅动装置　3—推拉车　4—排烟罩　5—前门装置　6—防爆装置　7—中间门装置　8—炉体　9—热电偶　10—炉气搅动装置　11—加热器

图 11-1 所示为非贯通式密封箱式淬火炉的结构。RM型密封箱式淬火炉的技术参数见表 11-1。

表 11-1　RM 型密封箱式淬火炉的技术参数

型号	加热功率/kW	最高工作温度/℃	炉膛有效尺寸（长×宽×高）/mm	最大装载量/kg
RM-30-9	30	950	750×450×300	100
RM-45-9	45	950	800×500×420	200
RM-75-9	75	950	900×600×450	420

密封箱式淬火炉可与回火炉、清洗机、装卸料车组成柔性生产线，使生产率大大提高。

11.8　井式气体渗氮炉的结构如何？有何特点？

井式气体渗氮炉的结构与井式气体渗碳炉类似，但最高工作温度为 650℃。渗氮时需通入氨气，炉盖上设有氨气输入装置。气体渗氮的温度虽然不高，但炉罐不能用普通钢板制造，必须用高镍钢制造。这是因为普通钢板容易被渗氮，使罐表面龟裂剥皮，同时对氨的分解起到催化作用，使氨分解率不稳定，甚至无法渗氮。

新型井式气体渗氮炉设有炉盖快速降温系统、炉气检测（氢分析仪）系统、废气燃放系统、循环导流系统、水冷系统、计算机控制系统等。炉盖密封可靠，炉压可达 2.94kPa。循环导流系统气流循环强劲，流向合理，渗氮层均匀。鼓风快冷系统可有效缩短生产周期。计算机氮势控制系统能精确地按设定程序自动进行流量、炉气氮势、氨分解率、温度、时间等参数的控制、记录和屏幕显示，并可提供常用渗氮工艺及快速渗氮、氮碳共渗等软件。配有双头滴注器，可滴注不同配方的有机液或通入不同气氛进行多种气体氮碳共渗。

11.9 罩式炉的结构有何特点?

罩式炉是一个炉底固定、炉体罩在其上可移动，或炉体固定，炉底可升降的间歇式电阻炉。罩式炉的加热气氛有自然气氛和保护气氛两种。

罩式炉主要由炉罩、炉座、传动结构和控制系统等部分组成。

RB 和 RBD 类罩式炉的炉罩和工作区呈圆柱体形，无炉罐，炉气为自然气氛，自然对流。RB 类罩式炉的炉罩可升降，炉座固定。RBD 类罩式炉的炉罩固定，炉座可升降，且一个炉罩常配有几个炉座，可对不同炉座上的工件轮流进行加热和冷却。炉罩与炉座之间有密封设施。

RBG 类罩式炉的炉罩和工作区呈圆柱体，炉座固定，炉罩可升降。炉内设有可调节受热面积的炉罐，可实现保护气氛加热。炉罩与炉座之间、炉座与炉座之间均有密封设施。为提高温度均匀性，炉座设有炉气强迫对流循环用的鼓风叶轮和导风设施。此外，还有抽真空系统、气-水联合冷却系统等。

罩式炉炉罩的炉衬一般为全耐火纤维结构，不仅减小了炉罩的质量，而且提高了保温效果，降低了能耗。

罩式炉的特点是密封性好，热效率较高；装卸料方便，装炉量很大。罩式炉的应用日益广泛，主要用于在自然气氛或保护气氛中进行钢件的正火、退火，以及铜材等的退火。

11.10 什么是滚筒式炉? 有何特点?

滚筒式炉的炉内装有一个旋转炉罐。炉罐水平放置，两端伸出炉体外并支承在滚轮上，由电动机经减速器及链条带动旋转；前端与装料机构连接，后端与淬火槽组装在一起，形成一个连续作业炉。炉罐内壁有螺旋叶片。炉罐每转一周，炉料在炉内向前移动一个螺距的距离。炉料在炉罐末端的出料口落入淬火槽内实现淬火。滚筒式炉可与清洗机、回火炉等组成生产线。

滚筒式炉一般用来处理滚珠、滚柱等圆形或接近圆形的工件，是轴承生产的重要热处理设备。其优点是工件加热均匀，接触炉气均匀。

11.11 传送带式电阻炉有哪几种? 其结构如何? 有何特点?

传送带式电阻炉是在直通式炉膛中装一传送带，连续地将放在其上的工件送入炉内，并通过炉膛加热后送出炉外，以不同方式进行冷却。传送带式电阻炉依传送带结构分为链板式炉和网带式炉。

传送带式电阻炉的优点是工件在炉内输送过程中，加热均匀，不受冲击振动，变形量小，可连续生产。其缺点是传送带受耐热温度的限制，承载能力较小；传送带因反复加热和冷却，寿命较短；炉子热效率低。

（1）链板式炉　链板式炉的炉衬多采用轻质耐火砖和耐火纤维砌筑。链板式传送带全部置于炉膛内，工作边（紧边）在支承辊轮、滚轮和驱动滚轮上，由电动机、减速器和驱动辊轮驱动，速度可依据工件大小调整，松边在炉底导轨上滑动。电热元件采用电热辐射管，水平布置在传送带工作边的上面和下面。工件通过振动送料板送入，落到传送带上，在传送带前进的过程中被加热到设定温度，然后落入淬火槽中淬火，并由淬火槽传送带输出槽外。

（2）网带式炉　网带式炉按结构形式、气氛类型及工作温度分为多个品种规格。

无罐网带式炉的优点是结构简单，成本低，但气密性差，耗气量大。有罐网带式炉的优点是炉膛气密性较好，耗气量较小，电热元件不受气氛的影响，但用耐热钢制造的密封罐价格昂贵，使用寿命不长。

网带式炉的炉膛可以是贯通式的，也可以是非贯通式的。炉膛通常划分为三个区：预热区、加热区和保温区。

网带的传动方式分为两种：一种是炉底托板驱动式，网带置于托板上，托板在偏心轮的驱动下做往复运动，托板前进时与网带一起运动；返程中网带不动，故使网带做步进式前进。另一种是滚筒驱动式，网带架在两个滚筒上，由主动滚筒依靠摩擦力拖动，网带在炉内的部分用辊子支承，这种结构适用于无罐网带式炉。

网带式炉的电热元件一般布置在炉膛的上下两面，呈横向布置。有罐网带式炉的电热元件多采用金属电阻丝绕在芯棒上、单边引出的插入式无辐射套管结构。无罐网带式炉可采用金属电阻丝或碳化硅辐射管。

（3）网带式电阻加热机组　网带式电阻加热机组是以一台网带式炉作为主机，配置以炉前上料及前处理装置、炉后处理装置和控制系统等组成的可完成批量工件热处理工艺全过程的连续生产线。机组主要由网带炉、回火炉、冷却系统、清洗机、炉前上料及前处理装置、传动系统、气氛系统、炉后处理装置和控制系统等组成。

11.12　推送式炉的结构如何？有何特点？

推送式炉由隧道式炉体、推料机及淬火槽等组成。推料机间歇地把放在轨道上的炉料或料盘推入炉内，炉料在炉膛内间歇地前进；推出炉外淬火时，可以是料盘倾倒，把炉料倒入淬火槽，也可以是工件与料盘一起进入淬火槽内冷却。

推送式炉可在较高温度下工作，大小工件均可加热，适应性强。其主要缺点是料盘被反复进行加热和冷却，料盘寿命短，且热效率较低，料盘要消耗10%~15%的功率；其次是对不同工件进行不同处理时，需要把原有的炉料全部推出，工艺变动适应性较差。

推送式炉适用于工件的淬火、正火、退火、回火、渗碳、渗氮和氮碳共渗等热处理，与清洗机等设备可组成不同工序的生产线。

11.13　振底式炉有哪几种？其结构如何？有何特点？

根据振动机构的不同，振底式炉分为机械式振底炉、气动式振底炉和电磁式振底炉三种。

振底式炉由炉体、振动机构、活动炉底板及轨道、落料管道、淬火槽、出料机构等组成。振动机构使装载工件的活动底板在炉膛内往复运动，在惯性力的作用下使工件向前移动。这种炉子结构较简单，自动化程度高，炉子热效率高。

（1）机械式振底炉　机械式振底炉的振动机构是采用凸轮机构和拉力弹簧来完成振动运动的。凸轮机构有盘形凸轮和圆柱端面凸轮两种。

机械式振动机构原理：盘形凸轮在电动机、无级变速器的带动下旋转，滚子在凸轮面上匀速转动，使炉底板向左运动。当凸轮转至凹槽处时，弹簧将炉底板急速弹向右方，直至调整螺钉与缓冲橡胶垫相撞为止，从而使工件在惯性作用下向前移动。炉子的振动周期通过调整无级变速器来实现。

（2）气动式振底炉　气动式振底炉由炉体、振动底板及导向槽、气缸及气动控制机构等组成。

（3）电磁式振底炉　电磁式振底炉的振动机构由底座、电磁振动机构、槽板、炉底板及其支承件等组成。

11.14　辊底式炉的结构如何？有何特点？

辊底式炉是在炉膛底部设有许多横向转动的辊子，带动其上面的工件不断向前移动并加热。

辊子一般采用耐热钢经离心铸造而成。辊子的结构有圆筒形、带散热片形及带翅形。辊子两端穿过炉壁，支承在轴承上，电动机通过传动机构使辊子转动，工件随之前进。传动机构有锥齿轮传动、链传动和棘轮传动等。

电热元件为镍铬、铁铬铝高合金电阻丝或辐射管。当加热气氛有腐蚀作用时，多用辐射管加热。

辊底式炉具有加热均匀、能量损耗相对较少、热效率高及适应性较强的特点；缺点是对辊子的要求较高，其材料的耐热性要好，刚度要强。

11.15　转底式炉的结构如何？有何特点？

转底式炉（或转顶式炉）主要由固定的炉体、转动的炉底或炉顶及其驱动机构组成。其炉底与炉体分离，由驱动机构带动炉底转动，使置于炉底上的工件随同移动而实现连续作业。

这种炉子的炉体为圆形，为了装料或出料方便，在炉墙上砌有一个或几个炉口。炉底形状为碟形或环形。炉底与炉体之间以砂封、油封或水封连接。炉底或炉顶的转速主要取决于工艺过程规定的工件在炉内加热的时间。炉底的转动方式分为机械传动式和液压传动式两类。机械传动方式有锥齿圈传动、锥齿销传动和摩擦轮传动三种，液压传动方式有液压缸传动和液压马达传动两种。

转底式炉具有结构紧凑、占地少、使用温度范围宽、对变更工件品种和工艺参数适应性强等优点。这种炉子主要用于各种齿轮、轮轴、曲轴和连杆等的淬火加热、渗碳及碳氮共渗等热处理。

11.16 如何对电阻炉进行保养和维修?

（1）电阻炉维护保养技术

1）使用温度不超过炉子的最高工作温度。

2）定期检查控温仪表、电源控制柜电器。

3）每周打扫炉膛一次，用压缩空气清理搁砖上的氧化物，并清除出炉。

4）发现电阻丝脱落，应及时恢复原位，并用挂钩固定。

5）在炉温高于400℃时，不得长时间打开炉门或炉盖，以免损坏炉衬、炉罐及电热元件。

6）经常检查搁砖是否完好，如有损坏应及时修理，以免两层电阻丝搭接或电阻丝变形。

7）每月检查电阻丝引出杆是否紧固，及时清除氧化皮并紧固夹头。

8）控制柜上的红绿指示灯应正常，如有损坏，应及时更换。

9）经常检查炉门的开启机构、炉盖的升降机构是否正常，限位开关是否灵活，如有问题，必须及时修复。

10）风扇轴、炉门或炉盖开启机构的转动及传动部分应定期加油，以保持润滑良好。

（2）电阻炉维修技术　电阻炉在使用过程中，最容易受损部位是放置炉丝的搁砖，在装炉或出炉时很容易被打碎。其次是炉衬，箱式炉由于装炉时用力过猛，后墙容易被砸出圆弧形的凹坑，炉口及两侧的砖容易出现裂缝、脱落，甚至流出保温材料等。对于第一种情况，操作者应能够自己处理，将打碎的搁砖取出，用新搁砖涂以耐火泥换上即可。对于第二种情况，炉子就需要进行大修，将炉衬全部换新，大修一般在电炉厂进行，有经验的热处理工人也可以自己完成。

（3）电阻炉的烘烤　新安装或大修后的炉子，必须按规定的工艺烘烤后才可使用，否则会影响炉子的使用寿命。

1）炉子大修完工后，应在室温下放置2~3d，用500V兆欧表检测三相电热元件，对地电阻应在 0.5MΩ 以上才可送电。

2）烘烤时应将炉顶盖板打开，以利于水蒸气顺利排出。

3）电阻炉烘烤工艺见表 11-2。

表 11-2　电阻炉烘烤工艺

炉型	烘烤工艺		备注
	温度/℃	时间/h	
中、高温箱式电阻炉	100～200	15～20	打开炉门
	200～400	8～10	
	550～600	8	关闭炉门
	750～850	8	
	高温箱式电阻炉再以 100℃/20min 的速度继续升温至 1300℃，并保温 4～6h		
中、低温井式炉，气体渗碳炉	150～200	8～12	打开炉盖
	300～400	10～12	
	550～650	8①	关闭炉盖，起动风扇
	750～800②	8	

① 低温井式炉于 550～650℃保温 4～8h 后炉冷。

② 气体渗碳炉于 850～950℃保温 8h 后炉冷。

11.17　埋入式电极盐浴炉的结构如何？有何特点？

埋入式电极盐浴炉的加热是将低压电流加在盐浴中的电极之间，通过熔盐的电阻发热来完成的。

埋入式电极盐浴炉又分为顶埋式和侧埋式两种。电极均埋藏于炉膛的砌体内，完全不占用炉膛容积，炉膛利用率高。其结构如图 11-2 所示。

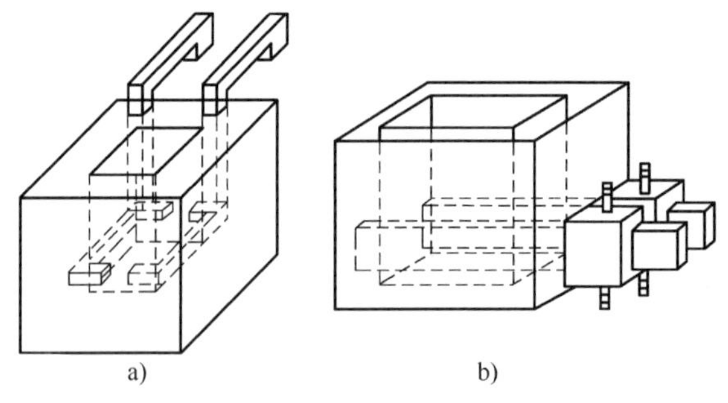

图 11-2　埋入式电极盐浴炉的结构

a）顶埋式　b）侧埋式

埋入式电极盐浴炉的外形一般为长方体或圆柱体，炉膛由耐火砖或高铝砖（高温炉）砌成，也可用耐火混凝土筑成，外层为一个 6mm 厚的钢板槽。钢板槽外侧为耐火纤维、保温砖、蛭石粉、石棉板等保温层。

埋入式电极盐浴炉的低压电源来自专用的盐浴炉变压器，变压器输出端电压低于 36V（安全电压）。

埋入式电极盐浴炉具有以下优点：

1）电极的三个面嵌在炉壁里，使电极损耗下降，延长了电极的寿命。

2）电极不占用炉膛空间，提高了炉子的利用率。

3）发热源在炉子底部，有利于盐浴的自然对流，再加上电磁搅拌作用，整个盐浴温度比较均匀，且结渣容易捞出，不会形成死角和倾斜炉底。

4）节约能源25%~30%。

5）便于操作。

11.18　操作盐浴炉时应注意哪些事项？

（1）准备工作

1）检查设备是否处于完好状态，控温仪表应工作正常，变压器换挡灵活。

2）水冷套应畅通，无漏水现象，风机工作正常。

3）炉体外壳及变压器接地可靠。

4）主电极与铜排应牢固连接，起动时电阻加热器与主电极接触良好。

5）将变压器调至最低挡位，开始升温，并经常观察炉子升温情况，适当调整变压器挡位。

6）按正确操作方法起动盐浴炉。在炉子升温的同时，可进行工件和工装的准备工作。将工件清理干净，按工艺找出工装夹具，无工装的工件可用铁丝绑扎，并将工件、工装、钩、钳等烘干。

（2）操作要点

1）向炉中加入新盐时，必须将盐烘干，分批少量加入，以防熔盐飞溅。熔盐液面与炉膛上缘的距离一般应为50~150mm，深井式盐浴炉应保持在100mm以上，以防工件放入盐浴中引起盐液溢出。

2）盐浴熔化后，要起动风机排风，以排除有害气体，并便于用幅射高温计、红外测温仪测量和控制炉温。

3）按正确操作方法进行盐浴校正。

4）长时间使用时，电流表指示不得超过额定值，以免损坏变压器。

5）长时间使用时，炉温不得超过规定值，高温盐浴炉为1350℃，中温盐浴炉为950℃，硝盐炉为580℃。

6）中途停止工作时，应将变压器调至低挡保温，并盖上炉盖。

7）操作时应戴好防护眼镜、手套等劳保用品，以防烫伤；操作高温盐浴炉时，应改戴有色防护眼镜。

（3）安全操作

1）严禁在铜排上放置工件、工具等导电物体。

2）工件、工装和工具必须烘干，严防将水分带入盐浴中，以防盐浴爆炸飞溅。

3）调节变压器挡位时，必须断电操作，以免烧毁接点。

4）严防工件与电极接触，以免工件被烧坏或变压器因短路而烧毁。

5）严禁将硝盐带入中温、高温盐浴中，或将氰盐带入硝盐中，否则将造成事故。

6）分级淬火时，碱浴和硝盐浴不得溅出，以免伤人。

7）严禁木炭、油等可燃性物质和有机杂质混入硝盐炉内，否则可能引起爆炸。

8）硝盐的使用温度不得超过允许使用的最高温度（一般为550℃），以免引起着火和爆炸。

9）往硝盐浴或碱浴中加水，最好在室温下进行。如必须在较高温度下加入时，则温度不宜超过150℃，并应徐徐倾入。

11.19　流态粒子炉的工作原理是什么？

流态粒子炉由炉体、炉罐、粒子、布风板、风室等部分组成，如图11-3所示。流态化过程是流态化气体从炉罐底部吹进，通过底部上的布风板进入炉膛，使炉罐内的流态化粒子呈悬浮状态，并随气流翻腾，形成沸腾流态化状态，工件在流态床中进行加热、冷却或化学热处理。流态粒子炉要求不出现腾涌或死区，废气经旋风分离器和除尘器排出。流态床的加热可以是电加热或燃气加热。

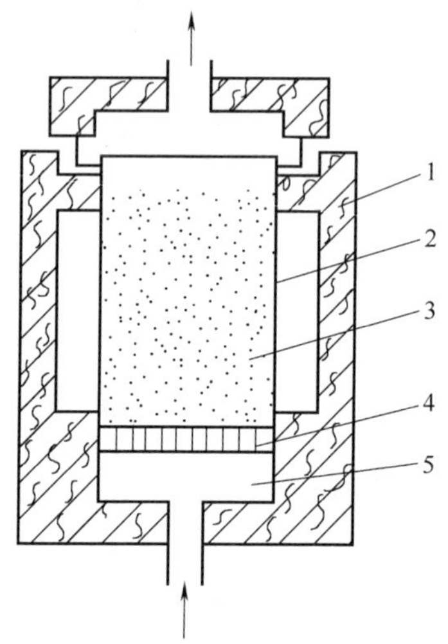

图11-3　流态粒子炉的结构
1—炉体　2—炉罐　3—粒子
4—布风板　5—风室

在流态粒子炉中，粒子是加热介质，在气流作用下，形成湍流，又是形成流态的主体。常用的粒子有石墨粒子、耐火材料粒子和氧化铝空心球等。

热处理流态化炉常用的气体有空气、氮气及氮基气氛、可燃气体、氨分解气、甲醇裂解气等。流态化气体有两个作用：一是使粒子流态化；二是作为热处理气氛，满足工件保护加热、渗碳、渗氮等工艺要求。

11.20　流态粒子炉的结构如何？

根据流态床的加热方式，可将流态床分为内部电热式、外部电热式、电极加热式、内部燃烧加热式和外部燃烧加热式等类型。

（1）内部电热式流态粒子炉　炉子的电阻加热元件为电热辐射管或碳化硅元件。电阻加热元件安置在炉内粒子中。这种炉子应保证电阻加热元件处于良好的流态化状态中，以免因局部过热，烧毁电热元件。

（2）外部电热式流态粒子炉　这类炉子的电热元件在炉罐外，通过炉罐壁加热粒子。粒子多采用非导电的耐火材料粒子。流态化气体可以是惰性气体、渗碳气氛、渗氮气氛等，根据热处理工艺需要配置，可以对工件进行光亮淬火及回火、渗碳、渗氮等热处理。该炉的主要缺点是因耐火材料粒子热导率较小，空炉升温时间较长。

（3）电极加热式流态粒子炉　这类炉子在炉膛侧壁上设置有两个电极，以空气为流态气体，采用石墨为流态粒子。导电的石墨粒子既是加热介质，又是发热体。电源经两个电极和石墨粒子实现加热。电源为150V直流电源，由三相交流电源降压、整流后获得。

（4）内部燃烧加热式流态粒子炉　这种炉子采用可燃气与空气混合气作为流态化气体和热源。混合气通过布风板使粒子浮动，先在炉膛上部将气体点燃，火焰根部逐渐向炉底方向移动，最后在布风板以上稳定燃烧。炉膛的温度通过控制混合气流量及可燃气与空气的比例调节来控制，但受粒子大小和沸腾状态限制。炉膛温度通常在800~1200℃范围内。这种炉子要注意防止火焰回火到混合室内燃烧，也应防止混合室温度过高而自燃。

（5）外部燃烧加热式流态粒子炉　燃烧气体在炉体下部燃烧室内燃烧，燃烧火焰气流通过布风板进入炉膛，使粒子加热并沸腾。通过安装的过剩空气烧嘴调节过剩空气量，控制燃烧情况，从而控制炉中粒子流态化程度、炉气成分和炉温，以满足热处理工艺要求。外部燃烧加热式的热效率比内部燃烧加热式高。

11.21　流态粒子炉的操作注意事项有哪些?

1）正确选择粒子。粒子应具有良好的高温性能，大小适中，颗粒均匀。粒子的种类或粒度选择不当，可能造成流态化不良，或粒子沸腾飞扬外逸，造成粒子消耗量过大；还会使得炉内温差过大，影响工件的加热质量。如果过于细小的粒子进入布风板的气孔内，炉子将不能正常工作。

2）正确选择粒子添加量。粒子添加量过少，有效加热区太小，不能加热较大的工件，且热效率下降，生产率降低；添加量过大，流态化状态不完全，对电极式流态粒子炉会造成变压器二次侧输出电流过大，温度升高，严重时烧坏变压器。

3）风量调节要适当。风量过小，粒子流化不完全，炉内温度不均匀，影响淬火质量；风量过大，粒子沸腾、飞扬，易被吹走，粒子浪费严重，并污染工作环境。

4）氧化铝或石墨粒子及空气必须先经干燥处理。

5）工件加热前，必须绑扎牢固，吊挂可靠，烘干水分。

6）工作中要注意控制燃烧过程，防止回火或严重的局部燃烧爆炸。

7）电极式流动粒子炉要防止工件触及电极而被烧毁。

8）变压器不能带电换挡，换挡时必须断电，换挡后再通电。

9）布风板如出现过烧、变形或开裂现象，应及时更换。

11.22　什么是全固态感应加热电源？有何特点？

全固态感应加热电源是指以各类功率晶体管制造的感应加热电源，也称现代感应加热电源。固态感应加热电源是针对老式真空管和晶闸管感应加热电源来说的。固态感应加热电源使用的大功率元器件主要有静电感应晶体管（SIT）、场效应晶体管（MOSFET）和绝缘栅双极型晶体管（IGBT）。

全固态感应加热电源具有整机体积小、频率范围宽（0.1~400kHz）、输出功率范围广（1.5~2000kW）、逆变器效率高（85%~90%）、整机效率达75%~85%、节约能源、频率自动跟踪、恒功率输出、容易操作控制、可靠性高及安全性好等特点。

（1）固态高频与超音频感应加热电源　MOSFET固态高频感应加热电源的技术参数见表11-3。IGBT固态超音频感应加热电源的技术参数见表11-4。

表11-3　MOSFET固态高频感应加热电源的技术参数

型号	输出功率/kW	振荡频率/kHz	电源电压/V	输入容量/kVA
JMGC25-200	25	200	380	30
JMGC50-200	50	200	380	70
JMGC75-200	75	200	380	100
JMGC100-200	100	200	380	130
JMGC150-200	150	200	380	200
JMGC200-200	200	200	380	270
JMGC250-200	250	200	380	320

表11-4　IGBT固态超音频感应加热电源的技术参数

型号	输出功率/kW	振荡频率/kHz	电源电压/V	输入容量/kVA
JIGC-25-30	25	30	380	33
JIGC-50-10	50	10	380	70
JIGC-50-30	50	30	380	70
JIGC-100-10	100	10	380	130
JIGC-100-20	100	20	380	130
JIGC-100-50	100	50	380	130
JIGC-150-10	150	10	380	195
JIGC-150-20	150	20	380	195
JIGC-150-50	150	50	380	195
JIGC-200-10	200	10	380	260

（续）

型号	输出功率/kW	振荡频率/kHz	电源电压/V	输入容量/kVA
JIGC-200-20	200	20	380	260
JIGC-200-50	200	50	380	260
JIGC-250-10	250	10	380	330
JIGC-250-20	250	20	380	330
JIGC-250-50	250	50	380	330
JIGC-350-10	350	10	380	460

（2）IGBT中频感应加热装置　IGBT中频感应加热装置的可调频率范围为1~10kHz。该装置采用霍尔电压、电流传感器，反应速度快，控制精度高，具有很好的恒压、恒流、恒功率特性。IGBT中频感应加热装置的技术参数见表11-5。

表11-5　IGBT中频感应加热装置的技术参数

型号	额定功率/kW	额定频率/kHz	中频电压/V	中频电流/A
IGPS-50	50	1~10	275	240
IGPS-100	100	1~10	550	235
IGPS-160	160	1~10	550	350
IGPS-250	250	1~10	550	590
IGPS-500	500	1~10	550	910

11.23　晶闸管中频电源的变频原理是什么？其主要组成部分是什么？有何优点？

晶闸管（SCR）中频电源的作用是，将50Hz工频电流变为0.5~10kHz的交流电流。晶闸管中频电源是机式中频电源的替代产品。

晶闸管中频电源由主电路和控制电路两大部分组成，主电路由三相桥式全控整流电路、逆变器等组成。控制电路由整流触发、逆变触发、保护信号反馈及自动调节等环节组成。其工作原理如图11-4所示。

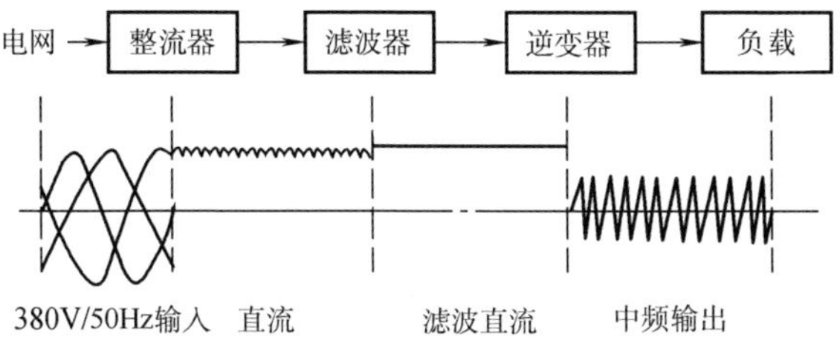

图11-4　晶闸管中频电源的工作原理

（1）三相桥式全控整流电路　其功能是将三相交流电压变换为直流电压，直流电压的调整是通过改变晶闸管的导通角来实现的。

（2）逆变器　逆变器是将直流电流转变为一定频率的交流电流的器件。适用于感应加热的逆变器，以并联逆变器和具有自关断能力开关器件的逆变器应用最为广泛。通常，在较低频率时用并联逆变器，在频率较高时用具有自关断能力开关器件的逆变器。逆变器包括逆变桥和谐振回路。

晶闸管中频电源的特点是体积小，质量小，占地少，无噪声，起动方便，比机式中频变频装置节电 30%~40%，整机效率一般为 90%~95%。

晶闸管中频电源的技术参数见表 11-6。

表 11-6　晶闸管中频电源的技术参数

型号	额定功率/kW	额定频率/kHz	中频电压/V	中频电流/A
KGPS-160/8	160	8	750	340
KGPS-160/4-8	160	4~8	750	340
KGPS-200/8	200	8	750	440
KGPS-200/4-8	200	4~8	750	440
KGPS-300/2. 5	300	2. 5	750	660
KGPS-300/4-8	300	4~8	750	660
KGPS-400/2. 5	400	2. 5	750	880
KGPS-400/4	400	4	750	880
KGPS-700/2. 5	700	2. 5	750	1500

11. 24　感应淬火机床的结构如何?

感应淬火机床按生产方式分为通用、专用及生产线三大类型。通用淬火机床适用于单件或小批量多品种生产；专用淬火机床适用于批量或大批量生产；生产线将多种热处理工艺组合在一起，形成流水线，生产率高，适用于大批量生产。

生产中使用最普遍的是立式通用淬火机床，可进行多种工件的淬火。这类淬火机床的传动方式有全机械式和液压式两种。全机械式传动分为 T 形丝杠、滚珠丝杠、直线移动导轨等传动形式，其优点是移动速度稳定，定位精度高，易实现变速移动等。液压传动的优点是结构简单，移动速度快，驱动力大；缺点是移动速度不稳定，定位精度低。

淬火机床运动部件的移动方式分为滑板式和导柱式两种，其中以滑板式居多。根据淬火过程中工件和感应器相对移动的方式，淬火机床运动部件的移动分为工件移动和感应器移动两种。大部分通用淬火机床采用工件移动的形式，适于小型工件的淬火；对于一些大的工件（如轧辊等）的淬火，淬火机床采用变压器与感应器移动的方式。图 11-5 所示为 GCFW 型立式通用中频感应淬火机床的结构。

淬火机床主轴锥孔的径向圆跳动误差应≤0.2mm，回转工作台面的全跳动误差≤0.2mm，顶尖连线对滑板移动的平行度误差在夹持长度≤2000mm 时为≤0.3mm，工件进给速度变化范围为±5%。

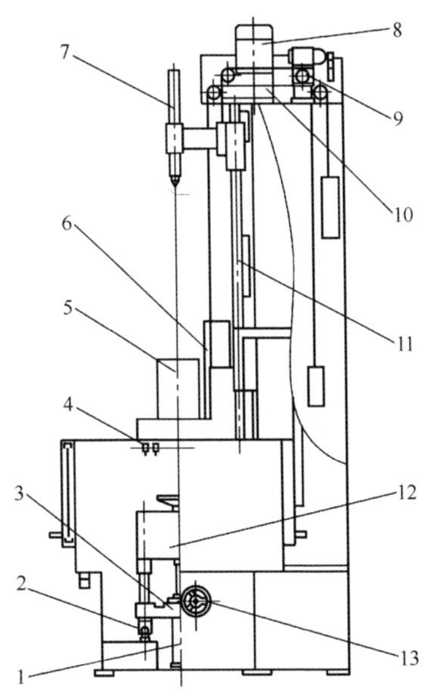

图 11-5　GCFW 型立式通用中频感应淬火机床的结构

1—底座　2、11—导轨　3—滑座　4—分度开关　5—中频变压器　6—水路支架　7—上顶尖　8—主传动电动机　9—链轮　10—减速器　12—主轴箱　13—手柄

GCJNC10（GCJK10）系列立式通用淬火机床有手动挡和自动挡两种类型，具备界面全中文显示、程序编制功能，可控制加热电源功率、工件加热时间、冷却时间、旋转速度和移动速度等，并能显示故障原因，程序修改简捷。该淬火机床可实现一次加热喷淋淬火、分段一次加热喷淋淬火、连续加热喷淋淬火、分段连续加热喷淋淬火，加热过程中可调节功率或变速。GCJNC 为数字控制型，GCJK 为 PLC 控制型，工件升降移动，主要应用于各种轴类、齿轮类及各种异形工件的感应淬火，自动化程度高，可靠性强，操作方便，可与高频、中频、超音频加热电源装置配套，应用于单件批量生产。

11.25　什么是离子渗氮炉？离子渗氮炉主要由哪些部分组成？

离子渗氮炉是利用低真空辉光放电原理，使氮、氢离子轰击工件表面而升温，并使氮离子渗入工件表面的化学热处理设备。根据炉体的形状，离子渗氮炉可分为钟罩式炉、井式炉和卧式炉，其中以前两种应用较多。

离子渗氮炉由炉体、真空系统、电源系统、供气系统、冷却系统、温度及真空度测量系统等部分组成。图 11-6 所示为钟罩式离子渗氮炉的结构。对于多炉体或组合生产线，还有电源切换系统或机械移动结构。多炉体设备是一套电源控制系统和两套炉体形成“一拖二”设备，在第一台炉内进行渗氮的时候，对第二台炉进行装炉；当第一台炉离子渗氮结束进行冷却时，将电源切换到第二台炉进行离子渗氮。这样两套炉体交替处理，轮流冷却，可以缩短生产周期。

（1）炉体　离子渗氮炉的炉体分冷壁和热壁两类。冷壁炉是指炉壁为夹层，并通水冷却，通过离子轰击形式加热的炉子。热壁炉是指除离子轰击形式的加热外，在炉内还另设有加热器件，可以与离子轰击同时对工件预热或加热。热壁炉有利于提高加热速度和炉温的均匀性，缩短初期的“打弧”时间。离子渗氮炉的使

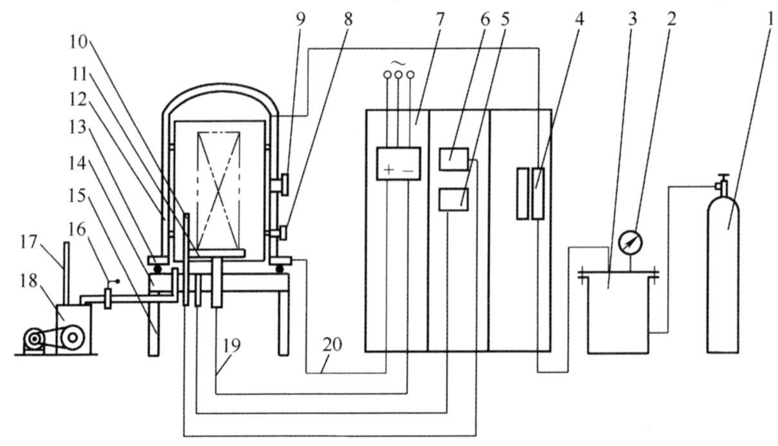

图 11-6　钟罩式离子渗氮炉的结构

1—氨气瓶　2—压力表　3—稳压、干燥罐　4—流量计　5—真空计　6—测温仪表　7—电源柜　8—放气阀　9—观察窗　10—热电偶　11—阴极盘　12—钟罩　13—密封圈　14—炉底盘　15—支架　16—蝶阀　17—排气管　18—真空泵　19—阴极导线　20—阳极导线

用温度一般在 650℃以下，大多采用冷壁炉。

1）钟罩式炉体。钟罩式炉体主要由炉罩、炉底座和支架组成。炉罩为双层水冷钟罩式，炉内设置有节能效果显著的隔热屏，可节省功率 40%~55%。炉底盘也为双层水冷结构，与炉罩之间用真空橡胶圈密封。炉底盘上有阴极盘，用以放置需处理的工件。阴极盘与炉底盘相互绝缘，下面设有支撑柱，通过阴极输电装置向下穿过炉底盘，与高压直流电源连接。由于工作时产生溅射会使阴极与炉盘之间的绝缘性能破坏，因此阴极输电装置和支撑柱都设有屏蔽装置，调整屏蔽套即可调整屏蔽间隙的大小。一般间隙小于 1mm 时，即可使辉光在间隙处熄灭。钟罩式炉体适于处理堆放渗氮的工件，如齿轮、模具等。

2）井式炉炉体。由井式炉体、支架和炉盖等组成，也为双层水冷结构。炉盖与炉体之间用真空橡胶圈密封，炉盖下面悬挂有阴极，以吊挂工件，阴极通过吊挂阴极输电装置向上穿过炉盖，与高压直流电源连接。阴极输电装置与炉盖相互绝缘，也设有屏蔽装置。吊挂阴极输电装置与钟罩式离子渗氮炉的阴极输电装置原理相同。井式炉体适于吊挂渗氮的工件，如长轴、杆等。

（2）真空系统　主要由密封的炉体、真空橡胶管、蝶阀和真空泵组成。密封的炉体通过真空橡胶管、真空蝶阀与真空泵相连。工作时，由真空泵将工作室抽成低真空状态，由真空蝶阀控制抽气速率。真空泵一般有两台，一台大功率的，一台小功率的，预抽真空时两台同时工作，正常渗氮时只开一台小功率的即可。

（3）电源系统　三相 380V 交流电经三相全波可控整流后，输出连续可调的 1000V 直流电压，加在炉体（接正极）和阴极（接负极）之间。为防止渗氮过程中因弧光放电而烧坏电源，主回路中设有限流电阻和灭弧装置，一旦严重打弧，即自动切断电源。新型设备已采用高频脉冲电源、直流斩波电源和逆变脉冲电源等，具有功率大、体积小、灭弧快、运行可靠等优点。

（4）供气系统　主要由气源、稳压罐、电磁阀、流量计等组成。气源一般为氨气、氨分解气或氮、氢混合气体。氨气经稳压罐稳压或经氨分解炉分解后，经电磁阀到浮子式流量计，由电磁阀控制气路的通断，由流量计控制气体的流量，气体由炉体上部的进气孔进入炉内。

（5）温度控制系统　由热电偶、测温仪表和温度记录仪组成。钟罩式炉的热电偶从炉底向上插入，井式炉的热电偶从炉盖向下插入，由毫伏计、电子电位差计或高精度数字仪表显示温度。在生产中，热电偶不可能都插入工件内部，一般采用把热电偶插入模拟工件内，或测温头与工件接触的方法。但无论热电偶是否与工件接触，均带有高压，二次仪表都须采用隔离变压器对高压进行隔离，以保证人身和设备的安全。此外，还可以采用红外光电温度计、双波段比色温度计测温。

（6）冷却系统　为防止炉体温度过高，需要在炉体夹层中通入冷却水。冷却水应由炉底、炉壁、炉盖自下而上连接，根据炉体温度控制水流量。

11.26　如何正确地操作离子渗氮炉?

（1）准备

1）炉体内外及电柜保持清洁，炉体及电气柜的保护接地良好，各种仪器仪表处于正常工作状态。

2）供气系统、供水系统畅通，无阻塞现象。

3）确保真空密封圈完好、干净，真空泵的真空油量符合油标高度。

4）装炉时，应戴上干净手套，按工艺规定方式及数量装炉，并有利于工件温度均匀。

（2）操作要点

1）抽真空。接通总电源，关闭蝶阀，起动真空泵，缓慢打开蝶阀，以避免发生喷油现象，抽真空至极限真空度。

2）向炉内通少量氨气或氨分解气，冲洗炉体几分钟。在真空度为67Pa左右时，可对炉内输入400~500V高压电流电，使工件起辉，对工件打散弧以活化工件表面。

3）在30~60min内使辉光稳定，逐步减少限流电阻或降低灭弧灵敏度。

4）按工艺调整真空度、电压、电流、气体流量等参数。真空度应通过调整流量计和蝶阀来进行，使抽气速率平稳。

5）升温过程中要注意经常观察炉内工作情况，如出现打弧或局部温度过高等现象时，要及时调整各项参数，降低电压，以降低升温速度，或暂停供气。

6）升温至200℃后通冷却水，炉体温度应控制在40~60℃。

7）在保温阶段，所需的电流密度小于升温时所需的电流密度，真空度为267~800MPa，辉光层厚度一般为1.5~3mm。保温期间应稳定气体流量和抽气率，以稳定炉内气压，也应随时观察炉内工作状况，发现情况及时处理。

8）保温结束后即可降温。停止供气，关闭气源、电磁阀；然后停止供电：调低电压，切断高压电源，将有关旋钮、开关及手柄复位。

9）将炉内抽至极限真空度，关闭蝶阀，停止真空泵。

（3）安全事项

1）严格执行安全操作规程，不准在起吊的炉罩或炉盖下站人或操作。

2）起吊炉罩必须在对炉内充气结束后进行。

11.27　真空热处理炉加热的特点是什么？其结构有哪些特殊之处？

真空热处理炉（简称真空炉）是在真空状态下对工件进行加热和冷却的热处理炉，具有无氧化、无脱碳、高效率、低消耗和无污染等优点，在生产中的应用日益广泛。

通常，按炉子结构与加热形式，把真空炉分为内热式和外热式两大类。实际生产中，主要应用的是内热式真空热处理炉。内热式真空热处理炉有单室、双室和三室等类型。其结构比外热式真空热处理炉复杂，使用温度也高，可达1300℃，可实现快速加热和冷却，有利于提高热处理质量和生产率。内热式真空热处理炉主要用于真空淬火、退火、回火、渗碳等，其中以气淬真空炉和油淬真空炉应用最广。

真空炉加热与普通电炉加热不同，有其自身的特点。真空炉加热工件时，由于炉内压力低，热传导主要靠辐射传热，很少有对流换热，所以工件在真空炉内的加热速度相对较慢，因而加热时间较长。为了缩短加热时间，提高加热速度，有的真空炉内还装有增强对流传热的风扇机构。风扇机构又分为单循环和双循环两种方式，单循环方式的对流传热和对流冷却共用一套风扇机构，双循环方式的对流传热和对流冷却为相互独立的两套风扇机构。

11.28　什么是气淬真空炉？其类型有哪些？

气淬真空炉是利用惰性气体作为冷却介质，对加热后的工件进行气冷淬火的真空热处理炉。所用的冷却气体按冷却速度排序为：氢、氦、氮、氩等。生产中常用氮作为淬火冷却气体，因为氮具有安全、经济的特点，冷却速度较氩快。气淬真空炉的最高工作温度一般为1300℃，气冷压强为（2~6）$\times10^5$Pa，压升率为0.67Pa/h。

气淬真空炉按气冷压力的不同分为负压气冷（$<1\times10^5$Pa）、加压气冷［（1~4）$\times10^5$Pa］、高压气冷［（5~10）$\times10^5$Pa］和超高压气冷［（10~20）$\times10^5$Pa］。压力的增大有利于提高其冷却速度，以适应不同钢种冷却的要求。

根据气冷方式的不同，气淬真空炉的气体冷却方式分为内循环和外循环两种。内循环方式的风扇和换热器均安装于炉壳内，而外循环的风扇和换热器则安装于炉体外，与炉体分离安装，气体通过外部循环进行冷却。

气淬真空炉分为卧式炉、立式炉和半连续式炉三种类型。卧式和立式炉又分为单室和双室两种，双室为加热室和冷却室；半连续式炉有三个室，分别为预备室、加热室和冷却室。

11.29 气淬真空炉的结构如何?

气淬真空炉分为单室气淬真空炉和双室气淬真空炉两种。

（1）单室气淬真空炉 单室气淬真空炉的加热和冷却在同一真空室内进行。与双室真空炉相比，单室气淬真空炉结构比较简单，制造相对容易，操作维修方便，占地面积小，是应用较广的炉型。

单室气淬真空炉有卧式和立式之分，一般由主机、真空系统、回充气体系统、电气控制系统、气动系统、炉外料车、水冷却系统组成。工件的加热和冷却均在同一室内。冷却采用大功率高压风机，气流通过沿圆周均匀分布的喷嘴喷出，对工件实现均匀冷却，受热的气体再经换热器进行强制循环冷却。立式气淬真空炉的工件放置于炉体下部的炉盖上，炉盖为小车状，可备用多个，当一个出炉后，即可将另一个装炉，交替使用。工件的装炉和出炉是通过滚珠丝杠或液压升降机构来完成的。

（2）双室气淬真空炉 双室气淬真空炉由加热室和冷却室组成，两室之间由中间真空隔离门隔开。工件在加热室加热至规定温度，保温后移至冷却室，通过高压气体淬火冷却。由于冷却气体只充入冷却室，加热室仍保持高温和真空状态，所以可以缩短下次装炉后的抽真空和升温时间，并且有利于工件的冷却。因此，双室气淬真空炉与单室气淬真空炉相比，生产率较高，同时也有利于节约能源。

双室气淬真空炉采用石墨布或石墨棒加热，用石墨毡与硅酸铝耐火纤维复合隔热屏隔热。

11.30 油淬真空炉的结构特点是什么?

油淬真空炉是以真空淬火油为冷却介质的真空炉。油淬真空炉可分为卧式单室、卧式双室、立式双室、三室半连续和连续式几种类型。

单室油淬真空炉因无中间真空隔离门，工件淬油时产生的油烟易污染加热室，对电热元件的绝缘和使用寿命有一定影响。双室油淬真空炉由于用中间真空隔离门将加热室与冷却室隔开，克服了单室油淬真空炉油烟污染的缺点，并且加热效率高，生产率高。这种油淬真空炉的加热元件为石墨布或石墨管，加热室采用石墨毡和硅酸铝耐火纤维作为保温材料，升温速度快，保温性能好，炉温均匀性好。冷却室上部装有风扇，既可油淬，也可气淬，但以油淬为主。

11.31 真空渗碳淬火炉的结构如何?

真空渗碳淬火炉为双室结构形式，由加热渗碳室和冷却室组成，如图 11-7 所示。其中，冷却室可以油淬兼气淬或高压气淬。渗碳室为石墨硬毡结构，加热元件为石墨棒，同时布置了多组渗碳气喷嘴，使气体分布均匀。喷嘴均由流量计控制，以保证气氛的精确注入。冷却室顶端装有高效风机，并配置高效率的换热器，可以对渗碳后的工件进行气冷。淬火油槽位于冷却室下端，配置了加热和循环搅动装置，可实现真空油淬的功能。计算机控制系统可实现多种功能。

双室真空渗碳淬火炉主要适用于合金结构钢、合金渗碳钢、碳素钢、工模具钢、不锈钢等的渗碳、碳氮共渗、气冷、油淬、退火。

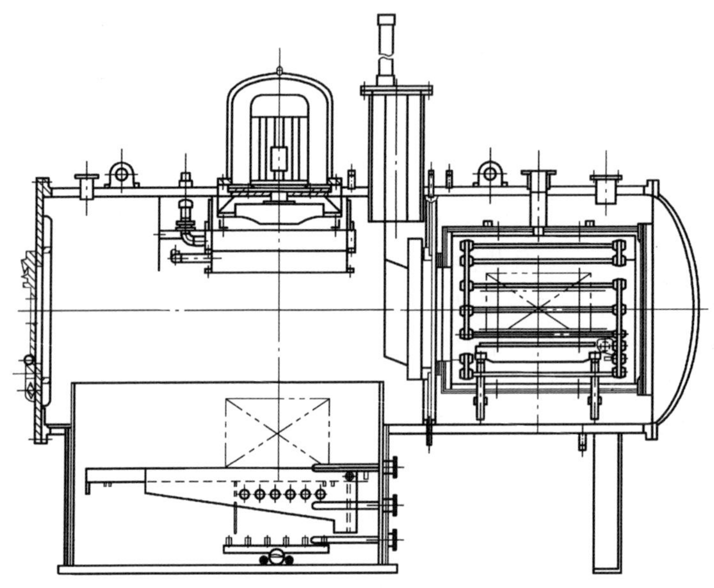

图 11-7　真空渗碳炉的结构

11.32　操作真空炉的注意事项有哪些？

（1）准备

1）经常擦拭炉子外表，保持炉体及仪表清洁干净。

2）应用绸布类织品蘸乙醇或汽油擦拭炉内灰尘及污物，保持炉内清洁干燥。

3）处理的工件及工装或料筐等必须清洗干净，并干燥后才可入炉，未经清洗或带有水迹的工件不得进入炉内。

4）检查各部分电器是否正常。

5）检查水路水压及流量是否符合要求。

6）检查各控制柜及指示灯是否正常。

7）检查真空泵及真空系统是否正常。

（2）装炉

1）打开炉盖，用吸尘器清理炉底落入的氧化皮及杂物。

2）用绸布或不掉毛的织品浸乙醇或汽油擦拭炉盖（门）的炉口及密封处。

3）工件安放要牢固，以免在设备运行和吹气时造成工件移动和散落。

4）关闭炉盖（门）。

（3）起动

1）将循环开关设为自动方式。

2）将工艺程序输入计算机。

3）按工艺选择冷却方式和压力。

4）按下循环起动钮。设备执行程序，自动完成抽真空—加热—冷却工序。

（4）出炉

1）恢复炉内正常压力，指示灯正常后打开炉盖（门）。

2）卸料时应细心操作，轻拿轻放，不得碰撞炉口。

3）正常使用时不得使用手动方式。

4）停炉后，炉内真空度应保持在 6.65×10^4Pa 以下。

5）操作中如出现失控、卡位、限位不准等故障时，应立即停止工作，不要强行操作，以免损坏机件，待故障排除后再行操作。

6）严格按真空炉的维护与保养制度执行。

11.33　如何维护淬火油？

淬火油的维护包括除水处理、除碳、脱气处理及油槽清理等。

（1）除水处理　淬火油中水的质量分数应为 0.5%以下，含水量较多时应进行除水处理。

1）将淬火油静止沉淀 72h。

2）从淬火油槽上部用烧杯提取淬火油样，与静止前对比观察其状态。若淬火油澄清，则可做下一步处理；若淬火油依然混浊，则还应静置。

3）静置完毕后，用吸力较小的潜油泵将油从油槽上部抽出，置于干燥无水的容器中。底部油（离油槽底部 40cm 的油层）废弃。抽油时，应注意泵口从油表面轻轻放入，且泵口不宜离油面太深（不应超过 5cm），以免底部水再次混入上部油中。

4）将油槽用废布彻底擦拭干净后，再将抽出的油加入油槽中。

5）将油温升至 90℃，打开循环、搅动装置，保温 72h，以便除去剩余水分（切忌增高油温）。

提示：除水前应查明进水原因，防止再次进水。可能进水的原因有：循环冷却系统漏水或其他原因。

（2）除碳　准备干净的中转油桶或油槽、抽油泵、新油，以及清理淬火槽用的干燥的抹布、铁铲等工具。

1）将油槽油温升至 90℃后，关闭油槽加热器。

2）分散、缓慢地加入 2%~3%（质量分数）除碳剂，开启循环、搅动装置 8~

12h（必须将冷却装置关闭），保证除碳剂完全分散均匀后，将循环、搅动装置关闭。

3）将淬火油静置沉降3~5d。

4）用潜油泵从油槽上面抽油至干净的贮油槽或桶中。抽油时，潜油泵吃油不能太深，以免将沉积下来的炭黑、水分抽出。

5）将油槽底部30~35cm的残油（约1/3）和沉淀物清除掉，并将油槽用铁铲、干燥的棉纱、抹布彻底清理干净。

6）若为网带炉，应将提升机和网带清理干净；若为多用炉，应将升降机清理干净。

7）油槽清除干净后，将干净的油放回油槽中，贮油槽或桶底部的沉淀部分去除。

8）除碳后槽中的油位会有所下降，及时补充新油至油位。

提示：处理过程中避免使用含水的器具。

（3）脱气处理

1）往淬火槽中加入油，起动油槽搅动和循环装置；接通油槽加热器，将淬火油加热至90℃左右；打开网带炉油槽盖或多用炉的前室门，搅动、循环、保温、脱气12~36h。

2）可以用加热废工件淬火的方法加快油脱气处理过程，缩短脱气处理时间。

3）观察油槽液面的气泡翻腾情况，当无气泡或仅有微量气泡时停止脱气。

4）油槽加热时，必须起动油槽循环搅动装置，以免油的局部过热与老化。

5）生产中，在满足淬火畸变要求的情况下，尽量降低油的使用温度。轴承专用淬火油的推荐使用温度为：网带炉70~90℃，多用炉80~100℃。

（4）油槽清理及使用　旧油、水、空气和沉淀物等会导致新油迅速老化，并影响油的冷却特性。因此，油槽务必清理干净。

1）用油泵将油槽内的旧油抽尽，各管路中的旧油也要排尽（可把接头处打开，放尽旧油）。

2）将油槽中和炉壁上的油污、炭黑和沉淀物等彻底清除干净，操作人员可以下至油槽中用棉纱将污物擦拭干净。

3）用新的全损耗系统用油将油槽清洗一遍，再将油排尽。

4）用少量淬火油将油槽及循环系统等再清洗一遍，排尽即可。

5）检查循环冷却系统是否渗漏，油中严禁进水。

6）再次仔细检查油槽各部位是否有残留的油污及其他杂质，合格后方可加入新油。

11.34　有机物水溶性淬火冷却介质的质量分数如何测定？

有机物水溶性淬火冷却介质的质量分数对淬火冷却速度影响很大。在生产中，由于蒸发、工件沾带等原因，有机物水溶液的质量分数会发生变化，因而引起介质冷却性能的变化，导致工件产生淬火缺陷，影响淬火质量。因此，生产中对水溶液进行经常性的测试是非常必要的。有机物水溶性淬火冷却介质质量分数的测定方法见表 11-7。

表 11-7 有机物水溶性淬火冷却介质质量分数的测定方法

名称	测定方法	特点
外观测定法	目测。在常温下，用 500mL 量筒盛装被测介质，在一般光线下观察介质的颜色、透明度、纯净度，看溶液是否均匀，有无混浊和沉淀等	直观，简便，但准确性差
折光率测定法	用折光率测定仪测量。将一滴经过过滤的溶液放在玻璃镜面上，用折光率测定仪读出折光率数值，然后在质量分数-折光率曲线图上得出质量分数值	速度快，准确度较高，非常适合现场测量水溶液的质量分数
密度（相对密度）测定法	用密度计测量。将水溶液徐徐注入量筒内，尽量避免出现气泡；再将密度计慢慢放入水溶液中，直接从密度计的刻度上读出数值，可在同一温度下测定的质量分数-密度关系曲线上，得出该溶液的质量分数值	仪器简单，使用方便，易于购置，但测量精度和范围有一定的局限性
固体含量测定法（烘干-精密天平称重法）	用天平称重。将有机物水溶液样品烘干后，所剩固体物质的质量与样品烘干前总质量的比值即为固体的质量分数	较准确
黏度测定法	采用涂料黏度测定法。以液体从涂料杯中流出量为 50mL 时所需要的时间计算，其黏度值以 s 计，时间越长，黏度越大	简单易行，但测量范围有一定的局限性，所测黏度值应在 20s 以上方为有效。该方法适于测定有机物水溶性淬火冷却介质的浓缩液
pH 值测定法	测量液体的酸碱度。pH 值大于 7 表示为酸性，pH 值小于 7 表示为碱性	简单易行，但误差较大
电导率测定法	用一对电极插入被测的有机物水溶液中，测量溶液的电导率。由于溶液的质量分数不同，其电导率不同，将测定的电导率在标定的电导率-质量分数关系曲线图上，即可找出其对应的质量分数值	对于质量分数为 0.1%～0.5% 的低浓度溶液，由于其电导率变化很小，故测量误差较大

11.35 以液化气体为制冷剂的深冷处理设备是如何工作的？

1）将工件直接浸入液态气体中，对工件进行冷处理。这种方法冷却速度大，冷冻温度不可调，很少使用。

2）将液化气体通入冷冻室或冷冻室中的蛇形管中，液化气体的蒸发吸收了冷冻室和工件的热量，使其温度下降至规定的冷处理温度。起动风扇，可使冷冻室内的气流循环，以加快工件的冷却速度，并保证工件温度的均匀性。这种冷处理设备应用较广泛。

11.36 冷冻机式冷处理设备是如何工作的？有何优缺点？

冷冻机式冷处理设备根据所要获得的温度的不同，冷冻机可分为单级式和多级式两类。

(1) 单级冷冻机式冷处理设备 在压缩机的作用下，将气体制冷剂压缩为液体，同时放出热量。液化气体在冷冻室汽化并吸收其中的热量，使冷冻室及工件的温度降低。由于压缩机的压缩比不能过大，排气温度不能过高，因而单级冷冻机式冷处理设备的处理温度不够低，只用于-40℃以上的冷处理。

(2) 多级冷冻机式冷处理设备 可以获得较低的工作温度。多级式冷冻机的制冷剂为几种低沸点的液化气体。当第一级循环得到一定的低温后，第二级循环在第一级循环低温的基础上进一步降温，使工作室温度降得更低。

两级冷冻机式冷处理设备的原理，如图 11-8 所示。第一级所用的制冷剂为 R22，其沸点为-41℃；第二级循环用的制冷剂为 R13，其沸点为-81℃。

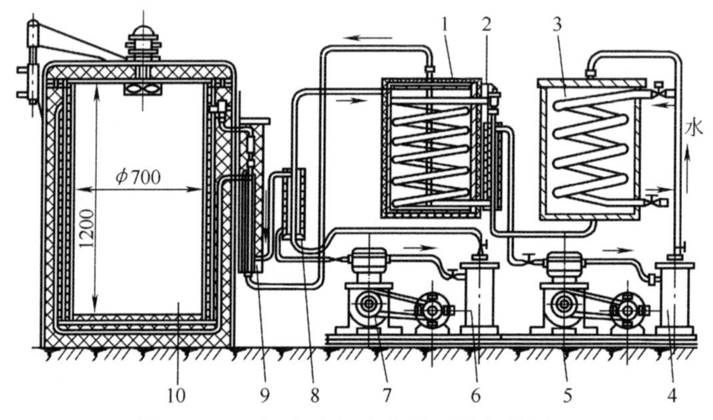

图 11-8 两级冷冻机式冷处理设备的原理

1—汽化器 2、9—过冷器 3—冷凝器 4、6—油分离器 5、7—压缩机 8—换热器 10—冷冻室

冷冻机式冷处理设备的优点是冷冻室较大，操作安全；缺点是设备复杂，降温速度慢，维修较困难。

11.37 吸热式可控气氛是怎样产生的？

吸热式可控气氛是将可燃气体（如丙烷、丁烷、城市煤气）与空气按一定比例混合后，通入 960~1080℃的反应罐内，在触媒（催化剂）的作用下，进行一系列的反应而制成的气体。吸热式气氛的碳势可以控制，既可用于无氧化加热，实现光亮淬火，也可用于渗碳和碳氮共渗。

吸热式气氛由吸热式气体发生器生产。吸热式气体发生器主要由发生炉、反应罐、蒸发器（用于液化石油气）、气体混合器、冷却器、罗茨泵、旁通阀、零压阀、放散阀及流量计等组成。其工艺流程如图 11-9 所示。原料气经过滤器 1、电磁阀 2、减压阀 3 减压到 4~4.5kPa 后，经流量计 5 及零压阀 6 进入混合器 8，与从空气过滤器 10、流量计 11、恒湿器 12 来的空气混合。混合后的气体经罗茨泵 13 加压，通过可防止气体倒流的单向阀 14、防回火截止阀 15，进入发生炉中的反应管 17，在高温下发生反应。反应后的气体经冷却器 18 冷却至 400℃以下，即获得所需的可控气氛。

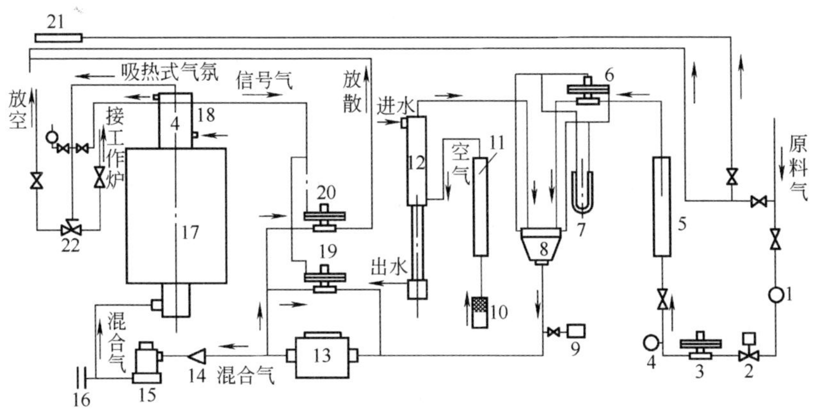

图 11-9　吸热式可控气氛工艺流程

1—过滤器　2—电磁阀　3—减压阀　4—压力计　5—原料气流量计　6—零压阀　7—U 形压力计　8—混合器　9—二次空气电动阀　10—空气过滤器　11—空气流量计　12—恒湿器　13—罗茨泵　14—单向阀　15—防回火截止阀　16—防爆头　17—反应管　18—冷却器　19—旁通阀　20—放散阀　21—引燃器　22—三通阀

11.38　热电偶的测温原理是什么？热电势有何特点？

热电偶是一种发电型感温元件，是工业上应用最广泛的感温元件之一，也是温度测量的重要组成部分。

将两根不同成分的金属丝或合金丝 *A* 与 *B* 的一端焊接在一起，就构成了一个热电偶，如图 11-10 所示。两根金属丝或合金丝称为热偶丝或热电极，相互焊接的一端置于被测介质中，称为工作端或热端；另一端与二次仪表相连，称为自由端或冷端。当热电偶自由端与工作端之间存在温差时，二次仪表就会显示出热电偶所产生的热电势。随着热电偶两端温差的变化，热电势也会产生相应的变化。温差越大，热电势越高。

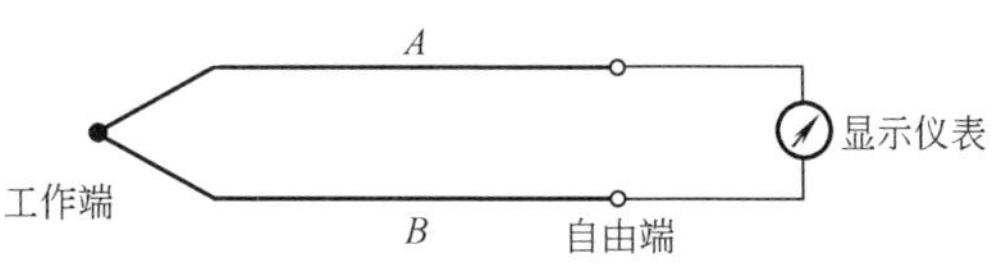

图 11-10　热电偶原理示意图

热电偶产生的热电势具有两个特点：

1）热电势与热电极的材料及两端（指自由端和工作端）之间的温差有关，与热电极的直径、长度和沿热电极长度方向上的温度分布无关。

2）从热电偶冷端到二次仪表之间的连接导线称为补偿导线。只要导线两端的温度相同，就不会改变热电偶原来热电势的大小。因此，在热电偶冷端温度不变的情况下，热电势可以引到较远的二次仪表上，而热电势保持不变。

11.39 热电偶分为哪两类？其结构如何？

热电偶分为普通热电偶和铠装热电偶两大类。

（1）普通热电偶（简称热电偶） 热电偶通常由热电极、绝缘子、保护套管和接线盒等主要部分构成。热电极所用的材料有铂铑-铂、镍铬-镍硅、镍铬-镍铝、镍铬-考铜、铜-康铜等。

普通金属热电极的直径一般为 $\phi0.5 \sim \phi3.2mm$。热电极置于绝缘套管中，绝缘套管材料视热电偶测温温度的高低而定，有氧化铝、陶瓷、石英、玻璃及玻璃纤维。热电极有正、负极之分，正、负热电极工作端的焊接方式可采用对焊或绞缠后再焊的方式。

热电偶的固定形式可以是无固定式、法兰固定式、法兰可调式和螺纹固定式等。

（2）铠装热电偶 铠装热电偶是将热电偶电极丝包裹在金属保护管中，以 MgO 等作为绝缘材料，可自由弯曲的一种热电偶。其特点是反应速度快，耐压，耐冲击。

铠装热电偶与普通热电偶一样，根据电极材料的不同，也分为不同的型号和分度号。其测量端的结构形式、安装固定方式、套管的材料及使用温度等都不同，应根据具体情况选用。

11.40 什么是热电偶补偿？

热电偶的分度表是在热电偶自由端温度为0℃时分度的。一般情况下，热电偶自由端所处的环境温度总是有波动的，因而使测量结果有一定的误差。为了消除由于自由端温度不恒定而产生的测量误差，应采用必要的补偿措施。

（1）热电偶补偿导线 与热电偶一样，补偿导线也有正、负极之分。在与热电偶连接时，要注意正、负极性，不可接错；否则，将会造成更大的测量误差。由于补偿导线所用的材料不同，所以其热电性质也不同，要求补偿导线的电性质应与所连接的热电偶的电性质相同。

（2）冷端温度补偿器 在温度变化较大的环境下，温度自动控制仪表与热电偶配套使用时，配用冷端温度补偿器和补偿导线，常选用20℃为平衡点。冷端温度补偿器的型号与所配用的热电偶必须为同一分度号。

11.41 热电偶在使用中应注意什么？

在使用热电偶时，应注意以下几点：

1）根据被测温度上限，正确选用热电偶的热电极及保护套管；根据被测对象的结构及安装特点，选择热电偶的规格及尺寸。

2）正确选用补偿导线。连接补偿导线时，注意不得将导线接反。补偿导线最好装入铁管内，并将铁管接地，以免机械损伤和电磁干扰。

3）热电偶插入炉中的位置，应是炉内有代表性的位置，能代表炉内实际温度。

4）热电偶插入炉膛内的深度不应小于热电偶保护管外径的8~10倍，应尽可能保持垂直安放，以防高温下产生变形。如果必须水平放置时，伸出部分大于500mm时，必须对保护管加以支撑。

5）装炉或出炉时，不要碰撞热电偶，以免受到损伤。

6）热电偶与炉壁之间的空隙必须用石棉绳或耐火泥堵塞，以防由于空气的对流，影响测量的准确性。

7）在使用中，应经常注意热电偶保护管的状况。如果发现保护管表面有麻点、泡沫、腐蚀、变细、开裂等现象，应立即更换。

8）热电偶的接线盒与炉壁应有适当距离，一般应不小于200mm；否则，会使热电偶自由端的温度过高。

9）由于热电极在高温下会氧化、腐蚀及再结晶等，使其热电特性发生变化，所以热电偶应定期校验。新热电偶或存放过一段时间的热电偶在使用前，都必须进行校验。

10）热电偶的安装位置和方向应避开强磁场和强电场的干扰，金属外壳应良好接地，以免影响测量的准确性。例如，在电极盐浴中使用时，不要靠近电极。

11）补偿导线与接线盒出线孔之间的空隙也应用石棉绳堵塞，以免昆虫等侵入。

11.42 什么是热电阻？

热电阻是接触式温度传感器。它是利用金属材料的电阻随温度的改变而变化的特性制成的，使用温度为200~600℃，用于液体、气体及固体表面温度的测量。热电阻材料主要有铂和铜。

热电阻的安装和使用注意事项与热电偶基本相同。热电阻与显示仪表的连接应采用带有屏蔽的铜线，铜线截面积不小于1.5mm^2。

11.43 动圈式温度指示调节仪表是如何工作的？

动圈式温度指示调节仪表（即毫伏计）是一种用于测量热电偶产生的热电势的磁电式仪表。其工作原理是：当热电偶产生的电流流过置于永久磁铁中的可动线圈时，线圈在永久磁铁的磁场作用下发生转动，并带动固定于其上的指针一起偏转，从而指出热电偶热端的热电势的毫伏值，或折算后的温度。热电偶产生的热电势越高，仪表的指针偏转转角度越大，所指示的温度也越高。动圈式温度指示调节仪表所指示的温度即为热电偶工作端的温度。

在测温时，环境温度对热电势及仪表指示值都有影响。为保证测量的准确性，配热电偶用的动圈式指示温度仪表，在使用过程中必须考虑冷端温度补偿和外线路电阻的影响问题，补偿导线与仪表接线端的正、负极不可接反。

11.44　什么是电子电位差计？

电子电位差计是一种比毫伏计测温精度高、功能多的测温仪表，测温精度可提高 0.5 级。电子电位差计不但可以指示和控制温度，而且能够实现温度的自动记录，画出温度-时间曲线。

电子电位差计主要由测量桥路，电子放大器，可逆电动机，指示、记录、调节机构和电源等部分组成。它的工作原理是将被测信号与仪表内由不平衡电桥输出的已知电势进行比较，其差值通过放大器放大之后，驱动可逆电动机转动，带动桥路内的滑线电阻，从而改变其触点的位置，使桥路平衡，放大器输出为零，可逆电动机停止转动，滑线触点对应的温度，即为被测物体的温度。

电子电位差计主要有 XWB、XWC、XWD 型，配用热电偶。

11.45　光学高温计的原理及构造是什么？

光学高温计是非接触式测温仪表。用它来测温时，测温仪表不直接和被测对象接触，测温元件不必与被测介质达到热平衡。

光学高温计的基本原理是用亮度平衡法测量温度，根据被测物体发出的单色波辐射亮度与标准灯在同一波长上的辐射亮度进行比较，从而确定其温度，如图 11-11 所示。

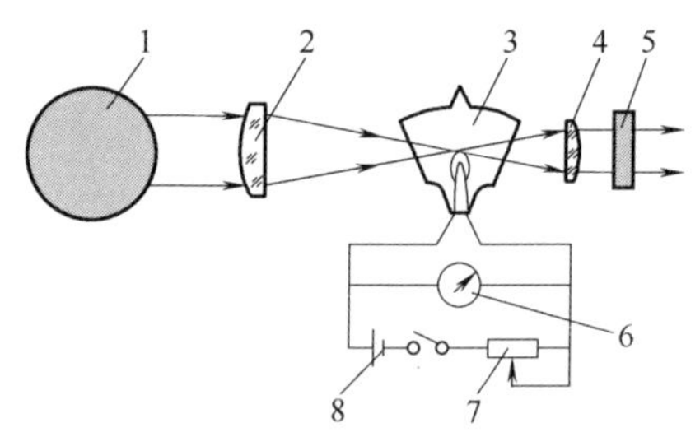

图 11-11　光学高温计的结构与原理
1—被测物体　2—物镜　3—参比灯
4—目镜　5—红色滤光片
6—显示仪表　7—滑线电阻　8—电池

光学高温计主要由光学系统和电测系统组成。光学系统由物镜和目镜组成望远系统，灯泡的灯丝位置恰好在光学系统中物镜成像部分。调节目镜与灯丝的距离，可以从目镜中清楚地看到灯丝的影像；调节物镜的位置可以使被测物体清晰地成像在灯丝所在平面上，以便对二者进行比较。在目镜与观察孔之间置有红色滤光片，测量时移入视场，以满足单色辐射的测温条件。在物镜与灯泡之间置有灰色吸收玻璃，当测量高温范围时，将其移入视场，使被测物体的亮度减弱后，再与灯丝亮度比较，这就扩大了光学高温计的测量范围，此即仪器的第二量程。

电测系统由灯泡的灯丝、电池、调节电流的滑线电阻、开关及显示仪表组成。调节滑线电阻，可使灯丝亮度与被测物体的亮度均衡。显示仪表采用磁电式直流电压表，用来测量灯丝在不同亮度时的电压降，但刻度盘上则将电压降换算成温度，可以直接读出被测物体的温度。

光学高温计多用于测量1100℃以上高温（如高温盐浴炉）或感应加热工件表面温度等不宜使用热电偶测温的地方。

11.46　如何正确使用光学高温计？

光学高温计在使用前，应先检查仪表指针是否指为“0”位，若指针不在“0”位，应旋转零位调节器进行调零；调节目镜的位置至清楚地看到灯丝的影像。测量物体温度时，将物镜对准被测物体，调节物镜的位置，使被测物体清晰地成像在灯丝所在平面上，对二者进行比较。将红色滤光片移入视场，若被测物体的温度在1400℃以上（第二量程）时，还要放入吸收玻璃。按下按钮开关，转动滑线电阻，直到灯丝顶部的像隐灭在被测物体的影像中为止，如图11-12a所示。从显示仪表刻度盘上读出由灯丝电压换算成的温度的数值，此即为物体的实际温度。在测量过程中，若出现图11-12b所示的情况，即灯丝的亮度相对于被测物体的亮度较暗时，说明指示温度比实际温度低，应当顺时针方向调节滑线电阻，使灯丝变亮，直到灯丝亮度与被测物体的亮度一致。若出现图11-12c所示的情况，即灯丝亮度高于被测物体的亮度时，说明指示温度高于被测温度，应当逆时针方向旋转滑线电阻，使灯丝亮度降低，直到灯丝像隐灭在被测物体的影像之中。

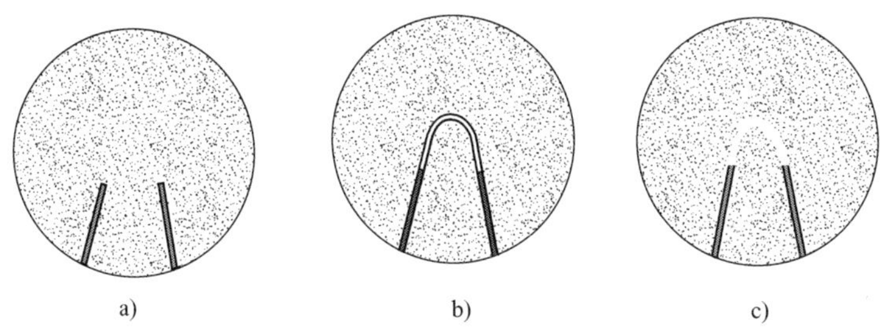

a)　　b)　　c)

图11-12　光学高温计调整灯丝亮度时的情形

a）灯丝隐灭（正确）　b）灯丝暗　c）灯丝亮

光学高温计与被测物体之间的距离一般为1~2m，最好不要超过3m。

光学高温计用完后，应切断电源的，擦净后放入专用包内保存。长期不用时，应将电池取出。

11.47　辐射温度计的测温原理是什么？如何正确使用辐射温度计？

辐射温度计也是一种非接触式测温仪表。辐射温度计是根据受热物体的辐射热能与温度之间的对应关系来测量温度的。其结构与原理如图11-13所示。辐射温度计由感温器、显示仪表及辅助装置等组成。被测物体辐射的热能经感温器的物镜聚焦到热电偶的工作端上，将热能转换为热电势。被测物体的温度越高，辐射能越大，产生的热电势越高。将热电势用显示仪表测量，并显示出温度值，即可得知被测物体的温度。

辐射温度计在使用时，一般都将感温器固定安装在距被测物体 0.7～1.1m 的地方，与被测物体形成的角度为 30°～60°。感温器周围的温度不应超过 40℃。当温度在 40℃以上时，应采取降温措施。在使用时，被测物体的影像必须全部充满目镜的整个视场（见图 11-14a），以保证热电偶能充分地吸收来自被测物体辐射的热能，使显示仪表能正确地显示实际温度。如果被测物体较小，或感温器离被测物体太远，就会出现影像太小的现象（见图 11-14b），则会使测量值低于实际温度。当感温器不能正确对准被测物体时，则会出现被测物体影像歪斜的现象（见图 11-14c），所测量的温度也会低于实际温度。特别应注意的是，当感温器偏向补偿光栅一方时，被遮挡的部分不易发现，也会造成测量值偏低的现象。

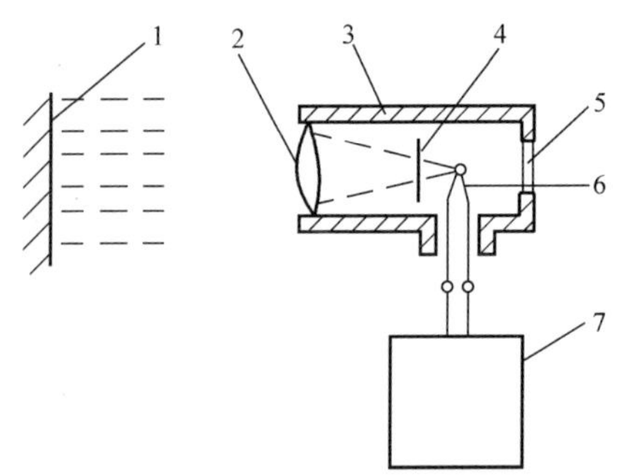

图 11-13 辐射温度计的结构与原理
1—被测物体 2—物镜 3—感温器 4—补偿光栅 5—目镜 6—热电偶 7—显示仪表

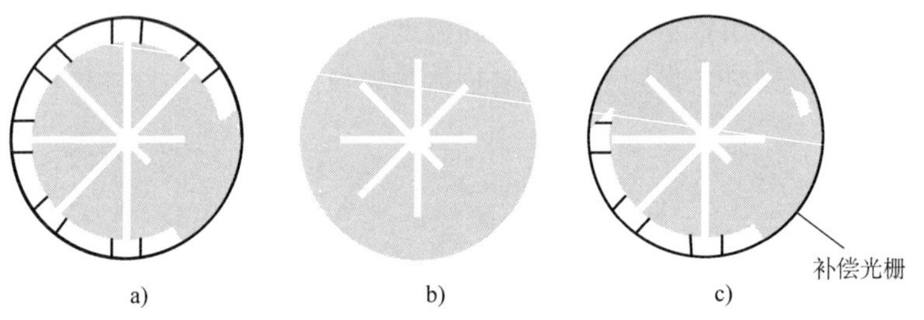

图 11-14 感温器中的影像
a）影像正确 b）影像太小 c）影像歪斜

在热处理中，辐射温度计多用于盐浴炉的测温。为保证测温准确，应排除盐浴炉烟雾和浮渣的影响，必须排风良好，盐浴应脱氧捞渣，液面不得有浮渣。操作时，工具、工装等不得遮挡感温器的视场，还应经常保持感温器镜头的清洁。

11.48 什么是数字式温度显示调节仪表？它具有哪些功能？

数字式温度显示调节仪表是数字量显示仪表，有以集成电路为硬件组成的，也有以微处理器为核心组成的。数字式温度显示调节仪表除能准确显示温度值外，还具有智能化功能及许多其他功能。数字调节仪表主要分为数字显示调节仪和智能化调节仪两类。

数字显示调节仪具有测量、数字显示、位式调节、报警等功能。

智能化调节仪是以微处理器为核心、代替常规电子电路的新一代仪表，由信号输入、信号处理和信号输出三大基本部分组成。其功能和特点如下：

1）能识别各种输入信号，并进行逻辑判断。可以自我校准，自动修正测量误差，快速多次重复测量、自检等，极大地提高了测量和显示的准确性及可靠性。

2）具有数据处理功能，可对测量数据进行加工、运算和存储，如查找排序、统计分析、数字滤波等。

3）可实现复杂的程序控制和多点测控。

4）具有多种输出形式，可实现数字显示、指针显示、图形、曲线、语音等输出方式，具有打印、声光报警和输出控制信号等功能。

5）具有多种数据通信接口，如 RS232C 标准通信接口、RS485 标准接口、并行通信接口（IEEE-488）、光纤通信接口等，可与计算机、数字仪表等实现互联，形成复杂而功能分散的集散式控制系统。

6）具有断电保护功能。

11.49　什么是氧探头？它是如何工作的？

氧探头是氧分析仪的核心组成部分。氧探头由氧化锆元件、碳化硅过滤器、恒温室、气体导管等组成，如图 11-15 所示。氧化锆元件在高温下若两侧氧浓度不同时，便产生氧浓差电势。浓差电势与两侧氧浓度有关，若一侧氧浓度固定，即可通过测量浓差电势来测出另一侧的氧含量，通过测定气氛中的氧势来推知气氛的碳势。过滤器有过滤灰尘和减缓气体冲击氧化锆元件的作用。

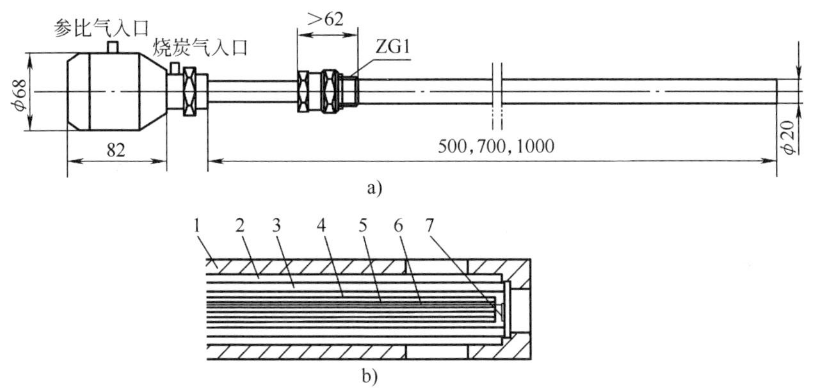

图 11-15　HT999 型氧探头的外形与结构

a）外形　b）结构

1—外套管（负极）　2—烧炭黑空气　3—高铝瓷管　4—参比空气通入孔

5—内多孔瓷管　6—内电极（正极）　7—氧化锆片

氧探头适用于各种热处理工序中碳势的测定，如渗碳、碳氮共渗、光亮淬火、正火、退火、补碳等。

11.50　红外线气体分析仪是如何工作的？

红外线气体分析仪是利用某些气体对红外线的吸收程度取决于被测气体浓度的原理工作的。工作过程如下：

两个相同光源分别发出两束等强度红外线，分别经过调制器（切光片）形成脉冲式的射线，一束经参比室进入检测室的左气室，另一束经分析室进入检测室的右气室。检测室中间用一个薄的金属膜隔开，在膜片的一侧有一个固定的圆盘形电极，可动膜片与固定电极就构成了一个电容器，即薄膜微声器。当分析室内被测气体浓度变化时，吸收的红外线光量发生相应的变化，而参比室光束的光量不发生变化。检测室两气室因接收光量不同，气体热膨胀不同，因而产生压力差，使膜片发生位移，改变了两极板间的距离，即改变了电容量。电容器产生的电信号，经放大器放大后，输出到指示仪表。

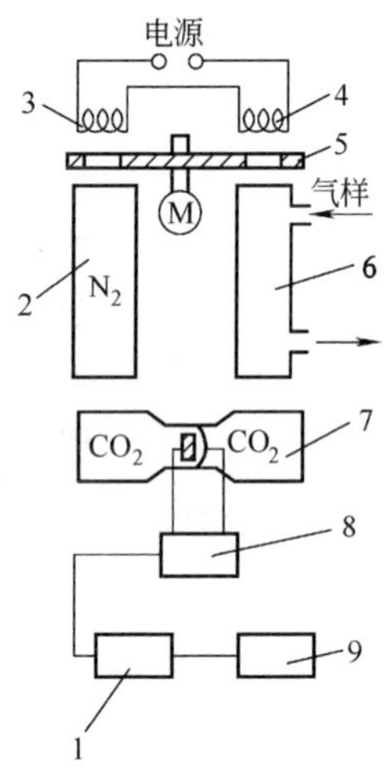

图 11-16　红外线 CO_2 气体分析仪的工作原理

1—主放大器　2—参比室　3、4—红外光源　5—切光片　6—分析室　7—检测室　8—前置放大器　9—记录仪

红外线 CO_2 气体分析仪的工作原理如图 11-16 所示。

用红外线气体分析仪测定炉气中的 CO_2 浓度，即可测定和控制炉气中的碳势。在渗碳和碳氮共渗时，用红外线气体分析仪测定碳势具有比较准确、可靠的特点，精度可达 $\varphi(CO_2)=0.005\%$，分析周期约为 20s。

11.51　氯化锂露点仪是如何工作的？

氯化锂是一种易吸收水分的盐。干燥的氯化锂并不导电，吸湿后导电性增强。氯化锂感湿元件即利用氯化锂的吸湿性和导电性之间的关系制成。其结构如图 11-17 所示。在一端封闭的玻璃管上缠绕一层玻璃布，在玻璃布上平行地绕两条螺旋状的铂丝，组成一对电极；然后在玻璃布上浸涂氯化锂溶液，经干燥后置于玻璃气室中；在电极两端加上 24V 的交流电压，在玻璃管中插入温度计，即制成氯化锂感湿元件。当被测气体通过玻璃气室时，氯化锂因吸收其中的水分，电阻下降并开始导电。潮湿的氯化锂被电流加热，使一部分水分被蒸发掉，于是氯化锂的电阻又升高，电流减小，温度下降，吸湿性又增大。如此反复进行，直到氯化锂吸收和蒸发的水分相等，达到相对平衡为止。当气体中水分含量一定时，达到这种平衡时的测温元件温度也是一定的，称为平衡温度，由装在感湿元件内的温度计测出。氯化锂感湿元件的平衡温度与气氛中的水汽露点存在着近似直线关系，根据平衡温

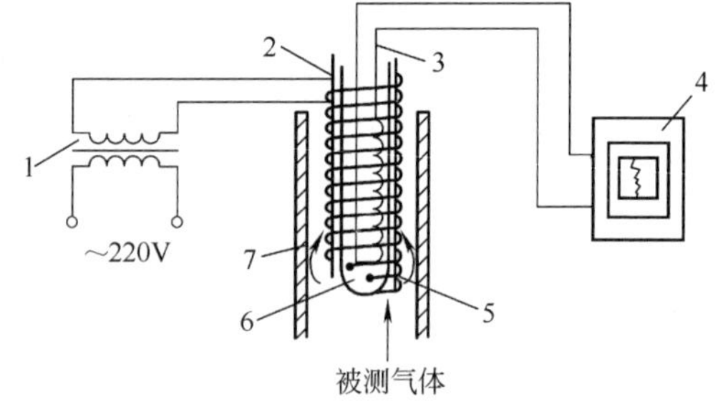

图 11-17　氯化锂感湿元件

1—变压器　2—玻璃布　3—电阻温度计　4—测温仪表　5—银丝　6—玻璃试管　7—玻璃气室

度和露点的关系，即可查出所对应的气体露点值。

11.52 如何用热丝电阻法测量炉气碳势？

热丝电阻法测量炉气碳势是利用铁合金丝在炉气中加热时，由于脱碳或增碳而引起的电阻变化，来测量和调节炉气的碳势。传感器为 ϕ0.1mm 的低碳钢丝或 Fe-Ni 合金丝。低碳钢丝的化学成分：w(C) 为 0.08%，w(Si) 为 0.025%，w(Mn) 为 0.50%，w(P) 为 0.008%，w(S) 为 0.015%，w(Cu) 为 0.12%。低碳钢丝增碳后电阻值的变化率如图 11-18 所示。Fe-Ni 合金丝碳含量和电阻值的关系如图 11-19 所示。其炉气碳势 w(C) 调节范围为 0.15%~1.15%。

热丝电阻法测量炉气碳势主要用于井式气体渗碳炉中的滴注式渗碳。

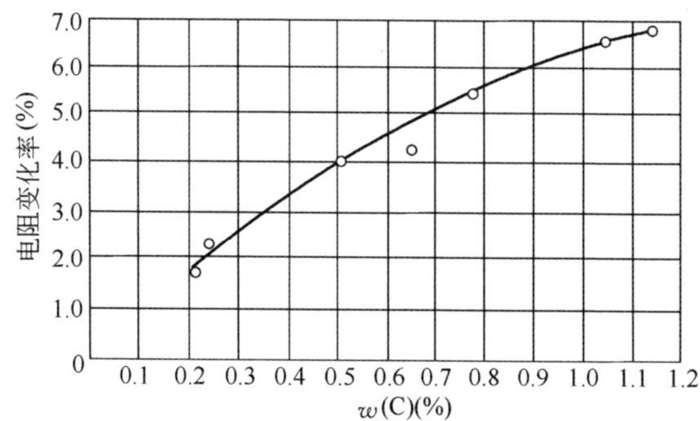

图 11-18 低碳钢丝增碳后电阻值的变化率

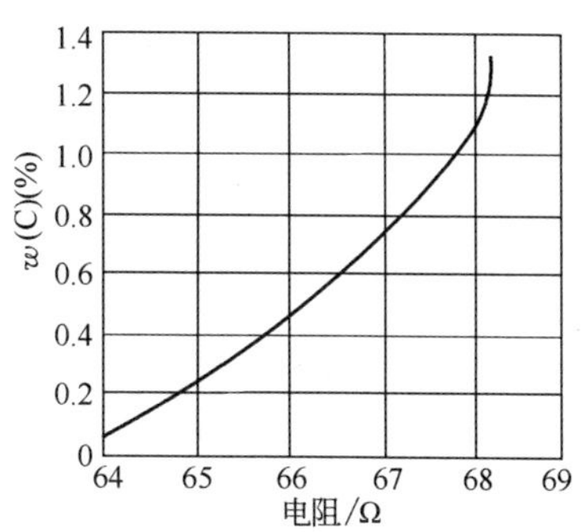

图 11-19 Fe-Ni 合金丝碳含量和电阻值的关系

11.53 如何用钢箔测定碳势？

将一定规格的低碳钢钢箔放入需要测量的渗碳气氛中，在渗碳温度下停留一定时间，使钢箔均匀渗透，在渗碳气氛保护下快速冷却后取出，测定其碳含量，即为该区域渗碳气氛的碳势。

（1）测试原理 钢箔渗碳后碳含量的计算按下式进行。

$$w(\mathrm{C})=\frac{m_\mathrm{f}-m_\mathrm{i}}{m_\mathrm{f}}\times100\%+w(\mathrm{C})_0$$

式中 w(C)——采用称重法测得的钢箔渗碳后的碳含量；

$w(\mathrm{C})_0$——钢箔渗碳前的原始碳含量；

m_i、m_f——测得的渗碳前后钢箔的质量（g）。

（2）钢箔的技术要求 钢箔材料选用光亮、无毛边的冷轧态 08 优质碳素钢。钢箔厚度为 0.03~0.1mm，厚度偏差小于 0.01mm。用 10^{-4}g 精度的分析天平称量时，要求钢箔质量不小于 1g；用 10^{-5}g 精度的分析天平称量时，要求钢箔质量不小于0.1g。

（3）钢箔渗碳操作要点

1）在钢箔放入炉内进行渗碳前，必须用分析纯丙酮（或专用清洗剂）清洗钢箔表面。

2）钢箔渗碳时间根据其厚度和渗碳温度从表11-8中选取。

表11-8 钢箔在渗碳气氛中均匀渗透所需时间

钢箔厚度/mm	0.03~0.05			>0.05~0.10		
渗碳温度/℃	>1000	>930~1000	840~930	>1000	>930~1000	840~930
渗碳时间/min	5	5~10	10~30	15	15~30	30~45

3）渗碳结束后，将钢箔从炉内拉到冷却套管内，在渗碳气氛保护下冷却3~5min后取出，防止钢箔温度太高产生氧化。一旦发生氧化应换新钢箔重新试验。

4）称出钢箔渗碳前后的质量。同一钢箔渗碳前用分析天平反复称量2~3次，取算术平均值作为钢箔渗碳前的质量。用同样方法称出钢箔渗碳后的质量。对于精度为10^{-4}g的分析天平，同一钢箔每次质量相差不得大于0.1mg；对于精度为10^{-5}g的分析天平，同一钢箔每次质量相差不得大于0.01mg。

5）计算出钢箔渗碳后的碳含量，即为所测气氛的碳势测量值。

11.54 什么是可编程碳势-温度控制仪？它有何功能？

可编程碳势-温度控制仪可同时对热处理温度、碳势和机械动作统一编程，进行自动控制，能实现热处理生产线的自动化运行。该控制仪适用于渗碳、碳氮共渗和保护加热淬火等工艺；适用于各种井式炉、多用炉和连续炉，以及滴注式气氛、吸热式气氛、氮基气氛、空气加煤油、丙酮或丙丁烷等气氛。

其编程功能可储存100套工艺，每套工艺可分多段；显示包括氧探头电势、碳势、炉温和工艺时间等工艺参数；能同时对载气、富化气和稀释气三路介质进行控制；控制输出类型有脉冲调频、通断、时间比例和阀位调节等PID控制输出方式；可控制5台以上温控仪。

其工作模式有多种，如恒定碳势自动工作模式、程序运行自动工作模式和手动工作模式，且可在线任意切换。

此外，还有多种其他功能：出炉和碳势异常报警，外接记录仪或打印机记录碳势，断电保护，低温自动切断气氛供应的安全保护功能，氧探头内阻自动测量并显示，以及氧探头炭黑自动清理等。

可编程碳势-温度控制仪的应用，实现了生产过程的自我跟踪、自我诊断、自我优化等功能，大幅度提高了生产率，降低了劳动强度和稳定了产品质量。

11.55　氨分解率测定仪是如何工作的？

传统的氨分解率测定仪为玻璃仪器，如图11-20所示，是依据氨（NH_3）溶于水，而其分解产物（H_2 和 N_2）不溶于水的特性进行测量的。使用时，先关闭进水阀2，在盛水器1中加入一定量的水，打开进气阀3和出气及排水阀4，通入炉气1~2min后，先关闭出气及排水阀4，再关进气阀3；然后打开进水阀2，于是盛水器1内的水就沿着管流入分解率测定计内。由于氨能溶于水，水占有的体积即可代表未分解氨的体积，水面以上为氨分解产物 H_2 和 N_2 所占有的体积，由刻度即可直接读出氨的分解率。

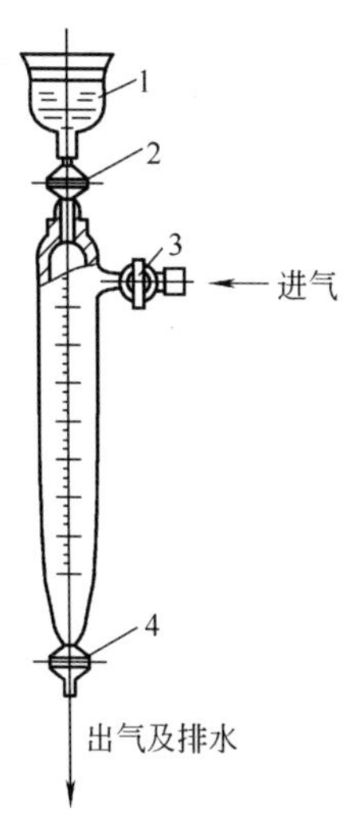

图11-20　氨分解率测定仪
1—盛水器　2—进水阀
3—进气阀　4—出气及排水阀

在传统的氨分解率测定仪的基础上进行改造，可得到氨分解率自动测定仪。氨分解率自动测定仪的水面上有浮标（或无浮标），盛水器上方分别连接装有电磁阀的进气管和装有电磁阀的进水管，盛水器下方连接装有电磁阀的出水管，在盛水器上装有能将水位高度转变为电信号的装置。与传统氨分解率测定仪相比，氨分解率自动测定仪可通过电路，对氨分解率进行自动的测量与记录，可进行氨分解率的控制，设定最佳的氨分解率工艺参数；通过测定并反馈、调节氨气流量，对氨分解率进行全程控制，从而实现可控渗氮，有效地保证渗氮质量。

11.56　热导式氨分解率测定仪是如何工作的？

热导式氨分解率测定仪的作用原理：根据对混合气体热导率的测定，来判断气体中特定组分的体积分数；通过测定氨分解后氢气体积分数的变化，从而间接指示出氨分解率，并以电信号方式输出，与计算机连接可进行自动控制。

在标准大气压下及温度为0℃时，热导率以空气（热导率设为1.0）为参照气，NH_3 及其分解产物的相对热导率：NH_3 为0.89，H_2 为7.15，N_2 为0.996。H_2 的相对热导率最大。因此，测出混合气体的热导率，就可测出 H_2 的体积分数，进而可算出炉气的氨分解率。

将通电加热的铂丝作为热敏组件置于被分析气体中，当氨分解率变化时，氢气的体积分数也会变化，其热导率随之变化，热敏元件铂丝的电阻值也随之改变，并在电桥中产生不平衡电压，输出0~100mV（DC）电信号。由氨分解方程式 $2NH_3 \rightarrow 3H_2+N_2$ 可见，氨分解后产生的 H_2 与 N_2 体积比为3：1。当氨分解率为0时，氢气的体积分数为0，输出电压为0mV；氨分解率为100%时，氢气的体积分数为75%，输出电压为100mV。

NK-205型氨分解率测定仪采用高性能微流式热导气体传感器，与计算机处理技术相结合，灵敏度高，响应速度快，寿命长，安全可靠。

附　录

附录 A　优质碳素结构钢的热处理工艺参数

表 A-1　优质碳素结构钢的临界温度、退火与正火工艺参数

牌号	临界温度/℃						退火		正火	
	Ac_1	Ar_1	Ac_3	Ar_3	Ms	Mf	温度/℃	硬度 HBW	温度/℃	硬度 HBW
08	732	680	874	854	480		900~930		920~940	≤137
10	724	682	876	850			900~930	≤137	900~950	≤143
15	735	685	863	840	450		880~960	≤143	900~950	≤143
20	735	680	855	835			800~900	≤156	920~950	≤156
25	735	680	840	824	380		860~880		870~910	≤170
30	732	677	813	796	380		850~900		850~900	≤179
35	724	680	802	774	350	190	850~880	≤187	850~870	≤187
40	724	680	790	760	310	65	840~870	≤187	840~860	≤207
45	724	682	780	751	330	50	800~840	≤197	850~870	≤217
50	725	690	760	720	300	50	820~840	≤229	820~870	≤229
55	727	690	774	755	290		770~810	≤229	810~860	≤255
60	727	690	766	743	265	-20	800~820	≤229	800~820	≤255
65	727	696	752	730	265		680~700	≤229	820~860	≤255
70	730	693	743	727	270	-40	780~820	≤229	800~840	≤269
75	725	690	745	727	230	-55	780~800	≤229	800~840	≤285
80	725	690	730	727	230	-55	780~800	≤229	800~840	≤285
85	723	690	737	695	220		780~800	≤255	800~840	≤302
15Mn	735	685	863	840					880~920	≤163
20Mn	735	682	854	835	420		900	≤179	900~950	≤197
25Mn	735	680	830	800					870~920	≤207

（续）

牌号	临界温度/℃						退火		正火	
	Ac_1	Ar_1	Ac_3	Ar_3	Ms	Mf	温度/℃	硬度 HBW	温度/℃	硬度 HBW
30Mn	734	675	812	796	345		890～900	≤187	900～950	≤217
35Mn	734	675	812	796	345		830～880	≤197	850～900	≤229
40Mn	726	689	790	768			820～860	≤207	850～900	≤229
45Mn	726	689	790	768			820～850	≤217	830～860	≤241
50Mn	720	660	760	754	304		800～840	≤217	840～870	≤255
60Mn	727	689	765	741	270	−55	820～840	≤229	820～840	≤269
65Mn	726	689	765	741	270		775～800	≤229	830～850	≤269
70Mn	721	670	740							

注：退火冷却方式为炉冷，正火冷却方式为空冷。

表 A-2　优质碳素结构钢淬火与回火工艺参数

牌号	淬火			回火							
	温度/℃	冷却介质	硬度 HRC	不同温度回火后的硬度值 HRC							
				150℃	200℃	300℃	400℃	500℃	550℃	600℃	650℃
20	870～900	水或盐水	≥140 HBW	170 HBW	165 HBW	158 HBW	152 HBW	150 HBW	147 HBW	144 HBW	
25	860	水或盐水	≥380 HBW	380 HBW	370 HBW	310 HBW	270 HBW	235 HBW	225 HBW	<200 HBW	
30	860	水或盐水	≥44	43	42	40	30	20	18		
35	860	水或盐水	≥50	49	48	43	35	26	22	20	
40	840	水	≥55	55	53	48	42	34	29	23	20
45	840	水或油	≥59	58	55	50	41	33	26	22	
50	830	水或油	≥59	58	55	50	41	33	26	22	
55	820	水或油	≥63	63	56	50	45	34	30	24	21
60	820	水或油	≥63	63	56	50	45	34	30	24	21
65	800	水或油	≥63	63	58	50	45	37	32	28	24
70	800	水或油	≥63	63	58	50	45	37	32	28	24
75	800	水或油	≥55	55	53	50	45	35			
80	800	水或油	≥63	63	61	52	47	39	32	28	24
85	780～820	油	≥63	63	61	52	47	39	32	28	24
30Mn	850～900	水	49～53								
35Mn	850～880	油或水	50～55								
40Mn	800～850	油或水	53～58								

（续）

牌号	淬火			回火							
	温度/℃	冷却介质	硬度HRC	不同温度回火后的硬度值 HRC							
				150℃	200℃	300℃	400℃	500℃	550℃	600℃	650℃
45Mn	810~840	油或水	54~60								
50Mn	780~840	油或水	54~60								
60Mn	810	油	57~64	61	58	54	47	39	34	28	25
65Mn	810	油	57~64	61	58	54	47	39	34	28	25
70Mn	780~800	油	≥62	>62	62	55	46	37			

附录 B 合金结构钢的热处理工艺参数

表 B-1 合金结构钢的临界温度、退火及正火工艺参数

牌号	临界温度/℃						退火		正火	
	Ac_1	Ar_1	Ac_3	Ar_3	Ms	Mf	温度/℃	硬度 HBW	温度/℃	硬度 HBW
20Mn2	725	610	840	740	400		850~880	≤187	870~890	
30Mn2	718	627	804	727	360		830~860	≤207	840~880	
35Mn2	713	630	793	710	325		830~880	≤207	840~860	≤241
40Mn2	713	627	766	704	320		820~850	≤217	830~870	
45Mn2	711	640	765	704	320		810~840	≤217	820~860	187~241
50Mn2	710	596	760	680	320		810~840	≤229	820~860	206~241
20MnV	715	630	825	750	415		670~700	≤187	880~900	≤207
27SiMn	750		880	750	355		850~870	≤217	930	≤229
35SiMn	750	645	830		330		850~870	≤229	880~920	
42SiMn	765	645	820	715	330		830~850	≤229	860~890	≤244
20SiMn2MoV	830	740	877	816	312		710±20	≤269	920~950	
25SiMn2MoV	830	740	877	816	312		680~700	≤255	920~950	
37SiMn2MoV	729		823		314		870	269	880~900	
40B	730	690	790	727			840~870	≤207	850~900	
45B	725	690	770	720	280		780~800	≤217	840~890	
50B	725	690	755	719	253		800~820	≤207	880~950	≥20HRC
25MnB	725①		798②		385③					
35MnB	725①		780②		343③					
40MnB	730	650	780	700	325		820~860	≤207	860~920	≤229

（续）

牌　　号	临界温度/℃						退火		正火	
	Ac_1	Ar_1	Ac_3	Ar_3	Ms	Mf	温度/℃	硬度 HBW	温度/℃	硬度 HBW
45MnB	727		780				820～910	≤217	840～900	≤229
20MnMoB	740	690	850	750			680	≤207	900～950	≤217
15MnVB	730	645	850	765	430		780	≤207	920～970	149～179
20MnVB	720	635	840	770	435		700±10	≤207	880～900	≤207
40MnVB	740	645	786	720	300		830～900	≤207	860～900	≤229
20MnTiB	720	625	843	795	395				900～920	143～149
25MnTiBRE	708	605	810	705	391		670～690	≤229	920～960	≤217
15Cr	766	702	838	799			860～890	≤179	870～900	≤197
20Cr	766	702	838	799	390		860～890	≤179	870～900	≤197
30Cr	740	670	815		355		830～850	≤187	850～870	
35Cr	740	670	815		365		830～850	≤207	850～870	
40Cr	743	693	782	730	355		825～845	≤207	850～870	≤250
45Cr	721	660	771	693	355		840～850	≤217	830～850	≤320
50Cr	721	660	771	692	250		840～850	≤217	830～850	≤320
38CrSi	763	680	810	755	330		860～880	≤255	900～920	≤350
12CrMo	720	695	880	790					900～930	
15CrMo	745	695	845	790	435		600～650		910～940	
20CrMo	743		818	746	400		850～860	≤197	880～920	
25CrMo	750	665	830	745	365					
30CrMo	757	693	807	763	345		830～850	≤229	870～900	≤400
35CrMo	755	695	800	750	371		820～840	≤229	830～870	241～286
42CrMo	730	690	800		310		820～840	≤241	850～900	
50CrMo	725		760		290					
12CrMoV	820		945				960～980	≤156	960～980	
35CrMoV	755	600	835				870～900	≤229	880～920	
12Cr1MoV	774～803	761～787	882～914	830～895	400		960～980	≤156	910～960	
25Cr2MoV	760	680～690	840	760～780	340				980～1000	
25Cr2Mo1V	780	700	870	790					1030～1050	
38CrMoAl	760	675	885	740	360		840～870	≤229	930～970	

（续）

牌　号	临界温度/℃						退火		正火	
	Ac_1	Ar_1	Ac_3	Ar_3	Ms	Mf	温度/℃	硬度 HBW	温度/℃	硬度 HBW
40CrV	755	700	790	745	281		830~850	≤241	850~880	
50CrV	752	688	788	746	270		810~870	≤254	850~880	≈288
15CrMn	750	690	845		400		850~870	≤179	870~900	
20CrMn	765	700	838	798	360		850~870	≤187	870~900	≤350
40CrMn	740	690	775		350	170	820~840	≤229	850~870	
20CrMnSi	755	690	840				860~870	≤207	880~920	
25CrMnSi	760	680	880		305		840~860	≤217	860~880	
30CrMnSi	760	670	830	705	360		840~860	≤217	880~900	
35CrMnSi	700	700	830	755	330		840~860	≤229	890~910	≤218
20CrMnMo	710	620	830	740	249		850~870	≤217	880~930	190~228
40CrMnMo	735	680	780		246		820~850	≤241	850~880	≤321
20CrMnTi	715	625	843	795	360		680~720	≤217	950~970	156~217
30CrMnTi	765	660	790	740					950~970	156~216
20CrNi	733	666	804	790	410		860~890	≤197	880~930	≤197
40CrNi	731	660	769	702	305		820~850	≤207	840~860	≤250
45CrNi	725	680	775		310		840~850	≤217	850~880	≤219
50CrNi	735	657	750	690	300		820~850	≤207	870~900	
12CrNi2	732	671	794	763	395		840~880	≤207	880~940	≤207
34CrNi2	738①		790②		338③					
12CrNi3	720	600	810	715	409		870~900	≤217	885~940	
20CrNi3	700	500	760	630	340		840~860	≤217	860~890	
30CrNi3	699	621	749	649	320		810~830	≤241	840~860	
37CrNi3	710	640	770		310		790~820	179~241	840~860	
12Cr2Ni4	720	605	800	660	390	245	650~680	≤269	890~940	187~255
20Cr2Ni4	705	580	765	640	395		650~670	≤229	860~900	
15CrNiMo	740①		812②		423③					
20CrNiMo	725		810		396		600	≤197	900	
30CrNiMo	730		775		340					
30Cr2Ni2Mo	740		780		350					
30Cr2Ni4Mo	706①		768④		307③					
34Cr2Ni2Mo	750		790		350					
35Cr2Ni4Mo	720		765		278③					

（续）

牌　　号	临界温度/℃						退火		正火	
	Ac_1	Ar_1	Ac_3	Ar_3	Ms	Mf	温度/℃	硬度 HBW	温度/℃	硬度 HBW
40CrNiMo	720		790	680	308		840～880	≤269	860～920	
40CrNi2Mo	680		775		300					
18CrMnNiMo	730	490	795	690	380					
45CrNiMoV	740	650	770		250		840～860	20～23HRC	870～890	23～33HRC
18Cr2Ni4W	700	350	810	400	310				900～980	≤415
25Cr2Ni4W	700	300	720		180～200				900～950	≤415

注：1. 退火冷却方式：25SiMn2MoV 为堆冷，20MnVB、20CrMnTi、50CrNi 为炉冷至 600℃空冷，15CrMo 为空冷，其余为炉冷。

2. 正火冷却方式均为空冷。

① $Ac_1=723+25w(\mathrm{Si})+15w(\mathrm{Cr})+30w(\mathrm{W})+40w(\mathrm{Mo})+50w(\mathrm{V})-7w(\mathrm{Mn})-15w(\mathrm{Ni})$。

② $Ac_3=852-180w(\mathrm{C})-14w(\mathrm{Mn})-18w(\mathrm{Ni})-2w(\mathrm{Cr})+45w(\mathrm{Si})$。

③ $Ms=539-423w(\mathrm{C})-30.4w(\mathrm{Mn})-17.7w(\mathrm{Ni})-12.1w(\mathrm{Cr})-7.5w(\mathrm{Mo})$。

④ $Ac_3=910-203\sqrt{w(\mathrm{C})}-15.2w(\mathrm{Ni})+44.7w(\mathrm{Si})+104w(\mathrm{V})+31.5w(\mathrm{Mo})+13.1w(\mathrm{W})$。

表 B-2　合金结构钢淬火与回火工艺参数

牌号	淬火			回火							
	温度/℃	冷却介质	硬度 HRC	不同温度回火后的硬度值 HRC							
				150℃	200℃	300℃	400℃	500℃	550℃	600℃	650℃
20Mn2	860～880	水	>40								
30Mn2	820～850	油	≥49	48	47	45	36	26	24	18	11
35Mn2	820～850	油	≥57	57	56	48	38	34	23	17	15
40Mn2	810～850	油	≥58	58	56	48	41	33	29	25	23
45Mn2	810～850	油	≥58	58	56	48	43	35	31	27	19
50Mn2	810～840	油	≥58	58	56	49	44	35	31	27	20
20MnV	880	油									
27SiMn	900～920	油	≥52	52	50	45	42	33	28	24	20
35SiMn	880～900	油	≥55	55	53	49	40	31	27	23	20
42SiMn	840～900	油	≥55	55	50	47	45	35	30	27	22
20SiMn2MoV	890～920	油或水	≥45								
25SiMn2MoV	880～910	油或水	≥46		200～250℃ ≥45						
37SiMn2MoV	850～870	油或水	56					44	40	33	24
40B	840～860	盐水或油				48	40	30	28	25	22
45B	840～870	盐水或油				50	42	37	34	31	29
50B	840～860	油	52～58	56	55	48	41	31	28	25	20

（续）

牌号	淬火			回火							
	温度/℃	冷却介质	硬度HRC	不同温度回火后的硬度值HRC							
				150℃	200℃	300℃	400℃	500℃	550℃	600℃	650℃
25MnB	850	油									
35MnB	850	油									
40MnB	820～860	油	≥55	55	54	48	38	31	29	28	27
45MnB	840～860	油	≥55	54	52	44	38	34	31	26	23
20MnMoB	860～880	油	≥46	46	45	41	40	38	35	31	22
15MnVB	860～880	油	38～42	38	36	34	30	27	25	24	
20MnVB	860～880	油									
40MnVB	840～880	油或水	>55	54	52	45	35	31	30	27	22
20MnTiB	860～890	油	≥47	47	47	46	42	40	39	38	
25MnTiBRE	840～870	油	≥43								
15Cr	870	水	>35	35	34	32	28	24	19	14	
20Cr	860～880	油或水	>28	28	26	25	24	22	20	18	15
30Cr	840～860	油	>50	50	48	45	35	25	21	14	
35Cr	860	油	48～56								
40Cr	830～860	油	>55	55	53	51	43	34	32	28	24
45Cr	820～850	油	>55	55	53	49	45	33	31	29	21
50Cr	820～840	油	>56	56	55	54	52	40	37	28	18
38CrSi	880～920	油或水	57～60	57	56	54	48	40	37	35	29
12CrMo	900～940	油									
15CrMo	910～940	油									
20CrMo	860～880	水或油	≥33	33	32	28	28	23	20	18	16
25CrMo	860～880	水或油									
30CrMo	850～880	水或油	>52	52	51	49	44	36	32	27	25
35CrMo	850	油	>55	55	53	51	43	34	32	28	24
42CrMo	840	油	>55	55	54	53	46	40	38	35	31
50CrMo	840	油									
12CrMoV	900～940	油									
35CrMoV	880	油	>50	50	49	47	43	39	37	33	25
12Cr1MoV	960～980	水冷后油冷	>47								
25Cr2MoV	910～930	油						41	40	37	32
25Cr2Mo1V	1040	空气									
38CrMoAl	940	油	>56	56	55	51	45	39	35	31	28
40CrV	850～880	油	≥56	56	54	50	45	35	30	28	25
50CrV	830～860	油	>58	57	56	54	46	40	35	33	29

（续）

牌号	淬火			回火							
	温度/℃	冷却介质	硬度HRC	不同温度回火后的硬度值 HRC							
				150℃	200℃	300℃	400℃	500℃	550℃	600℃	650℃
15CrMn		油	44								
20CrMn	850~920	油或水淬油冷	≥45								
40CrMn	820~840	油	52~60						34	28	
20CrMnSi	880~910	油或水	≥44	44	43	44	40	35	31	27	20
25CrMnSi	850~870	油									
30CrMnSi	860~880	油	≥55	55	54	49	44	38	34	30	27
35CrMnSi	860~890	油	≥55	54	53	45	42	40	35	32	28
20CrMnMo	850	油	>46	45	44	43	35				
40CrMnMo	840~860	油	>57	57	55	50	45	41	37	33	30
20CrMnTi	880	油	42~46	43	41	40	39	35	30	25	17
30CrMnTi	880	油	>50	49	48	46	44	37	32	26	23
20CrNi	855~885	油	>43	43	42	40	26	16	13	10	8
40CrNi	820~840	油	>53	53	50	47	42	33	29	26	23
45CrNi	820	油	>55	55	52	48	38	35	30	25	
50CrNi	820~840	油	57~59								
12CrNi2	850~870	油	>33	33	32	30	28	23	20	18	12
34CrNi2	840	油									
12CrNi3	860	油	>43	43	42	41	39	31	28	24	20
20CrNi3	820~860	油	>48	48	47	42	38	34	30	25	
30CrNi3	820~840	油	>52	52	50	45	42	35	29	26	22
37CrNi3	830~860	油	>53	53	51	47	42	36	33	30	25
12Cr2Ni4	760~800	油	>46	46	45	41	38	35	33	30	
20Cr2Ni4	840~860	油									
15CrNiMo	850	油									
20CrNiMo	850	油									
30CrNiMo	850	油									
30Cr2Ni2Mo	850	油									
30Cr2Ni4Mo	850	油									
34Cr2Ni2Mo	850	油									
35Cr2Ni4Mo	850	油									
40CrNiMo	840~860	油	>55	55	54	49	44	38	34	30	27
40CrNi2Mo	850	油						46	44	40	36
18CrMnNiMo	830	油									
45CrNiMoV	860~880	油	55~58		55	53	51	45	43	38	32
18Cr2Ni4W	850	油	>46	42	41	40	39	37	28	24	22
25Cr2Ni4W	850	油	>49	48	47	42	39	34	31	27	25

附录 C　弹簧钢的热处理工艺参数

表 C-1　弹簧钢的临界温度、退火与正火工艺参数

牌　　号	临界温度/℃						退火		正火	
	Ac_1	Ar_1	Ac_3	Ar_3	Ms	Mf	温度/℃	硬度 HBW	温度/℃	硬度 HBW
65	727	696	752	730	265		680~700	≤210	820~860	
70	730	693	743	727	270	-40	780~820	≤255	800~840	≤275
80	725	690			230	-55	780~800	≤229	800~840	≤285
85	723		737	695	220		780~800	≤229	800~840	
65Mn	726	689	765	741	270		780~840	≤229	820~860	≤269
70Mn	721	670	740						790±30	
28SiMnB	730		818		408	209			880~920	
40SiMnVBE	736①		838②		320③					
55SiMnVB	750	670	775	700			800~840		840~880	
38Si2	763①		853②		348③					
60Si2Mn	755	700	810	770	305		750	≤222	830~860	≤302
55CrMn	750	690	775		250		800~820	≤272	800~840	≤493
60CrMn	735①		765②		260③					
60CrMnB	735①		765②		260③					
60CrMnMo	700	655	805		255				900	
55SiCr	765①		825②		290③					
60Si2Cr	765	700	780						850~870	
56Si2MnCr	766①		834②		267③					
52SiCrMnNi	757①		814②		263③					
55SiCrV	763①		833②		273③					
60Si2CrV	770	710	780							
60Si2MnCrV	764①		841②		250③					
50CrV	752	688	788	746	300		810~870		850~880	≤288
51CrMn	734①		790②		278③					
52CrMnMoV	733①		793②		269③					
30W4Cr2V	820	690	840		400		740~780			

注：1. 退火冷却方式为炉冷。

2. 正火冷却方式为空冷。

① $Ac_1=723-10.7w(\mathrm{Mn})-16.9w(\mathrm{Ni})+29.1w(\mathrm{Si})+16.9w(\mathrm{Cr})+290w(\mathrm{As})+6.38w(\mathrm{W})$。

② $Ac_3=910-203\sqrt{w(\mathrm{C})}-15.2w(\mathrm{Ni})+44.7w(\mathrm{Si})+104w(\mathrm{V})+31.5w(\mathrm{Mo})+13.1w(\mathrm{W})$。

③ $Ms=539-423w(\mathrm{C})-30.4w(\mathrm{Mn})-17.7w(\mathrm{Ni})-12.1w(\mathrm{Cr})-7.5w(\mathrm{Mo})$。

表 C-2　弹簧钢的淬火与回火工艺参数

牌号	淬火			回火										
	温度/℃	冷却介质	硬度 HRC	不同温度回火后的硬度值 HRC								常用回火温度/℃	冷却介质	硬度 HRC
				150℃	200℃	300℃	400℃	500℃	550℃	600℃	650℃			
65	800	水	62~63	63	58	50	45	37	32	28	24	320~420	水	35~48
70	800	水	62~63	63	58	50	45	37	32	28	24	380~400	水	45~50
80	780~800	水~油	62~64	64	60	55	45	35	31	27				
85	780~820	油	62~63	63	61	52	47	39	32	28	24	375~400	水	40~49
65Mn	780~840	油	57~64	61	58	54	47	39	34	29	25	350~530	空气	36~50
70Mn	780~820	油	≥62	>62	55	46	37							
28SiMnB	900±20	水或油										320±30		
40SiMnVBE	880	油										320		
55SiMnVB	840~880	油	>60	30	59	55	47	40	34	30		400~500	水	40~50
38Si2	880	水												
60Si2Mn	870	油	>61	61	60	56	51	43	38	33	29	430~480	水、空气	40~50
55CrMn	840~860	油	63~66	60	58	55	50	42	31			400~500	水	42~50
60CrMn	830~860	油										460~520		
60CrMnB	830~860	油										460~520		
60CrMnMo	860	油										460~520		
55SiCr	840~860	油										450		
60Si2Cr	850~860	油	62~66									450~480	水	45~50
56Si2MnCr	860	油												
52SiCrMnNi	860	油												
55SiCrV	860	油										450		
60Si2CrV	850~860	油	62~66									450~480	水	45~50
60Si2MnCrV	860	油												
50CrV	860	油	56~62	56	55	51	45	39	35	31	28	370~400	水	45~50
												400~450	水	≤415HBW
51CrMnV	850	油												
52CrMnMoV	860	油												
30W4Cr2V	1050~1100	油	52~58									520~540	空气或水	43~47
												600~670		

附录D　滚动轴承钢的热处理工艺参数

表 D-1　滚动轴承钢的临界温度、退火与正火工艺参数

1. 高碳铬轴承钢

牌号	临界温度/℃						普通退火		等温退火		
	Ac_1	Ar_1	Ac_{cm}	Ar_3	Ms	Mf	温度/℃	硬度HBW	加热温度/℃	等温温度/℃	硬度HBW
G8Cr15	752	684	824	780	240		770~800				
GCr15	760	695	900	707	185	-90	790~810	179~207	790~810	710~720	270~390
GCr15SiMn	770	708	872		200		790~810	179~207	790~810	710~720	270~390
GCr15SiMo	750	695	785		210		790~810	179~217			
GCr18Mo	758~764	718	919~931		202		850~870	179~207			

2. 高碳铬不锈轴承钢

牌号	临界温度/℃						普通退火		等温退火		
	Ac_1	Ar_1	Ac_{cm}	Ar_3	Ms	Mf	温度/℃	硬度HBW	加热温度/℃	等温温度/℃	硬度HBW
G95Cr18	815~865	765~665			145	-90~-70	850~870	≤255	850~870	730~750	≤255
G65Cr14Mo	828①								870	720	180~240
G102Cr18Mo	815~865	765~665			145	-90~-70	850~870℃,4~6h,以30~40℃/h冷至600℃,空冷,硬度≤255HBW		再结晶退火:730~750℃,空冷		

3. 渗碳轴承钢

牌号	临界温度/℃						退火		正火	
	Ac_1	Ar_1	Ac_3	Ar_3	Ms	Mf	温度/℃	硬度HBW	温度/℃	硬度HBW
G20CrMo	743	504	818	746	380		850~860	≤197	880~900	167~215
G20CrNiMo	730	669	830	770	395		660	≤197	920~980	
G20CrNi2Mo	725	650	810	740	380				920±20	
G20Cr2Ni4	685	585	775	630	305		800~900	≤269	890~920	
G10CrNi3Mo	690②		811③		405④					
G20Cr2Mn2Mo	725	615	835	700	310		600℃,4~6h,空冷至280~300℃,再加热至640~660℃,2~6h空冷,硬度≤269HBW		900~930	
G23Cr2Ni2-Si1Mo	745②		847③		371④					

注：1. 退火冷却方式：普通退火为炉冷；等温退火为空冷。

2. 正火冷却方式为空冷。

① $Ac_1=820-25w(\mathrm{Mn})-30w(\mathrm{Ni})-11w(\mathrm{Co})-10w(\mathrm{Cu})+25w(\mathrm{Si})+7[w(\mathrm{Cr})-13]+30w(\mathrm{Al})+20w(\mathrm{Mo})+50w(\mathrm{V})$。

② $Ac_1=723-10.7w(\mathrm{Mn})-16.9w(\mathrm{Ni})+29.1w(\mathrm{Si})+16.9w(\mathrm{Cr})+290w(\mathrm{As})+6.38w(\mathrm{W})$。

③ $Ac_3=910-203\sqrt{w(\mathrm{C})}-15.2w(\mathrm{Ni})+44.7w(\mathrm{Si})+104w(\mathrm{V})+31.5w(\mathrm{Mo})+13.1w(\mathrm{W})$。

④ $Ms=539-423w(\mathrm{C})-30.4w(\mathrm{Mn})-17.7w(\mathrm{Ni})-12.1w(\mathrm{Cr})-7.5w(\mathrm{Mo})$。

表 D-2 滚动轴承钢淬火与回火工艺参数

1. 高碳铬轴承钢

牌号	淬火			回火								
	温度/℃	冷却介质	硬度HRC	不同温度回火后的硬度值 HRC							常用回火温度/℃	硬度HRC
				150℃	200℃	300℃	400℃	500℃	550℃	600℃		
G8Cr15	840~860	油	≥63								150~170	61~64
GCr15	835~850	油	≥63	64	61	55	49	41	36	31	150~170	61~65
GCr15SiMn	820~840	油	≥64	64	61	58	50				150~180	≥62
GCr15SiMo	835~850	油	≥63								150~170	61~65
GCr18Mo	860~870	油	≥63								150~170	61~65

2. 高碳铬不锈轴承钢

牌号	淬火			回火								
	温度/℃	冷却介质	硬度HRC	不同温度回火后的硬度值 HRC							常用回火温度/℃	硬度HRC
				150℃	200℃	300℃	400℃	500℃	550℃	600℃		
G95Cr18	1050~1100	油	≥59	60	58	57	55				150~160	58~62
G65Cr14Mo	1050										150~160	≥58
G102Cr18Mo	1050~1100	油	≥59	58	58	56	54				150~160	≥58

3. 渗碳轴承钢

牌号	渗碳温度/℃	淬火				回火		
		一次淬火温度/℃	二次淬火温度/℃	直接淬火温度/℃	冷却介质	温度/℃	硬度 HRC	
							表面	心部
G20CrMo	920~940			840	油	160~180	≥56	≥30
G20CrNiMo	930	880±20	790±20	820~840	油	150~180	≥56	≥30
G20CrNi2Mo	930	880±20	800±20		油	150~200	≥56	≥30
G20Cr2Ni4	930	880±20	790±20		油	150~200	≥56	≥30
G10CrNi3Mo	930~950	870~890	790~810		油	160~180	≥58	≥28
G20Cr2Mn2Mo	920~950	870~890	810~930		油	160~180	≥58	≥30
G23Cr2Ni2-Si1Mo		860~900	790~830		油	150~200		

附录 E　工模具钢的热处理工艺参数

表 E-1　刃具模具用非合金钢的临界温度、退火与正火工艺参数

牌号	临界温度/℃						普通退火			等温退火				球化退火				正火		
	Ac_1	Ar_1	Ac_3 (Ac_{cm})	Ar_3	Ms	Mf	温度/℃	冷却方式	硬度HBW	加热温度/℃	等温温度/℃	冷却方式	硬度HBW	加热温度/℃	球化温度/℃	冷却方式	硬度HBW	温度/℃	冷却方式	硬度HBW
T7	730	700	770		240	-40	750~760	炉冷	≤187	760~780	660~680	空冷	≤187	730~750	600~700	空冷	≤187	800~820	空冷	229~280
T8	730	700	740		230	-55	750~760	炉冷	≤187	760~780	660~680	空冷	≤187	730~750	600~700	空冷	≤187	800~820	空冷	229~280
T8Mn	725	680					690~710	炉冷	≤187	760~780	660~680	空冷	≤187	730~750	600~700	空冷	≤187	800~820	空冷	229~280
T9	730	700	737	695	220	-55	750~760	炉冷	≤192	760~780	660~680	空冷	≤187	730~750	600~700	空冷	≤187	800~820	空冷	229~280
T10	730	700	(800)		210	-60	760~780	炉冷	≤197	750~770	620~660	空冷	≤197	730~750	600~700	空冷	≤197	820~840	空冷	225~310
T11	730	700	(810)		220		750~770	炉冷	≤207	740~760	640~680	空冷	≤207	730~750	680~700	空冷	≤207	820~840	空冷	225~310
T12	730	700	(820)		170	-60	760~780	炉冷	≤207	740~760	640~680	空冷	≤207	730~750	680~700	空冷	≤207	820~840	空冷	225~310
T13	730	700	(830)		130		760~780	炉冷	≤207	750~770	620~680	空冷	≤207	730~750	680~700	空冷	≤217	810~830	空冷	179~217

表 E-2　刃具模具用非合金钢的淬火与回火工艺参数

牌号	淬火			回火								
	温度/℃	冷却介质	硬度 HRC	不同温度回火后的硬度值 HRC							常用回火温度/℃	硬度 HRC
				150℃	200℃	300℃	400℃	500℃	550℃	600℃		
T7	820	水→油	62~64	63	60	54	43	35	31	27	200~250	55~60
T8	800	水→油	62~64	64	60	55	45	35	31	27	150~240	55~60
T8Mn	800	水→油	62~64	64	60	55	45	35	31	27	180~270	55~60
T9	800	水→油	63~65	64	62	56	46	37	33	27	180~270	55~60
T10	790	水→油	62~64	64	62	56	46	37	33	27	200~250	62~64
T11	780	水→油	62~64	64	62	57	47	38	33	28	200~250	62~64
T12	780	水→油	62~64	64	62	57	47	38	33	28	200~250	58~62
T13	780	水→油	62~66	65	62	58	47	38	33	28	150~270	60~64

表 E-3　量具刃具用钢的临界温度、退火与正火工艺参数

牌号	临界温度/℃						退火							正火		
							普通退火			等温退火						
	Ac_1	Ar_1	Ac_{cm}	Ar_{cm}	Ms	Mf	加热温度/℃	冷却方式	硬度HBW	加热温度/℃	等温温度/℃	冷却方式	硬度HBW	温度/℃	冷却方式	硬度HBW
9SiCr	770	730	870		160	-30	790~810	炉冷	197~241	790~810	700~720	空冷	207~241	900~920	空冷	321~415
8MnSi	760	706	865		240		760~780	炉冷	≤229	760~780	680~700	炉冷	≤229			
Cr06	730	700	950	740	145	-95	750~770	炉冷	187~241	750~790	680~700	空冷	187~241	980~1000	空冷	
Cr2	745	700	900		240	-25	700~790	炉冷	187~229	770~790	680~700	空冷	187~229	930~950	空冷	302~388
9Cr2	730	700	860		270		800~820	炉冷	179~217	800~820	670~680	空冷	179~217			
W	740	710	820				750~770	炉冷	187~229	780~800	650~680	空冷	≤229			

表 E-4　量具刃具用钢的淬火与回火工艺参数

牌号	淬火			回火									
	温度/℃	冷却介质	硬度HRC	不同温度回火后的硬度值HRC								常用回火温度/℃	硬度HRC
				150℃	200℃	300℃	400℃	500℃	550℃	600℃	650℃		
9SiCr	860~880	油	62~65	65	63	59	54	48	44	40	36	180~200	60~62
												200~220	58~62
8MnSi	800~820	油	>60		60~64	60~63						100~200	60~64
												200~300	60~63
Cr06	780~800	油	62~65	63	60	55	50	40				150~200	60~62
	800~820	水											
Cr2	830~850	油	62~65	61	60	55	50	41	36	31	28	150~170	60~62
												180~220	56~60
9Cr2	820~850	油	61~63	61	60	55	50	41	36	31	28	160~180	59~61
W	800~820	水	62~64	61	58	52	44					150~180	59~61

表 E-5　耐冲击工具用钢的临界温度、退火与正火工艺参数

牌　号	临界温度/℃						普通退火			等温退火				正火		
	Ac_1	Ar_1	Ac_3	Ar_3	Ms	Mf	加热温度/℃	冷却方式	硬度HBW	加热温度/℃	等温温度/℃	冷却方式	硬度HBW	温度/℃	冷却方式	硬度HBW
4CrW2Si	780		840		315~335		800~820	炉冷	179~217							
5CrW2Si	775	725	860		295		800~820	炉冷	207~255	830~840	680~700	炉冷				
6CrW2Si	775	725	810		280		800~820	炉冷	229~285	830~840	680~700	炉冷	≤289			
6CrMnSi2Mo1V	773①		892				760~780	炉冷	≤229	760~780	680~700	炉冷	≤229			
5Cr3MnSiMo1V	792①		835②		254③		800~820	炉冷	≤235	800~820	700~720	炉冷				
6CrW2SiV	775①		832②		263③				≤225							

注：炉冷为炉冷至500℃以下出炉空冷。

① $Ac_1=723-10.7w(\mathrm{Mn})-16.9w(\mathrm{Ni})+29.1w(\mathrm{Si})+16.9w(\mathrm{Cr})+290w(\mathrm{As})+6.38w(\mathrm{W})$。

② $Ac_3=910-203\sqrt{w(\mathrm{C})}-15.2w(\mathrm{Ni})+44.7w(\mathrm{Si})+104w(\mathrm{V})+31.5w(\mathrm{Mo})+13.1w(\mathrm{W})$。

③ $Ms=539-423w(\mathrm{C})-30.4w(\mathrm{Mn})-17.7w(\mathrm{Ni})-12.1w(\mathrm{Cr})-7.5w(\mathrm{Mo})$。

表 E-6 耐冲击工具用钢的淬火与回火工艺参数

牌号	淬火			回火									
	温度/℃	冷却介质	温度 HRC	不同温度回火后的硬度值 HRC								常用回火温度/℃	硬度 HRC
				150℃	200℃	300℃	400℃	500℃	550℃	600℃	650℃		
4CrW2Si	860~900	油	≥53	55	53	51	49	42	38	33		200~250	53~58
												430~470	45~50
5CrW2Si	860~900	油	≥55	58	56	52	48	42	38	34		200~250	53~58
												430~470	45~50
6CrW2Si	860~900	油	≥57	59	58	53	48	42	38	35	31	200~250	53~58
												430~470	45~50
6CrMnSi2Mo1V	预热：667±15；加热：885（盐浴）或 900±6（炉控气氛）	油	≥58									58~204	≥58
5Cr3MnSiMo1V	预热：667±15；加热：941（盐浴）或 955±6（炉控气氛）	空气	≥56									56~204	≥56
6CrW2SiV	870~910	油	≥58										

表 E-7　轧辊用钢的临界温度、退火与正火工艺参数

牌号	临界温度/℃						普通退火			等温球化退火				正火		
	Ac_1	Ar_1	Ac_{cm}	Ar_{cm}	Ms	Mf	加热温度/℃	冷却方式	硬度 HBW	加热温度/℃	等温温度/℃	冷却方式	硬度 HBW	温度/℃	冷却方式	硬度 HBW
9Cr2V	770				215				≤229							
9Cr2Mo	740	700	850		190		820±10, 3~4h	以≤15℃/h 缓冷至 650℃ 以下空冷	≤229	790~810 加热,650~670 等温,≤500 出炉空冷				900~920		302~388
										790~810,炉冷;700~720 等温			≤217			
9Cr2MoV	765①								≤229	850~860,炉冷至 500 以下空冷						
8Cr3NiMoV	763	690	805	650	210				≤229	730	640	炉冷	≤269	880		
9Cr5NiMoV	780	730			210				≤229	球化退火及扩氢处理:740 保温,炉冷至 650 保温,再炉冷至 200 出炉			269	900		

① $Ac_1 = 723 - 10.7w(Mn) - 16.9w(Ni) + 29.1w(Si) + 16.9w(Cr) + 290w(As) + 6.38w(W)$。

表 E-8 轧辊用钢的淬火与回火工艺参数

牌号	淬火			回火									
	温度/℃	冷却介质	硬度HRC	不同温度回火后的硬度值 HRC								常用回火温度/℃	硬度HRC
				150℃	200℃	300℃	400℃	500℃	550℃	600℃	650℃		
9Cr2V	试样:830~900	空气	≥64										
	调质:870~890											700~720	≤45HS
	整体淬火:810~850 感应淬火:900~930											130~170,粗磨后再于120回火1次	90~100HS
9Cr2Mo	试样:830~900	空气	≥64										
	830~850		62~65									130~150	62~65
	840~860		61~63									150~170	60~62
9Cr2MoV	试样:880~900	空气	≥64										
	930~950	油										180~200,2次	58~62
8Cr3NiMoV	试样:900~920	空气	≥64									120~140	
9Cr5NiMoV	试样:930~950	空气	≥64										
	调质:930											690~720	40~50HS
	感应淬火:930~950											140~200	

表 E-9　冷作模具用钢的临界温度、退火与正火工艺参数

牌号	临界温度/℃						普通退火			等温退火				正火		
	Ac_1	Ar_1	Ac_3 (Ac_{cm})	Ar_3 (Ar_{cm})	Ms	Mf	加热温度/℃	冷却方式	硬度 HBW	加热温度/℃	等温温度/℃	冷却方式	硬度 HBW	温度/℃	冷却方式	硬度 HBW
9Mn2V	730	655	(760)	690	125		750～770	炉冷	≤229	760～780	680～700	空冷	≤229			
9CrWMn	750	700	(900)		205		760～790	炉冷	190～230	780～800	670～720	空冷	197～243	880～900	空冷	302～388
CrWMn	750	710	(940)		260	-50	770～790	炉冷	207～255	790±10	720±10	空冷	207～255	970～990	空冷	388～514
MnCrWV	750	655	(780)		190				≤255	820±10	720±10	缓冷至≤600℃，空冷	≤197			
7CrMn2Mo	738	690	768				720～750	缓冷至≤500℃，空冷	≤235							
5Cr8MoVSi	840		900				870～890	炉冷	≤229							
7CrSiMnMoV	776	694	834	732	211				≤235	820～840	680～700	空冷	≤255			
Cr8Mo2SiV	845	715	905	800	115		850±10	以≤30℃/h 冷至550℃空冷	≤255							
Cr4W2MoV	795	760	(900)		142		860±10	炉冷	≤269	860±10	760±10	空冷	≤209			
6Cr4W3Mo2VNb	810～830	720～740			220				≤255	860±10	740±10	空冷	≤209			
6W6Mo5Cr4V	820	730			240		850～860	炉冷	≤269	850～860	740～750	空冷	197～229			
W6Mo5Cr4V2	835	736	(885)	(781)	131				≤255	840～860	740～760	空冷	≤229			
Cr8	810	755	(835)	(770)	180				≤255	880	740					
Cr12	710	755	(835)	770	180	-55	860±10	炉冷	217～269	830～850	720～740	空冷	≤269			
Cr12W	815	715	(865)		180				≤255							
7Cr7Mo2V2Si	856	720	915	806	105		860	炉冷	≤255	860	740	炉冷到550℃空冷	220～250			
Cr5Mo1V	785	705	(835)	(750)	180		840～870	炉冷	≤229	840～870	760	空冷				
Cr12MoV	830	750	(855)	785	230	0	850～870	炉冷	≤255	850～870	730±10	空冷	207～255			
Cr12Mo1V1	810	750	(875)	(695)	190		870～900	炉冷	207～255							

表 E-10　冷作模具用钢的淬火与回火工艺参数

牌号	淬火			回火									
	温度/℃	冷却介质	硬度 HRC	不同温度回火后的硬度值 HRC								常用回火温度/℃	硬度 HRC
				150℃	200℃	300℃	400℃	500℃	550℃	600℃	650℃		
9Mn2V	780~820	油	≥62	60	59	55	48	40	36	32	27	150~200	60~62
9CrWMn	820~840	油	64~66	62	60	58	52	45	40	35		170~230	60~62
CrWMn	820~840	油	63~65	64	62	58	53	47	43	39	35	160~200	61~62
MnCrWV	840~860	油										660~680	207~229HBW
	840~860	油										160~180	60~62
7CrMn2Mo	820~870	油或空气	62~65									170~205，油冷或空冷	62~65
5Cr8MoVSi	980~1050	油或空气	60~61									480~510，2~3 次	58~60
7CrSiMnMoV	870~890	油或空气	≥60									150±10	≥60
Cr8Mo2SiV	550、850 两次预热，1020~1040	油或风冷	61~63									180~200，2h，2 次	62~63
												520~530，2h，2 次	62~64
Cr4W2MoV	960~980	油或空气	≥62	65	63	61	59	58	55			280~300	60~62
6Cr4W3Mo2VNb	1080~1180	油	≥61		61	58	59	60	61	56		540~580	≥56
6W6Mo5Cr4V	1180~1200	硝盐或油	60~63					61	62	59		500~580	58~63
W6Mo5Cr4V2	730~840 预热，1210~1230（盐浴或炉控气氛）	油										540~560，2h，2 次	≥64（盐浴） ≥63（炉控气氛）
Cr8	1040~1060		≥64									520~540	
Cr12	950~980	油	61~64	63	61	57	55	53	49	44	39	180~200	60~62
												320~350	57~58

Cr12W	950~980	油	≥60									180±10	
7Cr7Mo2V2Si	1100~1150	热油或分级淬火	63~64									530~540,1~2h,2~3次	57~63
	550、800预热,1090~1100	预冷淬油										520~540,2次	58~60
7Cr7Mo2V2Si	1080	油冷至300~400℃,空冷	61.5~62.5									350~450,1h,硝盐回火,540,1h,2~3次	
	1120											630,3次	50~52
												610,3次	56~58
												590,3次	59~61
Cr5Mo1V	920~980	油或空气	>62	64	63	58	57	56	55	50		175~530	
	980~1010	油	≥62									510~520,2次	57~60
Cr12MoV	1020~1040	油	62~63	63	62	59	57	55	53	47	40	200~275	57~59
												400~425	55~57
Cr12Mo1V1	980~1020	油或空气	>62									200~530	

表 E-11 热作模具用钢的临界温度、退火与正火工艺参数

牌号	临界温度/℃						普通退火			等温退火			
	Ac_1	Ar_1	Ac_3 (Ac_{cm})	Ac_3 (Ar_{cm})	Ms	Mf	加热温度/℃	冷却方式	硬度 HBW	加热温度/℃	等温温度/℃	冷却方式	硬度 HBW
5CrMnMo	710	650	760		220		760~780	炉冷	197~241	850~870	680	空冷	197~243
5CrNiMo	730	610	780	640	230		740~760	炉冷	197~241	760~780	680	空冷	197~243
4CrNiMo	660		780		260		610~650	≤10℃/h 慢冷到 500℃,空冷	≤285				
4Cr2NiMoV	716				331		780~800	以≤30℃/h 炉冷到 500℃,空冷	≤241				
5CrNi2MoV	710		770		250	10	650~700	以 30/h 慢冷到 500℃,空冷	≤255				
5Cr2NiMoVSi	750	625	784	751	243				≤255				
8Cr3	785	750	830	770	370	110	790~810	炉冷	207~255				
4Cr5W2VSi	875	730	915	840	275		860~880	炉冷	≤229	860~880	720~740	空冷	≤241
3Cr2W8V	800	690	(850)	750	380		840~860	炉冷	207~255	830~850	710~740	空冷	207~255
4Cr5MoSiV	853	735	912	810	310	103	860~890	炉冷	≤229	860~890	720~740	炉冷	≤229
4Cr5MoSiV1	860	775	915	815	340	215	860~890	炉冷	≤229	860~890	720~740	炉冷	≤229
4Cr3Mo3SiV	810	750	910		360				≤229				
5Cr4Mo3SiMnVAl	837		902		277				≤225	860	720	炉冷	≤229
4CrMnSiMoV	792	660	855	770	325	165			≤255	870~890	280~320 640~680	空冷	≤241

5Cr5WMoSi	840[①]						840~860	以≤10℃/h慢冷到500℃，空冷	≤248				
4Cr5MoWVSi	835	740	920	825	290				≤235	860±10	以≤30℃/h冷到500~600，再于740±10等温	以≤30℃/h冷到400℃，再以≤15℃/h冷到150℃，空冷	220~265
3Cr3Mo3W2V	850	735	930	825	400				≤255	870	730	空冷	≤253
5Cr4W5Mo2V	830	744	893	816	250				≤269	850~870	720~740	空冷	≤255
4Cr5Mo2V									≤220	880	以≤30℃/h冷到500，空冷	200	
3Cr3Mo3V	820		915		340		750~800	≤20℃/h慢冷到550℃，空冷	≤229				
4Cr5Mo3V	830		880		280		700~850	≤10℃/h慢冷到500℃，空冷	≤229				
3Cr3Mo3VCo3	777[①]							交货状态	≤229				

① $Ac_1 = 723-10.7w(Mn)-16.9w(Ni)+29.1w(Si)+16.9w(Cr)+290w(As)+6.38w(W)$。

表 E-12 热作模具用钢的淬火与回火工艺参数

牌号	淬火			回火									
	温度/℃	冷却介质	硬度 HRC	不同温度回火后的硬度值 HRC								常用回火温度/℃	硬度 HRC
				150℃	200℃	300℃	400℃	500℃	550℃	600℃	650℃		
5CrMnMo	830~860	油	53~58	58	57	52	47	41	37	34	30	490~500	41~47
												520~540	38~41
5CrNiMo	830~860	油	53~59	59	58	53	48	43	38	35	31	490~510	44~47
												520~540	38~42
												560~580	34~37
4CrNi4Mo	840~870	油或空气或盐浴										200~220	
												500~520	
4Cr2NiMoV	910~960	油冷到 200℃，空冷	55~56									580~610	44~45
	880	油										380	44~46
5CrNi2MoV	850~880	油冷和气冷	58~60									550~630	35~42
5Cr2NiMoVSi	600~650 预热，970~980	油冷到 650~700℃，在 300~350℃等温										670~680、2 次	40~44
8Cr3	820~850	油	60~63	62	60	58	55	50	43	39		480~520	41~46
	850~880	油	≥55										
4Cr5W2VSi	1060~1080	空冷或油	56~58	57	56	56	56	57	55	52	43	580~620	48~53
3Cr2W8V	1050~1100	油或硝盐	49~52	52	51	50	49	47	48	45	40	600~620	40~48
4Cr5MoSiV	1000~1030	空气或油	>55		54	53	53	54	52	50	43	530~560	47~49

4Cr5MoSiV1	1020~1050	空气或油	50~58	55	52	51	51	52	53	45	35	560~580	47~49
4Cr3Mo3SiV	1010~1040	空气或油	52~59									540~650	
5Cr4Mo3SiMnVAl	1090~1120	油	>60									580~620	50~54
4CrMnSiMoV	870±10	油	56~58				50	47	45	43	38	520~660	37~49
5Cr5WMoSi	990~1020	油冷	59~62									150~320	53~60
4Cr5MoWVSi	1000~1030	油或空气											
3Cr3Mo3W2V	1060~1130	油	52~56									680	39~41
												640	52~54
5Cr4W5Mo2V	1100~1150	油	57~62		58		57	58	58	58	52.5	450~670	50~62
4Cr5Mo2V	550 预热,1030	油冷	57.7									600,2 次	47.27
3Cr3Mo3V	1010~1050	油或盐浴、高压气体	52~56									530~560,至少 2 次	47~49
4Cr5Mo3V	1010~1050	油或空气或盐浴	52~56									600~650,2 次	44~50
3Cr3Mo3VCo3	1000~1050	油											

表 E-13　塑料模具用钢的临界温度、退火与正火工艺参数

牌号	临界温度/℃						交货状态		普通退火			等温退火				正火		
	Ac_1	Ar_1	Ac_3 (Ac_{cm})	Ar_3 (Ar_{cm})	Ms	Mf	退火硬度 HBW	预硬化硬度 HRC	加热温度/℃	冷却方式	硬度 HBW	加热温度/℃	等温温度/℃	冷却方式	硬度 HBW	温度/℃	冷却方式	硬度 HBW
SM45	724	751	780		340		热轧交货状态 硬度 155~215		820~830									
SM50	725	720	760		335		热轧交货状态 硬度 165~225		810~830	炉冷至550℃空冷								
SM55	727		774	755	325		热轧交货状态 硬度 170~230		770~810							810~860	空冷	
3Cr2Mo	770	755	825	640	335	180	≤235	28~36				840~860	710~730	炉冷至500℃空冷	≤229			
3Cr2MnNiMo	715		770		280		≤235	30~36				840~860	690~710		≤229			
4Cr2Mn1MoS	750[①]						≤235	28~36										
8Cr2MnWMoVS	770	660	820	710	166		≤235	40~48	790~810	炉冷	255	790~810	700~720	炉冷至500℃空冷	≤229			
5CrNiMnMoVSCa	695		735		220		≤255	35~45	760~780	炉冷至500℃空冷	≤255	760~780	680~700	炉冷至500℃空冷	≤220			
2CrNiMoMnV	720[①]						≤235	30~38										
2CrNi3MoAl	≈730		≈780		≈290		—	38~43	680~700	炉冷	≤241					880~900	空冷	

1Ni3MnCuMoAl	663[①]						—	38~42										
06Ni6CrMoVTiAl	654[①]						≤255	43~48										
00Ni18Co8Mo5TiAl					155~100		协议	协议										
20Cr13	820				320		≤220	30~36										
40Cr13	820		1100		270		≤235	30~36	760~780	炉冷	≤217							
4Cr13NiVSi							≤235	30~36										
2Cr17Ni2	840	780			357		≤285	28~32	660~680	炉冷								
3Cr17Mo							≤285	33~38	850~860	炉冷	≤285							
3Cr17NiMoV							≤285	33~38	780~820	炉冷	≤230							
95Cr18	830	810			145		≤255	协议	880~920	炉冷	≤269							
90Cr18MoV							≤269	协议	880~920	炉冷	≤241	850~880	680~700	炉冷至500℃空冷				

① $Ac_1=723-10.7w(Mn)-16.9w(Ni)+29.1w(Si)+16.9w(Cr)+290w(As)+6.38w(W)$。

表 E-14　塑料模具用钢的淬火与回火工艺参数

牌号	淬火			回火									
	温度/℃	冷却介质	硬度 HRC	不同温度回火后的硬度值 HRC								常用回火温度/℃	硬度 HRC
				150℃	200℃	300℃	400℃	500℃	550℃	600℃	650℃		
SM45	840	水-油	57～58	—	55	50	41	33	26	22			
SM50	830	水	57～58		56	51	42	33	27	23			
SM55	820	水	58～59	—	57	52	45	35	30	25	23		
3Cr2Mo	850～880	油	≥52	—	—	—		41	38	33	26	580～640	28～35
3Cr2MnNiMo	830～870	油或空气	≥48	—	—	—		42	38	36	32	550～650	30～38
4Cr2Mn1MoS	830～870	油	≥51	—	—	—							
8Cr2MnWMoVS	860～900	油或空气	≥62	62	60	57	55	53	51	47		160～200	60～64
												550～650	40～48
5CrNiMnMoVSCa	860～920	油	≥62		58	54	51	48	46	43	36	600～650	35～45
2CrNiMoMnV	850～930	油或空冷	≥48										
2CrNi3MoAl（参考 2CrNi3MoAlS）	880±20	水或空冷	48～50									680（4～6h）	22～23
	渗碳 900～920 淬火：820～840	油冷	≥60									160～180	≥58
	碳氮共渗：840～860	油冷	≥60									160～180	≥58

1Ni3MnCuMoAl	固溶 870											时效 500~540	37~43
06Ni6CrMoVTiAl	固溶 850~880， 油冷或空冷											时效 500~540	
00Ni18Co8Mo5TiAl	固溶 805~825，空冷 时效 460~530，空冷											480， 6h	≥48
20Cr13	1000~1050	油	≥45		48	45	43	40	38	33			
40Cr13	1000~1050	油	52~55		54	50	50	50	42	33	30	200~300	52~53
												500~600	32~50
4Cr13NiVSi	1000~1030	油	≥50										
2Cr17Ni2	1000~1050	油	≥49										
3Cr17Mo	1000~1040	油	≥46		47	47.5	47.5	47	38	34		160~180	47~48
3Cr17NiMoV	1030~1070	油	≥50	48	47	46	46	47		32			
95Cr18	1000~1050	油	≥55									200~300	56~60
												500~600	40~53
90Cr18MoV	1050~1075	油	≥55										

表 E-15　特殊用途模具用钢的热处理工艺参数

牌号	退火硬度	固溶		时效		
		温度/℃	冷却方式	温度/℃	冷却方式	硬度 HRC
7Mn15Cr2Al3V2WMo	870～890℃，炉冷到 500℃以下空冷，28～30HRC	试样 1170～1190	水冷	650～700	空冷	≥45
		1150～1180	水冷	650(10h)		46
				700(4h)		48
2Cr25Ni20Si2		试样 1040～1150	水或空冷			
0Cr17Ni4Cu4Nb	协议	试样 1020～1060	空冷	470～630	空冷	
		1040	冷至 30℃（*Mf* 点）或 30℃以下	480～630	空冷	
				过时效处理 630～650	空冷	
Ni25Cr15Ti2MoMn	交货状态 ≤300HBW	试样 950～980	水或空冷	720+620	空冷	
		990±10	空冷、油或水冷	720+10	空冷	248～341HBW
Ni53Cr19Mo3TiNb	交货状态 ≤300HBW	试样 980～1000	水、油或空冷	710～730	空冷	
		950～980	空冷或水冷	720±10	以 50℃/h 冷至 620℃±10℃，保温 8h，空冷	

附录 F 高速工具钢的热处理工艺参数

表 F-1 高速工具钢的临界温度与退火工艺参数

牌号	临界温度/℃				交货状态（退火态）HBW	软化退火			等温退火		
	Ac_1	Ar_1	Ac_3	Ms		加热温度/℃	冷却方式	硬度HBW	加热温度/℃	冷却方式	硬度HBW
W3Mo3Cr4V2					≤255						
W4Mo3Cr4VSi	815~855			170	≤255				840~860	②	≤255
W18Cr4V	820	760	860	210	≤255	860~880	①	≤277	860~880	②	≤255
W2Mo8Cr4V	825~857				≤255						
W2Mo9Cu4V2	835~860			140	≤255	800~850	①	≤277	800~850	②	≤255
W6Mo5Cr4V2	835	770	885	225	≤255	840~860	①	≤255	840~860	②	≤255
CW6Mo5Cr4V2					≤255	830~850	①		830~850	②	
W6Mo6Cr4V2					≤262						
W9Mo3Cr4V	835			200	≤255	830~850	①		830~850	②	
W6Mo5Cr4V3	835~860			140	≤262	850~870	①	≤277	850~870	②	≤255
CW6Mo5Cr4V3	835~860			140	≤262						
W6Mo5Cr4V4					≤269						
W6Mo5Cr4V2Al	835	770	885	120	≤269	850~870	①	≤285	850~870	②	≤269
W12Cr4V5Co5	841~873	740		220	≤277						
W6Mo5Cr4V2Co5	825~851			220	≤269	840~860	①	≤285	840~860	②	≤269
W6Mo5Cr4V3Co8					≤285						
W7Mo4Cr4V2Co5					≤269				850~870	②	≤269
W2Mo9Cr4VCo8	841~873	740		210	≤269	870~880	①	≤269	870~880	②	≤269
W10Mo4Cr4V3Co10	830	765	870	175	≤285	850~870	①	≤311	850~870	②	≤302

① 以 20~30℃/h 冷却至 500~600℃，炉冷或空冷。
② 炉冷至 740~750℃，保温 2~4h，再炉冷至 500~600℃，出炉空冷。

表 F-2　高速工具钢淬火与回火工艺参数

牌　号	预热		淬火加热			冷却介质	回火工艺	回火后硬度 HRC
	温度/℃	时间/(s/mm)	加热介质	温度/℃	时间/(s/mm)			
W3Mo3Cr4V2	800~850	24	中性盐浴	1120~1180	12~15	油	540~560℃×2h,2次	≥63
W4Mo3Cr4VSi	800~850			1170~1190			540~560℃×2h,2次	≥63
W18Cr4V	850			1260~1280			560℃×1h,3次	≥62
				1200~1240				
W2Mo8Cr4V	800~850			1120~1180			550~570℃×1h,2次	≥63
W2Mo9Cr4V2	800~850			1180~1210			550~580℃×1h,3次	≥65
				1210~1230				
W6Mo5Cr4V2	850			1200~1220①			560℃×1h,3次	≥62
				1230②				≥63
				1240③				≥64
				1150~1200④				≥60
CW6Mo5Cr4V2	850			1190~1210			560℃×1h,3次	≥65
W6Mo6Cr4V2	850			1190~1210			550~570℃×1h,2次	≥64
W9Mo3Cr4V	850			1200~1220			540~560℃×2h,2次	≥64
W6Mo5Cr4V3	850			1200~1230			550~570℃×1h,3次	≥64
CW6Mo5Cr4V3	800~850			1180~1200			540~560℃×2h,2次	≥64
W6Mo5Cr4V4	850			1200~1220			550~570℃×1h,2次	≥64
W6Mo5Cr4V2Al	850			1220~1240			550~570℃×1h,4次	≥65
W12Cr4V5Co5	800~850			1210~1230			530~550℃×1h,3次	≥65
W6Mo5Cr4V2Co5	800~850			1210~1230			550~580℃×1h,3次	≥64
W6Mo5Cr4V3Co8	800~850			1170~1190			550~570℃×1h,2次	≥65
W7Mo4Cr4V2Co5	800~850			1180~1200			550~580℃×1h,3次	≥66
W2Mo9Cr4VCo8	850			1180~1220			550~570℃×1h,4次	≥66
				1200~1220				
W10Mo4Cr4V3Co10	800~850			1200~1230			550~570℃×1h,3次	≥66
				1230~1250				

① 高强薄刃刀具淬火温度。
② 复杂刀具淬火温度。
③ 简单刀具淬火温度。
④ 冷作模具淬火温度。

附录 G　不锈钢和耐热钢的热处理工艺参数

表 G-1　常用不锈钢和耐热钢件的退火、正火及高温回火工艺

序号	组织类型	牌号	不完全退火			正火			去应力退火[①]或高温回火		
			加热温度/℃	冷却方式	硬度HBW	加热温度/℃	冷却方式	硬度HBW	加热温度/℃	冷却方式	硬度HBW
1	铁素体型	10Cr17	780~850	空冷或缓冷	≤183						
2	马氏体型	06Cr13	800~900	缓冷	≤183						
3		12Cr13	730~780	空冷	≤229						
			850~900		≤170						
4		20Cr13	870~900	炉冷[②]	≤187				730~780	空冷	≤229
5		30Cr13			≤206						
6		40Cr13			≤229						
7		Y25Cr13Ni2	840~860	炉冷[②]	206~285				730~780		≤254
8		14Cr17Ni2							670~690		≤285
9		13Cr11Ni2W2MoV				900~1010	空冷		730~750		197~269
10		14Cr12Ni2WMoVNb[③]				1140~1160	空冷		680~720		229~320

（续）

序号	组织类型	牌号	不完全退火			正火			去应力退火[①]或高温回火		
			加热温度/℃	冷却方式	硬度HBW	加热温度/℃	冷却方式	硬度HBW	加热温度/℃	冷却方式	硬度HBW
11	马氏体型	13Cr14Ni3W2VB[④]				930~950	空冷		670~690	空冷	197~285
12		95Cr18	880~920	炉冷[②]	≤269				730~790		≤269
13		90Cr18MoV	880~920	炉冷[②]	≤241				730~790		≤254
14		40Cr10Si2Mo	等温退火：1000~1040℃，保温1h，随炉冷却至750℃，保温3~4h，空冷								197~269
15		13Cr13Mo	820~920	缓冷或约750℃快冷	≤200				650~750	快冷	192
16		32Cr13Mo	870~900	炉冷[②]	≤229				730~780	空冷	≤229
17		158Cr12MoV	840~880	炉冷[②]	206~254						
18		68Cr17	820~920	缓冷	≤225						
19		85Cr17	820~920	缓冷	≤225						
20		108Cr17	800~920	缓冷	≤269						

① 去应力退火的加热温度可以适当降低。

② 炉冷至600℃以下空冷。

③ 允许不经正火只进行回火。

④ 正火并回火。

表 G-2　常用不锈钢和耐热钢件的淬火、固溶和回火、时效处理工艺

序号	组织类型	牌号	淬火或固溶处理		按强度选择的回火或时效			按硬度选择的回火或时效		
			加热温度/℃	冷却方式	抗拉强度/MPa	回火或时效温度[①]/℃	冷却方式	硬度HBW	回火或时效温度[①]/℃	冷却方式
1	马氏体型	12Cr13	1000~1050	油冷或空冷	780~980	580~650	油冷或水冷	254~302	580~650	油冷或水冷
					880~1080	560~620		285~341	560~620	
					980~1180	550~580		254~362	550~580	
					1080~1270	520~560		341~388	520~560	
					>1270	<300	空冷	>388	<300	空冷
2		20Cr13	980~1050	油冷或空冷	690~880	640~690	油冷或空冷	229~269	650~690	油或空冷
					880~1080	560~640		254~285	600~650	
					980~1180	540~590		285~341	570~600	
					1080~1270	520~560		341~388	540~570	
					1180~1370	500~540		388~445	510~540	
					>1370	<350	空冷	>445	<350	空冷
3		30Cr13	980~1050	油冷或空冷	880~1080	580~620	油冷或水冷	254~285	620~680	油冷或水冷
					980~1180	560~610		285~341	580~610	
					1080~1270	550~600		341~388	550~600	
					1180~1370	540~590		388~445	520~570	
					1270~1470	530~570		445~514	500~530	
					>1470	<350	空冷	>514	<350	空冷
4		40Cr13	1000~1050	油冷或空冷	980~1180	590~640	油冷或水冷	285~341	600~650	油冷空冷
					1080~1270	570~620		341~388	570~610	
					1180~1370	550~600		388~445	530~580	
					1270~1470	540~580		—	—	
					1370~1570	300~357		445~514	300~370	
					>1570	<350	空冷	>514	<350	空冷

（续）

序号	组织类型	牌号	淬火或固溶处理		按强度选择的回火或时效			按硬度选择的回火或时效		
			加热温度/℃	冷却方式	抗拉强度/MPa	回火或时效温度[①]/℃	冷却方式	硬度HBW	回火或时效温度[①]/℃	冷却方式
5	马氏体型	Y25Cr13Ni2	1000～1020	油冷或空冷	880～1080	580～680	油冷或水冷	269～302	580～680	油冷或水冷
					980～1180	540～630		285～362	540～630	
					1080～1270	520～580		302～388	520～580	
					1180～1370	500～540		362～445	500～540	
			900～930		1370～1570	<300		≥44HRC	<300	
6		14Cr17Ni2	950～1040	油冷	690～880	580～680	空冷	229～269	580～700	空冷
					780～980	590～650	油冷或水冷	254～302	600～680	油或空冷
					880～1080	540～600		285～341	520～580	
					980～1180	500～560		320～375	480～540	
					1080～1270	480～547				
					>1270	300～360	空冷	>375	<350	空冷
7		13Cr11Ni2W2MoV	990～1010	油冷或空冷	<880	680～740	空冷	241～258	680～740	空冷
					880～1080	640～680		269～320	650～710	
					>1080	550～590		311～388	550～590	
8		14Cr12Ni2WMoVN[③]	1140～1160	油冷或空冷	<880	680～740	空冷	241～258	680～740	空冷
					880～1080	640～680		269～320	650～710	
					>1080	570～600		320～401	570～600	
9		13Cr14Ni3W2VB	1040～1060	油冷或空冷	>930	600～680	空冷	285～341	600～680	空冷
					>1130	500～600		330～388	550～600	
10		95Cr18[②]	1010～1070	油冷				50～55HRC	250～380	空冷
								>55HRC	160～250	
11		90Cr18MoV[②]	1050～1070	油冷				50～55HRC	260～320	空冷
								>55HRC	160～250	
12		4Cr10Si2Mo	1010～1050	油冷或空冷				302～341	700～760	空冷

13	奥氏体型	06Cr19Ni10	1050~1100	空冷或水冷						
14		12Cr17Ni7	1010~1150	水冷						
15		12Cr18Ni9	1050~1150	空冷或水冷						
16		17Cr18Ni9	1100~1150	空冷或水冷						
17		20Cr13Mn9Ni4	1120~1150	空冷或水冷						
18		45Cr14Ni14W2Mo	1040~1060	水冷				197~285	620~680	空冷
								179~285	810~830	
19		24Cr18Ni8W2	1020~1060	水冷				≤276	640~660	空冷
								234~276	810~830	
20		06Cr18Ni11Ti	920~1150	空冷、油冷、水冷						
21		06Cr18Ni11Nb	980~1150	空冷、油冷、水冷						
22		12Cr18Mn8Ni5N	1010~1120	空冷或水冷						
23		14Cr23Ni18	1050~1150	空冷或水冷						
24	奥氏体-铁素体型	12Cr21Ni5Ti	950~1050	空冷或水冷						

① 在保证强度和硬度的前提下，回火温度可适当调整。

② 当采用上限淬火温度时，可进行冷处理，并低温回火。

表 G-3 常用沉淀硬化不锈钢和耐热钢的热处理工艺

序号	牌号	固溶处理	按强度选择		按硬度选择	
			抗拉强度/MPa	回火或时效	硬度 HBW	回火或时效
1	05Cr17Ni4Cu4Nb①	1030~1050℃,空冷或水冷	>930	580~620℃,空冷	30~35HRC	600~620℃,空冷
			>980	550~580℃,空冷	35~40HRC	550~580℃,空冷
			>1080	500~550℃,空冷	38~43HRC	500~550℃,空冷
			>1180	480~500℃,空冷	41~45HRC	460~500℃,空冷
2	07Cr17Ni7Al②	1050~1070℃,空冷或水冷				
		1050~1070℃,空冷或水冷+760℃×1.5h,空冷+565℃×1.5h,空冷	>1140		≥39HRC	
		1050~1070℃,空冷或水冷+950℃×10min,空冷+冷处理(−70℃×8h),恢复至室温后再加热510℃×(30~60min),空冷	>1250		≥41HRC	
3	07Cr15Ni7Mo2Al	1050~1070℃,空冷或水冷				
		1050~1070℃,空冷或水冷+760℃×1.5h,空冷+565℃×1.5h,空冷	>1210		≥40HRC	
		1050~1070℃,空冷或水冷+950℃×10min,空冷+冷处理(−70℃×8h),恢复至室温后再加热510℃×(0.5~1h),空冷	>1250		≥41HRC	

① 如工件需冷变形时，应适当提高固溶温度，进行调整热处理，然后再进行回火处理。

② 经1050~1070℃加热后可进行冷变形。

参考文献

[1] 中国机械工程学会热处理学会. 热处理手册: 1~4卷 [M]. 4版修订本. 北京: 机械工业出版社, 2013.

[2] 全国热处理标准化技术委员会. 金属热处理标准应用手册 [M]. 3版. 北京: 机械工业出版社, 2016.

[3] 樊东黎, 徐跃明, 佟晓辉. 热处理技术数据手册 [M]. 3版. 北京: 机械工业出版社, 2011.

[4] 樊东黎, 徐跃明, 佟晓辉. 热处理工程师手册 [M]. 3版. 北京: 机械工业出版社, 2011.

[5] 薄鑫涛, 郭海祥, 袁凤松. 实用热处理手册 [M]. 上海: 上海科学技术出版社, 2009.

[6] 杨满. 热处理工速成与提高 [M]. 北京: 机械工业出版社, 2008.

[7] 杨满. 实用热处理技术手册 [M]. 2版. 北京: 机械工业出版社, 2022.

[8] 顾应安, 林约利. 简明热处理工手册 [M]. 上海: 上海科学技术出版社, 1987.

[9] 叶卫平, 张覃轶. 热处理实用数据速查手册 [M]. 2版. 北京: 机械工业出版社, 2010.

[10] 雷廷权, 傅家骐. 金属热处理工艺方法500种 [M]. 北京: 机械工业出版社, 1998.

[11] 杨满. 热处理工艺参数手册 [M]. 2版. 北京: 机械工业出版社, 2021.

[12] 樊新民, 黄洁雯. 热处理工艺与实践 [M]. 北京: 机械工业出版社, 2012.

[13] 马伯龙. 实用热处理技术及应用 [M]. 2版. 北京: 机械工业出版社, 2015.

[14] 沈庆通, 梁文林. 现代感应热处理技术 [M]. 2版. 北京: 机械工业出版社, 2015.

[15] 沈庆通, 黄志. 感应热处理技术300问 [M]. 北京: 机械工业出版社, 2013.

[16] 赵步青, 等. 工具用钢热处理手册 [M]. 北京: 机械工业出版社, 2014.

[17] 李泉华. 热处理实用技术 [M]. 2版. 北京: 机械工业出版社, 2007.

[18] 纪嘉明, 等. 热处理设备实用技术 [M]. 北京: 机械工业出版社, 2011.

[19] 闫承沛. 真空与可控气氛热处理 [M]. 北京: 化学工业出版社, 2006.

[20] 包耳, 田绍洁, 王华琪. 热处理加热保温时间的369法则 [J]. 热处理技术与装备, 2008 (2): 53-55.

[21] 束德林. 工程材料力学性能 [M]. 3版. 北京: 机械工业出版社, 2020.